华章图书

一本打开的书，一扇开启的门，

通向科学殿堂的阶梯，托起一流人才的基石。

# Java 多线程编程核心技术

## 第3版

Java Multithread Programming

Third Edition

高洪岩 著

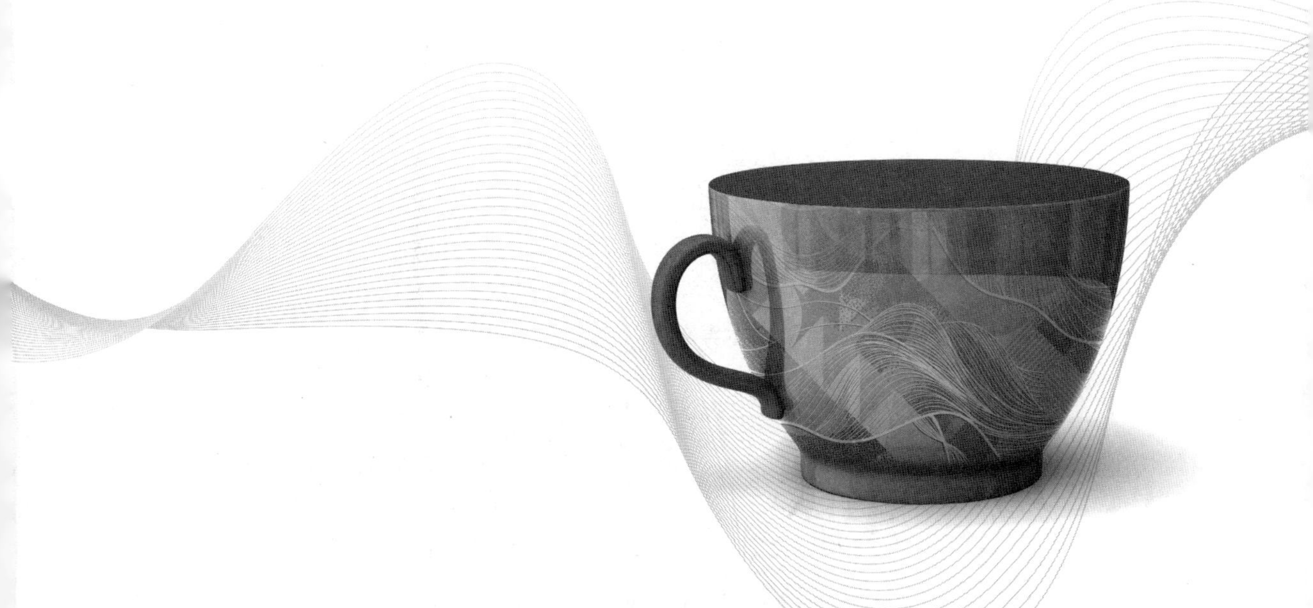

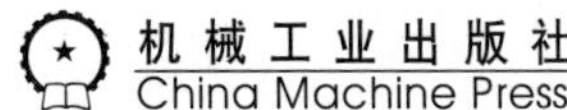

图书在版编目（CIP）数据

Java 多线程编程核心技术 / 高洪岩著 . --3 版 . -- 北京：机械工业出版社，2022.1
（Java 核心技术系列）
ISBN 978-7-111-69858-6

Ⅰ. ① J…　Ⅱ. ①高…　Ⅲ. ① JAVA 语言 - 程序设计　Ⅳ. ① TP312

中国版本图书馆 CIP 数据核字（2021）第 259363 号

# Java 多线程编程核心技术　第 3 版

出版发行：机械工业出版社（北京市西城区百万庄大街 22 号　邮政编码：100037）
责任编辑：陈　洁　　李　艺　　　　　　　　　　责任校对：马荣敏
印　　刷：北京市荣盛彩色印刷有限公司　　　　　版　　次：2022 年 1 月第 3 版第 1 次印刷
开　　本：186mm × 240mm　1/16　　　　　　　 印　　张：35.75
书　　号：ISBN 978-7-111-69858-6　　　　　　定　　价：129.00 元

客服电话：（010）88361066　88379833　68326294　　投稿热线：（010）88379604
华章网站：www.hzbook.com　　　　　　　　　　　　读者信箱：hzjsj@hzbook.com

# *Preface* 前　言

## 为什么写作本书

不管是学习 JavaSE、JavaEE、JavaWeb，还是学习 Java 大数据、Java 移动开发、Java 分布式、Java 微服务，“多线程编程”都是必不可少的核心技术点。本书是首本多线程技术书，自第 1 版和第 2 版出版以来，获得了广大 Java 程序员与学习者的关注，在技术论坛、博客、公众号等平台涌现了大量针对 Java 多线程技术的讨论与分享。有些读者在第一时间根据书中的知识总结了学习笔记，并在博客上进行分享，这种传播知识的精神令人赞赏和尊重，知识就要分享与传播。我也很高兴能为国内 IT 知识的体系建设尽微薄之力。

然而本书第 1 版和第 2 版出版时，基于 Java 的分布式 / 微服务技术还没有强调性能的想法，只是单纯地实现 RPC 远程调用即可，但随着分布式 / 微服务技术的稳定与推广，我们发现，单机的性能其实仍是分布式 / 微服务需要关注的基本点，因为只有单机运行环境的性能上去了，分布式 / 微服务的整体性能才能得到大幅度的提高，而在这中间一定会涉及两个技术点：数据的组织和线程的管理。掌握了这两个技术点，读者就可以自己实现消息队列，实现对数据的入队和出队的管理，这完全可以由现成的 Java 并发包中的并发集合工具类实现，不需要自己编写代码，从而大大提升了程序员的开发效率，避免了程序员自己重复造轮子的现象。

与此同时，我也收到了很多读者希望扩展或者深入讲解某些知识点的反馈建议，所以决定升级本书。

## 第 3 版与第 2 版的区别

第 3 版注重实战知识点的更新，主要是增加了针对“数据的组织”的第 8 章（并发集合工具类），以及针对“线程的管理”的第 9 章（Java 线程池）。

第 8 章介绍了并发集合框架，这是在多线程环境下使用较多的集合工具类，它一方面可以大大提升开发者开发多线程应用程序的效率，另一方面对数据的组织也更具有规划性，能够满足高并发环境下的使用需求。

第 9 章增加了线程池的使用，让线程管理更规范、高效。线程池也是 Java 程序员面试必问的技术点。该章深入方法参数与源代码层面，讲解了有界池和无界池应用，可大大提升读者开发高性能服务器的能力。

第 3 版还增加了若干实用的技术点。

第 1 章中丰富了最新版 JDK 中的 Thread 类的 API。

第 2 章中强化了多线程中最重要的理论基石“栅栏”的解释与代码实现。

第 3 章中增加了以下内容：① volatile 关键字在同步与可视性方面的案例，并着重讲解了该关键字在使用方面的注意事项及技巧；② 使用并发包实现线程间通信的解决方案，以及并发包中同步锁的实现原理；③ 线程异步通信机制的解释与最新版 JDK 实现代码。

第 5 章中优化了定时器相关的案例，代码更加简洁、明晰。

第 7 章中细化了 Java 线程状态的切换。

本书写作秉承“大道至简”思想，只介绍 Java 多线程开发中最值得关注的内容，希望能抛砖引玉，以个人的一些想法和见解，为读者拓展出更深入、更全面的思路。

## 本书特色

在本书写作的过程中，我尽量减少“啰唆”的语言，全部以 Demo 式案例来讲解技术点的实现，使读者看到代码及运行结果后就可以知道该项目要解决的是什么问题，类似于网络中博客的风格，让读者用最短的时间学习知识点，明白知识点如何应用，以及在使用时要避免什么，从而快速学习并解决问题。

## 读者对象

- Java 程序员
- 系统架构师
- Java 多线程开发者
- Java 并发开发者
- 大数据开发者
- 其他对多线程技术感兴趣的人员

## 如何阅读本书

本书本着实用、易懂的原则，用 9 章来介绍 Java 多线程相关的技术。

第 1 章讲解了 Java 多线程的基础，包括 Thread 类的核心 API 的使用。

第 2 章讲解了在多线程中对并发访问的控制，主要是 synchronized 关键字的使用。因为此关键字在使用上非常灵活，所以该章给出很多案例来说明此关键字的用法，为读者学习同步知识点打好坚实的基础。

第 3 章讲解了线程之间的通信与交互细节。该章主要介绍 wait()、notifyAll() 和 notify() 方法的使用，使线程间能互相通信，合作完成任务，还介绍了 ThreadLocal 类的使用，学习完该章，读者就能在 Thread 多线程中进行数据的传递了。

第 4 章讲解了锁的使用。因为 synchronized 关键字使用起来比较麻烦，所以 Java 5 及以上版本中提供了锁（Lock 对象），更好地实现了并发访问时的同步处理，包括读写锁等。

第 5 章讲解了 Timer 定时器类，其内部原理就是使用多线程技术。定时器是执行计划任务时很重要的技术点，在进行 Android 开发时也会有深入的使用。

第 6 章讲解的单例模式虽然很简单，但如果遇到多线程将会变得非常麻烦。如何在多线程中解决这么棘手的问题呢？该章会全面给出解决方案。

第 7 章对前面章节遗漏的技术空白点进行补充，使多线程的知识体系更加完整。

第 8 章讲解了并发集合框架的使用，几乎涵盖所有主流的并发集合工具类，并细化到 API 级，包含阻塞和非阻塞的使用等。

第 9 章讲解了线程池的使用，包括读者应该着重掌握的 ThreadPool 线程池构造方法参数的特性以及其他常用 API 的使用，并详细讲解了线程池内部源代码的实现。

## 交流和支持

由于笔者水平有限，编写时间仓促，书中难免会出现一些错误或者不准确的地方，恳请读者批评指正，期待能够得到你们的真挚反馈，在技术之路上互勉共进。笔者的邮箱是 279377921@qq.com。

## 致谢

在本书的出版过程中，感谢公司领导和同事的大力支持，感谢家人给予我充足的时间来撰写稿件。感谢我的儿子高晟京，看到他，我有了更多动力。最后感谢为此稿件耗费大量精力的高婧雅编辑，她仔细谨慎的工作态度是我学习的榜样，是她的鼓励和帮助引导我顺利完成本书。

高洪岩

# 目　录 *Contents*

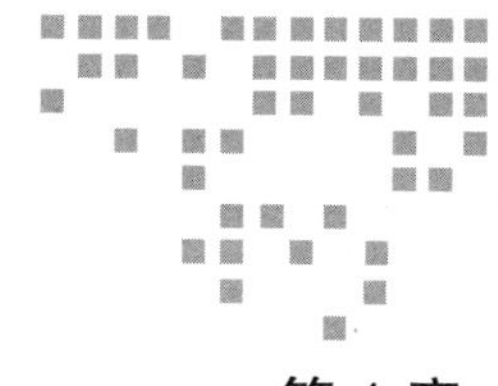

第 1 章 Chapter 1

# Java 多线程技能

本书第 1 章的重点是让读者快速进入 Java 多线程的学习，所以主要介绍 Thread 类中的核心方法。Thread 类中的核心方法较多，读者应该着重掌握如下技术点：

- 线程的启动；
- 如何使线程暂停；
- 如何使线程停止；
- 线程的优先级；
- 线程安全相关的问题。

## 1.1 进程和线程的定义及多线程的优点

本书主要介绍在 Java 语言中使用的多线程技术，但讲到多线程技术时不得不提及“进程”这个概念，百度百科里对“进程”的定义如图 1-1 所示。

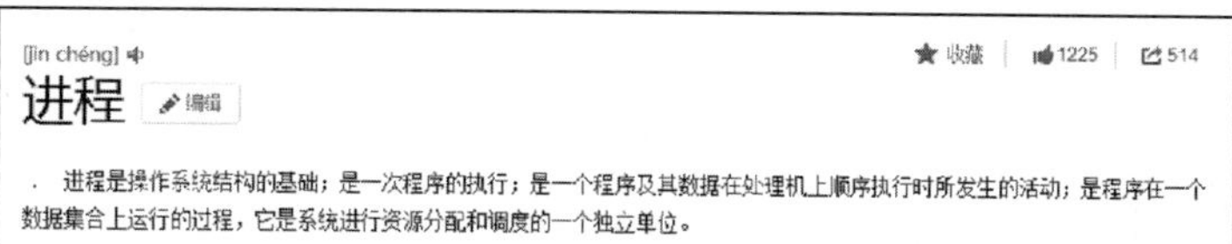


图 1-1 进程的定义

这段文字十分抽象，难以理解，那么再来看如图 1-2 所示的内容。

图 1-2 Windows 7 系统中的进程列表

难道一个正在操作系统中运行的 exe 程序就可以理解成一个“进程”？没错！

通过查看“ Windows 任务管理器”中的列表，完全可以将运行在内存中的 exe 文件理解成进程。进程是受操作系统管理的基本运行单元。

程序是指令序列，这些指令可以让 CPU 做指定的任务。*.java 程序经编译后形成 *.class 文件。在 IDE 中运行 *.class 文件相当于在操作系统中启动一个 JVM 虚拟机进程，在该虚拟机进程中加载 *.class 文件并运行，*.class 文件通过执行创建其他新线程的代码来执行具体的任务。

使用如下测试代码来验证运行一个 class 文件就是创建一个新的 JVM 虚拟机进程：

```
public class Test1 {
    public static void main(String[] args) {
        try {
            Thread.sleep(Integer.MAX_VALUE);
        } catch (InterruptedException e) {
            e.printStackTrace();
        }
    }
}
```

在没有运行这个类之前，任务管理器中以 j 开头的进程列表如图 1-3 所示。

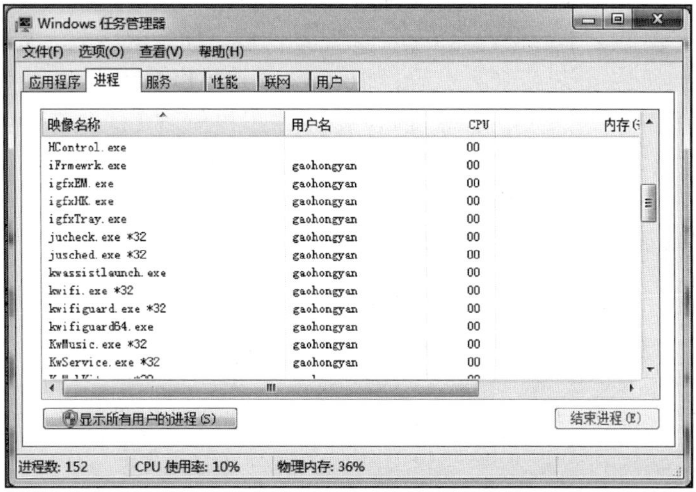

图 1-3 任务管理器中以 j 开头的进程

Test1 类重复运行 3 次后的进程列表如图 1-4 所示。可以看到，在任务管理器中创建了 3 个 javaw.exe 进程，说明每运行 1 次 *.class 文件就创建一个 javaw.exe 进程，其本质上就是 JVM 虚拟机进程。

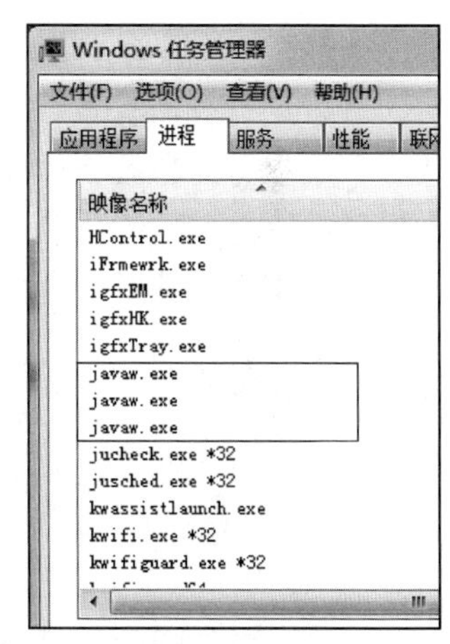


图 1-4 创建了 3 个 javaw.exe 进程

**那什么是线程呢？**线程可以理解为在进程中独立运行的子任务，比如 QQ.exe 运行时，很多子任务也同时在运行，如好友视频线程、下载文件线程、传输数据线程、发送表情线程等，这些不同的任务或者说功能都可以同时运行，其中每一项任务完全可以理解成是“线程”在工作，传文件、听音乐、发送图片表情等这些功能都有对应的线程在后台默默地运行。

进程负责向操作系统申请资源。在一个进程中，多个线程可以共享进程中相同的内存或文件资源。先有进程，后有线程。在一个进程中可以创建多个线程。

进程和线程的总结如下。

1）进程虽然是互相独立的，但它们可以互相通信，较为通用的方式是使用 Socket 或 HTTP 协议。

2）进程拥有共享的系统资源，比如内存、网络端口，供其内部线程使用。

3）进程较重，因为创建进程需要操作系统分配资源，会占用内存。

4）线程存在于进程中，是进程的一个子集，先有进程，后有线程。

5）虽然线程更轻，但线程上下文切换的时间成本非常高。

使用多线程有什么优点呢？其实如果大家有使用“多任务操作系统”的经验，比如 Windows 系列，那么对它的方便性应该都有体会：使用多任务操作系统 Windows 可以大幅利用 CPU 的空闲时间来处理其他任务，比如可以一边让操作系统处理正在用打印机打印的数据，一边使用 Word 编辑文档。CPU 在这些任务中不停地切换，由于切换的速度非常快，给使用者的感受就是这些任务在同时运行，所以使用多线程技术可以在同一时间内做更多不同种类的任务。

为了更加有效地理解多线程的优势，下面先来看看单任务运行环境示意图，如图 1-5 所示。

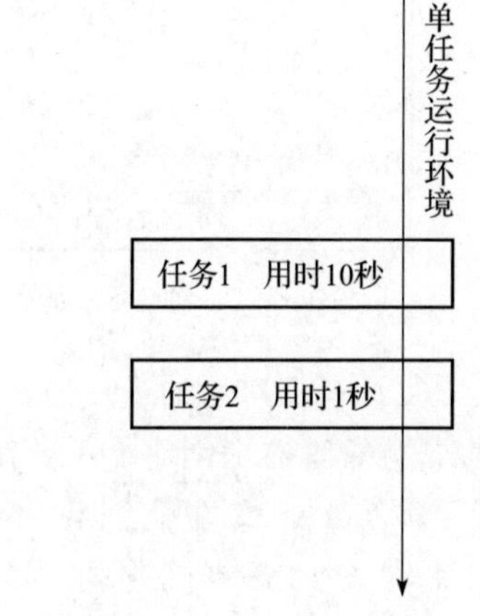


图 1-5 单任务运行环境

如图 1-5 所示，任务 1 和任务 2 是两个完全独立、不相关的任务。任务 1 在等待远程服务器返回数据，以便进行后期处理，这时 CPU 一直处于等待状态，在“空运行”。任务 2 在 10 秒后运行，虽然执行任务 2 用的时间非常短，仅仅是 1 秒，但也必须等任务 1 运行结束后才可以运行，而且本程序是运行在单任务环境中，所以任务 2 的等待时间非常长，系统运行效率大幅降低。单任务的特点就是排队执行，也就是同步，就像在 cmd 中输入一条命令后，必须等待这条命令执行完才可以执行下一条命令一样。在同一时间只能执行一个任务，CPU 利用率大幅降低，这就是单任务环境的缺点。

多任务运行环境如图 1-6 所示。

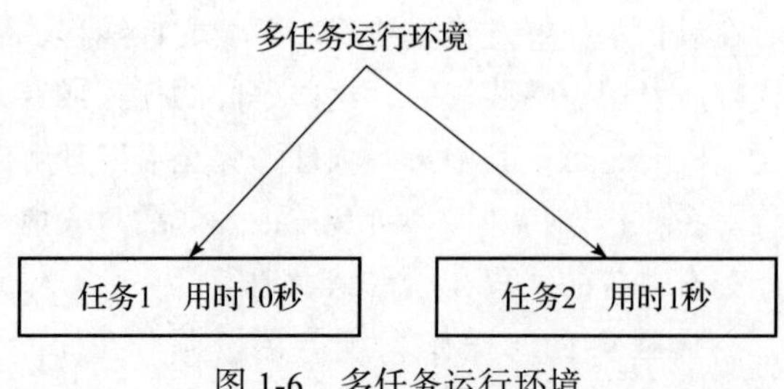


图 1-6 多任务运行环境

在图 1-6 中可以发现，CPU 完全可以在任务 1 和任务 2 之间来回切换，使任务 2 不必等到 10 秒之后再运行，系统和 CPU 的运行效率大大提升，这就是为什么要使用多线程技术，为什么要学习多线程。多任务的特点是在同一时间内可以执行多个任务，这也是多线程技术的优点。使用多线程就是在使用异步。

在通常情况下，单任务与多任务的实现与操作系统有关，比如在一台电脑上使用同一个 CPU，安装 DOS 磁盘操作系统只能实现单任务运行环境，而安装 Windows 操作系统则可以实现多任务运行环境。

在什么场景下使用多线程技术？笔者总结了两点。

1）阻塞：一旦系统中出现了阻塞现象，则可以根据实际情况来使用多线程提高运行效率。

2）依赖：业务分为两个执行过程，分别是 A 和 B，当 A 业务有阻塞的情况发生时，B 业务的执行不依赖 A 业务的执行结果，这时可以使用多线程来提高运行效率；如果 B 业务依赖 A 业务的执行结果，则不需要使用多线程技术，按顺序串行执行即可。

在实际的开发应用中，不要为了使用多线程而使用多线程，要根据实际场景决定。

---

注意　多线程是异步的，所以千万不要把 IDE 里代码的顺序当作线程执行的顺序，线程被调用的时机是随机的。

---

## 1.2　使用多线程

想学习一个技术就要“接近”它，所以本节首先通过一个示例来接触一下线程。

一个进程正在运行时至少会有一个线程在运行，这种情况在 Java 中也是存在的，这些线程在后台默默地执行，比如调用 public static void main() 方法的 main 线程就是这样，而且它由 JVM 创建。

创建示例项目 callMainMethodMainThread，并创建 Test.java 类，代码如下：

```
package test;

public class Test {

    public static void main(String[] args) {
        System.out.println(Thread.currentThread().getName());
    }

}
```

程序运行后的效果如图 1-7 所示。

在控制台输出的 main 其实就是一个名称为 main 的线程在执行 main() 方法中的代码，main 线程由 JVM 创建。另外需要说明一下，在控制台输出的 main 和 main 方法没有任何关系，它们仅仅是名字相同而已。

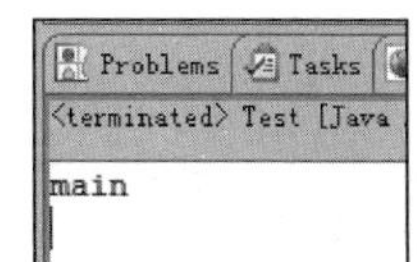


图 1-7　主线程 main 出现

创建 A 类代码如下：

```
package test1;

public class A {
    public static void main(String[] args) {
        B b = new B();
        b.bMethod();
    }
}
```

创建 B 类代码如下：

```
package test1;

public class B {
    public void bMethod() {
        System.out.println("B bMethod " + Thread.currentThread().getName());
    }
}
```

程序运行结果如下：

```
B bMethod main
```

在 B 类中的 bMethod() 方法打印的线程名称还是 main，说明和 public static void main (String[] args) 方法名称没有关系，仅仅是同名而已。

### 1.2.1 继承 Thread 类

Java 的 JDK 开发包已经自带了对多线程技术的支持，可以方便地进行多线程编程。实现多线程编程的方式主要有两种：一种是继承 Thread 类，另外一种是实现 Runnable 接口。

在学习如何创建新的线程前，先来看看 Thread 类的声明结构，代码如下：

```
public class Thread implements Runnable
```

从上面的源代码中可以发现，Thread 类实现了 Runnable 接口，它们之间具有多态关系，多态结构的示例代码如下：

```
Runnable run1 = new Thread();
Runnable run2 = new MyThread();
Thread t1 = new MyThread();
```

其实使用继承 Thread 类的方式创建新线程时，最大的局限就是不支持多继承，因为 Java 语言的特点就是单根继承，所以为了支持多继承，完全可以以实现 Runnable 接口的方式，一边实现一边继承，但这两种方式创建线程的功能是一样的，没有本质的区别。

本节主要介绍第一种方法。创建名称为 t1 的 Java 项目，创建一个自定义的线程类 MyThread.java，此类继承自 Thread，并且重写 run 方法。在 run 方法中添加线程要执行的任务代码如下：

```
package com.mythread.www;

public class MyThread extends Thread {
@Override
public void run() {
    super.run();
    System.out.println("MyThread");
}
}
```

运行类代码如下：

```
package test;

import com.mythread.www.MyThread;

public class Run {

public static void main(String[] args) {
    MyThread mythread = new MyThread();
    mythread.start();                        // 耗时大
    System.out.println("运行结束！");       // 耗时小
}

}
```

上面的代码使用 start() 方法来启动一个线程，线程启动后会自动调用线程对象中的 run() 方法，run() 方法里面的代码就是线程对象要执行的任务，是线程执行任务的入口。

图 1-8　运行结果

运行结果如图 1-8 所示。

从图 1-8 中的运行结果来看，MyThread.java 类中的 run 方法的执行时间相对于输出“运行结束！”的执行时间晚，因为 start() 方法的执行比较耗时，也增加了先输出“运行结束！”字符串的概率。

方法 start() 耗时多的原因是内部执行了多个步骤，步骤如下：

1）通过 JVM 告诉操作系统创建 Thread；

2）操作系统开辟内存并使用 Windows SDK 中的 createThread() 函数创建 Thread 线程对象；

3）操作系统对 Thread 对象进行调度，以确定执行时机；

4）Thread 在操作系统中被成功执行。

以上步骤完整执行所使用的时间一定大于输出“运行结束！”字符串的时间。另外，main 线程执行 start() 方法时不必等待上述步骤都执行完成，而是立即继续执行 start() 方法后面的代码，这 4 个步骤会与输出“运行结束！”的代码一同执行，由于输出“运行结束！”耗时比较少，所以在大多数情况下都是先输出“运行结束！”，后输出“MyThread”。

但在这里还是有非常非常渺茫的机会输出如下运行结果：

```
MyThread
运行结束！
```

输出上面的结果说明执行完整的 start() 方法的 4 个步骤后，才执行输出“运行结束！”字符串的代码，这也说明线程执行的顺序具有随机性。然而由于输出这种结果的概率很小，使用手动的方式来重复执行 Run Java 难以重现，这时可以人为地制造这种输出结果，即在执行输出“运行结束！”代码之前先执行代码 Thread.sleep(300)，让 run() 方法有充足的时间来首先输出“MyThread”，再输出“运行结束!”，示例代码如下：

```
package test;

import com.mythread.www.MyThread;

public class Run2 {
public static void main(String[] args) throws InterruptedException {
    MyThread mythread = new MyThread();
    mythread.start();
    Thread.sleep(200);
    System.out.println("运行结束!");
}
}
```

建议使用如下代码实现 sleep 操作：

```
public static void main(String[] args) throws InterruptedException {
    System.out.println("begin " + System.currentTimeMillis());
    TimeUnit.SECONDS.sleep(5);
    System.out.println("  end " + System.currentTimeMillis());
}
```

Thread.sleep() 方法的参数是毫秒，代码可读性不好，而 TimeUnit 可以更加方便地使用指定的时间单位实现 sleep 操作，代码可读性好。其他时间单位为 NANOSECONDS、MICROSECONDS、MILLISECONDS、SECONDS、MINUTES、HOURS、DAYS。

在使用多线程技术时，代码的运行结果与代码执行顺序或调用顺序无关。另外，线程是一个子任务，CPU 是以不确定的方式，或者以随机的时间来调用线程中的 run() 方法，所以先输出“运行结束!”和先输出“MyThread”具有不确定性。

注意 如果多次调用 start() 方法，则出现异常 Exception in thread "main" java.lang.IllegalThreadStateException。

## 1.2.2 使用常见的 3 个命令分析线程的信息

可以在运行的进程中创建线程，如果想查看这些线程的状态与信息，则可采用 3 种常见的命令，分别是 jps+jstack.exe、jmc.exe 和 jvisualvm.exe，它们在 jdk\bin 文件夹中。

创建测试用的程序并运行，代码如下：

```
package test.run;

public class Run3 {
    public static void main(String[] args) throws InterruptedException {
        for (int i = 0; i < 5; i++) {
            new Thread() {
                public void run() {
```

```
                    try {
                        Thread.sleep(500000);
                    } catch (InterruptedException e) {
                        e.printStackTrace();
                    }
                };
            }.start();
        }
    }
}
```

1）采用第 1 种方式查看线程的状态。使用 jps+jstack.exe 命令，在 cmd 中输入 jps 命令查看 Java 进程，其中进程 id 是 13824 的就是当前运行类 Run3 对应的 Java 虚拟机进程，然后使用 jstack 命令查看该进程下线程的状态，命令如下：

```
C:\>cd jdk1.8.0_161
C:\jdk1.8.0_161>cd bin
C:\jdk1.8.0_161\bin>jps
13824 Run3
8328 Jps
C:\jdk1.8.0_161\bin>jstack -l 13824
```

按 Enter 键后就可以看到线程的状态。

2）采用第 2 种方式查看线程的状态。使用 jmc.exe 命令，双击 jmc.exe 命令出现如图 1-9 所示界面。

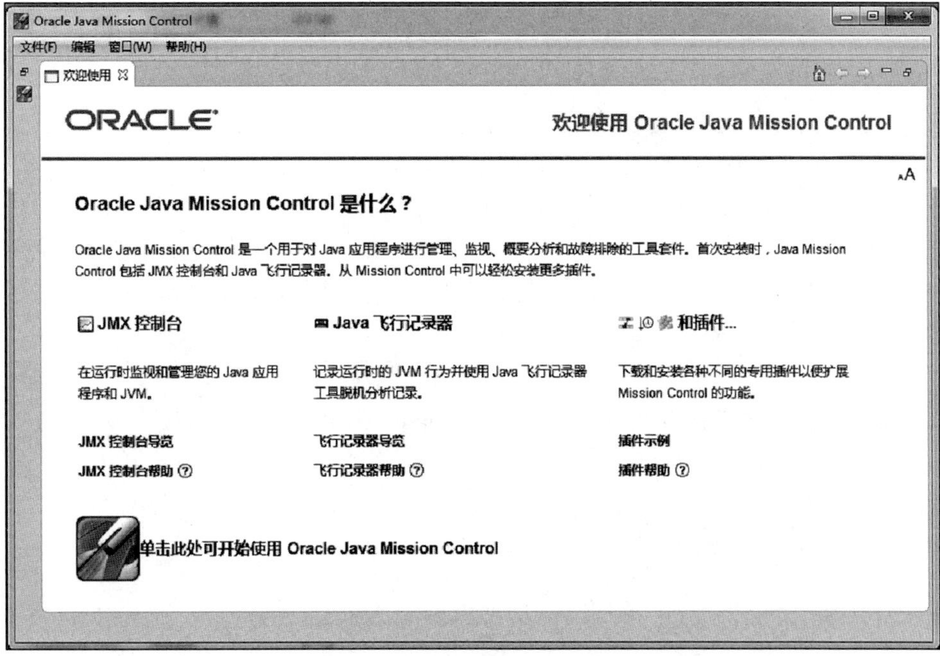


图 1-9　命令 jmc.exe 的欢迎界面

关闭欢迎界面后双击 Run3 进程，再双击“ MBean 服务器”，然后点击“线程”标签页，出现如图 1-10 所示界面。

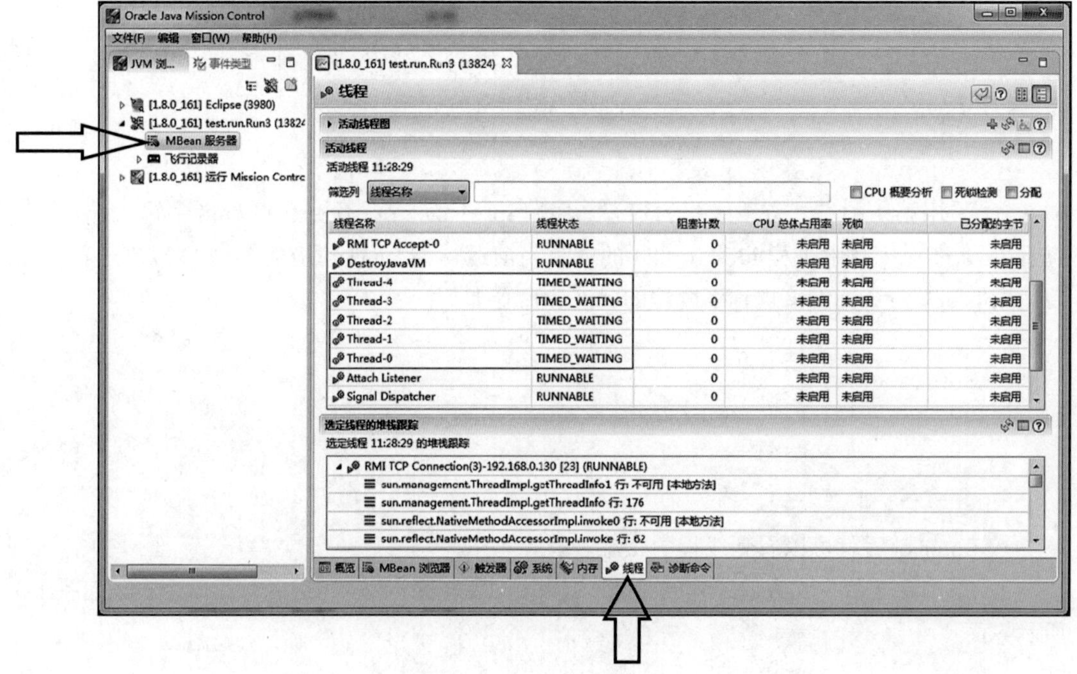


图 1-10　线程列表

在列表中可以看到 5 个线程的名称与状态。

---

**注意** 如果在 jmc.exe 中看不到 JVM 进程，说明 jmc.exe 和 IDE 使用的 JDK 版本不一致。系统中存在多个版本的 JDK，需要将 path 环境变量中使用的 JDK 版本和 IDE 中使用的 JDK 版本保持一致。建议在 path 环境变量中调整所使用的 jdk/bin 的路径。另外 JMC(JDK Mission Control) 在新版的 JDK 中不再默认提供，它已经成为一个独立的软件，需要到 Oracle 官方单独下载。

---

3）采用第 3 种方式查看线程的状态。使用 jvisualvm.exe 命令，双击 jvisualvm.exe 命令，出现如图 1-11 所示界面。

双击“Run3”进程，再点击“线程”标签页后就看到了 5 个线程，如图 1-12 所示。

线程的状态可以通过不同状态对应的不同颜色来一一判断。

### 1.2.3　线程随机性的展现

前面介绍过线程的调用是随机的，但并没有从代码中体现出来，都是理论的讲解，所以本节将在名称为 randomThread 的 Java 项目中演示线程的随机特性。

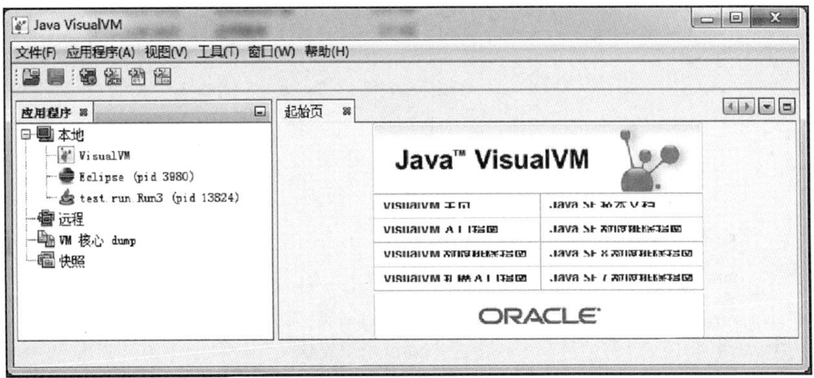


图 1-11　命令 jvisualvm.exe 的主界面

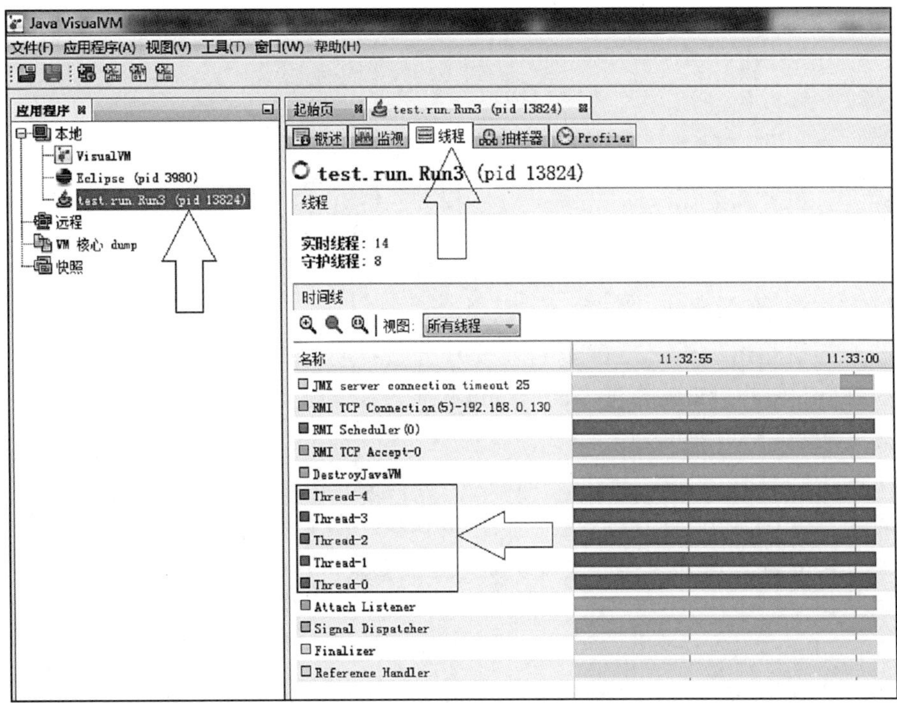


图 1-12　可以看到 5 个线程

创建自定义线程类 MyThread.java 代码如下：

```
package mythread;

public class MyThread extends Thread {
    @Override
    public void run() {
```

```
        for (int i = 0; i < 10000; i++) {
            System.out.println("run=" + Thread.currentThread().getName());
        }
    }
}
```

再创建运行类 Test.java 代码如下：

```
package test;

import mythread.MyThread;

public class Test {
    public static void main(String[] args) {
        MyThread thread = new MyThread();
        thread.setName("myThread");
        thread.start();

        for (int i = 0; i < 10000; i++) {
            System.out.println("main=" + Thread.currentThread().getName());
        }
    }
}
```

Thread.java 类中的 start() 方法通知"线程规划器"——此线程已经准备就绪，准备调用线程对象的 run() 方法。这个过程其实就是让操作系统安排一个时间来调用 Thread 中的 run() 方法执行具体的任务，具有异步随机顺序执行的效果，如图 1-13 所示。

```
run=myThread
run=myThread
run=myThread
main=main
main=main
main=main
main=main
main=main
main=main
run=myThread
run=myThread
run=myThread
run=myThread
run=myThread
run=myThread
run=myThread
run=myThread
run=myThread
run=myThread
```

图 1-13　随机被执行的线程

多线程随机输出的原因是 CPU 将时间片分给不同的线程，线程获得时间片后就执行任务，所以这些线程在交替执行并输出，导致输出结果呈乱序。

时间片即 CPU 分配给各个程序的时间。每个线程被分配一个时间片，在当前的时间片内执行线程中的任务。需要注意的是，当 CPU 在不同的线程上进行切换时是需要耗时的，所以并不是创建的线程越多，软件运行效率就越快，相反，线程数过多反而会降低软件的执行效率。

如果调用代码"thread.run();"而不是"thread.start();"，其实就不是异步执行了，而是同步执行，那么此线程对象并不交给线程规划器来进行处理，而是由 main 线程来调用 run() 方法，也就是必须等 run() 方法中的代码执行完毕后才可以执行后面的代码。

### 1.2.4　执行 start() 的顺序不代表执行 run() 的顺序

注意，执行 start() 方法的顺序不代表线程启动的顺序，即不代表 run() 方法执行的顺序，执行 run() 方法的顺序是随机的。

创建测试用的项目名称为 z，MyThread.java 类代码如下：

```
package extthread;

public class MyThread extends Thread {

private int i;

public MyThread(int i) {
    super();
    this.i = i;
}
@Override
public void run() {
    System.out.println(i);
}

}
```

运行类 Test.java 代码如下：

```
package test;

import extthread.MyThread;

public class Test {

public static void main(String[] args) {
    MyThread t11 = new MyThread(1);
    MyThread t12 = new MyThread(2);
    MyThread t13 = new MyThread(3);
    MyThread t14 = new MyThread(4);
    MyThread t15 = new MyThread(5);
    MyThread t16 = new MyThread(6);
    MyThread t17 = new MyThread(7);
    MyThread t18 = new MyThread(8);
    MyThread t19 = new MyThread(9);
    MyThread t110 = new MyThread(10);
    MyThread t111 = new MyThread(11);
    MyThread t112 = new MyThread(12);
    MyThread t113 = new MyThread(13);

    t11.start();
    t12.start();
    t13.start();
    t14.start();
    t15.start();
    t16.start();
    t17.start();
    t18.start();
    t19.start();
    t110.start();
    t111.start();
```

```
        t112.start();
        t113.start();

    }

}
```

程序运行后的效果如图 1-14 所示，说明执行 start() 方法的顺序不代表执行 run() 方法的顺序，方法 run() 是被随机调用的，也从另外一个角度说明线程是随机执行的。

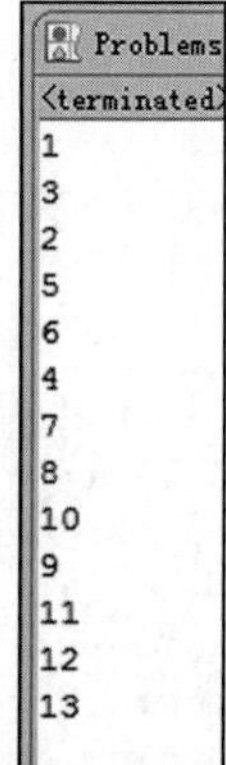


图 1-14 线程启动顺序与 start() 执行顺序无关

## 1.2.5 实现 Runnable 接口

如果想创建的线程类已经有了一个父类，就不能再继承自 Thread 类，因为 Java 不支持多继承，所以需要实现 Runnable 接口来解决这样的问题。

创建项目 t2，继续创建一个实现 Runnable 接口的 MyRunnable 类，代码如下：

```
package myrunnable;

public class MyRunnable implements Runnable {
@Override
public void run() {
    System.out.println("运行中!");
}
}
```

如何使用这个 MyRunnable.java 类呢？这就要看 Thread.java 的构造函数了，如图 1-15 所示。

| 构造方法摘要 |
|---|
| **Thread**()<br>分配新的 Thread 对象。 |
| **Thread**(Runnable target)<br>分配新的 Thread 对象。 |
| **Thread**(Runnable target, String name)<br>分配新的 Thread 对象。 |
| **Thread**(String name)<br>分配新的 Thread 对象。 |
| **Thread**(ThreadGroup group, Runnable target)<br>分配新的 Thread 对象。 |
| **Thread**(ThreadGroup group, Runnable target, String name)<br>分配新的 Thread 对象，以便将 target 作为其运行对象，将指定的 name 作为其名称，并作为 group 所引用的线程组的一员。 |
| **Thread**(ThreadGroup group, Runnable target, String name, long stackSize)<br>分配新的 Thread 对象，以便将 target 作为其运行对象，将指定的 name 作为其名称，作为 group 所引用的线程组的一员，并具有指定的*堆栈大小*。 |
| **Thread**(ThreadGroup group, String name)<br>分配新的 Thread 对象。 |

图 1-15 Thread 构造函数

在 Thread.java 类的 8 个构造方法中，有 5 个构造方法可以传递 Runnable 接口。说明构造方法支持传入一个 Runnable 接口的对象，运行类代码如下：

```
public class Run {
public static void main(String[] args) {
    Runnable runnable=new MyRunnable();
    Thread thread=new Thread(runnable);
    thread.start();
    System.out.println("运行结束!");
}

}
```

运行结果如图 1-16 所示。

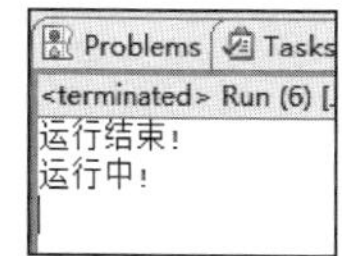


图 1-16　运行结果

图 1-16 所示的运行结果和采用继承 Thread 类的方法的运行结果没有什么特别之处，输出效果一样：异步执行。

### 1.2.6　使用 Runnable 接口实现多线程的优点

使用继承 Thread 类的方式来开发多线程应用程序在设计上是有局限的，因为 Java 是单继承，不支持多继承，所以为了改变这种限制，可以使用实现 Runnable 接口的方式来实现多线程。下面来使用 Runnable 接口必要性的演示代码。

创建测试用的项目 moreExtends，首先看一下业务 A 类，代码如下：

```
package service;

public class AServer {
    public void a_save_method() {
        System.out.println("a 中的保存数据方法被执行");
    }
}
```

再来看业务 B 类，代码如下：

```
package service;

public class BServer1 extends AServer,Thread
{

    public void b_save_method() {
        System.out.println("b 中的保存数据方法被执行");
    }
}
```

BServer1.java 类不支持在 extends 关键字后写多个类名，也就是 Java 并不支持多继承的写法，所以在代码“public class BServer1 extends AServer, Thread”处出现异常信息：

```
Syntax error on token "extends", delete this token
```

这时就有使用 Runnable 接口的必要性了，创建新的业务 B 类，代码如下：

```
package service;
```

```
public class BServer2 extends AServer implements Runnable {
    public void b_save_method() {
        System.out.println("b 中保存数据的方法被执行 ");
    }

    @Override
    public void run() {
        b_save_method();
    }
}
```

程序不再出现异常，通过实现 Runnable 接口，可间接实现“多继承”的效果。

另外需要说明的是，Thread.java 类也实现了 Runnable 接口，如图 1-17 所示。

```
Thread.class ☒
class Thread implements Runnable {
    /* Make sure registerNatives is the first thing <clinit> does. */
    private static native void registerNatives();
    static {
        registerNatives();
    }
```

图 1-17 Thread 类实现 Runnable 接口

这就意味着构造函数 Thread(Runnable target) 不仅可以传入 Runnable 接口的对象，还可以传入一个 Thread 类的对象，这样做完全可以将一个 Thread 对象中的 run() 方法交由其他线程进行调用，示例代码如下：

```
public class Test {
    public static void main(String[] args) {
        MyThread thread = new MyThread();
        //MyThread 是 Thread 的子类
        // 而 Thread 是 Runnable 的实现类
        // 所以 MyThread 也相当于是 Runnable 的实现类
        Thread t = new Thread(thread);
        t.start();
    }
}
```

在非多继承的情况下，使用继承 Thread 类和实现 Runnable 接口这两种方式在取得程序运行的结果上并没有太大的区别，但一旦出现“多继承”的情况，则建议采用实现 Runnable 接口的方式来处理多线程的问题。

另外，使用 Runnable 接口方式实现多线程可以把“线程”和“任务”分离，Thread 代表线程，而 Runnable 代表可运行的任务，Runnable 里面包含 Thread 线程要执行的代码，这样处理可以实现多个 Thread 共用一个 Runnable。

### 1.2.7 public Thread(Runnable target) 中的 target 参数

当使用如下代码时：

```
MyRunnable run = new MyRunnable();
Thread t = new Thread(run);
t.start();
```

JVM 直接调用的是 Thread.java 类中的 run() 方法。该方法源代码如下：

```
@Override
public void run() {
    if (target != null) {
        target.run();
    }
}
```

在方法中判断 target 变量是否为 null，不为 null 则执行 target 对象的 run() 方法。target 存储的对象就是前面声明的 MyRunnable run 对象，对 Thread 构造方法传入 Runnable 对象，再结合 if 判断就可以执行 Runnable 对象的 run() 方法了。变量 target 是在 init() 方法中进行赋值初始化的，核心源代码如下：

```
private void init(ThreadGroup g, Runnable target, String name,
                  long stackSize, AccessControlContext acc,
                  boolean inheritThreadLocals) {
    ……
    this.target = target;
    ……
```

而方法 init() 是在 Thread.java 构造方法中被调用的，源代码如下：

```
public Thread(Runnable target) {
    init(null, target, "Thread-" + nextThreadNum(), 0);
}
```

当执行 start() 方法时，由 JVM 调用 Thread.java 类的 run() 方法：

```
@Override
public void run() {
    if (target != null) {
        target.run();
    }
}
```

然后 Thread.java 类的 run() 方法再调用 target 的 run() 方法。这里 if 条件语句的结果为 true，所以执行 target 对象的 run() 方法。

使用如下代码：

```
public class Test2 {
public static void main(String[] args) throws InterruptedException {
        Thread myThread = new Thread() {
            @Override
            public void run() {
                System.out.println("运行 run!");
            }
```

```
        };
        myThread.start();
    }
}
```

内部会创建 Thread 类的子类 Test2$1.class，反编译后的源代码如下：

```
package test;

import java.io.PrintStream;

class Test2$1
extends Thread
{
public void run()
    {
        System.out.println("运行 run!");
    }
}
```

子类 Test2$1.class 重写了 Thread.java 类的 run() 方法，如果不调用“super.run();”，则不会执行 Thread.java 类的 run() 方法，而是直接执行 Test2$1.class 类的 run() 方法。

### 1.2.8 实例变量共享导致的“非线程安全”问题与相应的解决方案

自定义线程类中的实例变量针对其他线程可以有共享与不共享之分，这在多个线程之间交互时是很重要的。

#### 1. 不共享数据的情况

不共享数据的情况如图 1-18 所示。

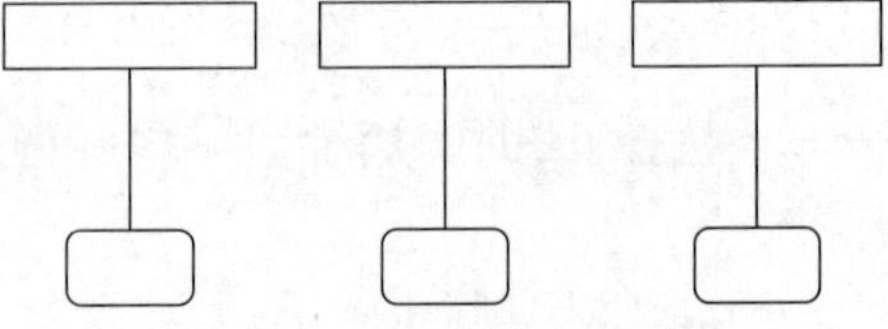
图 1-18 不共享数据的情况

下面通过一个示例来看数据不共享情况。

创建实验用的 Java 项目，名称为 t3，MyThread.java 类代码如下：

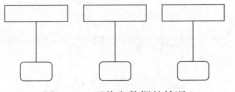

```
public class MyThread extends Thread {
private int count = 5;

public MyThread(String name) {
    super();
    this.setName(name);           //设置线程名称
}

@Override
public void run() {
    super.run();
    while (count > 0) {
        count--;
        System.out.println("由 " + this.currentThread().getName()
            + " 计算，count=" + count);
```

```
        }
    }
}
```

运行类 Run.java 代码如下：

```
public class Run {
public static void main(String[] args) {
    MyThread a=new MyThread("A");
    MyThread b=new MyThread("B");
    MyThread c=new MyThread("C");
    a.start();
    b.start();
    c.start();
}
}
```

运行结果如图 1-19 所示。

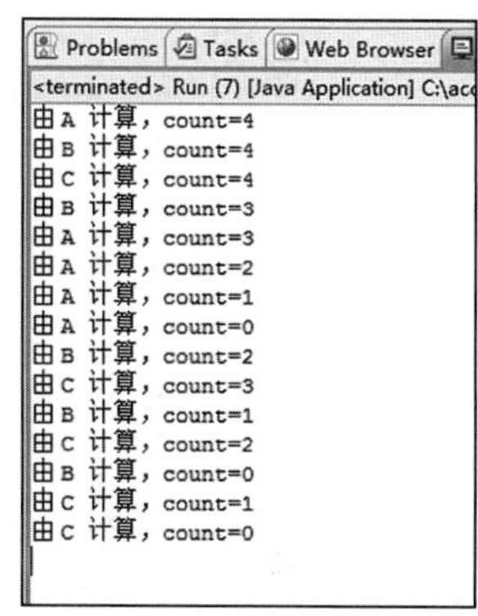


图 1-19　不共享数据

由图 1-19 可以看到一共创建了 3 个线程，每个线程都有各自的 count 变量，自己减少自己的 count 变量的值，这样的情况就是变量不共享，此示例并不存在多个线程访问同一个实例变量的情况。

如果想实现 3 个线程共同去对 1 个 count 变量进行减法操作，代码该如何设计呢？

### 2. 共享数据的情况

共享数据的情况如图 1-20 所示。

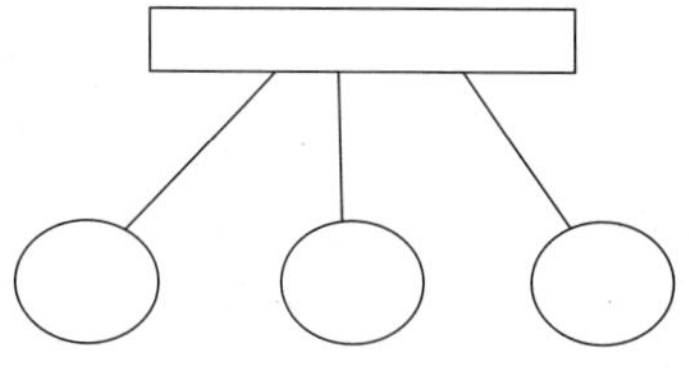

图 1-20　共享数据的情况

共享数据的情况就是多个线程可以访问同一个变量，如在实现投票功能的软件时，多个线程同时处理同一个人的票数。

下面通过一个示例来看数据共享情况。

创建 t4 测试项目，MyThread.java 类代码如下：

```
public class MyThread extends Thread {

private int count=5;

@Override
public void run() {
    super.run();
        count--;
        // 此示例不要用 while 语句，会造成其他线程得不到运行的机会
        // 因为第一个执行 while 语句的线程会将 count 值减到 0
        // 一直由一个线程进行减法运算
        System.out.println(" 由 "+this.currentThread().getName()+" 计算，count="+
            count);
}
}
```

运行类 Run.java 代码如下：

```
public class Run {
public static void main(String[] args) {
    MyThread mythread=new MyThread();

    Thread a=new Thread(mythread,"A");
    Thread b=new Thread(mythread,"B");
    Thread c=new Thread(mythread,"C");
    Thread d=new Thread(mythread,"D");
    Thread e=new Thread(mythread,"E");
    a.start();
    b.start();
    c.start();
    d.start();
    e.start();
}
}
```

运行结果如图 1-21 所示。

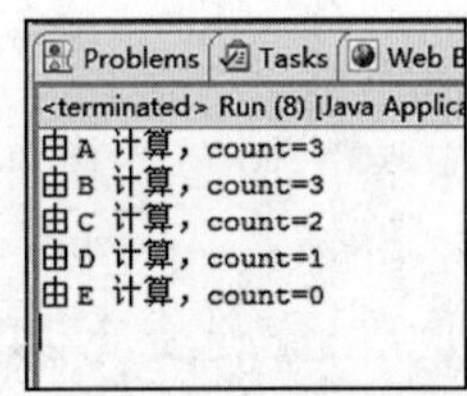


图 1-21　共享变量值重复，出现线程安全问题

从图 1-21 中可以看到，线程 A 和 B 输出的 count 值都是 3，说明 A 和 B 同时对 count 进行处理，产生了“非线程安全”问题。而我们想要得到的输出结果却不是重复的，应该是依次递减的。

出现非线程安全的情况是因为在某些 JVM 中，count-- 的操作要分解成如下 3 步（执行这 3 个步骤的过程中会被其他线程所打断）：

1）取得原有 count 值；

2）计算 count-1；

3）对 count 进行重新赋值。

在这 3 个步骤中，如果有多个线程同时访问，那么很大概率会出现非线程安全问题，得出重复值的步骤如图 1-22 所示。

int count=5;

| 时间<br>线程 | 1 | 2 | 3 | 4 | 5 | 6 | 7 | 8 |
|---|---|---|---|---|---|---|---|---|
| A | 5 | | 4 | | <u>4</u> | | | |
| B | | 5 | | 4 | | <u>4</u> | | |

图 1-22　得出重复值的步骤

A 线程和 B 线程对 count 执行减 1 计算后得出相同值 4 的过程如下：

1）在时间单位为 1 处，A 线程取得 count 变量的值 5；

2）在时间单位为 2 处，B 线程取得 count 变量的值 5；

3）在时间单位为 3 处，A 线程执行 count-- 计算，将计算后的 4 值存储到临时变量中；

4）在时间单位为 4 处，B 线程执行 count-- 计算，将计算后的 4 值也存储到临时变量中；

5）在时间单位为 5 处，A 线程将临时变量中的值 4 赋值给 count；

6）在时间单位为 6 处，B 线程将临时变量中的值 4 也赋值给 count；

7）最终结果就是 A 和 B 线程都得到相同的计算结果为 4，非线程安全出现了。

i-- 操作会出现非线程安全问题，同理 i++ 操作也有同样效果，请自行测试：创建 10 个线程，每个线程使用 for 循环对同一个对象的同一个实例变量 A 进行 +1 操作，循环 1000 次，但最终 A 的值并不是 10 000。

其实在 JVM 层面，i++ 操作对应的字节码需要执行 4 步，创建测试类代码如下：

```
public class Test {
    static int i = 100;

    public static void main(String[] args) throws InterruptedException {
        i++;
    }
}
```

在 CMD 中执行如下命令：

```
C:\Users\Administrator\eclipse-workspace\test1\bin\test2>javap -c -v Test.class
```

生成的字节码指令如下：

```
getstatic  # 获取 static 变量
iconst_1   # 产生整数 1
iadd       # 对 static 变量进行加 1 操作
putstatic  # 对 static 变量进行赋值
```

执行这 4 个步骤时是允许被打断的，所以多个线程执行 i++ 操作的结果是不正确的。

i-- 操作对应的字节码如下：

```
getstatic
iconst_1
isub
putstatic
```

出现非线程安全的情况是多个线程操作同一个对象的同一个实例变量，导致值不准确。

i++ 或 i-- 操作其实就是典型的销售场景，5 个销售员，每个销售员卖出一个货品后不可以得出相同的剩余数量，必须在当前销售员卖完一个货品后，其他销售员才可以在新的剩余物品数上继续减 1 操作，这时就需要在多个线程之间进行同步操作，也就是按顺序排队的方式进行减 1，更改代码如下：

```
public class MyThread extends Thread {
private int count=5;
@Override
synchronized public void run() {
```

```
        super.run();
            count--;
            System.out.println("由 "+this.currentThread().getName()+" 计算,count="+
                count);
    }
    }
```

重新运行程序，便不会出现值一样的情况了，如图 1-23 所示。

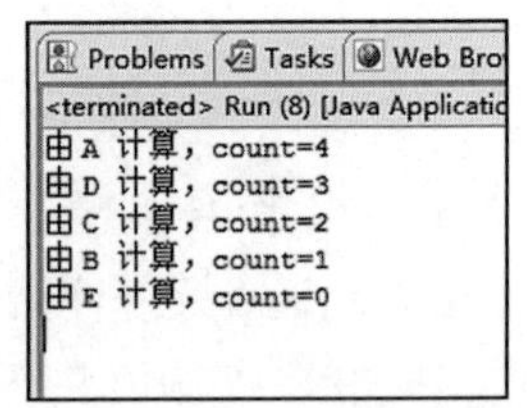

图 1-23 方法调用被同步

通过在 run 方法前加入 synchronized 关键字，使多个线程在执行 run 方法时，以排队的方式进行处理。一个线程在调用 run 方法前，需要先判断 run 方法有没有上锁，如果上锁，说明有其他线程正在调用 run 方法，必须等其他线程调用结束后才可以执行 run 方法，这样也就实现了排队调用 run 方法的目的，实现了按顺序对 count 变量减 1 的效果。虽然 i-- 操作仍被划分成 3 个步骤，但在执行这 3 个步骤时并没有被打断，呈"原子性"，所以运行结果是正确的。

使用 synchronized 关键字修饰的方法称为"同步方法"，可用来对方法内部的全部代码进行加锁，而加锁的这段代码称为"互斥区"或"临界区"。

当一个线程想要执行同步方法里面的代码时，它会首先尝试去拿这把锁，如果能够拿到，那么该线程就会执行 synchronized 里面的代码。如果不能拿到，那么这个线程就会不断尝试去拿这把锁，直到拿到为止。

例如，创建 10 个线程，每个线程使用 for 循环对同一个对象的同一个实例变量 A 进行 +1 操作，循环 1000 次，但最终 A 的值并不是 10 000。

如果对这个实例使用 synchronized 关键字，则最终结果 100% 都是 10 000。

### 1.2.9 Servlet 技术也会引起"非线程安全"问题

非线程安全主要是指多个线程对同一个对象中的同一个实例变量进行操作时会出现值被更改、值不同步的情况，进而影响程序执行流程。下面通过一个示例来学习如何解决非线程安全问题。

创建 t4_threadsafe 项目，以实现非线程安全的环境，LoginServlet.java 代码如下：

```
package controller;

//本类模拟成一个 Servlet 组件
public class LoginServlet {

private static String usernameRef;
private static String passwordRef;

public static void doPost(String username, String password) {
    try {
        usernameRef = username;
        if (username.equals("a")) {
```

```
            Thread.sleep(5000);
        }
        passwordRef = password;

        System.out.println("username=" + usernameRef + " password="
            + password);
        } catch (InterruptedException e) {
            // TODO Auto-generated catch block
            e.printStackTrace();
    }
}

}
```

线程 ALogin.java 代码如下：

```
package extthread;

import controller.LoginServlet;

public class ALogin extends Thread {
@Override
public void run() {
    LoginServlet.doPost("a", "aa");
}
}
```

线程 BLogin.java 代码如下：

```
package extthread;

import controller.LoginServlet;

public class BLogin extends Thread {
@Override
public void run() {
    LoginServlet.doPost("b", "bb");
}
}
```

运行类 Run.java 代码如下：

```
public class Run {

public static void main(String[] args) {
    ALogin a = new ALogin();
    a.start();
    BLogin b = new BLogin();
    b.start();
}

}
```

程序运行结果如图 1-24 所示。

运行结果是错误的，在研究问题的原因之前，首先要知道两个线程向同一个对象的public static void doPost(String username, String password) 方法传递参数时，方法的参数值不会被覆盖，而是绑定到当前执行线程上。

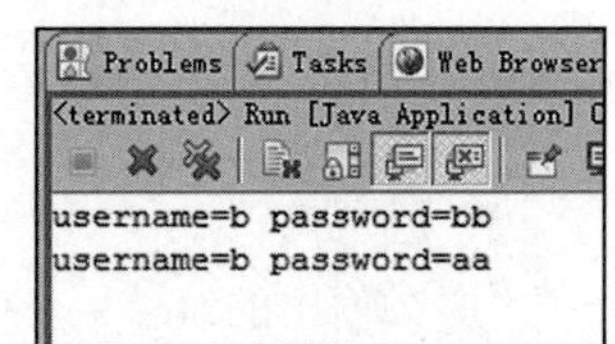


图 1-24　线程非安全

执行错误结果的过程如下。

1）在执行 main() 方法时，执行的结构顺序如下：

```
ALogin a = new ALogin();
a.start();
BLogin b = new BLogin();
b.start();
```

这样的代码顺序被执行时，很大概率会使 ALogin 线程先执行，而 BLogin 线程后执行，因为 ALogin 线程是首先执行 start() 方法的，并且在执行 a.start() 之后又执行了 BLogin b = new BLogin()，实例化代码是需要耗时，更增加了 ALogin 线程先执行的概率。

2）ALogin 线程首先执行了 public static void doPost(String username, String password) 方法，对 username 和 password 传入值 a 和 aa。

3）ALogin 线程执行 usernameRef = username 语句，将 a 赋值给 usernameRef。

4）ALogin 线程执行 if (username.equals("a")) 代码符合条件，执行 Thread.sleep(5000) 停止运行 5 秒。

5）BLogin 线程也执行 public static void doPost(String username, String password) 方法，对 username 和 password 传入值 b 和 bb。

6）由于 LoginServlet .java 是单例的，并且变量 usernameRef 和 passwordRef 使用 static 进行修饰，系统中只存在一份 usernameRef 和 passwordRef 变量，所以 ALogin 线程对 usernameRef 赋的 a 值被 BLogin 线程的 b 值所覆盖，usernameRef 值变成 b。

7）BLogin 线程执行 if (username.equals("a")) 代码不符合条件，不执行 Thread.sleep (5000)，而继续执行后面的赋值语句，将 passwordRef 值变成 bb。

8）BLogin 线程执行输出语句，输出了 b 和 bb 的值。

9）5s 之后，ALogin 线程继续向下运行，注意，参数 password 的值 aa 是绑定到当前线程的，也就是 ALogin 线程，所以不会被 BLogin 线程的值 bb 所覆盖。将 ALogin 线程 password 的值 aa 赋值给变量 passwordRef，而 usernameRef 还是 BLogin 线程赋的值 b。

10）ALogin 线程执行输出语句，输出了 b 和 aa 的值。

这就是对运行过程的分析。上面错误的结果也通过 10 个步骤进行了分析。

另外，去掉 if 和 sleep 语句后，如果 BLogin 线程得到优先执行的机会，那么输出的结果可能有两种：

```
b bb
a aa

a bb
a aa
```

但需要注意的是，如果代码改成如下所示：

```
ALogin a = new ALogin();
BLogin b = new BLogin();
a.start();
b.start();
```

那么输出的结果可能有以下两种：

```
a bb
a aa

b bb
b aa
```

解决这个非线程安全问题也是使用 synchronized 关键字，更改代码如下：

```
synchronized public static void doPost(String username, String password) {
    try {
        usernameRef = username;
        if (username.equals("a")) {
            Thread.sleep(5000);
        }
        passwordRef = password;

        System.out.println("username=" + usernameRef + " password="
                + password);
    } catch (InterruptedException e) {
        // TODO Auto-generated catch block
        e.printStackTrace();
    }
}
```

加入 synchronized 关键字的方法可以保证同一时间只有一个线程在执行方法，多个线程执行方法具有排队的特性。

程序运行结果如图 1-25 所示。

在 Web 开发中，Servlet 对象本身就是单例的，所以为了不出现的非线程安全，建议不要在 Servlet 中出现实例变量。

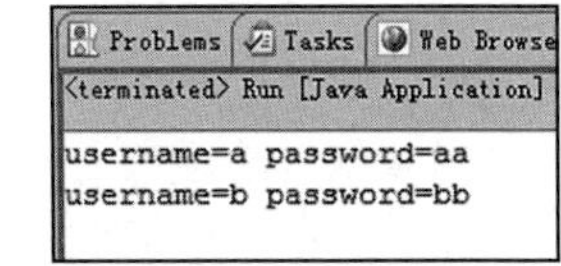


图 1-25　排队进入方法，线程安全了

### 1.2.10　留意 i-- 与 System.out.println() 出现的“非线程安全”问题

在前面的章节中，解决非线程安全问题的方法是使用 synchronized 关键字，本小节将通过程序案例去细化一下 println() 方法与 i-- 联合使用时“有可能”出现的另外一种异常情况，并说明其产生的原因。

创建名称为 sameNum 的项目，自定义线程 MyThread.java 代码如下：

```
package extthread;
```

```
public class MyThread extends Thread {

private int i = 5;

@Override
public void run() {
    System.out.println("i=" + (i--) + " threadName="
        + Thread.currentThread().getName());
    //注意：代码 i--; 由单独一行运行
    //被改成在当前项目中的 println() 方法中直接进行输出
}

}
```

运行类 Run.java 代码如下：

```
package test;

import extthread.MyThread;

public class Run {

public static void main(String[] args) {

    MyThread run = new MyThread();

    Thread t1 = new Thread(run);
    Thread t2 = new Thread(run);
    Thread t3 = new Thread(run);
    Thread t4 = new Thread(run);
    Thread t5 = new Thread(run);

    t1.start();
    t2.start();
    t3.start();
    t4.start();
    t5.start();

}

}
```

程序运行后还是会出现非线程安全问题，如图 1-26 所示。

输出 i 的值有 2 个 4，出现了非线程安全问题。也有一定概率输出 2 个 5。

本实验的测试目的：虽然 println() 方法在内部是 synchronized 同步的，但 i-- 操作却是在进入 println() 之前发生的，所以有一定概率发生非线程安全问题，如图 1-27 所示。

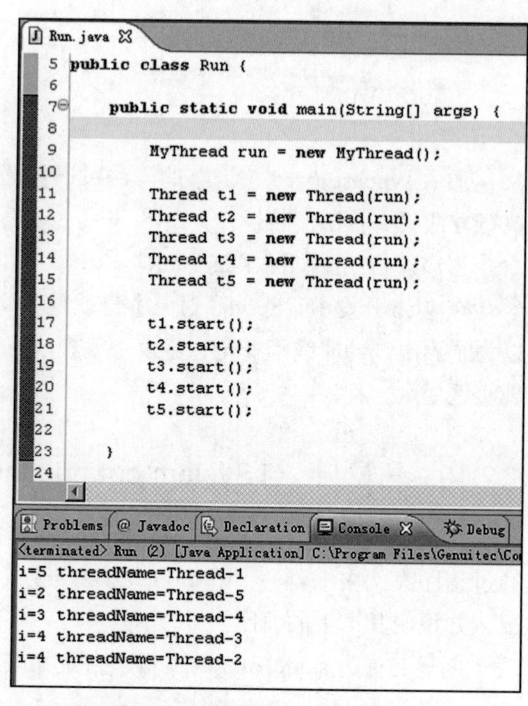


图 1-26　非线程安全问题继续出现

为了防止发生非线程安全问题，推荐对 run() 方法继续使用 synchronized 声明。

本例告诉我们：不要看到 synchronized 就以为代码是安全的，在 synchronized 之前执行的代码也有可能是不安全的。

```
public void println( @Nullable String x) {
    synchronized (this) {
        print(x);
        newLine();
    }
}
```

图 1-27　println() 方法在内部是同步的

### 1.2.11　方法 run() 被 JVM 所调用

使用如下代码启动一个线程：

```
public static void main(String[] args) {
    Thread t = new Thread();
    t.start();
}
```

那么 Thread.java 类的 run() 方法由 JVM 调用，这一点在 start() 方法的帮助文档中也有说明，如下：

```
/**
 * Causes this thread to begin execution; the Java Virtual Machine
 * calls the <code>run</code> method of this thread.
 * <p>
 * The result is that two threads are running concurrently: the
 * current thread (which returns from the call to the
 * <code>start</code> method) and the other thread (which executes its
 * <code>run</code> method).
 * <p>
 * It is never legal to start a thread more than once.
 * In particular, a thread may not be restarted once it has completed
 * execution.
 *
 * @exception  IllegalThreadStateException  if the thread was already
 *               started.
 * @see        #run()
 * @see        #stop()
 */
public synchronized void start() {
```

当 start() 方法执行后，由 JVM 调用 run() 方法。

## 1.3　方法 currentThread()

currentThread() 方法可返回代码段正在被哪个线程调用。下面通过一个示例进行说明。

创建 t6 项目，创建 Run1.java 类代码如下：

```
public class Run1 {
public static void main(String[] args) {
    System.out.println(Thread.currentThread().getName());
}
}
```

程序运行结果如图 1-28 所示。

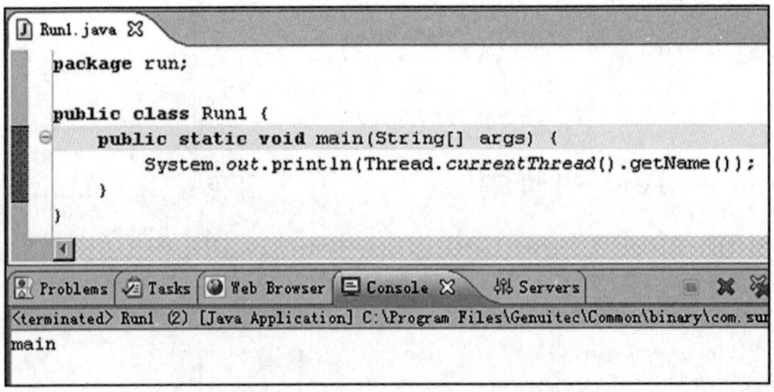

```
Run1.java
package run;

public class Run1 {
    public static void main(String[] args) {
        System.out.println(Thread.currentThread().getName());
    }
}

Problems  Tasks  Web Browser  Console  Servers
<terminated> Run1 (2) [Java Application] C:\Program Files\Genuitec\Common\binary\com.su
main
```

图 1-28　Run1.java 的运行结果

说明 main 方法是被名为 main 的线程调用的。

继续实验，创建 MyThread.java 类，代码如下：

```
public class MyThread extends Thread {

public MyThread() {
        System.out.println("构造方法的打印：" + Thread.currentThread().getName());
}

@Override
public void run() {
    System.out.println("run 方法的打印：" + Thread.currentThread().getName());
}

}
```

运行类 Run2.java 代码如下：

```
public class Run2 {
public static void main(String[] args) {
    MyThread mythread = new MyThread();
    mythread.start();
    //mythread.run();
}
}
```

程序运行结果如图 1-29 所示。

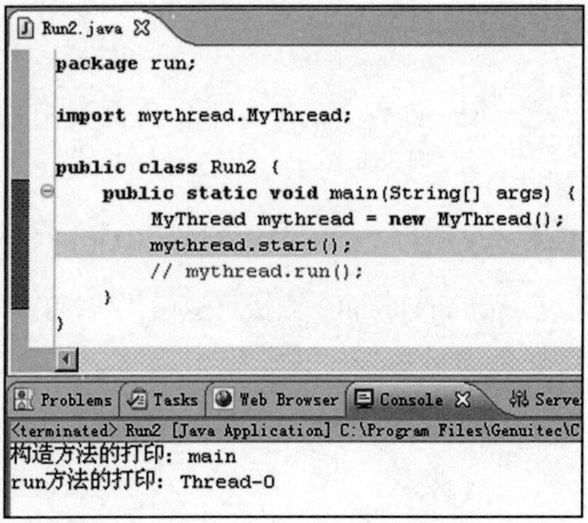

从图 1-29 中的运行结果可以发现，MyThread.java 类的构造方法是被 main 线程调用的，而 run 方法是被名为 Thread-0 的线程调用的，run 方法是被 JVM 自动调用的方法。

```
Run2.java
package run;

import mythread.MyThread;

public class Run2 {
    public static void main(String[] args) {
        MyThread mythread = new MyThread();
        mythread.start();
        // mythread.run();
    }
}

Problems  Tasks  Web Browser  Console  Serve
<terminated> Run2 [Java Application] C:\Program Files\Genuitec\C
构造方法的打印：main
run方法的打印：Thread-0
```

图 1-29　Run2.java 的运行结果

文件 Run2.java 代码更改如下：

```
public class Run2 {
public static void main(String[] args) {
    MyThread mythread = new MyThread();
    //mythread.start();
    mythread.run();
}
}
```

运行结果如图 1-30 所示。

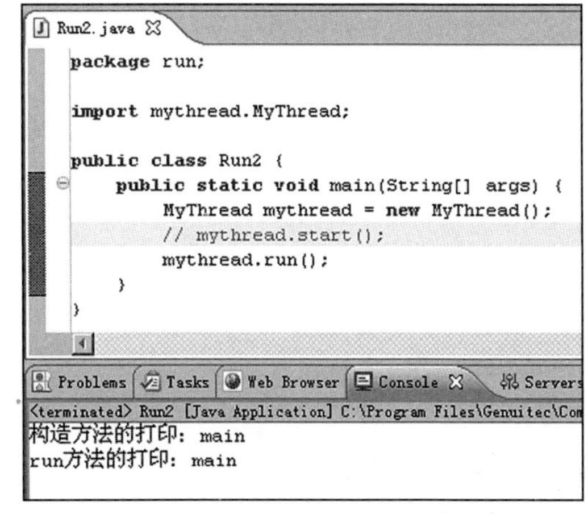


图 1-30　均被 main 主线程所调用

执行 run() 和 start() 方法还是有一些区别的，如下：

1）my.run();：立即执行 run() 方法，不启动新的线程。

2）my.start();：执行 run() 方法时机不确定时，启动新的线程。

在前面的实验中，构造方法都是由 main 线程调用的，但不要认为所有的构造方法都必须由 main 线程调用，要结合实际情况与写法确定，其他线程也可以调用构造方法，比如 main 方法启动 A 线程，又在 A 线程中的 run() 方法里启动 B 线程，此时在 B 线程的构造方法中输出 Thread.currentThread().getName() 方法的返回值就不是 main，请自行进行测试。

再来测试一个比较复杂的情况，创建测试用的项目 currentThreadExt，创建 Java 文件 CountOperate.java，代码如下：

```
package mythread;

public class CountOperate extends Thread {

public CountOperate() {
    System.out.println("CountOperate---begin");
    System.out.println("Thread.currentThread().getName()="
        + Thread.currentThread().getName());
    System.out.println("this.getName()=" + this.getName());
    System.out.println("CountOperate---end");
}

@Override
public void run() {
    System.out.println("run---begin");
    System.out.println("Thread.currentThread().getName()="
        + Thread.currentThread().getName());
    System.out.println("this.getName()=" + this.getName());
    System.out.println("run---end");
}

}
```

创建 Run.java 文件，代码如下：

```
package test;

import mythread.CountOperate;

public class Run {

public static void main(String[] args) {
    CountOperate c = new CountOperate();
    Thread t1 = new Thread(c);
    t1.setName("A");
    t1.start();
}

}
```

程序运行结果如下：

```
CountOperate---begin
Thread.currentThread().getName()=main
this.getName()=Thread-0
CountOperate---end
run---begin
Thread.currentThread().getName()=A
this.getName()=Thread-0
run---end
```

代码 this.getName() 代表 CountOperate 对象的 name 名称，由于 CountOperate 对象的 name 名称从未设置，所以默认为 Thread-0。

## 1.4 方法 isAlive()

isAlive() 方法的功能是判断线程对象是否存活。

新建项目 t7，类文件 MyThread.java 代码如下：

```
public class MyThread extends Thread {
@Override
public void run() {
    System.out.println("run=" + this.isAlive());
}
}
```

运行 Run.java 代码如下：

```
public class Run {
public static void main(String[] args) {
    MyThread mythread = new MyThread();
    System.out.println("begin ==" + mythread.isAlive());
    mythread.start();
```

```
        System.out.println("end ==" + mythread.isAlive());
    }
}
```

程序运行结果如图 1-31 所示。

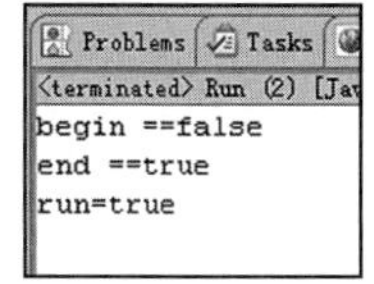


图 1-31　运行结果

方法 isAlive() 的作用是测试线程是否处于活动状态。那什么是活动状态呢？即线程已经启动且尚未终止。如果线程处于正在运行或准备开始运行的状态，就认为线程是“存活”的。

需要说明一下，对于代码：

```
System.out.println("end ==" + mythread.isAlive());
```

虽然其输出的值是 true，但此值是不确定的。输出 true 值是因为 mythread 线程还未执行完毕，如果代码更改如下：

```
public static void main(String[] args) throws InterruptedException {
    MyThread mythread = new MyThread();
    System.out.println("begin ==" + mythread.isAlive());
    mythread.start();
    Thread.sleep(1000);
    System.out.println("end ==" + mythread.isAlive());
}
```

则代码：

```
System.out.println("end ==" + mythread.isAlive());
```

输出的结果为 false，因为 mythread 对象已经在 1 秒之内执行完毕。

需要注意的是，main 主线程执行的 Thread.sleep(1000) 方法会使 main 主线程停止 1 秒，而不是将 mythread 线程停止 1 秒。

另外，在使用 isAlive() 方法时，如果将线程对象以构造参数的方式传递给 Thread 对象进行 start() 启动，则运行的结果和前面的示例是有差异的，造成这样的差异的原因是 Thread.currentThread() 和 this 的差异，下面测试一下这个实验。

创建测试用的 isaliveOtherTest 项目，创建 CountOperate.java 文件，代码如下：

```
package mythread;

public class CountOperate extends Thread {

public CountOperate() {
    System.out.println("CountOperate---begin");

    System.out.println("Thread.currentThread().getName()="
        + Thread.currentThread().getName());
    System.out.println("Thread.currentThread().isAlive()="
        + Thread.currentThread().isAlive());

    System.out.println("this.getName()=" + this.getName());
```

```
        System.out.println("this.isAlive()=" + this.isAlive());

        System.out.println("CountOperate---end");
    }

    @Override
    public void run() {
        System.out.println("run---begin");

        System.out.println("Thread.currentThread().getName()="
            + Thread.currentThread().getName());
        System.out.println("Thread.currentThread().isAlive()="
            + Thread.currentThread().isAlive());

        System.out.println("this.getName()=" + this.getName());
        System.out.println("this.isAlive()=" + this.isAlive());

        System.out.println("run---end");
    }

    }
```

创建 Run.java 文件，代码如下：

```
package test;

import mythread.CountOperate;

public class Run {

public static void main(String[] args) {
    CountOperate c = new CountOperate();
    Thread t1 = new Thread(c);
    System.out.println("main begin t1 isAlive=" + t1.isAlive());
    t1.setName("A");
    t1.start();
    System.out.println("main end t1 isAlive=" + t1.isAlive());
}

}
```

程序运行结果如下：

```
CountOperate---begin
Thread.currentThread().getName()=main
Thread.currentThread().isAlive()=true
this.getName()=Thread-0
this.isAlive()=false
CountOperate---end
main begin t1 isAlive=false
main end t1 isAlive=true
run---begin
Thread.currentThread().getName()=A
```

```
Thread.currentThread().isAlive()=true
this.getName()=Thread-0
this.isAlive()=false
run---end
```

注意　关键字 this 代表 this 所在类的对象。

## 1.5　方法 sleep(long millis)

sleep() 方法的作用是在指定的毫秒数内让当前“正在执行的线程”休眠（暂停执行），这个“正在执行的线程”是指 this.currentThread() 返回的线程。

下面通过一个示例进行说明。创建 t8 项目，类 MyThread1.java 代码如下：

```
public class MyThread1 extends Thread {
@Override
public void run() {
    try {
        System.out.println("run threadName="
            + this.currentThread().getName() + " begin");
        Thread.sleep(2000);
        System.out.println("run threadName="
            + this.currentThread().getName() + " end");
    } catch (InterruptedException e) {
        // TODO Auto-generated catch block
        e.printStackTrace();
    }
}
}
```

如果调用 sleep() 方法所在的类是 Thread.java，则执行代码：

```
Thread.sleep(3000);
this.sleep(3000);
```

效果是一样的。

如果调用 sleep() 方法所在的类不是 Thread.java，则必须使用如下代码实现暂停功能：

```
Thread.sleep(3000);
```

因为类中没有提供 sleep() 方法，所以不能使用 this.sleep(3000); 的写法。

运行类 Run1.java 代码如下：

```
public class Run1 {
public static void main(String[] args) {
    MyThread1 mythread = new MyThread1();
    System.out.println("begin =" + System.currentTimeMillis());
    mythread.run();
```

```
        System.out.println("end    =" + System.currentTimeMillis());
    }
    }
```

```
Problems  Tasks  Web Browser
<terminated> Run1 (3) [Java Applicatio
begin =1396255033828
run threadName=main begin
run threadName=main end
end   =1396255035828
```

图 1-32　将 main 线程暂停 2 秒

直接调用 run() 方法，程序运行结果如图 1-32 所示。

继续实验，创建 MyThread2.java 代码如下：

```
public class MyThread2 extends Thread {
@Override
public void run() {
    try {
        System.out.println("run threadName="
            + this.currentThread().getName() + " begin ="
            + System.currentTimeMillis());
        Thread.sleep(2000);
        System.out.println("run threadName="
            + this.currentThread().getName() + " end    ="
            + System.currentTimeMillis());
    } catch (InterruptedException e) {
        // TODO Auto-generated catch block
        e.printStackTrace();
    }
}
}
```

创建 Run2.java 代码如下：

```
public class Run2 {
public static void main(String[] args) {
    MyThread2 mythread = new MyThread2();
    System.out.println("begin =" + System.currentTimeMillis());
    mythread.start();
    System.out.println("end   =" + System.currentTimeMillis());
}
}
```

使用 start() 方法启动线程，程序运行结果如图 1-33 所示。

由于 main 线程与 MyThread2 线程是异步执行的，所以首先输出的信息为 begin 和 end，而 MyThread2 线程是后运行的，在最后两行间隔了 2 秒输出 run begin 和 run end 相关的信息。

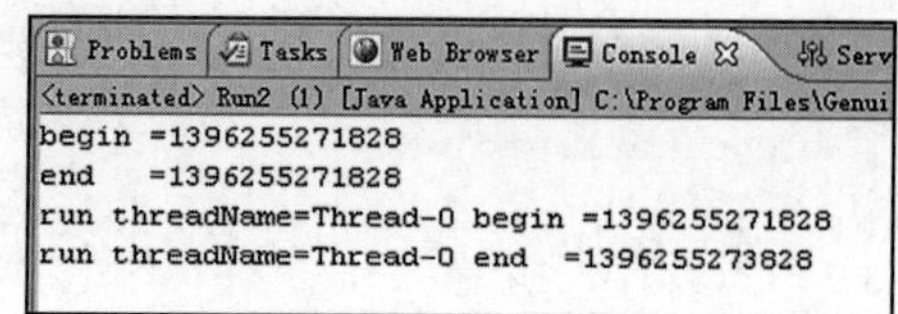


图 1-33　运行结果

## 1.6　方法 sleep(long millis, int nanos)

public static void sleep(long millis, int nanos) 方法的作用是让当前正在执行的线程在指定的毫秒数加指定的纳秒数内休眠（暂停执行），此操作受到系统计时器及调度程序精度及准确性的影响。

创建测试用的代码如下：

```
public class Test1 {
    public static void main(String[] args) throws InterruptedException {
        long beginTime = System.currentTimeMillis();
        Thread.currentThread().sleep(2000, 999999);
        long endTime = System.currentTimeMillis();
        System.out.println(endTime-beginTime);
}
}
```

程序运行结果如图 1-34 所示。

<terminated>
2001

图 1-34　将 main 线程暂停 2001 毫秒

## 1.7　方法 StackTraceElement[] getStackTrace()

public StackTraceElement[] getStackTrace() 方法的作用是返回一个表示该线程的堆栈跟踪元素数组。如果该线程尚未启动或已经终止，则该方法将返回一个零长度数组。如果返回的数组不是零长度的，则其第一个元素代表堆栈顶，它是该数组中最新的方法调用。最后一个元素代表堆栈底，是该数组中最旧的方法调用。

创建测试用的代码如下：

```
package test1;

public class Test1 {

    public void a() {
        b();
    }

    public void b() {
        c();
    }

    public void c() {
        d();
    }

    public void d() {
        e();
    }

    public void e() {
        StackTraceElement[] array = Thread.currentThread().getStackTrace();
        if (array != null) {
            for (int i = 0; i < array.length; i++) {
                StackTraceElement eachElement = array[i];
                System.out.println("className=" + eachElement.getClassName() +
```

```
                    " methodName="
                        + eachElement.getMethodName() + " fileName=" + eachElement.
                            getFileName() + " lineNumber="
                        + eachElement.getLineNumber());
            }
        }

    }

    public static void main(String[] args) {
        Test1 test1 = new Test1();
        test1.a();
    }
}
```

程序运行结果如下所示。

```
className=java.lang.Thread methodName=getStackTrace fileName=Thread.java lineNumber=
    1559
className=test1.Test1 methodName=e fileName=Test1.java lineNumber=22
className=test1.Test1 methodName=d fileName=Test1.java lineNumber=18
className=test1.Test1 methodName=c fileName=Test1.java lineNumber=14
className=test1.Test1 methodName=b fileName=Test1.java lineNumber=10
className=test1.Test1 methodName=a fileName=Test1.java lineNumber=6
className=test1.Test1 methodName=main fileName=Test1.java lineNumber=36
```

在控制台中输出当前线程的堆栈跟踪信息。

可以在 catch{} 代码块中使用 public StackTraceElement[] getStackTrace() 方法获得出现异常的堆栈调用顺序并记录日志，请自行进行测试。

## 1.8 方法 static void dumpStack()

public static void dumpStack() 方法的作用是将当前线程的堆栈信息输出至标准错误流。该方法仅用于调试。

创建测试用的代码如下：

```
package test6;

public class Test1 {

    public void a() {
        b();
    }

    public void b() {
        c();
    }

    public void c() {
```

```
        d();
    }

    public void d() {
        e();
    }

    public void e() {
        int age = 0;
        age = 100;
        if (age == 100) {
            Thread.dumpStack();
        }
    }

    public static void main(String[]
        args) {
        Test1 test1 = new Test1();
        test1.a();
    }
}
```

程序运行结果如图 1-35 所示。

```
java.lang.Exception: Stack trace
	at java.lang.Thread.dumpStack(Thread.java:1336)
	at test6.Test1.e(Test1.java:25)
	at test6.Test1.d(Test1.java:18)
	at test6.Test1.c(Test1.java:14)
	at test6.Test1.b(Test1.java:10)
	at test6.Test1.a(Test1.java:6)
	at test6.Test1.main(Test1.java:31)
```

图 1-35 在控制台中输出线程执行的堆栈信息

## 1.9 方法 Map<Thread, StackTraceElement[]> getAllStackTraces()

Map<Thread, StackTraceElement[]> getAllStackTraces() 方法的作用是返回所有活动线程的堆栈信息的一个映射。Map 的 key 是线程对象，而 Map 的 value 是一个 StackTraceElement 数组，该数组表示相应 Thread 的堆栈信息。在调用该方法的同时，线程可能也在执行。每个线程的堆栈信息仅代表线程当时状态的一个快照。

创建测试用的代码如下：

```
package test8;

import java.util.Iterator;
import java.util.Map;

public class Test1 {

    public void a() {
        b();
    }

    public void b() {
        c();
    }

    public void c() {
        d();
```

```
    }

    public void d() {
        e();
    }

    public void e() {
        Map<Thread, StackTraceElement[]> map = Thread.currentThread().getAll
            StackTraces();
        if (map != null && map.size() != 0) {
            Iterator keyIterator = map.keySet().iterator();
            while (keyIterator.hasNext()) {
                Thread eachThread = (Thread) keyIterator.next();
                StackTraceElement[] array = map.get(eachThread);
                System.out.println("------每个线程的基本信息");
                System.out.println("  线程名称：" + eachThread.getName());
                System.out.println(" StackTraceElement[].length=" + array.length);
                System.out.println("  线程的状态：" + eachThread.getState());
                if (array.length != 0) {
                    System.out.println("  打印 StackTraceElement[] 数组具体信息：");
                    for (int i = 0; i < array.length; i++) {
                        StackTraceElement eachElement = array[i];
                        System.out.println("    " + eachElement.getClassName() +
                            " " + eachElement.getMethodName() + " "
                                + eachElement.getFileName() + " " + eachElement.
                                    getLineNumber());
                    }
                } else {
                    System.out.println("  没有 StackTraceElement[] 信息，因为线程 " +
                        eachThread.getName()
                            + " 中的 StackTraceElement[].length==0");
                }
                System.out.println();
                System.out.println();
            }
        }
    }

    public static void main(String[] args) {
        Test1 test1 = new Test1();
        test1.a();
    }
}
```

程序运行结果如下所示。

```
------每个线程的基本信息
    线程名称：Signal Dispatcher
StackTraceElement[].length=0
    线程的状态：RUNNABLE
    没有 StackTraceElement[] 信息，因为线程 Signal Dispatcher 中的 StackTraceElement[].
        length==0

------每个线程的基本信息
```

```
    线程名称：main
StackTraceElement[].length=8
    线程的状态：RUNNABLE
    打印 StackTraceElement[] 数组具体信息：
        java.lang.Thread dumpThreads Thread.java -2
        java.lang.Thread getAllStackTraces Thread.java 1610
        test8.Test1 e Test1.java 25
        test8.Test1 d Test1.java 21
        test8.Test1 c Test1.java 17
        test8.Test1 b Test1.java 13
        test8.Test1 a Test1.java 9
        test8.Test1 main Test1.java 54

------ 每个线程的基本信息
    线程名称：Attach Listener
StackTraceElement[].length=0
    线程的状态：RUNNABLE
    没有 StackTraceElement[] 信息，因为线程 Attach Listener 中的 StackTraceElement[].
        length==0

------ 每个线程的基本信息
    线程名称：Finalizer
StackTraceElement[].length=4
    线程的状态：WAITING
    打印 StackTraceElement[] 数组具体信息：
        java.lang.Object wait Object.java -2
        java.lang.ref.ReferenceQueue remove ReferenceQueue.java 143
        java.lang.ref.ReferenceQueue remove ReferenceQueue.java 164
        java.lang.ref.Finalizer$FinalizerThread run Finalizer.java 209


------ 每个线程的基本信息
    线程名称：Reference Handler
StackTraceElement[].length=4
    线程的状态：WAITING
    打印 StackTraceElement[] 数组具体信息：
        java.lang.Object wait Object.java -2
        java.lang.Object wait Object.java 502
        java.lang.ref.Reference tryHandlePending Reference.java 191
        java.lang.ref.Reference$ReferenceHandler run Reference.java 153
```

getLineNumber() 方法返回负数，比如 –2 代表没有具体的行号信息，大多数是因为调用了 native 方法才会返回 –2。

## 1.10　方法 getId()

getId() 方法可以取得线程的唯一数字标识。

创建测试项目 runThread，创建 Test.java 类，代码如下：

```
package test1;

public class Test {
    public static void main(String[] args) {
        Thread runThread = Thread.currentThread();
        System.out.println(runThread.getName() + " " + runThread.getId());
        Thread t1 = new Thread();
        System.out.println(t1.getName() + " " + t1.getId());
        Thread t2 = new Thread();
        System.out.println(t2.getName() + " " + t2.getId());
        Thread t3 = new Thread();
        System.out.println(t3.getName() + " " + t3.getId());
        Thread t4 = new Thread();
        System.out.println(t4.getName() + " " + t4.getId());
        Thread t5 = new Thread();
        System.out.println(t5.getName() + " " + t5.getId());
    }
}
```

程序运行结果如图 1-36 所示。

```
main 1
Thread-0 11
Thread-1 12
Thread-2 13
Thread-3 14
Thread-4 15
```

图 1-36 获取线程名称及 id 值

从运行结果来看，当前执行代码的线程名为 main，线程 id 值为 1。

而 Thread-0 线程的 id 值直接到达 11，说明中间有 9 个 id 值被隐藏的线程占有。

## 1.11 停止线程

使用 Java 内置支持多线程的 Thread 类去设计多线程应用是很常见的事情，然而多线程也给开发人员带来了一些新的挑战，如果处理不好就会导致超出预期的行为及难以定位的错误。

停止线程是多线程开发的一个重要的技术点，掌握此技术可以对线程的停止进行有效的处理，停止线程在 Java 语言中并不像 break 语句那样干脆，需要一些技巧性的处理。

本节将讨论如何更好地停止一个线程。停止一个线程意味着在线程处理完任务之前停掉正在做的操作，也就是放弃当前的操作，虽然这看起来非常简单，但是必须要做好防范措施，以便达到预期的效果。虽然停止一个线程可以使用 Thread.stop() 方法，但并不推荐使用，该方法确实可以停止一个正在运行的线程，但已经被弃用作废，即在将来的 Java 版本中，这个方法将不可用或不被支持。

大多数情况下，使用 Thread.interrupt() 方法停止一个线程，但这个方法不会终止一个正在运行的线程，还需要加入一个判断才可以完成线程的停止。关于此知识点，后面有专门的章节进行介绍，这里不再赘述。

在 Java 中有三种方法可以使正在运行的线程终止运行。

1）使用退出标志使线程正常退出。

2）使用 stop() 方法强行终止线程，但是这个方法不推荐使用，因为 stop() 和 suspend() 和 resume() 一样，都是作废过期的方法，使用它们可能发生不可预料的结果。

3）使用 interrupt() 方法中断线程。

这三种方法都会在后面的章节进行介绍。

### 1.11.1　停止不了的线程

本示例将调用 interrupt() 方法来停止线程，但 interrupt() 方法的使用效果并不像 for+break 语句那样，可以马上停止循环，该方法仅仅是在当前线程中打了一个停止的标记，并不是真正的停止线程。

创建名称为 t11 的项目，文件 MyThread.java 代码如下：

```
public class MyThread extends Thread {
@Override
public void run() {
    super.run();
    for (int i = 0; i < 500000; i++) {
        System.out.println("i=" + (i + 1));
    }
}
}
```

运行类 Run.java 代码如下：

```
package test;

import exthread.MyThread;

public class Run {
    public static void main(String[] args) throws InterruptedException {
        MyThread thread = new MyThread();
        thread.start();
        Thread.sleep(2000);
        thread.interrupt();
        System.out.println("zzzzzzzz");
    }
}
```

程序运行结果如图 1-37 所示。

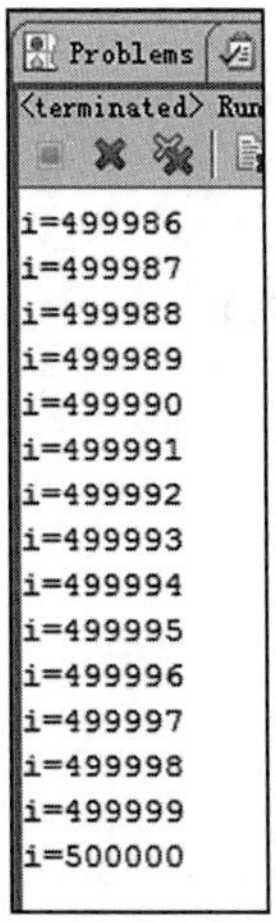

图 1-37　正常循环打印 50 万次

把 IDE 控制台中的日志复制到文本编辑器软件中，显示的行数是 500001 行，如图 1-38 所示。

在 331063 行处输出了 zzzzzzzz，说明 sleep 时间为 2 秒时，for 语句跑了 331063 次循环，日志如下：

```
i=331062
i=331063
zzzzzzzz
```

```
i=331064
i=331065
```

从运行结果来看，调用 interrupt 方法并没有将线程停止，那如何停止线程呢？

| | |
|---|---|
| 499998 | i=499997 |
| 499999 | i=499998 |
| 500000 | i=499999 |
| 500001 | i=500000 |
| 500002 | |

图 1-38 确认是 500001 行并且线程未停止

### 1.11.2 判断线程是不是停止状态

在介绍如何停止线程之前，先来看一下如何判断线程的状态已经是停止的。在 Java 的 SDK 中，Thread.java 类里提供了两种判断方法。

1）public static boolean interrupted()：测试 currentThread() 是否已经中断。

2）public boolean this.isInterrupted()：测试 this 关键字所在线程类的对象是否已经中断。

其中，interrupted() 方法的声明如图 1-39 所示。

isInterrupted () 方法的声明如图 1-40 所示。

```
interrupted

public static boolean interrupted()
```

图 1-39 interrupted 方法的声明

```
isInterrupted

public boolean isInterrupted()
```

图 1-40 isInterrupted 方法的声明

这两种方法有什么区别呢？先来看看 this.interrupted() 方法的解释：测试当前线程是否已经中断。当前线程是指执行 this.interrupted() 方法的线程，为了对此方法有更深入的了解，创建项目 t12，类 MyThread.java 代码如下：

```
public class MyThread extends Thread {
@Override
public void run() {
    super.run();
    for (int i = 0; i < 500000; i++) {
        System.out.println("i=" + (i + 1));
    }
}
}
```

类 Run.java 代码如下：

```
public class Run {
public static void main(String[] args) {
    try {
        MyThread thread = new MyThread();
        thread.start();
        Thread.sleep(1000);
        thread.interrupt();
        //Thread.currentThread().interrupt();
        System.out.println("是否停止 1？ ="+thread.interrupted());
        System.out.println("是否停止 2？ ="+thread.interrupted());
    } catch (InterruptedException e) {
```

```
            System.out.println("main catch");
            e.printStackTrace();
        }
        System.out.println("end!");
    }
}
```

```
Problems  Tasks  Web Brov
<terminated> Run (10) [Java Applicati
i=145834
i=145835
i=145836
i=145837
i=145838
i=145839
是否停止1？=false
是否停止2？=false
i=145840
i=145841
i=145842
```

图 1-41　运行结果

程序运行结果如图 1-41 所示。

类 Run.java 中虽然是在 thread 对象上调用代码：

```
thread.interrupt();
```

来停止 thread 对象所代表的线程，在后面又使用代码：

```
System.out.println(" 是否停止 1？ ="+thread.interrupted());
System.out.println(" 是否停止 2？ ="+thread.interrupted());
```

来判断 thread 对象所代表的线程是否停止，但从控制台输出的结果来看，线程并未停止，证明了 interrupted() 方法的解释：测试当前线程是否已经中断。这个当前线程是 main，从未中断过，所以输出的结果是两个 false。

---

**注意** 测试代码中使用 thread.interrupted() 来判断 currentThread() 是否被中断，也可以使用 Thread.interrupted() 进行判断，因为在 Thread.java 类中调用静态 static 方法时，大多都是针对 currentThread() 线程进行操作的。

---

如何使 main 线程有中断效果呢？创建 Run2.java 代码如下：

```
public class Run2 {
public static void main(String[] args) {
    Thread.currentThread().interrupt();
    System.out.println(" 是否停止 1？ =" + Thread.interrupted());
    System.out.println(" 是否停止 2？ =" + Thread.interrupted());
    System.out.println("end!");
}
}
```

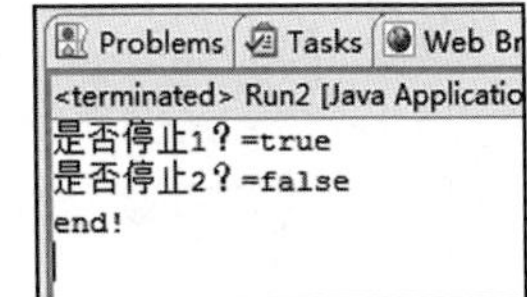


图 1-42　主线程 main 已是停止状态

程序运行结果如图 1-42 所示。

从上述结果来看，interrupted() 方法的确判断了当前线程是否是停止状态，但为什么第二个 Boolean 布尔值是 false 呢？ interrupted 方法在官方帮助文档中的解释如下：

测试当前线程是否已经中断。线程的中断状态由该方法清除。换句话说，如果连续两次调用该方法，则第二次调用将返回 false（在第一次调用已清除其中断状态之后，且第二次调用检验完中断状态前，当前线程再次被中断的情况除外）。

文档已经解释得很详细，interrupted() 方法具有清除状态的功能，所以第二次调用 interrupted() 方法返回的值是 false。

介绍完 interrupted() 方法后再来看一下 isInterrupted() 方法，声明如下：

```
public boolean isInterrupted()
```

从声明中可以看出 isInterrupted() 方法不是静态的，具体取决于调用这个方法的线程对象。

继续创建 Run3.java 类，代码如下：

```
public class Run3 {
public static void main(String[] args) {
    try {
        MyThread thread = new MyThread();
        thread.start();
        Thread.sleep(1000);
        thread.interrupt();
        System.out.println(" 是否停止 1 ? ="+thread.isInterrupted());
        System.out.println(" 是否停止 2 ? ="+thread.isInterrupted());
    } catch (InterruptedException e) {
        System.out.println("main catch");
        e.printStackTrace();
    }
    System.out.println("end!");
}
}
```

程序运行结果如图 1-43 所示。

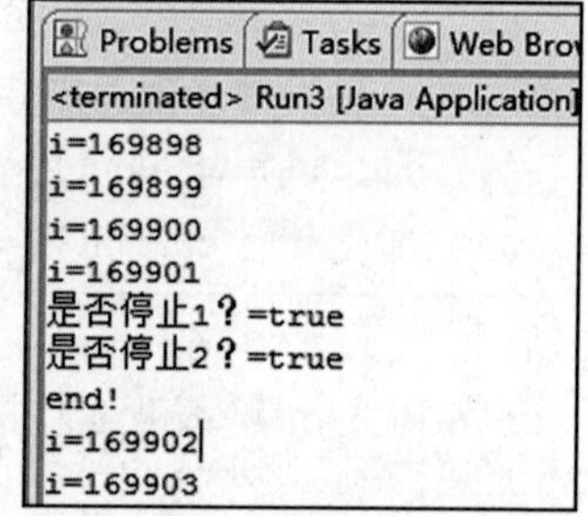


图 1-43　已经是停止状态

从结果可以看到，isInterrupted() 方法并未清除状态标志，不具有此功能，所以输出两个 true。但是也有非常非常小的概率先输出一个 false，如中断的标记还未更新。

最后，再来看一下这两种方法的解释。

1）this.interrupted()：测试当前线程是否已经是中断状态，执行后具有清除状态标志值为 false 的功能。

2）this.isInterrupted()：测试所在 Thread 线程对象是否已经是中断状态，不清除状态标志。

### 1.11.3　清除中断状态的使用场景

this.interrupted() 方法具有清除状态标志值为 false 的功能，借用此特性可以实现一些效果，这里简单测试一下。

本节要实现的效果是在 MyThread 线程中向 list1 和 list2 存放数据，基于职责单一原则，MyThread 线程只负责存放数据，不负责处理存放的数据量，数据量由 main 线程进行处理。创建测试项目 clearStatus。

创建工具类代码如下：

```
package tools;

import java.util.ArrayList;

public class Box {
    public static ArrayList list1 = new ArrayList();
    public static ArrayList list2 = new ArrayList();

}
```

创建线程类代码如下：

```
package test1;

import tools.Box;

public class MyThread extends Thread {
    @Override
    public void run() {
        try {
            while (true) {
                if (this.isInterrupted()) {
                    throw new InterruptedException("线程被中断！");
                }
                // 模拟执行任务的耗时，不能使用 sleep，遇到 interrupt() 方法会出现异常，
                // 所以用 for 循环实现
                for (int i = 0; i < 10000; i++) {
                    new String("" + Math.random());
                }
                Box.list1.add("生产数据 A");
                System.out.println("list1 size=" + Box.list1.size());
            }
        } catch (InterruptedException e) {
            e.printStackTrace();
        }

        try {
            while (true) {
                if (this.isInterrupted()) {
                    throw new InterruptedException("线程被中断！");
                }
                for (int i = 0; i < 10000; i++) {
                    new String("" + Math.random());
                }
                Box.list2.add("生产数据 B");
                System.out.println("list2 size=" + Box.list2.size());
            }
        } catch (InterruptedException e) {
            e.printStackTrace();
        }
    }
}
```

创建运行类代码如下：

```
package test1;

import tools.Box;

public class Test1 {
    public static void main(String[] args) throws InterruptedException {
        MyThread t = new MyThread();
        t.start();
        boolean list1Isinterrupted = false;
        boolean list2Isinterrupted = false;
        while (t.isAlive()) {
            if (Box.list1.size() > 500 && list1Isinterrupted == false) {
                t.interrupt();
                list1Isinterrupted = true;
            }
            if (Box.list2.size() > 600 && list2Isinterrupted == false) {
                t.interrupt();
                list2Isinterrupted = true;
            }
            Thread.sleep(50);
        }
    }
}
```

运行程序后控制台输出结果如下：

```
list1 size=511
list1 size=512
java.lang.InterruptedException: 线程被中断！
    at test1.MyThread.run(MyThread.java:11)
java.lang.InterruptedException: 线程被中断！
    at test1.MyThread.run(MyThread.java:28)
```

从输出结果可以发现，并未向 list2 中添加数据，因为使用了 isInterrupted() 方法作为判断条件，该方法不会清除中断状态，多次调用 isInterrupted() 方法的返回值永远是 true。同时，进程状态一直呈红色 ■，说明 main 线程一直在 while(true) 循环执行，程序出现了错误。

继续实验。

创建线程类代码如下：

```
package test2;

import tools.Box;

public class MyThread extends Thread {
    @Override
    public void run() {
        try {
            while (true) {
                if (this.interrupted()) {
```

```
                    throw new InterruptedException("线程被中断！");
                }
                //模拟执行任务的耗时，不能使用 sleep，遇到 interrupt() 方法会出现异常，
                //所以用 for 循环实现
                for (int i = 0; i < 10000; i++) {
                    new String("" + Math.random());
                }
                Box.list1.add("生产数据 A");
                System.out.println("list1 size=" + Box.list1.size());
            }
        } catch (InterruptedException e) {
            e.printStackTrace();
        }

        try {
            while (true) {
                if (this.interrupted()) {
                    throw new InterruptedException("线程被中断！");
                }
                for (int i = 0; i < 10000; i++) {
                    new String("" + Math.random());
                }
                Box.list2.add("生产数据 B");
                System.out.println("list2 size=" + Box.list2.size());
            }
        } catch (InterruptedException e) {
            e.printStackTrace();
        }
    }
}
```

创建运行类代码如下：

```
package test2;

import tools.Box;

public class Test2 {
    public static void main(String[] args) throws InterruptedException {
        MyThread t = new MyThread();
        t.start();
        boolean list1Isinterrupted = false;
        boolean list2Isinterrupted = false;
        while (t.isAlive()) {
            if (Box.list1.size() > 500 && list1Isinterrupted == false) {
                t.interrupt();
                list1Isinterrupted = true;
            }
            if (Box.list2.size() > 600 && list2Isinterrupted == false) {
                t.interrupt();
                list2Isinterrupted = true;
            }
            Thread.sleep(50);
```

```
        }
    }
}
```

程序运行结果如下：

```
list1 size=1
list1 size=2
......
list1 size=503
list1 size=504
list1 size=505
list1 size=506
list1 size=507
list1 size=508
java.lang.InterruptedException: 线程被中断！
    at test2.MyThread.run(MyThread.java:11)
list2 size=1
list2 size=2
......
list2 size=616
list2 size=617
list2 size=618
list2 size=619
java.lang.InterruptedException: 线程被中断！
    at test2.MyThread.run(MyThread.java:28)
```

成功向 2 个 list 中添加数据，并且进程按钮 ▣ 为灰色，表示进程销毁，程序没有出现问题。

### 1.11.4 能停止的线程——异常法

根据前面学过的知识点，只需要通过线程中的 for 语句来判断线程是否是停止状态即可判断后面的代码是否可运行，如果是停止状态，则后面的代码不再运行即可。

创建实验项目 t13，类 MyThread.java 代码如下：

```
public class MyThread extends Thread {
@Override
public void run() {
    super.run();
    for (int i = 0; i < 500000; i++) {
        if (this.interrupted()) {
            System.out.println("已经是停止状态了！我要退出了！");
            break;
        }
        System.out.println("i=" + (i + 1));
    }
}
}
```

类 Run.java 代码如下：

```
public class Run {

public static void main(String[] args) {
    try {
        MyThread thread = new MyThread();
        thread.start();
        Thread.sleep(2000);
        thread.interrupt();
    } catch (InterruptedException e) {
        System.out.println("main catch");
        e.printStackTrace();
    }
    System.out.println("end!");
}

}
```

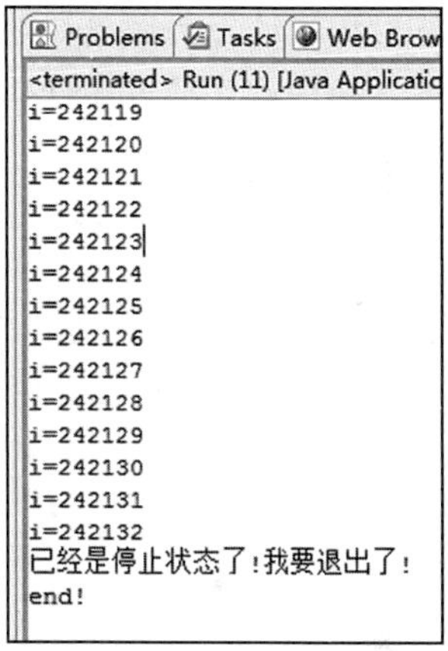
Problems
Tasks
Web Brow
<terminated> Run (11) [Java Applicatio
i=242119
i=242120
i=242121
i=242122
i=242123
i=242124
i=242125
i=242126
i=242127
i=242128
i=242129
i=242130
i=242131
i=242132
已经是停止状态了!我要退出了!
end!

图 1-44　线程可以退出了

程序运行结果如图 1-44 所示。

上面示例虽然停止了线程，但如果 for 语句下面还有语句，那么程序还会继续运行。创建测试项目 t13forprint，类 MyThread.java 代码如下：

```
package exthread;

public class MyThread extends Thread {
@Override
public void run() {
    super.run();
    for (int i = 0; i < 500000; i++) {
        if (this.interrupted()) {
            System.out.println(" 已经是停止状态了！我要退出了！");
            break;
        }
        System.out.println("i=" + (i + 1));
    }
    System.out.println(" 我被输出，如果此代码是 for 又继续运行，线程并未停止！");
}
}
```

文件 Run.java 代码如下：

```
package test;

import exthread.MyThread;
import exthread.MyThread;

public class Run {

public static void main(String[] args) {
    try {
        MyThread thread = new MyThread();
```

```
            thread.start();
            Thread.sleep(2000);
            thread.interrupt();
        } catch (InterruptedException e) {
            System.out.println("main catch");
            e.printStackTrace();
        }
        System.out.println("end!");
    }

    }
```

程序运行结果如图 1-45 所示。

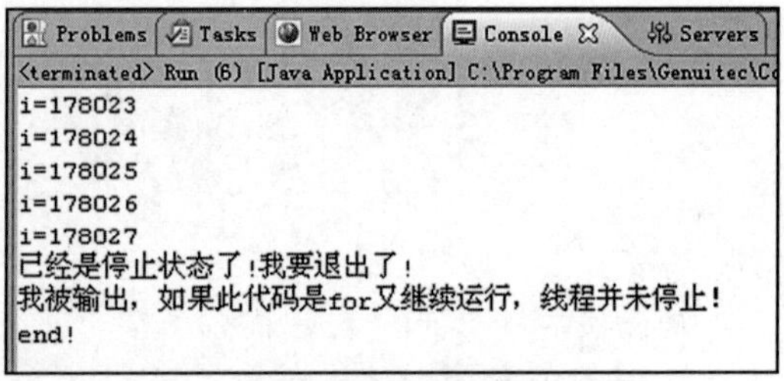
Problems
Tasks
Web Browser
Console
Servers
<terminated> Run (6) [Java Application] C:\Program Files\Genuitec\C
i=178023
i=178024
i=178025
i=178026
i=178027
已经是停止状态了!我要退出了!
我被输出，如果此代码是for又继续运行，线程并未停止!
end!

图 1-45 for 后面的语句继续运行

如何解决语句继续运行的问题呢？看一下更新后的代码。

创建 t13_1 项目，类 MyThread.java 代码如下：

```
package exthread;

public class MyThread extends Thread {
@Override
public void run() {
    super.run();
    try {
        for (int i = 0; i < 500000; i++) {
            if (this.interrupted()) {
                System.out.println("已经是停止状态了！我要退出了！");
                throw new InterruptedException();
            }
            System.out.println("i=" + (i + 1));
        }
        System.out.println("我在 for 下面");
    } catch (InterruptedException e) {
        System.out.println("进 MyThread.java 类 run 方法中的 catch 了！");
        e.printStackTrace();
    }
}
}
```

**注意** 为了彻底中断线程，需要保证 run() 方法内部只有一个 try-catch 语句块，不要出现多个 try-catch 块并列的情况。

类 Run.java 代码如下：

```
package test;

import exthread.MyThread;
```

```
public class Run {

public static void main(String[] args) {
    try {
        MyThread thread = new MyThread();
        thread.start();
        Thread.sleep(2000);
        thread.interrupt();
    } catch (InterruptedException e) {
        System.out.println("main catch");
        e.printStackTrace();
    }
    System.out.println("end!");
}

}
```

运行结果如图 1-46 所示。

图 1-46　运行结果

线程终于被正确停止了！此种方式就是前面章节介绍过的第三种停止线程的方法：使用 interrupt 方法中断线程。

## 1.11.5　在 sleep 状态下停止

如果线程在 sleep 状态下，停止线程会是什么样的效果呢？

新建项目 t14，类 MyThread.java 代码如下：

```
public class MyThread extends Thread {
@Override
public void run() {
    super.run();
    try {
        System.out.println("run begin");
        Thread.sleep(200000);
        System.out.println("run end");
    } catch (InterruptedException e) {
```

```
            System.out.println(" 在沉睡中被停止！进入 catch!"+this.isInterrupted());
            e.printStackTrace();
        }
    }
}
```

文件 Run.java 代码如下：

```
public class Run {

public static void main(String[] args) {
    try {
        MyThread thread = new MyThread();
        thread.start();
        Thread.sleep(200);
        thread.interrupt();
    } catch (InterruptedException e) {
        System.out.println("main catch");
        e.printStackTrace();
    }
    System.out.println("end!");
}

}
```

程序运行结果如图 1-47 所示。

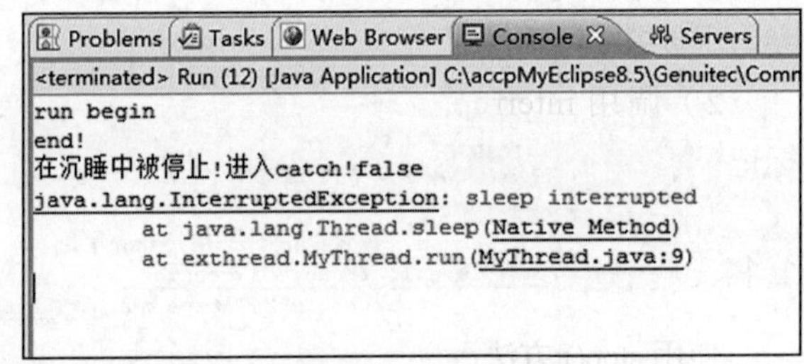

图 1-47　运行结果

从运行结果来看，如果线程在 sleep 状态下停止，则该线程会进入 catch 语句，并且清除停止状态值，变成 false。

上述项目是先调用 sleep()，再调用 interrupt() 方法停止，还有一个反操作在学习线程时也要注意，即先调用 interrupt() 方法，再调用 sleep() 方法，但这种方法也会出现异常。

新建项目 t15，类 MyThread.java 代码如下：

```
public class MyThread extends Thread {
@Override
public void run() {
    super.run();
    try {
        for(int i=0;i<100000;i++){
            System.out.println("i="+(i+1));
        }
        System.out.println("run begin");
        Thread.sleep(200000);
        System.out.println("run end");
    } catch (InterruptedException e) {
        System.out.println(" 先停止，再遇到了 sleep! 进入 catch!");
        e.printStackTrace();
```

```
        }
    }
}
```

类 Run.java 代码如下：

```
public class Run {
public static void main(String[] args) {
    MyThread thread = new MyThread();
    thread.start();
    thread.interrupt();
    System.out.println("end!");
}
}
```

程序执行结果如图 1-48 所示。

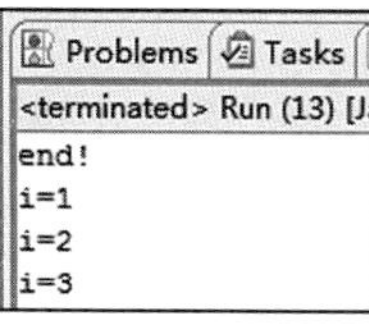


图 1-48　打印 end! 说明 interrupt 方法先执行了

控制台最下面的输出如图 1-49 所示。

```
Problems  Tasks  Web Browser  Console  Servers
<terminated> Run (13) [Java Application] C:\accpMyEclipse8.5\Genuitec\Con
i=99990
i=99991
i=99992
i=99993
i=99994
i=99995
i=99996
i=99997
i=99998
i=99999
i=100000
run begin
先停止，再遇到了sleep!进入catch!
java.lang.InterruptedException: sleep interrupted
        at java.lang.Thread.sleep(Native Method)
        at exthread.MyThread.run(MyThread.java:12)
```

图 1-49　先调用 interrupt() 方法停止后遇到 sleep 报异常

不管其调用顺序，只要 interrupt() 和 sleep() 方法碰到一起就会出现异常：

1）在 sleep 状态执行 interrupt() 方法会出现异常；

2）调用 interrupt() 给线程打了中断标记，再执行 sleep() 方法也会出现异常。

### 1.11.6　使用 stop() 暴力停止线程

使用 stop() 方法可以强行停止线程，即暴力停止线程。

新建项目 useStopMethodThreadTest，文件 MyThread.java 代码如下：

```
package testpackage;

public class MyThread extends Thread {
private int i = 0;

@Override
public void run() {
    try {
        while (true) {
            i++;
            System.out.println("i=" + i);
            Thread.sleep(1000);
        }
    } catch (InterruptedException e) {
        // TODO Auto-generated catch block
        e.printStackTrace();
```

```
        }
    }

}
```

文件 Run.java 代码如下：

```
package test.run;

import testpackage.MyThread;

public class Run {

public static void main(String[] args) {
    try {
        MyThread thread = new MyThread();
        thread.start();
        Thread.sleep(8000);
        thread.stop();
    } catch (InterruptedException e) {
        // TODO Auto-generated catch block
        e.printStackTrace();
    }
}

}
```

程序运行结果如图 1-50 所示。

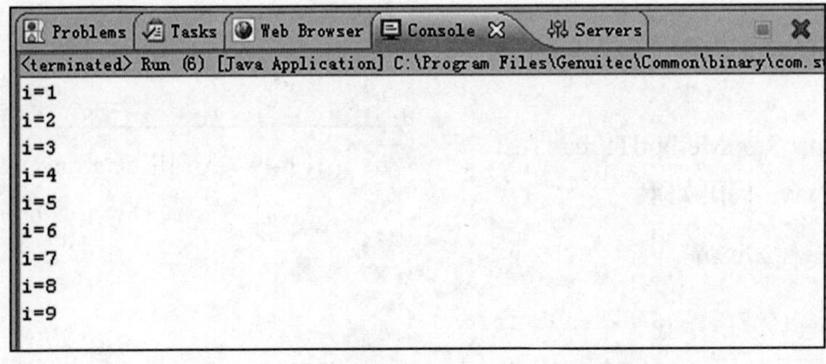


图 1-50 线程被暴力停止后运行图标呈灰色

由运行结果可以看出，线程被暴力停止了，这种方式就是 1.11 节介绍的第二种停止线程的方法——使用 stop 方法强行终止线程。

stop() 方法呈删除线程状态，是作废过期的方法，原因就是 stop() 方法容易造成业务处理的不确定性。例如，A 线程执行如下业务：

```
增加数据 1
增加数据 2
增加数据 3
```

```
增加数据 4
增加数据 5
增加数据 6
增加数据 7
```

这时在任意时机对 A 线程调用 stop() 方法，A 线程均不能确定在哪里被停止了，导致数据增加得不完整。被 stop() 暴力停止的线程连一个类似执行 finally{} 语句的机会都没有，就彻底被杀死。

在本节中，线程是否被暴力停止由外界（main 方法）决定，线程也可以根据判断条件自己调用 stop() 方法完成对自身的暴力停止，请看下面的章节。

### 1.11.7　方法 stop() 与 java.lang.ThreadDeath 异常

创建测试项目 killSelf，文件 MyThread.java 代码如下：

```
package test;

public class MyThread extends Thread {
    @Override
    public void run() {
        try {
            Thread.sleep(2000);
            int i = 100;
            System.out.println("begin");
            if (i == 100) {
                this.stop();
            }
            System.out.println("  end");
        } catch (InterruptedException e) {
            e.printStackTrace();
        }
    }
}
```

创建运行类代码如下：

```
package test;

public class Test {
    public static void main(String[] args) throws InterruptedException {
        MyThread thread = new MyThread();
        thread.start();
    }
}
```

程序运行结果如下：

```
begin
```

线程 MyThread 被自身调用 stop() 方法暴力停止。

自身调用 stop() 方法时会抛出 java.lang.ThreadDeath 异常，但在默认的情况下，此异常不需要显式捕捉。

创建测试项目 runMethodUseStopMethod，文件 MyThread.java 代码如下：

```
package testpackage;

public class MyThread extends Thread {
@Override
public void run() {
    try {
        this.stop();
    } catch (ThreadDeath e) {
        System.out.println("进入了 catch() 方法！");
        e.printStackTrace();
    }
}
}
```

文件 Run.java 代码如下：

```
package test.run;

import testpackage.MyThread;

public class Run {
public static void main(String[] args) {
    MyThread thread = new MyThread();
    thread.start();
}
}
```

程序运行结果如图 1-51 所示。

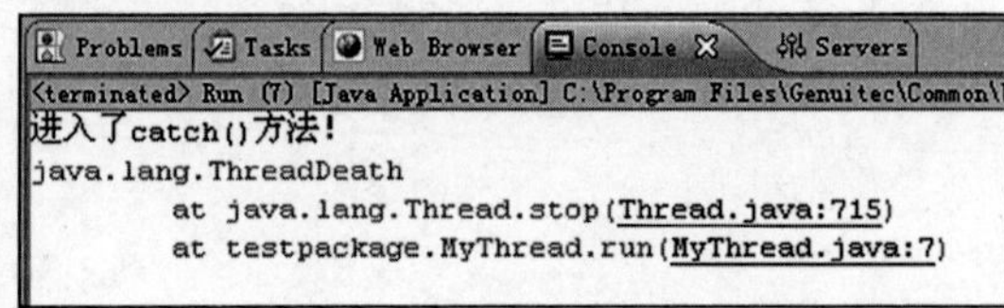


图 1-51　进入了 catch 异常

线程自身调用 stop() 方法会进入 catch (ThreadDeath e) 代码块，外界调用 stop() 方法后线程内部也会进入 catch (ThreadDeath e) 代码块中，下面进行测试。

创建测试项目 ThreadDeathTest，创建测试类代码如下：

```
package test;

public class MyThread extends Thread {
    @Override
    public void run() {
        try {
            for (int i = 0; i < 5000000; i++) {
                System.out.println(i + 1);
            }
        } catch (ThreadDeath e) {
            e.printStackTrace();
```

```
                System.out.println("进入了MyThread中的catch (ThreadDeath e)代码块中");
            }
        }
    }
```

创建运行类代码如下：

```
package test;

public class Test {
    public static void main(String[] args) throws InterruptedException {
        MyThread thread = new MyThread();
        thread.start();
        Thread.sleep(1000);
        try {
            thread.stop();
        } catch (ThreadDeath e) {
            System.out.println("进入了Test类中的catch (ThreadDeath e)代码块中");
            e.printStackTrace();
        }
    }
}
```

程序运行结果如下：

```
198012
198013
198014198014进入了MyThread中的catch (ThreadDeath e)代码块中
java.lang.ThreadDeath
    at java.lang.Thread.stop(Unknown Source)
    at test.Test.main(Test.java:9)
```

控制台输出如下信息：

```
进入了MyThread中的catch (ThreadDeath e)代码块中
```

在外界对线程对象调用 stop() 方法后，线程内部会抛出 ThreadDeath 异常。外界不会抛出 ThreadDeath 异常，因为信息“进入了 Test 类中的 catch (ThreadDeath e) 代码块中”并没有输出。

### 1.11.8　使用 stop() 释放锁导致数据结果不一致

本节将讲解使用 stop() 释放锁给数据造成不一致性的结果，如果出现这样的情况，程序处理的数据完全有可能遭到破坏，最终导致程序执行的流程是错误的，在此一定要注意。下面来看一个示例。

创建项目 stopThrowLock，文件 MyService.java 代码如下：

```
package service;

public class MyService {
```

```
    private String username = "a";
    private String password = "aa";

    synchronized public String getUsername() {
        return username;
    }

    synchronized public String getPassword() {
        return password;
    }

    synchronized public void printString(String username, String password) {
        try {
            this.username = username;
            Thread.sleep(100000000);
            this.password = password;
        } catch (InterruptedException e) {
            e.printStackTrace();
        }
    }

}
```

调用业务方法 printString() 的线程代码如下：

```
package extthread;

import service.MyService;

public class MyThreadA extends Thread {

    private MyService object;

    public MyThreadA(MyService object) {
        super();
        this.object = object;
    }

    @Override
    public void run() {
        object.printString("b", "bb");
    }
}
```

输出数据的线程代码如下：

```
package extthread;

import service.MyService;

public class MyThreadB extends Thread {

    private MyService object;
```

```
    public MyThreadB(MyService object) {
        super();
        this.object = object;
    }

    @Override
    public void run() {
        System.out.println(object.getUsername() + " " + object.getPassword());
        System.out.println("  end " + System.currentTimeMillis());
    }
}
```

文件 Run.java 代码如下：

```
package test;

import extthread.MyThreadA;
import extthread.MyThreadB;
import service.MyService;

public class Run {
    public static void main(String[] args) throws InterruptedException {
        MyService service = new MyService();
        MyThreadA myThreadA = new MyThreadA(service);
        MyThreadB myThreadB = new MyThreadB(service);
        myThreadA.start();
        Thread.sleep(500);
        myThreadB.start();
        System.out.println("begin " + System.currentTimeMillis());
        Thread.sleep(5000);
        myThreadA.stop();
    }
}
```

程序运行结果如图 1-52 所示。

```
begin 1614739897558
b aa
  end 1614739902559
```

图 1-52　强制 stop 造成数据不一致

当执行 stop() 方法后 MyThreadA 才会释放锁，线程 MyThreadB 才能执行同步的 get() 方法，并且 synchronized 同步的 getUsername() 和 getPassword() 方法取出的是未处理完成的半成品错误数据。

由于 stop() 方法已经在 JDK 中被标为“作废 / 过期”的方法，显然它在功能上具有缺陷，所以不建议在程序中使用 stop() 方法停止线程。

## 1.11.9　使用 return; 语句停止线程的缺点及相应的解决方案

将 interrupt() 方法与 return; 语句结合使用也能实现停止线程的效果。

创建测试项目 useReturnInterrupt，线程类 MyThread.java 代码如下：

```
package extthread;

public class MyThread extends Thread {
```

```
    @Override
    public void run() {
        while (true) {
            if (this.isInterrupted()) {
                System.out.println(" 停止了 !");
                return;
            }
            System.out.println("timer=" + System.currentTimeMillis());
        }
    }

}
```

运行类 Run.java 代码如下：

```
package test.run;

import extthread.MyThread;

public class Run {

public static void main(String[] args) throws InterruptedException {
    MyThread t=new MyThread();
    t.start();
    Thread.sleep(2000);
    t.interrupt();
}

}
```

程序运行结果如图 1-53 所示。

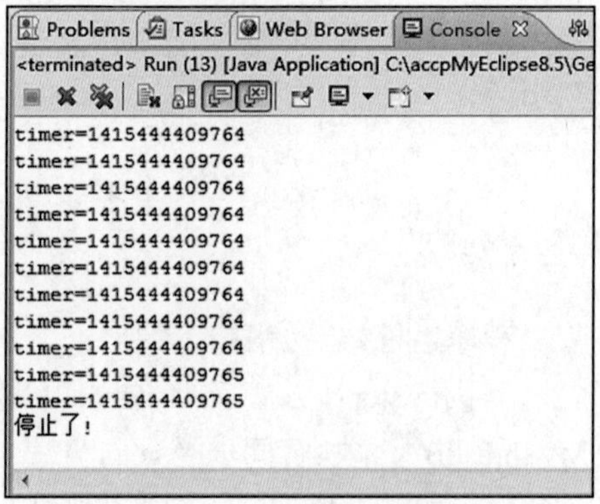

图 1-53 线程成功停止

相比“抛异常”法，虽然使用“ return;” 在代码结构上可以更加方便地停止线程，不过还是建议使用“抛异常”法，因为该方法可以在 catch 块中对异常的信息进行统一处理。下面用具体示例来说明。使用“return;”来设计代码：

```
public class MyThread extends Thread {
    @Override
    public void run() {
        //insert 操作
        if (this.interrupted()) {
            System.out.println(" 写入 log info");
            return;
        }
        //update 操作
        if (this.interrupted()) {
            System.out.println(" 写入 log info");
            return;
        }
```

```
            //delete 操作
            if (this.interrupted()) {
                System.out.println("写入 log info");
                return;
            }
            //select 操作
            if (this.interrupted()) {
                System.out.println("写入 log info");
                return;
            }
            System.out.println("for for for for for");
        }
    }
```

在每个“return;”代码前都要搭配一个写入日志的代码，这样会使代码出现冗余，并没有集中处理日志，不利于代码的阅读与扩展，这时可以使用“抛异常”法来简化这段代码：

```
public class MyThread2 extends Thread {
    @Override
    public void run() {
        try {
            //insert 操作
            if (this.interrupted()) {
                throw new InterruptedException();
            }
            //update 操作
            if (this.interrupted()) {
                throw new InterruptedException();
            }
            //delete 操作
            if (this.interrupted()) {
                throw new InterruptedException();
            }
            //select 操作
            if (this.interrupted()) {
                throw new InterruptedException();
            }
            System.out.println("for for for for for");
        } catch (InterruptedException e) {
            System.out.println("写入 log info");
            e.printStackTrace();
        }
    }
}
```

写入日志的功能在 catch 块被集中统一处理了，代码风格更加规范。

## 1.12　暂停线程

暂停线程意味着此线程还可以恢复运行，在 Java 多线程中可以使用 suspend() 方法暂停线程，使用 resume() 方法来恢复线程的执行。

### 1.12.1 方法 suspend() 与 resume() 的使用

创建测试项目 suspend_resume_test，文件 MyThread.java 代码如下：

```
package mythread;

public class MyThread extends Thread {

private long i = 0;

public long getI() {
    return i;
}

public void setI(long i) {
    this.i = i;
}

@Override
public void run() {
    while (true) {
        i++;
    }
}

}
```

文件 Run.java 代码如下：

```
package test.run;

import mythread.MyThread;

public class Run {

public static void main(String[] args) {

    try {
        MyThread thread = new MyThread();
        thread.start();
        Thread.sleep(5000);
        //A 段
        thread.suspend();
        System.out.println("A= " + System.currentTimeMillis() + " i="
            + thread.getI());
        Thread.sleep(5000);
        System.out.println("A= " + System.currentTimeMillis() + " i="
            + thread.getI());
        //B 段
        thread.resume();
```

```
            Thread.sleep(5000);

            //C 段
            thread.suspend();
            System.out.println("B= " + System.currentTimeMillis() + " i="
                + thread.getI());
            Thread.sleep(5000);
            System.out.println("B= " + System.currentTimeMillis() + " i="
                + thread.getI());
        } catch (InterruptedException e) {
            e.printStackTrace();
        }
    }

    }
```

```
Problems  Tasks  Web Brow  Console
Run [Java Application] C
A= 1419296793640 i=2301540899
A= 1419296798640 i=2301540899
B= 1419296803640 i=4627417425
B= 1419296808640 i=4627417425
```

图 1-54　暂停与恢复的测试

程序运行结果如图 1-54 所示。

stop() 方法用于销毁线程对象，如果想继续运行线程，则必须使用 start() 重新启动线程，而 suspend() 方法用于让线程不再执行任务，线程对象并不销毁，只在当前所执行的代码处暂停，未来还可以恢复运行。

从控制台输出的时间上来看，线程的确被暂停了，而且还可以恢复成运行状态。

## 1.12.2　方法 suspend() 与 resume() 的缺点——独占

如果 suspend() 与 resume() 方法使用不当，极易造成公共同步对象被独占，其他线程无法访问公共同步对象的结果。

创建 suspend_resume_deal_lock 项目，文件 SynchronizedObject.java 代码如下：

```
package testpackage;

public class SynchronizedObject {

synchronized public void printString() {
    System.out.println("begin");
    if (Thread.currentThread().getName().equals("a")) {
        System.out.println("a 线程永远 suspend 了！");
        Thread.currentThread().suspend();
    }
    System.out.println("end");
}

}
```

文件 Run.java 代码如下：

```
package test.run;

import testpackage.SynchronizedObject;
```

```
public class Run {

public static void main(String[] args) {
    try {
        final SynchronizedObject object = new SynchronizedObject();

        Thread thread1 = new Thread() {
            @Override
            public void run() {
                object.printString();
            }
        };

        thread1.setName("a");
        thread1.start();

        Thread.sleep(1000);

        Thread thread2 = new Thread() {
            @Override
            public void run() {
                System.out
                    .println("thread2 启动了，但进入不了 printString() 方法！只打印
                        1 个 begin");
                System.out
                    .println(" 因为 printString() 方法被 a 线程锁定并且永远的 suspend
                        暂停了！");
                object.printString();
            }
        };
        thread2.start();
    } catch (InterruptedException e) {
        // TODO Auto-generated catch block
        e.printStackTrace();
    }
}

}
```

程序运行结果如图 1-55 所示。

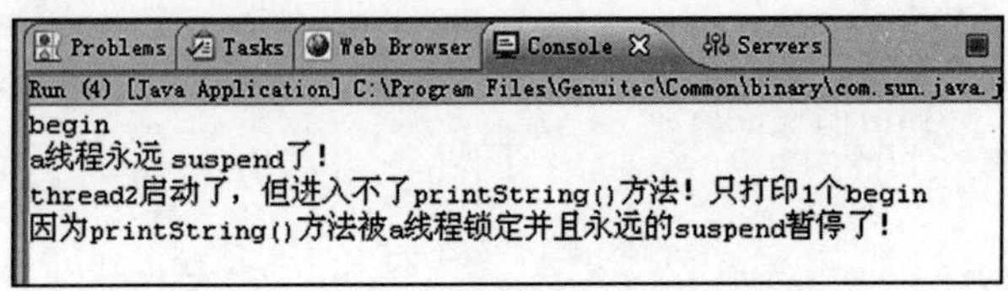


图 1-55　独占并锁死 printString() 方法

另外一种独占锁的情况也需要格外注意，稍有不注意，就会掉进“坑”里。创建测试项目 suspend_resume_LockStop，类 MyThread.java 代码如下：

```
package mythread;

public class MyThread extends Thread {
private long i = 0;

@Override
public void run() {
    while (true) {
        i++;
    }
}
}
```

类 Run.java 代码如下：

```
package test.run;

import mythread.MyThread;

public class Run {

public static void main(String[] args) {

    try {
        MyThread thread = new MyThread();
        thread.start();
        Thread.sleep(1000);
        thread.suspend();
        System.out.println("main end!");
    } catch (InterruptedException e) {
        e.printStackTrace();
    }
}

}
```

程序运行结果如图 1-56 所示。

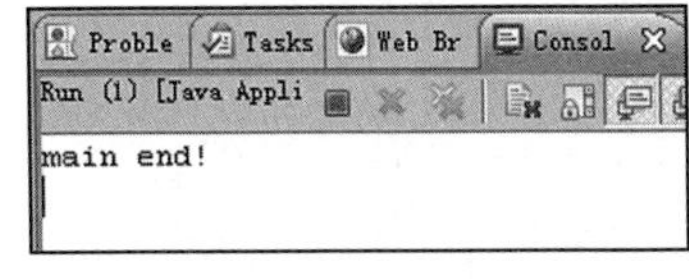


图 1-56　控制台输出 main end 信息

进程状态在控制台中呈红色按钮显示，说明进程并未销毁。虽然 main 线程销毁了，但是 MyThread 呈暂停状态，所以进程不会销毁。

如果将线程类 MyThread.java 更改如下：

```
package mythread;

public class MyThread extends Thread {
private long i = 0;

@Override
public void run() {
    while (true) {
        i++;
```

```
            System.out.println(i);
        }
    }
}
```

再次运行程序，则控制台不会输出 main end，运行结果如图 1-57 所示。

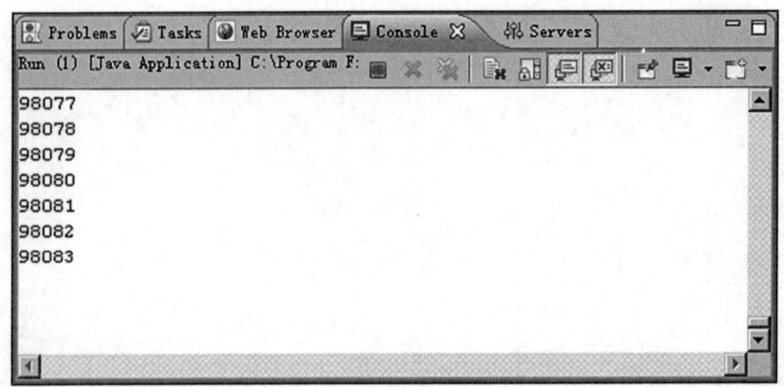


图 1-57　不输出 main end 信息

出现这种情况的原因是当程序运行到 System.out.println(i) 方法内部被暂停时，同步锁是不释放的。println() 方法的源代码如图 1-58 所示。

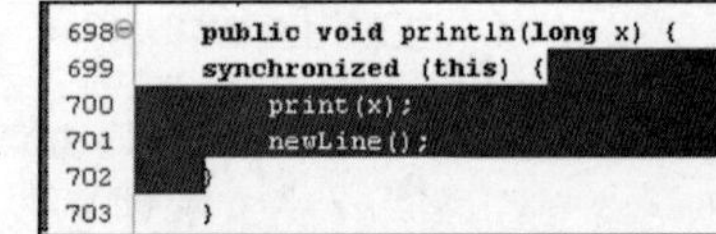


图 1-58　锁不释放

当前 PrintStream 对象的 println() 方法一直呈"暂停"状态，并且"锁未释放"，而 main() 方法中的代码"System.out.println("main end!");"也需要这把锁，main 线程并未销毁，导致不能输出"main end!"。

虽然 suspend() 方法是过期作废的方法，但研究其过期作废的原因还是很有必要的。

### 1.12.3　方法 suspend() 与 resume() 的缺点——数据不完整

使用 suspend() 与 resume() 方法时也容易出现因为线程暂停导致数据不完整的情况。

创建项目 suspend_resume_nosameValue，文件 MyObject.java 代码如下：

```
package myobject;

public class MyObject {

private String username = "1";
private String password = "11";

public void setValue(String u, String p) {
    this.username = u;
    if (Thread.currentThread().getName().equals("a")) {
        System.out.println(" 停止 a 线程 !");
        Thread.currentThread().suspend();
    }
    this.password = p;
```

```
    }

    public void printUsernamePassword() {
        System.out.println(username + " " + password);
    }
    }
```

文件 Run.java 代码如下：

```
package test;

import myobject.MyObject;

public class Run {

public static void main(String[] args) throws InterruptedException {

    final MyObject myobject = new MyObject();

    Thread thread1 = new Thread() {
        public void run() {
            myobject.setValue("a", "aa");
        };
    };
    thread1.setName("a");
    thread1.start();

    Thread.sleep(500);

    Thread thread2 = new Thread() {
        public void run() {
            myobject.printUsernamePassword();
        };
    };
    thread2.start();

}

}
```

程序运行结果如图 1-59 所示。

图 1-59　运行结果

程序运行结果出现值不完整的情况，所以在程序中使用 suspend() 方法时要格外注意。

鉴于这两个方法均被标识为作废过期，所以想要实现对线程进行暂停与恢复的处理时可使用 wait()、notify() 或 notifyAll() 方法。

### 1.12.4　使用 LockSupport 类实现线程暂停与恢复

suspend() 与 resume() 方法是过期作废的，若想实现同样的功能，也可以使用 JDK 并发包里提供的 LockSupport 类作为替代，效果是一样的。

创建测试项目 park_unpark。

创建自定义线程类代码如下：

```
package mythread;

import java.util.concurrent.locks.LockSupport;

public class MyThread1 extends Thread {
    @Override
    public void run() {
        System.out.println("begin " + System.currentTimeMillis());
        LockSupport.park();
        System.out.println("  end " + System.currentTimeMillis());
    }
}
```

创建运行类代码如下：

```
package test;

import java.util.concurrent.locks.LockSupport;

import mythread.MyThread1;

public class Test1 {
    public static void main(String[] args) throws InterruptedException {
        MyThread1 mythread = new MyThread1();
        mythread.start();

        Thread.sleep(4000);
        LockSupport.unpark(mythread);
    }
}
```

运行结果如下：

```
begin 1616026920837
    end 1616026924836
```

park() 方法的作用是将线程暂停，unpark() 方法的作用是恢复线程的运行。

如果先执行 unpark() 再执行 park() 方法，则 park() 方法不会呈暂停的效果。

创建自定义线程类代码如下：

```
package mythread;

import java.util.concurrent.locks.LockSupport;

public class MyThread2 extends Thread {
    @Override
    public void run() {
        try {
            System.out.println("begin " + System.currentTimeMillis());
```

```
            Thread.sleep(5000);
            LockSupport.park();
            System.out.println("  end " + System.currentTimeMillis());
        } catch (InterruptedException e) {
            e.printStackTrace();
        }
    }
}
```

运行类代码如下：

```
package test;

import java.util.concurrent.locks.LockSupport;

import mythread.MyThread2;

public class Test2 {
    public static void main(String[] args) throws InterruptedException {
        MyThread2 mythread = new MyThread2();
        mythread.start();

        Thread.sleep(2000);
        LockSupport.unpark(mythread);
    }
}
```

运行结果如下：

```
begin 1616027833016
    end 1616027838017
```

## 1.13　方法 yield()

yield() 方法的作用是放弃当前的 CPU 资源，让其他任务去占用 CPU 执行时间，放弃的时间不确定，有可能刚刚放弃，马上又获得 CPU 时间片。本示例将以取得运行的时间为结果，来测试 yield() 方法的使用效果。

创建 t17 项目，MyThread.java 文件代码如下：

```
package extthread;

public class MyThread extends Thread {

@Override
public void run() {
    long beginTime = System.currentTimeMillis();
    int count = 0;
    for (int i = 0; i < 50000000; i++) {
        //Thread.yield();
        count = count + (i + 1);
```

```
    }
    long endTime = System.currentTimeMillis();
    System.out.println("用时: " + (endTime - beginTime) + "毫秒!");
}

}
```

文件 Run.java 代码如下：

```
package test;

import extthread.MyThread;

import extthread.MyThread;

public class Run {
public static void main(String[] args) {
    MyThread thread = new MyThread();
    thread.start();
}

}
```

程序运行结果如图 1-60 所示。

将代码：

```
// Thread.yield();
```

去掉注释，再次运行，时间结果如图 1-61 所示。

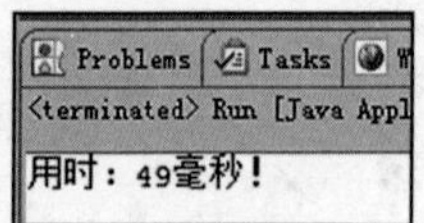


图 1-60 CPU 独占时间片，速度很快

图 1-61 将 CPU 资源让给其他资源，导致速度变慢

## 1.14 线程的优先级

在操作系统中，线程可以划分优先级，优先级较高的线程得到的 CPU 资源较多，即 CPU 优先执行优先级较高的线程对象中的任务，其实就是让高优先级的线程获得更多的 CPU 时间片。

设置线程优先级有助于“线程规划器”确定在下一次选择哪一个线程来优先执行。

使用 setPriority() 方法设置线程的优先级，此方法在 JDK 中的源代码如下：

```
public final void setPriority(int newPriority) {
    ThreadGroup g;
    checkAccess();
    if (newPriority > MAX_PRIORITY || newPriority < MIN_PRIORITY) {
```

```
            throw new IllegalArgumentException();
        }
        if ((g = getThreadGroup()) != null) {
            if (newPriority > g.getMaxPriority()) {
                newPriority = g.getMaxPriority();
            }
            setPriority0(priority = newPriority);
        }
    }
```

在 Java 中线程的优先级分为 10 个等级，即 1 ～ 10，如果小于 1 或大于 10，则 JDK 抛出异常 throw new IllegalArgumentException()。

JDK 使用三个常量来预定义优先级的值，代码如下：

```
public final static int MIN_PRIORITY = 1;
public final static int NORM_PRIORITY = 5;
public final static int MAX_PRIORITY = 10;
```

### 1.14.1 线程优先级的继承特性

在 Java 中，线程的优先级具有继承性，比如 A 线程启动 B 线程，则 B 线程的优先级与 A 是一样的。

创建 t18 项目，创建 MyThread1.java 文件，代码如下：

```
package extthread;

public class MyThread1 extends Thread {
@Override
public void run() {
    System.out.println("MyThread1 run priority=" + this.getPriority());
    MyThread2 thread2 = new MyThread2();
    thread2.start();
}
}
```

创建 MyThread2.java 文件，代码如下：

```
package extthread;

public class MyThread2 extends Thread {
@Override
public void run() {
    System.out.println("MyThread2 run priority=" + this.getPriority());
}
}
```

文件 Run.java 代码如下：

```
package test;

import extthread.MyThread1;
```

```
public class Run {
public static void main(String[] args) {
    System.out.println("main thread begin priority="
        + Thread.currentThread().getPriority());
    // Thread.currentThread().setPriority(6);
    System.out.println("main thread end   priority="
        + Thread.currentThread().getPriority());
    MyThread1 thread1 = new MyThread1();
    thread1.start();
}
}
```

程序运行结果如图 1-62 所示。

将代码：

```
// Thread.currentThread().setPriority(6);
```

前的注释去掉，再次运行 Run.java 文件，结果如图 1-63 所示。

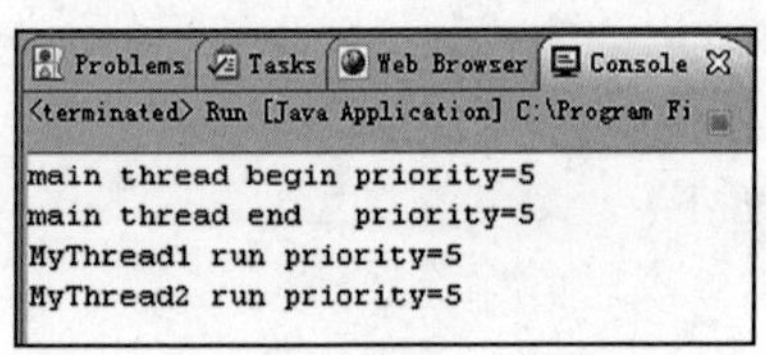


图 1-62 优先级被继承

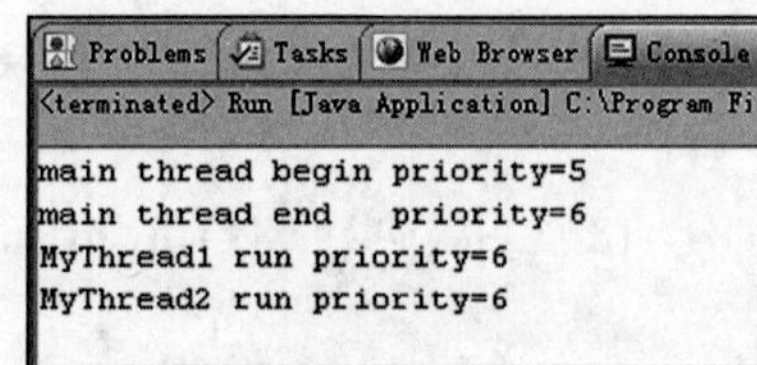


图 1-63 优先级被更改再继续继承

## 1.14.2 线程优先级的规律性

虽然使用 setPriority() 方法可以设置线程的优先级，但还没有看到设置优先级所带来的效果。

创建名称为 t19 的项目，文件 MyThread1.java 代码如下：

```
package extthread;

import java.util.Random;

public class MyThread1 extends Thread {
@Override
public void run() {
    long beginTime = System.currentTimeMillis();
    long addResult = 0;
    for (int j = 0; j < 10; j++) {
        for (int i = 0; i < 50000; i++) {
            Random random = new Random();
            random.nextInt();
            addResult = addResult + i;
        }
```

```
        }
        long endTime = System.currentTimeMillis();
        System.out.println("★★★★★thread 1 use time=" + (endTime - beginTime));
    }
}
```

文件 MyThread2.java 代码如下：

```
package extthread;

import java.util.Random;

public class MyThread2 extends Thread {
    @Override
    public void run() {
        long beginTime = System.currentTimeMillis();
        long addResult = 0;
        for (int j = 0; j < 10; j++) {
            for (int i = 0; i < 50000; i++) {
                Random random = new Random();
                random.nextInt();
                addResult = addResult + i;
            }
        }
        long endTime = System.currentTimeMillis();
        System.out.println("☆☆☆☆☆thread 2 use time=" + (endTime - beginTime));
    }
}
```

文件 Run.java 代码如下：

```
package test;

import extthread.MyThread1;
import extthread.MyThread2;

public class Run {
    public static void main(String[] args) {
        for (int i = 0; i < 5; i++) {
            MyThread1 thread1 = new MyThread1();
            thread1.setPriority(10);
            thread1.start();

            MyThread2 thread2 = new MyThread2();
            thread2.setPriority(1);
            thread2.start();
        }
    }
}
```

文件 Run.java 运行 3 次后输出的结果如图 1-64 所示。

```
★★★★★thread 1 use time=486    ★★★★★thread 1 use time=468    ★★★★★thread 1 use time=477
★★★★★thread 1 use time=515    ★★★★★thread 1 use time=500    ★★★★★thread 1 use time=500
★★★★★thread 1 use time=511    ★★★★★thread 1 use time=511    ★★★★★thread 1 use time=513
☆☆☆☆☆thread 2 use time=528    ★★★★★thread 1 use time=514    ☆☆☆☆☆thread 2 use time=516
★★★★★thread 1 use time=533    ★★★★★thread 1 use time=516    ★★★★★thread 1 use time=533
★★★★★thread 1 use time=550    ☆☆☆☆☆thread 2 use time=565    ★★★★★thread 1 use time=548
☆☆☆☆☆thread 2 use time=562    ☆☆☆☆☆thread 2 use time=571    ☆☆☆☆☆thread 2 use time=569
☆☆☆☆☆thread 2 use time=562    ☆☆☆☆☆thread 2 use time=584    ☆☆☆☆☆thread 2 use time=583
☆☆☆☆☆thread 2 use time=571    ☆☆☆☆☆thread 2 use time=575    ☆☆☆☆☆thread 2 use time=587
☆☆☆☆☆thread 2 use time=573    ☆☆☆☆☆thread 2 use time=584    ☆☆☆☆☆thread 2 use time=590
```

图 1-64　高优先级的线程总是先执行完

从图 1-64 中可以发现，高优先级的线程总是大部分先执行完，但不代表高优先级的线程全部先执行完。另外，并不是 MyThread1 线程先被 main 线程调用就先执行完，出现这样的结果是因为 MyThread1 线程的优先级是最高级别 10。当线程优先级的等级差距很大时，谁先执行完和代码的调用顺序无关。为了验证这个结论，继续实验，改变 Run.java 代码如下：

```
public class Run {
public static void main(String[] args) {
    for (int i = 0; i < 5; i++) {
        MyThread1 thread1 = new MyThread1();
        thread1.setPriority(1);
        thread1.start();

        MyThread2 thread2 = new MyThread2();
        thread2.setPriority(10);
        thread2.start();
    }
}
}
```

文件 Run.java 在运行 3 次后输出的结果如图 1-65 所示。

```
☆☆☆☆☆thread 2 use time=483    ☆☆☆☆☆thread 2 use time=448    ☆☆☆☆☆thread 2 use time=472
☆☆☆☆☆thread 2 use time=490    ☆☆☆☆☆thread 2 use time=503    ☆☆☆☆☆thread 2 use time=485
☆☆☆☆☆thread 2 use time=525    ☆☆☆☆☆thread 2 use time=505    ☆☆☆☆☆thread 2 use time=508
★★★★★thread 1 use time=527    ☆☆☆☆☆thread 2 use time=499    ☆☆☆☆☆thread 2 use time=479
★★★★★thread 1 use time=535    ☆☆☆☆☆thread 2 use time=532    ☆☆☆☆☆thread 2 use time=515
☆☆☆☆☆thread 2 use time=523    ★★★★★thread 1 use time=528    ★★★★★thread 1 use time=552
☆☆☆☆☆thread 2 use time=561    ★★★★★thread 1 use time=550    ★★★★★thread 1 use time=551
★★★★★thread 1 use time=564    ★★★★★thread 1 use time=572    ★★★★★thread 1 use time=571
★★★★★thread 1 use time=576    ★★★★★thread 1 use time=580    ★★★★★thread 1 use time=574
★★★★★thread 1 use time=579    ★★★★★thread 1 use time=580    ★★★★★thread 1 use time=585
```

图 1-65　大部分 thread2 先执行完

从图 1-65 中可以发现，大部分 thread2 先执行完，也就验证线程的优先级与代码执行顺序无关，出现这样的结果是因为 MyThread2 的优先级是最高的，说明线程的优先级具有一定规律性，也就是 CPU 会尽量将执行资源让给优先级比较高的线程。

### 1.14.3　线程优先级的随机性

前面提到，线程的优先级较高则优先执行完，但这个结果不是绝对的因为线程的优先级还具有随机性，也就是优先级较高的线程不一定每一次都先执行完。

创建名称为 t20 的项目，文件 MyThread1.java 代码如下：

```
package extthread;

import java.util.Random;

public class MyThread1 extends Thread {
@Override
public void run() {
    long beginTime = System.currentTimeMillis();
    for (int i = 0; i < 1000; i++) {
        Random random = new Random();
        random.nextInt();
    }
    long endTime = System.currentTimeMillis();
    System.out.println("★★★★★thread 1 use time=" + (endTime - beginTime));
}
}
```

文件 MyThread2.java 代码如下：

```
package extthread;

import java.util.Random;

public class MyThread2 extends Thread {
@Override
public void run() {
    long beginTime = System.currentTimeMillis();
    for (int i = 0; i < 1000; i++) {
        Random random = new Random();
        random.nextInt();
    }
    long endTime = System.currentTimeMillis();
    System.out.println("☆☆☆☆☆thread 2 use time=" + (endTime - beginTime));
}
}
```

文件 Run.java 代码如下：

```
package test;

import extthread.MyThread1;
import extthread.MyThread2;
```

```
public class Run {
public static void main(String[] args) {
    for (int i = 0; i < 5; i++) {
        MyThread1 thread1 = new MyThread1();
        thread1.setPriority(5);
        thread1.start();

        MyThread2 thread2 = new MyThread2();
        thread2.setPriority(6);
        thread2.start();
    }
}
}
```

为了让结果体现随机性，将两个线程的优先级分别设置为 5、6，让优先级接近一些。文件 Run.java 在运行 6 次后输出的结果如图 1-66 所示。

```
★★★★★thread 1 use time=3
☆☆☆☆☆thread 2 use time=1
★★★★★thread 1 use time=4
★★★★★thread 1 use time=2
★★★★★thread 1 use time=2
☆☆☆☆☆thread 2 use time=3
☆☆☆☆☆thread 2 use time=3
☆☆☆☆☆thread 2 use time=3
★★★★★thread 1 use time=1
☆☆☆☆☆thread 2 use time=0

★★★★★thread 1 use time=3
★★★★★thread 1 use time=1
☆☆☆☆☆thread 2 use time=1
★★★★★thread 1 use time=1
☆☆☆☆☆thread 2 use time=2
☆☆☆☆☆thread 2 use time=0
★★★★★thread 1 use time=0
☆☆☆☆☆thread 2 use time=2
★★★★★thread 1 use time=3
☆☆☆☆☆thread 2 use time=1

★★★★★thread 1 use time=3
☆☆☆☆☆thread 2 use time=3
★★★★★thread 1 use time=2
★★★★★thread 1 use time=0
★★★★★thread 1 use time=3
☆☆☆☆☆thread 2 use time=3
☆☆☆☆☆thread 2 use time=1
★★★★★thread 1 use time=0
☆☆☆☆☆thread 2 use time=0
☆☆☆☆☆thread 2 use time=2

★★★★★thread 1 use time=2
☆☆☆☆☆thread 2 use time=0
☆☆☆☆☆thread 2 use time=3
★★★★★thread 1 use time=2
★★★★★thread 1 use time=0
☆☆☆☆☆thread 2 use time=0
★★★★★thread 1 use time=0
★★★★★thread 1 use time=3
☆☆☆☆☆thread 2 use time=1
☆☆☆☆☆thread 2 use time=1

★★★★★thread 1 use time=2
★★★★★thread 1 use time=0
★★★★★thread 1 use time=3
☆☆☆☆☆thread 2 use time=0
★★★★★thread 1 use time=1
☆☆☆☆☆thread 2 use time=2
☆☆☆☆☆thread 2 use time=2
★★★★★thread 1 use time=1
☆☆☆☆☆thread 2 use time=0
☆☆☆☆☆thread 2 use time=0

★★★★★thread 1 use time=2
★★★★★thread 1 use time=2
★★★★★thread 1 use time=0
☆☆☆☆☆thread 2 use time=2
☆☆☆☆☆thread 2 use time=3
★★★★★thread 1 use time=1
★★★★★thread 1 use time=0
☆☆☆☆☆thread 2 use time=1
☆☆☆☆☆thread 2 use time=1
☆☆☆☆☆thread 2 use time=1
```

图 1-66　交错执行完

那么，根据此实验可以得出一个结论，不要把线程的优先级与运行结果的顺序作为衡量的标准，优先级较高的线程并不一定每一次都先执行完，它们具有不确定性、随机性。

## 1.14.4　看谁跑得快

创建实验用的项目 countPriority，创建两个线程类，代码如图 1-67 所示。

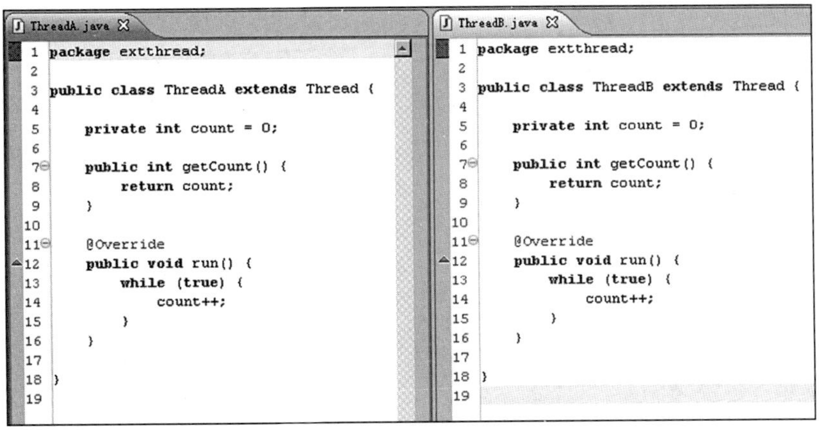

```java
package extthread;

public class ThreadA extends Thread {

    private int count = 0;

    public int getCount() {
        return count;
    }

    @Override
    public void run() {
        while (true) {
            count++;
        }
    }

}
```

```java
package extthread;

public class ThreadB extends Thread {

    private int count = 0;

    public int getCount() {
        return count;
    }

    @Override
    public void run() {
        while (true) {
            count++;
        }
    }

}
```

图 1-67　两个线程类代码

创建类 Run.java 代码如下：

```java
package test;

import extthread.ThreadA;
import extthread.ThreadB;

public class Run {

public static void main(String[] args) {

    try {
        ThreadA a = new ThreadA();
        a.setPriority(Thread.NORM_PRIORITY - 3);
        a.start();

        ThreadB b = new ThreadB();
        b.setPriority(Thread.NORM_PRIORITY + 3);
        b.start();

        Thread.sleep(20000);
        a.stop();
        b.stop();

        System.out.println("a=" + a.getCount());
        System.out.println("b=" + b.getCount());
    } catch (InterruptedException e) {
        e.printStackTrace();
    }

}

}
```

程序运行结果如图 1-68 所示。

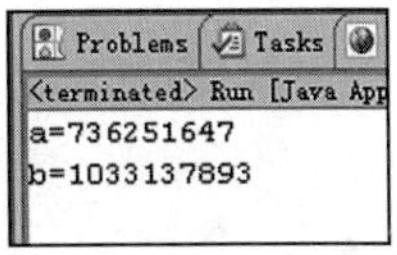

```
<terminated> Run [Java App
a=736251647
b=1033137893
```

图 1-68　优先级高的跑得快

## 1.15 守护线程

Java 中有两种线程，一种是用户线程，也称非守护线程；另一种是守护线程。

什么是守护线程？守护线程是一种特殊的线程，当进程中不存在非守护线程时，则守护线程自动销毁。典型的守护线程就是垃圾回收线程，当进程中没有非守护线程了，则垃圾回收线程也就没有存在的必要，自动销毁。用一个比较通俗的比喻来解释一下“守护线程”，任何一个守护线程都可以看作整个 JVM 中所有非守护线程的“保姆”，只要当前 JVM 实例中有任何一个非守护线程没有结束（好比幼儿园中有小朋友），那么守护线程（也就是保姆）就要工作，只有当最后一个非守护线程结束时（好比幼儿园中没有小朋友了），守护线程（也就是保姆）才会随着 JVM 一同结束工作。守护 Daemon 线程的作用是为其他线程的运行提供便利服务，最典型的应用就是 GC（垃圾回收器）。综上所述，当最后一个用户线程销毁了，守护线程会退出，进程也随之结束。

主线程 main 在本节中属于用户线程，凡是调用 setDaemon(true) 代码并且传入 true 值的线程才是守护线程。

创建项目 daemonThread，文件 MyThread.java 代码如下：

```
package testpackage;

public class MyThread extends Thread {
private int i = 0;

@Override
public void run() {
    try {
        while (true) {
            i++;
            System.out.println("i=" + (i));
            Thread.sleep(1000);
        }
    } catch (InterruptedException e) {
        // TODO Auto-generated catch block
        e.printStackTrace();
    }
}
}
```

文件 Run.java 代码如下：

```
package test.run;

import testpackage.MyThread;

public class Run {
public static void main(String[] args) {
```

```
        try {
            MyThread thread = new MyThread();
            thread.setDaemon(true);
            thread.start();
            Thread.sleep(5000);
            System.out.println(" 我离开 thread 对象也不再打印了，也就是停止了！");
        } catch (InterruptedException e) {
            // TODO Auto-generated catch block
            e.printStackTrace();
        }
    }
}
```

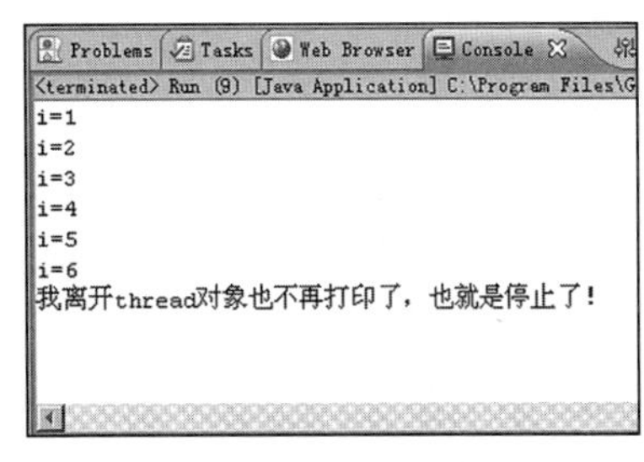


图 1-69　最后一个用户线程销毁守护线程也退出了

程序运行结果如图 1-69 所示。

要在执行 start() 方法之前执行 setDaemon(boolean) 方法，不然会出现异常，示例代码如下：

```
package test.run;

import testpackage.MyThread;

public class Run2 {
    public static void main(String[] args) {
        MyThread thread = new MyThread();
        thread.start();
        thread.setDaemon(true);
    }
}
```

程序运行出现异常如下：

```
Exception in thread "main" java.lang.IllegalThreadStateException
    at java.lang.Thread.setDaemon(Thread.java:1275)
    at test.run.Run2.main(Run2.jva:9)
```

## 1.16　并发与并行

并发是指一个 CPU 同时处理多个任务。比如使用单核 CPU，那么工作中的多个线程之间其实还是以按顺序的方式被 CPU 执行，运行效果如图 1-70 所示。

| 时间 / CPU | 1s | 2s | 3s | 4s | 5s |
|---|---|---|---|---|---|
| CPU1 | 线程1 | 线程2 | 线程3 | 线程4 | 线程1 |

图 1-70　并发处理方式（一）

另一种展示方式如图 1-71 所示。

为什么在平时使用的过程中感受不到这种处理呢？操作系统中的线程调度器将 CPU 时间片分配给不同的线程使用，由于 CPU 在线程间的切换速度非常快，所以使用者会认为多个任务在同时运行，这种线程轮流使用 CPU 时间片的处理方式称为并发。

并行是指多个 CPU 或者多核的 CPU 同时处理多个不同的任务，运行效果如图 1-72 所示。

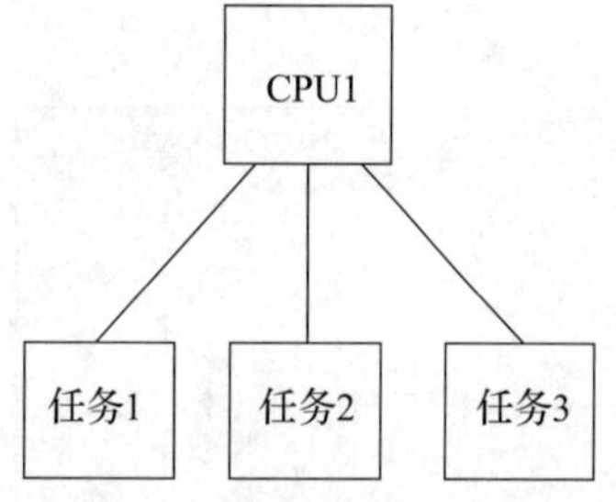


图 1-71 并发处理方式（二）

| CPU \ 时间 | 1s | 2s | 3s | 4s | 5s |
| --- | --- | --- | --- | --- | --- |
| CPU1 | 线程1 | 线程2 | 线程3 | 线程2 | 线程1 |
| CPU2 | 线程4 | 线程5 | 线程5 | 线程6 | 线程4 |

图 1-72 并行处理方式（一）

另一种展示方式如图 1-73 所示。

在宏观上并行，在微观上还是有并发的存在，因为每个 CPU 还是以并发的方式处理多个任务，只不过有多个 CPU 在同时并行处理。

比如 A 同学，一边打游戏，一边吃饭，一边写作业就是并发。

比如 A 同学，找了 B 同学代打游戏，找了 C 同学代写作业，自己吃饭，这就是并行。

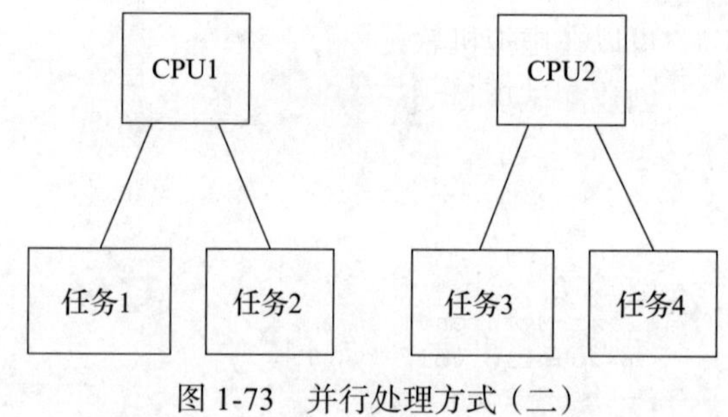


图 1-73 并行处理方式（二）

综上，并发是逻辑上的同时发生，而并行是物理上的同时发生。

## 1.17 同步与异步

同步是指需要等待处理的结果才能继续运行。比如 a 方法调用 b 方法，直到 b 方法调用结束后才能调用 c 方法。

异步是指不需要等待处理的结果还能继续运行就是异步。比如 a 方法调用 b 方法，不需要 b 方法调用结束就能继续调用 c 方法。

如果有四个任务，分别需要耗时 1s，2s，3s，1s，采用同步和异步两种方式运行，在执行时间上有着很大差别。

同步执行效率慢的原因是所有任务按顺序执行，如图 1-74 所示。

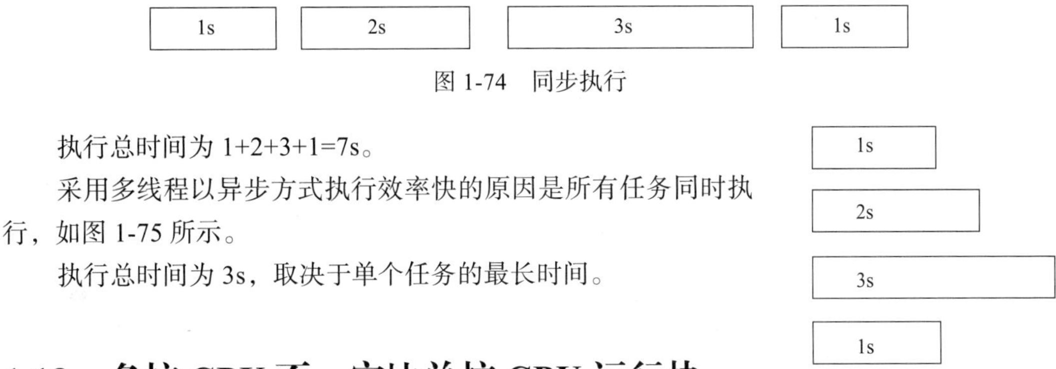


图 1-74　同步执行

执行总时间为 1+2+3+1=7s。

采用多线程以异步方式执行效率快的原因是所有任务同时执行，如图 1-75 所示。

执行总时间为 3s，取决于单个任务的最长时间。



图 1-75　异步执行

## 1.18　多核 CPU 不一定比单核 CPU 运行快

CPU 在线程上进行上下文切换的时间成本非常高。当多线程在执行计算密集型任务时，比如类似 while(true){} 这样的任务，则多核 CPU 的执行效率反而会慢一些。因为多核 CPU 需要处理内存中的共享数据以及多核 CPU 之间的通信和任务的调度等，而单核 CPU 在执行这种计算密集型任务时相当“专注”，没有多余的操作需要处理，所以执行效率反而快了。

可以在虚拟机软件中指定使用的 CPU 的核心数量。

创建测试项目 one_more_core_diff。运行类代码如下：

```
package test;

import java.util.concurrent.atomic.AtomicLong;

class MyThread extends Thread {
    public void run() {
        long beginTime = System.currentTimeMillis();
        for (int i = 0; i < 1000000; i++) {
            double doubleNum = Math.random() + Math.random() + Math.random() +
                Math.random() + Math.random()
                    + Math.random();
        }
        long endTime = System.currentTimeMillis();
        long useTime = endTime - beginTime;
        Test1.mylong.addAndGet(useTime);
    }
}

public class Test1 {
    public static AtomicLong mylong = new AtomicLong(0);

    public static void main(String[] args) throws InterruptedException {
        MyThread[] threadArray = new MyThread[10];
        for (int i = 0; i < threadArray.length; i++) {
            threadArray[i] = new MyThread();
            threadArray[i].start();
```

```
        }
        for (int i = 0; i < threadArray.length; i++) {
            threadArray[i].join();
        }
        System.out.println("耗时: " + mylong.get() + "毫秒");
    }
}
```

单核 CPU 运行环境的耗时如图 1-76 所示。

多核 CPU 运行环境的耗时如图 1-77 所示。

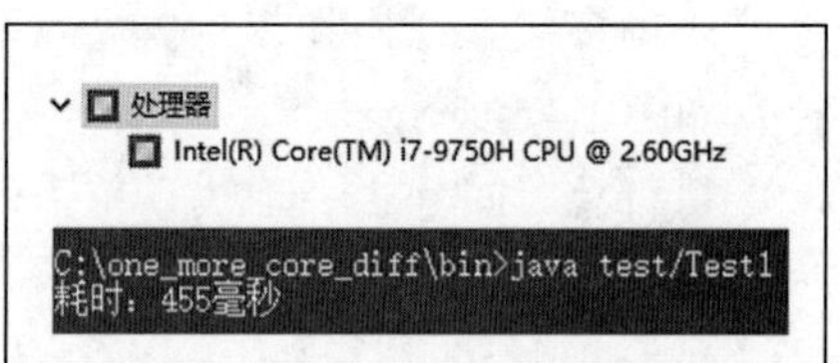


图 1-76 单核 CPU 运行耗时

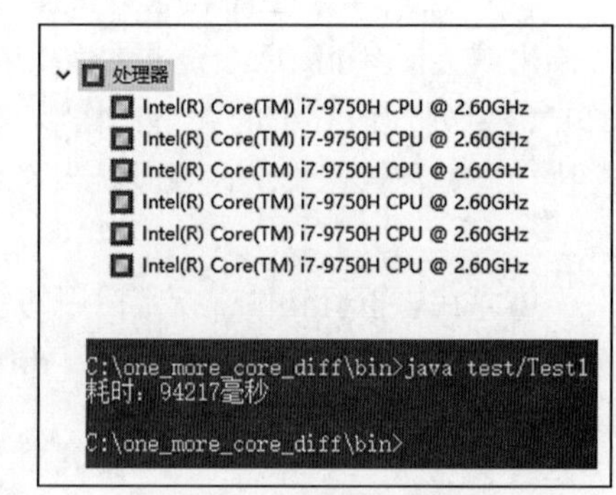


图 1-77 多核 CPU 运行耗时

出现上下文切换的时机可以是 CPU 时间片使用结束，有更高优先级的线程等待执行，出现垃圾回收，调用了 sleep、join、yield、wait、synchronized 等操作。当出现上下文切换时需要记录当前线程的执行状态信息，以便在未来继续执行时根据此状态信息进行恢复，而记录线程运行状态信息非常占用 CPU 资源，导致运行效率降低。

## 1.19 本章小结

本章介绍了 Thread 类的 API，在使用这些 API 的过程中，会出现一些意想不到的情况，其实这也是体验多线程不可预知性的一个体现，学习并掌握这些大部分的常用情况，也就掌握了多线程开发的命脉与特点，为进一步学习多线程打下坚实基础。

使用多线程能大幅提高运行效率的主要场景就是任务中有阻塞状态，使用部分线程去执行有阻塞状态的任务，再使用其他线程执行非阻塞状态的任务，阻塞状态和非阻塞状态的任务同时执行，而不是排队执行。当任务出现阻塞时，CPU 会执行非阻塞的任务，更高效地利用 CPU 空闲资源做有意义的事情，不至于空等待，从而大幅提高运行效率。如果在任务全是非阻塞的情况下使用多线程，由于线程存在上下文切换，使用多线程后程序运行效率反而可能降低。所以多线程并不是万能药，在正确的场景使用多线程才能更好地发挥它的优势。

第 2 章 Chapter 2

# 对象及变量的并发访问

本章主要介绍 Java 多线程中的同步，也就是如何在 Java 语言中写出线程安全的程序，解决非线程安全的相关问题。

本章应该着重掌握如下技术点：

- synchronized 对象监视器为 Object 时的使用方法；
- synchronized 对象监视器为 Class 时的使用方法；
- 非线程安全问题如何出现；
- 关键字 volatile 的主要作用；
- 关键字 volatile 与 synchronized 的区别及使用情况。

## 2.1 synchronized 同步方法

关键字 synchronized 保障了原子性、可见性和有序性。

前面第 1 章已经介绍了线程安全与非线程安全相关的技术点，它们是学习多线程技术时一定会遇到的经典问题。非线程安全问题会在多个线程对同一个对象中的同一个实例变量进行并发访问时发生，产生的后果就是“脏读”，也就是读取到的数据其实是被更改过的。而线程安全是指获得实例变量的值是经过同步处理的，不会出现脏读的现象。本章将细化线程并发访问的内容，在细节上更多讲解在并发时变量值的处理方法。

### 2.1.1 方法内的变量是线程安全的

非线程安全问题存在于实例变量中，如果是方法内部私有变量，则不存在非线程安全问题，结果是线程安全的。

下面的示例项目用于演示方法内部声明一个变量时，是不存在“非线程安全”问题的。

创建 t1 项目，HasSelfPrivateNum.java 文件代码如下：

```
package service;

public class HasSelfPrivateNum {

public void addI(String username) {
    try {
        int num = 0;
        if (username.equals("a")) {
            num = 100;
            System.out.println("a set over!");
            Thread.sleep(2000);
        } else {
            num = 200;
            System.out.println("b set over!");
        }
        System.out.println(username + " num=" + num);
    } catch (InterruptedException e) {
        // TODO Auto-generated catch block
        e.printStackTrace();
    }
}

}
```

文件 ThreadA.java 代码如下：

```
package extthread;

import service.HasSelfPrivateNum;

public class ThreadA extends Thread {

private HasSelfPrivateNum numRef;

public ThreadA(HasSelfPrivateNum numRef) {
    super();
    this.numRef = numRef;
}

@Override
public void run() {
    super.run();
    numRef.addI("a");
}

}
```

文件 ThreadB.java 代码如下：

```
package extthread;

import service.HasSelfPrivateNum;

public class ThreadB extends Thread {

private HasSelfPrivateNum numRef;

public ThreadB(HasSelfPrivateNum numRef) {
    super();
    this.numRef = numRef;
}

@Override
public void run() {
    super.run();
    numRef.addI("b");
}

}
```

文件 Run.java 代码如下：

```
package test;

import service.HasSelfPrivateNum;
import extthread.ThreadA;
import extthread.ThreadB;

public class Run {

public static void main(String[] args) {

    HasSelfPrivateNum numRef = new HasSelfPrivateNum();

    ThreadA athread = new ThreadA(numRef);
    athread.start();

    ThreadB bthread = new ThreadB(numRef);
    bthread.start();

}

}
```

程序运行结果如图 2-1 所示。

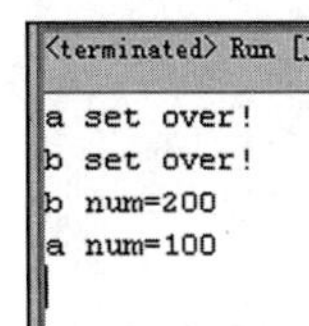

图 2-1　方法中的变量呈线程安全状态

方法中的变量不存在非线程安全问题，永远都是线程安全的，这是因为方法内部的变量具有私有特性。

## 2.1.2　实例变量“非线程安全”问题及解决方案

如果多个线程共同访问一个对象中的实例变量，则有可能出现非线程安全问题。

线程访问的对象中如果有多个实例变量，则运行的结果有可能出现交叉的情况。此情况已经在第 1 章的非线程安全的案例演示过。

如果对象仅有一个实例变量，则有可能出现覆盖的情况。创建 t2 项目进行测试，HasSelfPrivateNum.java 文件代码如下：

```
package service;

public class HasSelfPrivateNum {

private int num = 0;

public void addI(String username) {
    try {
        if (username.equals("a")) {
            num = 100;
            System.out.println("a set over!");
            Thread.sleep(2000);
        } else {
            num = 200;
            System.out.println("b set over!");
        }
        System.out.println(username + " num=" + num);
    } catch (InterruptedException e) {
        // TODO Auto-generated catch block
        e.printStackTrace();
    }
}

}
```

文件 ThreadA.java 代码如下：

```
package extthread;

import service.HasSelfPrivateNum;

public class ThreadA extends Thread {

private HasSelfPrivateNum numRef;

public ThreadA(HasSelfPrivateNum numRef) {
    super();
    this.numRef = numRef;
}

@Override
public void run() {
    super.run();
    numRef.addI("a");
}

}
```

文件 ThreadB.java 代码如下：

```
package extthread;

import service.HasSelfPrivateNum;

public class ThreadB extends Thread {

private HasSelfPrivateNum numRef;

public ThreadB(HasSelfPrivateNum numRef) {
    super();
    this.numRef = numRef;
}

@Override
public void run() {
    super.run();
    numRef.addI("b");
}

}
```

文件 Run.java 代码如下：

```
package test;

import service.HasSelfPrivateNum;
import extthread.ThreadA;
import extthread.ThreadB;

public class Run {

public static void main(String[] args) {

    HasSelfPrivateNum numRef = new HasSelfPrivateNum();

    ThreadA athread = new ThreadA(numRef);
    athread.start();

    ThreadB bthread = new ThreadB(numRef);
    bthread.start();

}

}
```

程序运行结果如图 2-2 所示。

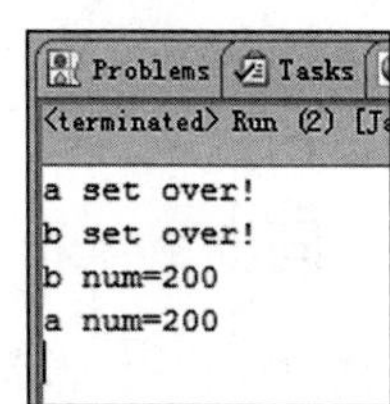


图 2-2 单例模式中的实例变量呈非线程安全状态

上面的实验是两个线程同时访问同一个业务对象中的一个没有同步的方法，如果两个线程同时操作业务对象中的实例变量，则有可能会出现非线程安全问题，此示例的知识点在前面已经介绍过，只需要在 public void addI(String username) 方法前加关键字 synchronized 即可，更改后的代码如下：

```
package service;

public class HasSelfPrivateNum {

private int num = 0;

synchronized public void addI(String username) {
    try {
        if (username.equals("a")) {
            num = 100;
            System.out.println("a set over!");
            Thread.sleep(2000);
        } else {
            num = 200;
            System.out.println("b set over!");
        }
        System.out.println(username + " num=" + num);
    } catch (InterruptedException e) {
        // TODO Auto-generated catch block
        e.printStackTrace();
    }
}

}
```

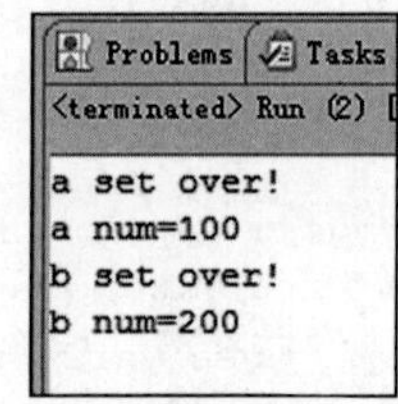

图 2-3　同步了，线程安全了

程序再次运行的结果如图 2-3 所示。

综上所述，两个线程同时访问同一个对象中的同步方法时一定是线程安全的。在本实验，由于线程是同步访问，并且 a 线程先执行，所以先输出 a，然后输出 b，但是完全有可能出现 b 线程先运行，那么就先输出 b 再输出 a，不管哪个线程先运行，这个线程进入用 synchronized 声明的方法时就上锁，方法执行完成后自动解锁，之后下一个线程才会进入用 synchronized 声明的方法里，如果不解锁，其他线程将无法执行用 synchronized 声明的方法。

---

注意　一直在讨论锁，到底谁是锁呢？用 synchronized 声明的方法所在类的对象就是锁。在 Java 中没有“锁方法”这样的概念，锁是对象。

---

### 2.1.3　同步 synchronized 在字节码指令中的原理

在方法上使用 synchronized 关键字实现同步的原因是使用了 flag 标记 ACC_SYNCHRONIZED，当调用方法时，调用指令将会检查方法的 ACC_SYNCHRONIZED 访问标志是否设置，如果设置了，执行线程先持有同步锁，然后执行方法，最后在方法完成时释放锁。

测试代码如下：

```
public class Test {
synchronized public static void testMethod() {
}
public static void main(String[] args) throws InterruptedException {
    testMethod();
}
}
```

在 cmd 中使用命令 javap 来将 class 文件转成字节码指令，参数 -v 表示输出附加信息，参数 -c 表示对代码进行反汇编。

使用 javap.exe 命令如下：

```
javap -c -v Test.class
```

生成这个 class 文件对应的字节码指令，指令的核心代码如下：

```
public synchronized void myMethod();
    descriptor: ()V
    flags: ACC_PUBLIC, ACC_SYNCHRONIZED
    Code:
    stack=1, locals=2, args_size=1
        0: bipush        100
        2: istore_1
        3: return
    LineNumberTable:
        line 5: 0
        line 6: 3
    LocalVariableTable:
        Start  Length  Slot  Name   Signature
            0       4     0  this   Ltest56/Test;
            3       1     1   age   I
```

在反编译的字节码指令中对 public synchronized void myMethod() 方法使用了 flag 标记 ACC_SYNCHRONIZED，说明此方法是同步的。

如果使用 synchronized 代码块，则使用 monitorenter 和 monitorexit 指令进行同步处理，测试代码如下：

```
public class Test2 {
public void myMethod() {
    synchronized (this) {
        int age = 100;
    }
}

public static void main(String[] args) throws InterruptedException {
    Test2 test = new Test2();
    test.myMethod();
}
}
```

在 cmd 中使用命令：

```
javap -c -v Test2.class
```

生成这个 class 文件对应的字节码指令，指令的核心代码如下：

```
public void myMethod();
    descriptor: ()V
    flags: ACC_PUBLIC
    Code:
        stack=2, locals=3, args_size=1
            0: aload_0
            1: dup
            2: astore_1
            3: monitorenter
            4: bipush        100
            6: istore_2
            7: aload_1
            8: monitorexit
            9: goto          15
            12: aload_1
            13: monitorexit
            14: athrow
            15: return
```

由代码可知，在字节码中使用了 monitorenter 和 monitorexit 指令进行同步处理。

### 2.1.4 多个对象多个锁

再来看一个实验，创建项目 twoObjectTwoLock，创建 HasSelfPrivateNum.java 类，代码如下：

```
package service;

public class HasSelfPrivateNum {
synchronized public void testMethod() {
        try {
            System.out.println(Thread.currentThread().getName() + " begin " +
                System.currentTimeMillis());
            Thread.sleep(3000);
            System.out.println(Thread.currentThread().getName() + "   end " +
                System.currentTimeMillis());
        } catch (InterruptedException e) {
            // TODO Auto-generated catch block
            e.printStackTrace();
        }
    }
}
```

上面的代码中有同步方法 testMethod，说明此方法在正常情况下应该被顺序调用。

创建线程 ThreadA.java 和 ThreadB.java 代码，如图 2-4 所示。

ThreadA.java

```
package extthread;

import service.HasSelfPrivateNum;

public class ThreadA extends Thread {

    private HasSelfPrivateNum numRef;

    public ThreadA(HasSelfPrivateNum numRef) {
        super();
        this.numRef = numRef;
    }

    @Override
    public void run() {
        super.run();
        numRef.testMethod();
    }

}

```

ThreadB.java

```
package extthread;

import service.HasSelfPrivateNum;

public class ThreadB extends Thread {

    private HasSelfPrivateNum numRef;

    public ThreadB(HasSelfPrivateNum numRef) {
        super();
        this.numRef = numRef;
    }

    @Override
    public void run() {
        super.run();
        numRef.testMethod();
    }

}

```

图 2-4　两个线程类代码

类 Run.java 代码如下：

```
package test;

import service.HasSelfPrivateNum;
import extthread.ThreadA;
import extthread.ThreadB;

public class Run {

public static void main(String[] args) {

    HasSelfPrivateNum numRef1 = new HasSelfPrivateNum();
    HasSelfPrivateNum numRef2 = new HasSelfPrivateNum();

    ThreadA athread = new ThreadA(numRef1);
    athread.start();

    ThreadB bthread = new ThreadB(numRef2);
    bthread.start();

}

}
```

创建了两个 HasSelfPrivateNum.java 类的对象，即产生两把锁，程序运行结果如图 2-5 所示。

```
Thread-0 begin 1614850023754
Thread-1 begin 1614850023754
Thread-1   end 1614850026755
Thread-0   end 1614850026755
```

图 2-5　无同步各有各锁

上面示例是两个线程分别访问同一个类的两个不同实例的相同名称的同步方法，控制台中输出两个 begin 和 end，且不是 begin-end 成对的输出，呈现了两个线程交叉输出的效果，说明两个线程以异步方式同时运行。

本示例创建了两个业务对象，在系统中产生了两个锁，线程和业务对象属于一对一的关系，每个线程执行自己所属业务对象中的同步方法，不存在锁的争抢关系，所以运行结果是异步的。另外，在这种情况下 synchronized 可以不需要，因为不会出现非线程安全问题。

只有多个线程执行同一个业务对象中的同步方法时，线程和业务对象属于多对一的关系，为了避免出现非线程安全问题，所以使用了 synchronized。

从上面程序运行结果来看，虽然在 HasSelfPrivateNum.java 中使用了 synchronized 关键字，但打印的顺序不是同步的，是交叉的，为什么是这样的结果呢？关键字 synchronized 取得的锁都是对象锁，而不是把一段代码或方法当作锁，所以在上面的示例中，哪个线程先执行带 synchronized 关键字的方法，哪个线程就持有该方法所属对象作为锁，其他线程只能等待，前提是多个线程访问的是同一个对象。但如果多个线程访问多个对象，也就是每个线程访问自己所属的业务对象（上面的示例就是此种情况），则 JVM 会创建多个锁，不存在锁争抢的情况。更具体来讲，由于本示例创建的是两个业务对象，所以产生两份实例变量，每个线程访问自己的实例变量，所以加不加 synchronized 关键字都是线程安全的。

总结：多个线程对共享的资源有写操作，则必须同步，如果只是读取操作，则不需要同步。

### 2.1.5 synchronized 方法将对象作为锁

为了证明前面讲的将对象作为锁，创建实验项目 synchronizedMethodLockObject，类 MyObject.java 文件代码如下：

```
package extobject;

public class MyObject {

public void methodA() {
    try {
        System.out.println("begin methodA threadName="
            + Thread.currentThread().getName());
        Thread.sleep(5000);
        System.out.println("end");
    } catch (InterruptedException e) {
        e.printStackTrace();
    }
}

}
```

自定义线程类 ThreadA.java 代码如下：

```
package extthread;

import extobject.MyObject;

public class ThreadA extends Thread {

private MyObject object;
```

```
public ThreadA(MyObject object) {
    super();
    this.object = object;
}

@Override
public void run() {
    super.run();
    object.methodA();
}

}
```

自定义线程类 ThreadB.java 代码如下：

```
package extthread;

import extobject.MyObject;

public class ThreadB extends Thread {

private MyObject object;

public ThreadB(MyObject object) {
    super();
    this.object = object;
}

@Override
public void run() {
    super.run();
    object.methodA();
}
}
```

运行类 Run.java 代码如下：

```
package test.run;

import extobject.MyObject;
import extthread.ThreadA;
import extthread.ThreadB;

public class Run {

public static void main(String[] args) {
    MyObject object = new MyObject();
    ThreadA a = new ThreadA(object);
    a.setName("A");
    ThreadB b = new ThreadB(object);
    b.setName("B");

    a.start();
```

```
        b.start();
    }

}
```

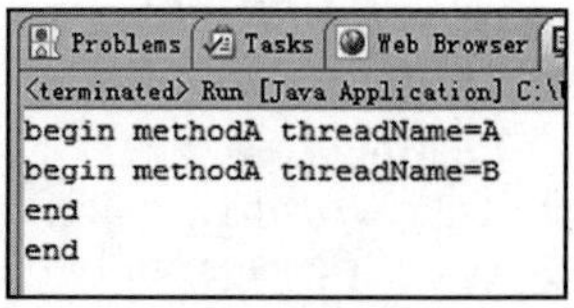

程序运行结果如图 2-6 所示。

```
begin methodA threadName=A
begin methodA threadName=B
end
end
```

图 2-6 两个线程可一同进入 methodA 方法

两个线程可一同进入 methodA 方法，因为该方法并没有同步化。

更改 MyObject.java 代码如下：

```
package extobject;

public class MyObject {

synchronized public void methodA() {
    try {
        System.out.println("begin methodA threadName="
            + Thread.currentThread().getName());
        Thread.sleep(5000);
        System.out.println("end");
    } catch (InterruptedException e) {
        e.printStackTrace();
    }
}

}
```

如上面代码所示，在 methodA 方法前加入关键字 synchronized 进行同步处理。程序再次运行的结果如图 2-7 所示。

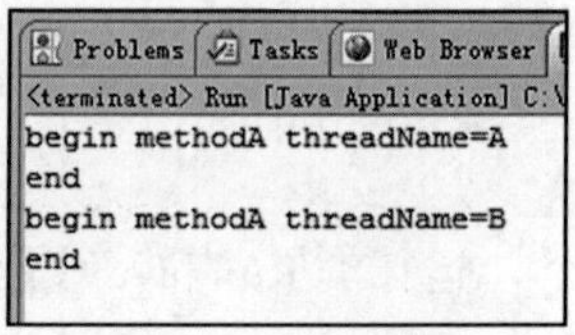

```
begin methodA threadName=A
end
begin methodA threadName=B
end
```

图 2-7 排队进入方法

通过上面的示例得到结论，调用用关键字 synchronized 声明的方法一定是排队运行。另外，需要牢牢记住“共享”这两个字，只有共享资源的写访问才需要同步化，如果不是共享资源，那么就没有同步的必要。

那其他方法在被调用时会是什么效果呢？如何查看将对象作为锁的效果呢？继续新建实验项目 synchronizedMethodLockObject2，类文件 MyObject.java 代码如下：

```
package extobject;

public class MyObject {

synchronized public void methodA() {
    try {
        System.out.println("begin methodA threadName="
            + Thread.currentThread().getName());
        Thread.sleep(5000);
        System.out.println("end endTime=" + System.currentTimeMillis());
```

```
        } catch (InterruptedException e) {
            e.printStackTrace();
        }
    }

    public void methodB() {
        try {
            System.out.println("begin methodB threadName="
                    + Thread.currentThread().getName() + " begin time="
                    + System.currentTimeMillis());
            Thread.sleep(5000);
            System.out.println("end");
        } catch (InterruptedException e) {
            e.printStackTrace();
        }
    }

}
```

两个自定义线程类分别调用不同的方法，代码如图 2-8 所示。

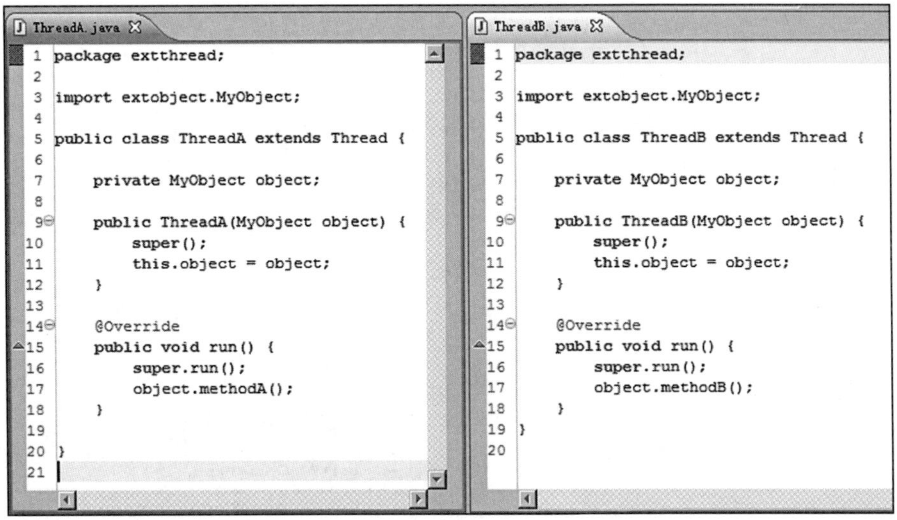

ThreadA.java

```
package extthread;

import extobject.MyObject;

public class ThreadA extends Thread {

    private MyObject object;

    public ThreadA(MyObject object) {
        super();
        this.object = object;
    }

    @Override
    public void run() {
        super.run();
        object.methodA();
    }

}
```

ThreadB.java

```
package extthread;

import extobject.MyObject;

public class ThreadB extends Thread {

    private MyObject object;

    public ThreadB(MyObject object) {
        super();
        this.object = object;
    }

    @Override
    public void run() {
        super.run();
        object.methodB();
    }
}
```

图 2-8　调用不同方法的线程类

文件 Run.java 代码如下：

```
package test.run;

import extobject.MyObject;
import extthread.ThreadA;
import extthread.ThreadB;

public class Run {

public static void main(String[] args) {
```

```
        MyObject object = new MyObject();
        ThreadA a = new ThreadA(object);
        a.setName("A");
        ThreadB b = new ThreadB(object);
        b.setName("B");

        a.start();
        b.start();
    }

    }
```

程序运行结果如图 2-9 所示。

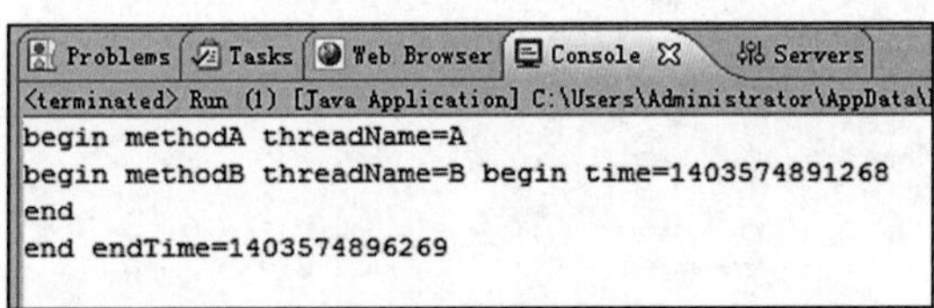


图 2-9 线程 B 异步调用非同步方法

通过上面的实验可以得知，虽然线程 A 先持有了 object 对象的锁，但线程 B 完全可以异步调用非 synchronized 类型的方法。

继续实验，在 MyObject.java 文件中的 methodB() 方法前加入 synchronized 关键字，代码如下：

```
synchronized public void methodB() {
    try {
        System.out.println("begin methodB threadName="
            + Thread.currentThread().getName() + " begin time="
            + System.currentTimeMillis());
        Thread.sleep(5000);
        System.out.println("end");
    } catch (InterruptedException e) {
        e.printStackTrace();
    }
}
```

本示例是两个线程访问同一个对象的两个同步方法，运行结果如图 2-10 所示。

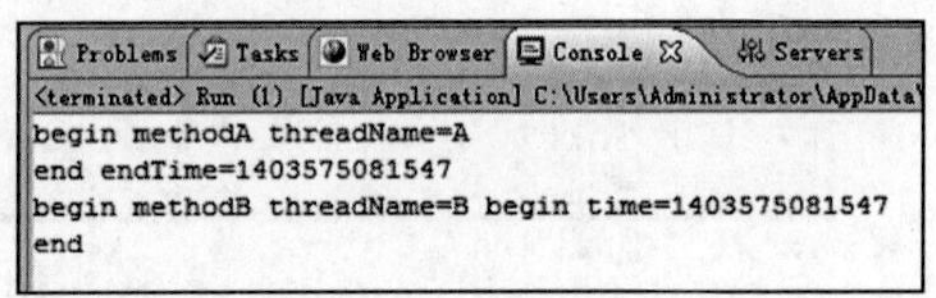


图 2-10 同步运行

结论如下：

1）A 线程先持有 object 对象的锁，B 线程可以以异步的方式调用 object 对象中的非 synchronized 类型的方法。

2）A 线程先持有 object 对象的锁，B 线程如果在这时调用 object 对象中的 synchronized 类型的方法，则需等待，也就是同步。

3）在方法声明处添加 synchronized 并不是锁方法，而是锁当前类的对象。

4）在 Java 中只有将对象作为锁，并没有锁方法这种说法。

5）在 Java 语言中，锁就是对象，对象可以映射成锁，哪个线程拿到这把锁，哪个线程就可以执行这个对象中的 synchronized 同步方法。

6）如果在 X 对象中使用了 synchronized 关键字声明非静态方法，则 X 对象就被当成锁。

### 2.1.6 脏读与解决

在多个线程调用同一个方法时，为了避免数据出现交叉的情况，使用 synchronized 关键字来进行同步。虽然在赋值时进行了同步，但在取值时有可能出现一些意想不到的情况，这种情况就是脏读（dirty read）。发生脏读的原因是在读取实例变量时，此值已经被其他线程更改过了。

创建 t3 项目，PublicVar.java 文件代码如下：

```
package entity;

public class PublicVar {

public String username = "A";
public String password = "AA";

synchronized public void setValue(String username, String password) {
    try {
        this.username = username;
        Thread.sleep(5000);
        this.password = password;

        System.out.println("setValue method thread name="
            + Thread.currentThread().getName() + " username="
            + username + " password=" + password);
    } catch (InterruptedException e) {
        e.printStackTrace();
    }
}

public void getValue() {
    System.out.println("getValue method thread name="
        + Thread.currentThread().getName() + " username=" + username
        + " password=" + password);
}
}
```

同步方法 setValue() 的锁属于类 PublicVar 的实例。

创建线程类 ThreadA.java 的代码如下：

```
package extthread;

import entity.PublicVar;

public class ThreadA extends Thread {

private PublicVar publicVar;
```

```
public ThreadA(PublicVar publicVar) {
    super();
    this.publicVar = publicVar;
}

@Override
public void run() {
    super.run();
    publicVar.setValue("B", "BB");
}
}
```

文件 Test.java 代码如下：

```
package test;

import entity.PublicVar;
import extthread.ThreadA;

public class Test {

public static void main(String[] args) {
    try {
        PublicVar publicVarRef = new PublicVar();
        ThreadA thread = new ThreadA(publicVarRef);
        thread.start();

        Thread.sleep(200);      // 输出结果受此值大小影响

        publicVarRef.getValue();
    } catch (InterruptedException e) {
        // TODO Auto-generated catch block
        e.printStackTrace();
    }

}
}
```

程序运行结果如图 2-11 所示。

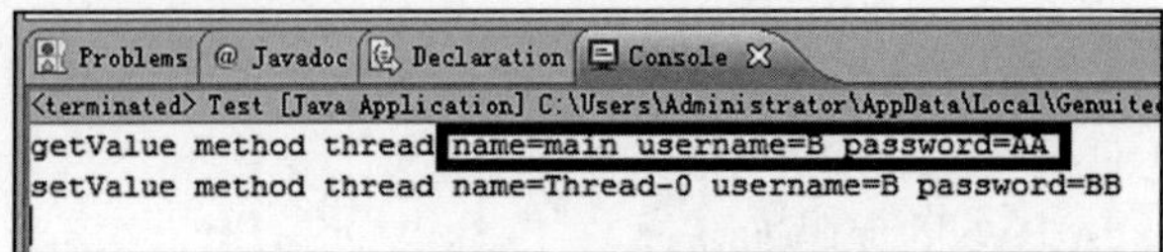


图 2-11 出现脏读情况

出现脏读是因为 public void getValue() 方法并不是同步的，所以可以在任意时候进行调用，解决办法是加上同步 synchronized 关键字，代码如下：

```
synchronized public void getValue() {
    System.out.println("getValue method thread name="
```

```
        + Thread.currentThread().getName() + " username=" + username
        + " password=" + password);
}
```

程序运行结果如图 2-12 所示。

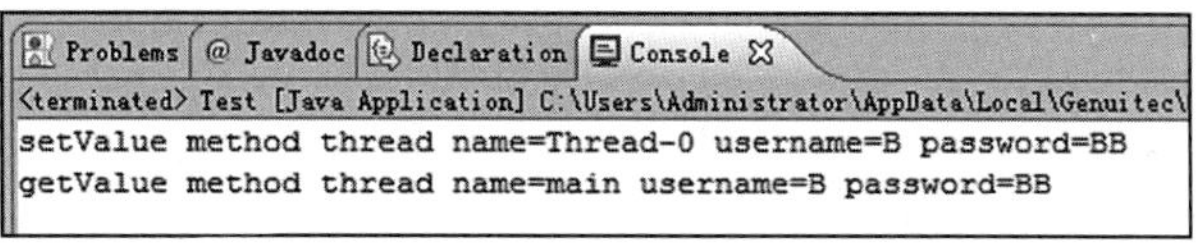


图 2-12　不出现脏读了

方法 setValue() 和 getValue() 被依次执行，通过这个示例不仅要知道脏读是通过 synchronized 关键字解决的，还要知道如下内容。

当 A 线程调用 anyObject 对象加入 synchronized 关键字的 X 方法时，A 线程就获得了 X 方法所在对象的锁，所以其他线程必须等 A 线程执行完毕后才可以调用 X 方法，但 B 线程可以随意调用其他的非 synchronized 同步方法。

当 A 线程调用 anyObject 对象加入 synchronized 关键字的 X 方法时，A 线程就获得了 X 方法所在对象的锁，所以其他线程必须等 A 线程执行完毕后才可以调用 X 方法，而 B 线程如果调用声明了 synchronized 关键字的非 X 方法时，必须等 A 线程将 X 方法执行完，也就是将对象锁释放后才可以调用，这时 A 线程已经执行了一个完整的任务，也就是说 username 和 password 这两个实例变量已经同时被赋值，不存在脏读的基本环境。

多个线程在调用同一个业务对象中不同的同步方法时，是按顺序同步的方式调用的。

脏读前一定会出现不同线程一起去写实例变量的情况，这就是不同线程“争抢”实例变量的结果。

### 2.1.7　synchronized 锁重入

关键字 synchronized 拥有重入锁的功能，即在使用 synchronized 时，当一个线程得到一个对象锁后，再次请求此对象锁时是可以再次得到该对象锁的。这也证明在一个 synchronized 方法 / 块的内部调用本类的其他 synchronized 方法 /this 块时，是永远可以得到锁的。

创建实验项目 synLockIn_1，类 Service.java 代码如下：

```
package myservice;

public class Service {

synchronized public void service1() {
    System.out.println("service1");
    service2();
```

```
    }

    synchronized public void service2() {
        System.out.println("service2");
        service3();
    }

    synchronized public void service3() {
        System.out.println("service3");
    }

}
```

线程类 MyThread.java 代码如下：

```
package extthread;

import myservice.Service;

public class MyThread extends Thread {
@Override
public void run() {
    Service service = new Service();
    service.service1();
}

}
```

运行类 Run.java 代码如下：

```
package test;

import extthread.MyThread;

public class Run {
public static void main(String[] args) {
    MyThread t = new MyThread();
    t.start();
}
}
```

程序运行结果如图 2-13 所示。

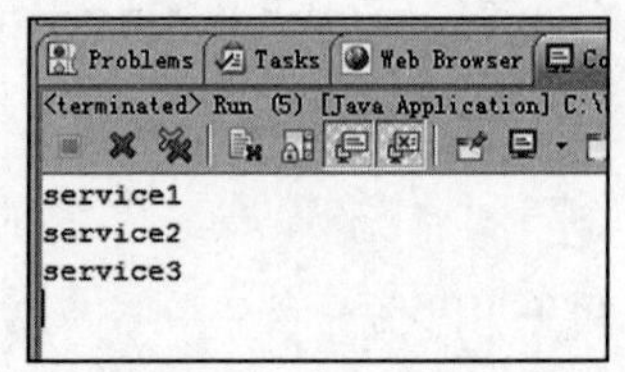


图 2-13 运行结果

“可重入锁”是指自己可以再次获取自己的内部锁。例如，有 1 个线程获得了某个对象的锁，此时这个对象锁还没有释放，当其再次想要获取这个对象锁时还是可以获取的。如果不可重入锁，方法 service2() 不会被调用，方法 service3() 更不会被调用。

## 2.1.8 继承环境下的锁重入

锁重入也支持在父子类继承的环境。

创建实验项目 synLockIn_2，类 Main.java 代码如下：

```
package myservice;

public class Main {

public int i = 10;

synchronized public void operateIMainMethod() {
    try {
        i--;
        System.out.println("main print i=" + i);
        Thread.sleep(100);
    } catch (InterruptedException e) {
        // TODO Auto-generated catch block
        e.printStackTrace();
    }
}

}
```

子类 Sub.java 代码如下：

```
package myservice;

public class Sub extends Main {

synchronized public void operateISubMethod() {
    try {
        while (i > 0) {
            i--;
            System.out.println("sub print i=" + i);
            Thread.sleep(100);
            super.operateIMainMethod();
        }
    } catch (InterruptedException e) {
        e.printStackTrace();
    }
}

}
```

自定义线程类 MyThread.java 代码如下：

```
package extthread;

import myservice.Main;
import myservice.Sub;

public class MyThread extends Thread {
@Override
public void run() {
    Sub sub = new Sub();
```

```
        sub.operateISubMethod();
    }

}
```

运行类 Run.java 代码如下：

```
package test;

import extthread.MyThread;

public class Run {
public static void main(String[] args) {
    MyThread t = new MyThread();
    t.start();
}
}
```

程序运行结果如图 2-14 所示。

此示例说明，在存在父子类继承关系时，子类是完全可以通过锁重入调用父类的同步方法的。

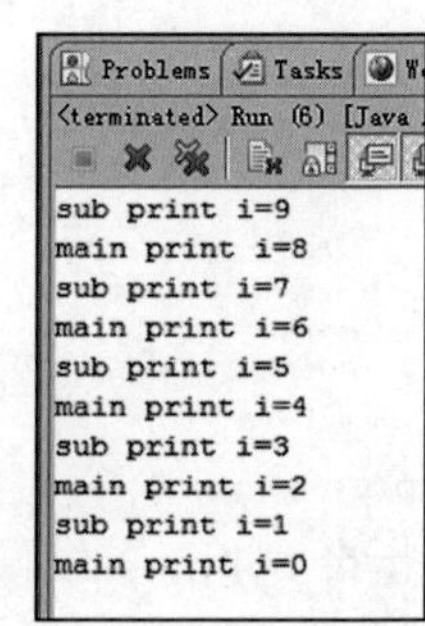


图 2-14　重入到父类中的锁

### 2.1.9　出现异常，锁自动释放

当一个线程执行的代码出现异常时，其所持有的锁会自动释放。

创建实验项目 throwExceptionNoLock，类 Service.java 代码如下：

```
package service;

public class Service {
synchronized public void testMethod() {
    if (Thread.currentThread().getName().equals("a")) {
        System.out.println("ThreadName=" + Thread.currentThread().getName()
            + " run beginTime=" + System.currentTimeMillis());
        int i = 1;
        while (i == 1) {
            if (("" + Math.random()).substring(0, 8).equals("0.123456")) {
                System.out.println("ThreadName="
                    + Thread.currentThread().getName()
                    + " run   exceptionTime="
                    + System.currentTimeMillis());
                Integer.parseInt("a");
            }
        }
    } else {
        System.out.println("Thread B run Time="
            + System.currentTimeMillis());
    }
}
}
```

两个自定义线程代码如图 2-15 所示。

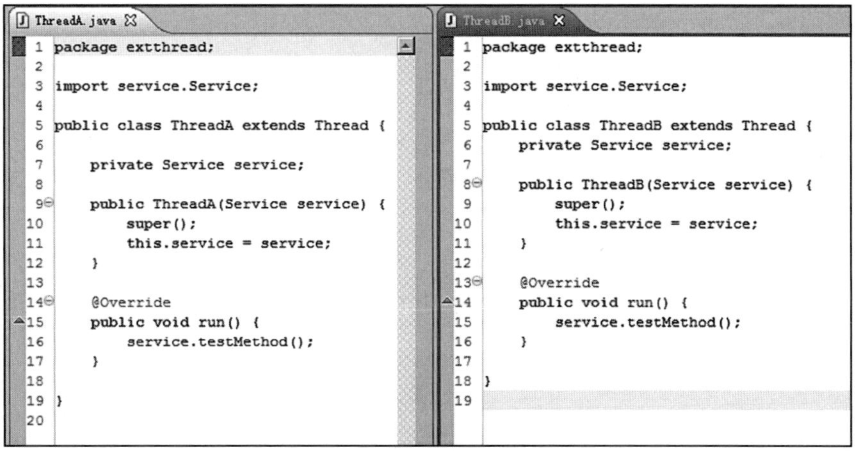

```
package extthread;

import service.Service;

public class ThreadA extends Thread {

    private Service service;

    public ThreadA(Service service) {
        super();
        this.service = service;
    }

    @Override
    public void run() {
        service.testMethod();
    }

}
```

```
package extthread;

import service.Service;

public class ThreadB extends Thread {
    private Service service;

    public ThreadB(Service service) {
        super();
        this.service = service;
    }

    @Override
    public void run() {
        service.testMethod();
    }

}
```

图 2-15　两个线程类代码

运行类 Run.java 代码如下：

```
package controller;

import service.Service;
import extthread.ThreadA;
import extthread.ThreadB;

public class Test {

public static void main(String[] args) {
    try {
        Service service = new Service();

        ThreadA a = new ThreadA(service);
        a.setName("a");
        a.start();

        Thread.sleep(500);

        ThreadB b = new ThreadB(service);
        b.setName("b");
        b.start();
    } catch (InterruptedException e) {
        e.printStackTrace();
    }
}

}
```

程序运行结果如图 2-16 所示。

```
Problems | Tasks | Web Browser | Console ⊠ | Servers
<terminated> Test (10) [Java Application] C:\Users\Administrator\AppData\Local\Genuitec\Common\binary\com.sun.java.jdk.w
ThreadName=a run beginTime=1405322590103
ThreadName=a run   exceptionTime=1405322593190
Exception in thread "a" Thread B run Time=1405322593190
java.lang.NumberFormatException: For input string: "a"
	at java.lang.NumberFormatException.forInputString(NumberFormatException.java:48)
	at java.lang.Integer.parseInt(Integer.java:447)
	at java.lang.Integer.parseInt(Integer.java:497)
	at service.Service.testMethod(Service.java:15)
	at extthread.ThreadA.run(ThreadA.java:16)
```

图 2-16　运行效果

线程 a 出现异常并释放锁，线程 b 进入方法正常输出，说明出现异常时，锁被自动释放了。

注意　类 Thread.java 中的 suspend() 和 sleep(millis) 方法被调用后并不释放锁。

### 2.1.10　非同步方法：不使用 synchronized 重写方法

重写方法如果不使用 synchronized 关键字，即非同步方法，使用后变成同步方法。

创建测试项目 synNotExtends，类 Main.java 代码如下：

```
package service;

public class Main {

synchronized public void serviceMethod() {
    try {
        System.out.println("int main 下一步 sleep begin threadName="
            + Thread.currentThread().getName() + " time="
            + System.currentTimeMillis());
        Thread.sleep(5000);
        System.out.println("int main 下一步 sleep   end threadName="
            + Thread.currentThread().getName() + " time="
            + System.currentTimeMillis());
    } catch (InterruptedException e) {
        e.printStackTrace();
    }
}

}
```

类 Sub.java 代码如下：

```
package service;

public class Sub extends Main {

@Override
```

```
public void serviceMethod() {
    try {
        System.out.println("int sub 下一步 sleep begin threadName="
            + Thread.currentThread().getName() + " time="
            + System.currentTimeMillis());
        Thread.sleep(5000);
        System.out.println("int sub 下一步 sleep   end threadName="
            + Thread.currentThread().getName() + " time="
            + System.currentTimeMillis());
        super.serviceMethod();
    } catch (InterruptedException e) {
        // TODO Auto-generated catch block
        e.printStackTrace();
    }
}

}
```

类 MyThreadA.java 和 MyThreadB.java 代码如图 2-17 所示。

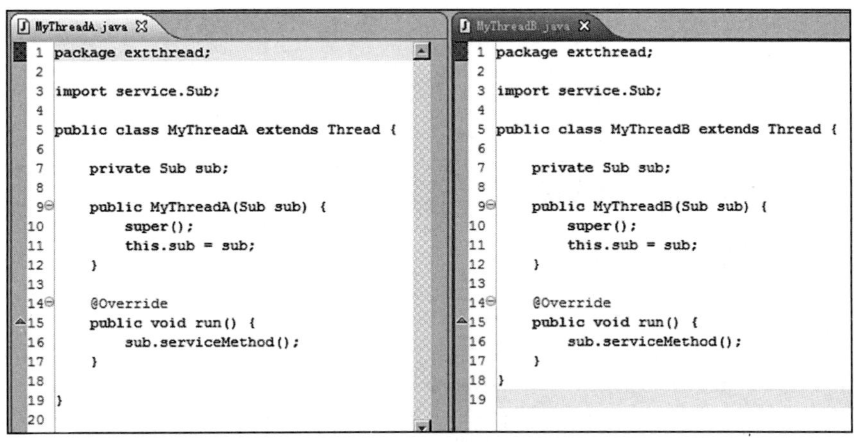

图 2-17　两个线程代码

类 Test.java 代码如下：

```
package controller;

import service.Sub;
import extthread.MyThreadA;
import extthread.MyThreadB;

public class Test {

public static void main(String[] args) {
    Sub subRef = new Sub();

    MyThreadA a = new MyThreadA(subRef);
    a.setName("A");
```

```
        a.start();

        MyThreadB b = new MyThreadB(subRef);
        b.setName("B");
        b.start();
    }

}
```

程序运行结果如图 2-18 所示。

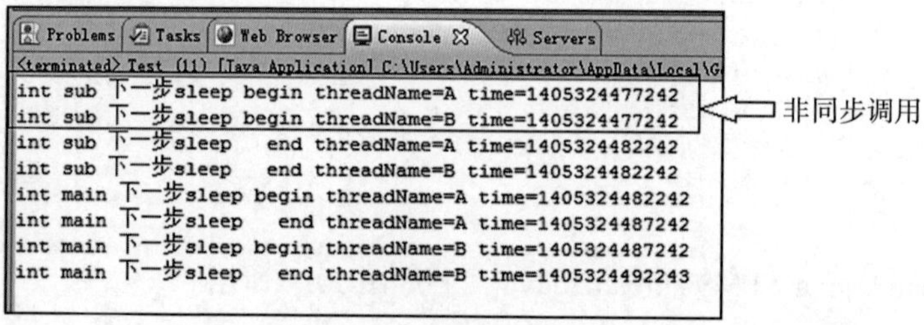

```
Problems  Tasks  Web Browser  Console  Servers
<terminated> Test (11) [Java Application] C:\Users\Administrator\AppData\Local\G
int sub 下一步sleep begin threadName=A time=1405324477242
int sub 下一步sleep begin threadName=B time=1405324477242
int sub 下一步sleep   end threadName=A time=1405324482242
int sub 下一步sleep   end threadName=B time=1405324482242
int main 下一步sleep begin threadName=A time=1405324482242
int main 下一步sleep   end threadName=A time=1405324487242
int main 下一步sleep begin threadName=B time=1405324487242
int main 下一步sleep   end threadName=B time=1405324492243
```

非同步调用

图 2-18 运行效果

从输出结果可以看到，这里是以异步方式输出，所以还得在子类的重写方法中添加 synchronized 关键字，如图 2-19 所示。

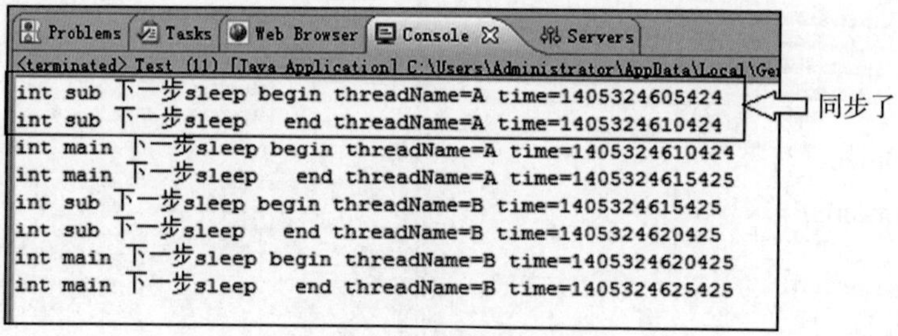

```
Problems  Tasks  Web Browser  Console  Servers
<terminated> Test (11) [Java Application] C:\Users\Administrator\AppData\Local\Ge
int sub 下一步sleep begin threadName=A time=1405324605424
int sub 下一步sleep   end threadName=A time=1405324610424
int main 下一步sleep begin threadName=A time=1405324610424
int main 下一步sleep   end threadName=A time=1405324615425
int sub 下一步sleep begin threadName=B time=1405324615425
int sub 下一步sleep   end threadName=B time=1405324620425
int main 下一步sleep begin threadName=B time=1405324620425
int main 下一步sleep   end threadName=B time=1405324625425
```

同步了

图 2-19 同步输出

## 2.2 synchronized 同步语句块

用 synchronized 关键字声明方法在某些情况下是有弊端的，比如 A 线程调用同步方法执行一个长时间的任务，那么 B 线程就要等待比较长的时间，此时可以使用 synchronized 同步语句块来解决，以增加运行效率。

synchronized 方法是将当前对象作为锁，而 synchronized 代码块是将任意对象作为锁。锁可以认为是一个标识，持有这个标识的线程就可以执行被同步的代码。

### 2.2.1 synchronized 方法的弊端

为了证明用 synchronized 关键字声明方法时是有弊端的，下面创建 t5 项目来进行测试。

文件 Task.java 代码如下：

```
package mytask;

import commonutils.CommonUtils;

public class Task {

private String getData1;
private String getData2;

public synchronized void doLongTimeTask() {
    try {
        System.out.println("begin task");
        Thread.sleep(3000);
        getData1 = "长时间处理任务后从远程返回的值 1 threadName="
            + Thread.currentThread().getName();
        getData2 = "长时间处理任务后从远程返回的值 2 threadName="
            + Thread.currentThread().getName();
        System.out.println(getData1);
        System.out.println(getData2);
        System.out.println("end task");
    } catch (InterruptedException e) {
        // TODO Auto-generated catch block
        e.printStackTrace();
    }
}
}
```

用 synchronized 声明方法时，放在 public 之后与放在 public 之前没有区别。

文件 CommonUtils.java 代码如下：

```
package commonutils;

public class CommonUtils {

public static long beginTime1;
public static long endTime1;

public static long beginTime2;
public static long endTime2;
}
```

文件 MyThread1.java 代码如下：

```
package mythread;

import commonutils.CommonUtils;

import mytask.Task;

public class MyThread1 extends Thread {
```

```
private Task task;

public MyThread1(Task task) {
    super();
    this.task = task;
}

@Override
public void run() {
    super.run();
    CommonUtils.beginTime1 = System.currentTimeMillis();
    task.doLongTimeTask();
    CommonUtils.endTime1 = System.currentTimeMillis();
}

}
```

文件 MyThread2.java 代码如下：

```
package mythread;

import commonutils.CommonUtils;

import mytask.Task;

public class MyThread2 extends Thread {

private Task task;

public MyThread2(Task task) {
    super();
    this.task = task;
}

@Override
public void run() {
    super.run();
    CommonUtils.beginTime2 = System.currentTimeMillis();
    task.doLongTimeTask();
    CommonUtils.endTime2 = System.currentTimeMillis();
}

}
```

文件 Run.java 代码如下：

```
package test;

import mytask.Task;
import mythread.MyThread1;
import mythread.MyThread2;

import commonutils.CommonUtils;
```

```
public class Run {

public static void main(String[] args) {
    Task task = new Task();

    MyThread1 thread1 = new MyThread1(task);
    thread1.start();

    MyThread2 thread2 = new MyThread2(task);
    thread2.start();

    try {
        Thread.sleep(10000);
    } catch (InterruptedException e) {
        e.printStackTrace();
    }

    long beginTime = CommonUtils.beginTime1;
    if (CommonUtils.beginTime2 < CommonUtils.beginTime1) {
        beginTime = CommonUtils.beginTime2;
    }

    long endTime = CommonUtils.endTime1;
    if (CommonUtils.endTime2 > CommonUtils.endTime1) {
        endTime = CommonUtils.endTime2;
    }

    System.out.println("耗时：" + ((endTime - beginTime) / 1000));
}
}
```

程序运行结果如图 2-20 所示。

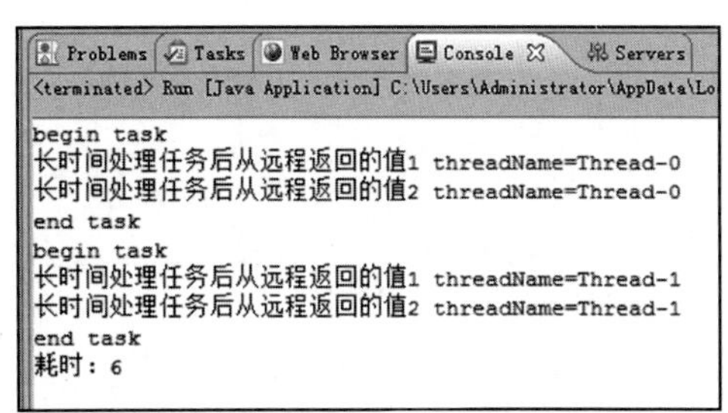


图 2-20　大约 6 秒后程序运行结束

通过使用 synchronized 关键字来声明方法，从运行的时间上来看，弊端突现，可以使用 synchronized 同步块解决类似问题。

## 2.2.2　synchronized 同步代码块的使用

先来了解一下 synchronized 同步代码块的使用方法。

当两个并发线程访问同一个对象 object 中的 synchronized(this) 同步代码块时，一个时间内只能执行一个线程，另一个线程必须等待当前线程执行完这个代码块以后才能执行该代码块。

创建测试项目 synchronizedOneThreadIn，类文件 ObjectService.java 代码如下：

```
package service;

public class ObjectService {
```

```
public void serviceMethod() {
    try {
        synchronized (this) {
            System.out.println("begin time=" + System.currentTimeMillis());
            Thread.sleep(2000);
            System.out.println("end    end=" + System.currentTimeMillis());
        }
    } catch (InterruptedException e) {
        e.printStackTrace();
    }
}
}
```

自定义线程 ThreadA.java 代码如下：

```
package extthread;

import service.ObjectService;

public class ThreadA extends Thread {

private ObjectService service;

public ThreadA(ObjectService service) {
    super();
    this.service = service;
}

@Override
public void run() {
    super.run();
    service.serviceMethod();
}

}
```

自定义线程 ThreadB.java 代码如下：

```
package extthread;

import service.ObjectService;

public class ThreadB extends Thread {
private ObjectService service;

public ThreadB(ObjectService service) {
    super();
    this.service = service;
}

@Override
public void run() {
    super.run();
```

```
        service.serviceMethod();
    }
}
```

运行类 Run.java 代码如下：

```
package test.run;

import service.ObjectService;
import extthread.ThreadA;
import extthread.ThreadB;

public class Run {

public static void main(String[] args) {
    ObjectService service = new ObjectService();

    ThreadA a = new ThreadA(service);
    a.setName("a");
    a.start();

    ThreadB b = new ThreadB(service);
    b.setName("b");
    b.start();
}

}
```

运行结果如图 2-21 所示。

```
Problems  Tasks  Web Browser
<terminated> Run (3) [Java Applicati
begin time=1403579513572
end     end=1403579515572
begin time=1403579515572
end     end=1403579517572
```

图 2-21　同步调用的结果

上面的示例虽然使用了 synchronized 同步代码块，但执行的效率没有提高，还是同步运行。

如何用 synchronized 同步代码块解决程序执行效率慢的问题呢？

## 2.2.3　用同步代码块解决同步方法的弊端

创建 t6 项目，将 t5 项目中的所有文件复制到 t6 项目中，并更改文件 Task.java 代码如下：

```
package mytask;

public class Task {

private String getData1;
private String getData2;

public void doLongTimeTask() {
    try {
        System.out.println("begin task");
        Thread.sleep(3000);

        String privateGetData1 = "长时间处理任务后从远程返回的值 1 threadName=" +
            Thread.currentThread().getName();
```

```
            String privateGetData2 = "长时间处理任务后从远程返回的值 2 threadName=" +
                Thread.currentThread().getName();

            synchronized (this) {
                getData1 = privateGetData1;
                getData2 = privateGetData2;
                System.out.println(getData1);
                System.out.println(getData2);
                System.out.println("end task");
            }

        } catch (InterruptedException e) {
            e.printStackTrace();
        }
    }

    }
```

程序运行结果如图 2-22 所示。

```
begin task
begin task
长时间处理任务后从远程返回的值1 threadName=Thread-1
长时间处理任务后从远程返回的值2 threadName=Thread-1
end task
长时间处理任务后从远程返回的值1 threadName=Thread-0
长时间处理任务后从远程返回的值2 threadName=Thread-0
end task
耗时：3
```

图 2-22 运行速度很快

通过上面的示例可以得出，当一个线程访问 object 对象的一个 synchronized 同步代码块时，另一个线程仍然可以访问该对象中的非 synchronized (this) 同步代码块。

通过示例，时间虽然缩短，加快了运行效率，但同步 synchronized(this) 代码块真的是同步的吗？它真的持有当前调用对象的锁吗？是的，但必须用代码的方式来进行验证。

## 2.2.4 一半异步，一半同步

本示例用于说明不在 synchronized 代码块中就是异步执行，在 synchronized 代码块中就是同步执行。

创建 t7 项目，文件 Task.java 代码如下：

```
package mytask;

public class Task {

public void doLongTimeTask() {
    for (int i = 0; i < 100; i++) {
        System.out.println("nosynchronized threadName="
            + Thread.currentThread().getName() + " i=" + (i + 1));
    }
    System.out.println("");
    synchronized (this) {
        for (int i = 0; i < 100; i++) {
            System.out.println("synchronized threadName="
                + Thread.currentThread().getName() + " i=" + (i + 1));
        }
```

```
        }

    }
}
```

两个线程类代码如图 2-23 所示。

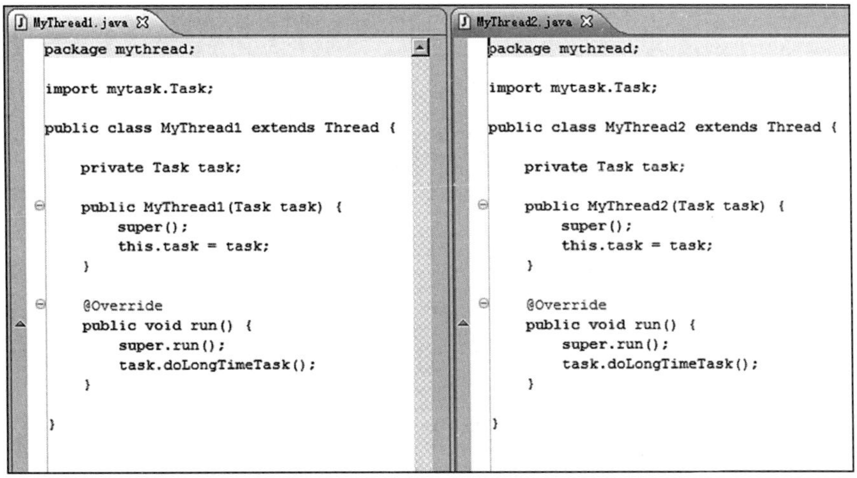

```
package mythread;

import mytask.Task;

public class MyThread1 extends Thread {

    private Task task;

    public MyThread1(Task task) {
        super();
        this.task = task;
    }

    @Override
    public void run() {
        super.run();
        task.doLongTimeTask();
    }

}
```

```
package mythread;

import mytask.Task;

public class MyThread2 extends Thread {

    private Task task;

    public MyThread2(Task task) {
        super();
        this.task = task;
    }

    @Override
    public void run() {
        super.run();
        task.doLongTimeTask();
    }

}
```

图 2-23　两个线程代码

文件 Run.java 代码如下：

```
package test;

import mytask.Task;
import mythread.MyThread1;
import mythread.MyThread2;

public class Run {

public static void main(String[] args) {
    Task task = new Task();

    MyThread1 thread1 = new MyThread1(task);
    thread1.start();

    MyThread2 thread2 = new MyThread2(task);
    thread2.start();
}
}
```

程序运行结果如图 2-24 所示。

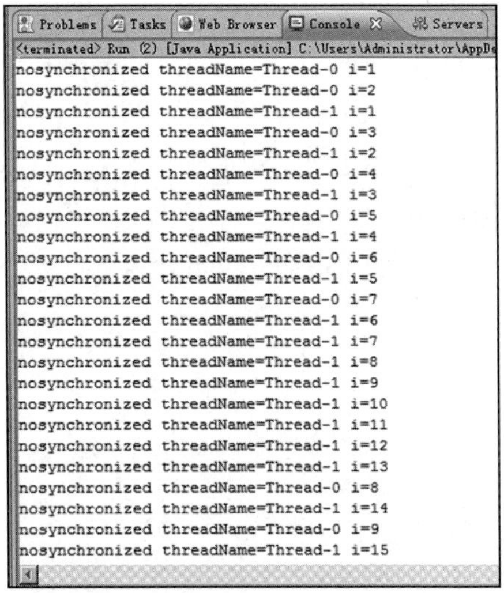

```
<terminated> Run (2) [Java Application] C:\Users\Administrator\AppDa
nosynchronized threadName=Thread-0 i=1
nosynchronized threadName=Thread-0 i=2
nosynchronized threadName=Thread-1 i=1
nosynchronized threadName=Thread-0 i=3
nosynchronized threadName=Thread-1 i=2
nosynchronized threadName=Thread-0 i=4
nosynchronized threadName=Thread-1 i=3
nosynchronized threadName=Thread-0 i=5
nosynchronized threadName=Thread-1 i=4
nosynchronized threadName=Thread-0 i=6
nosynchronized threadName=Thread-1 i=5
nosynchronized threadName=Thread-0 i=7
nosynchronized threadName=Thread-1 i=6
nosynchronized threadName=Thread-1 i=7
nosynchronized threadName=Thread-1 i=8
nosynchronized threadName=Thread-1 i=9
nosynchronized threadName=Thread-1 i=10
nosynchronized threadName=Thread-1 i=11
nosynchronized threadName=Thread-1 i=12
nosynchronized threadName=Thread-1 i=13
nosynchronized threadName=Thread-0 i=8
nosynchronized threadName=Thread-1 i=14
nosynchronized threadName=Thread-0 i=9
nosynchronized threadName=Thread-1 i=15
```

图 2-24　非同步时交叉输出

进入 synchronized 代码块后被排队执行，结果如图 2-25 所示。

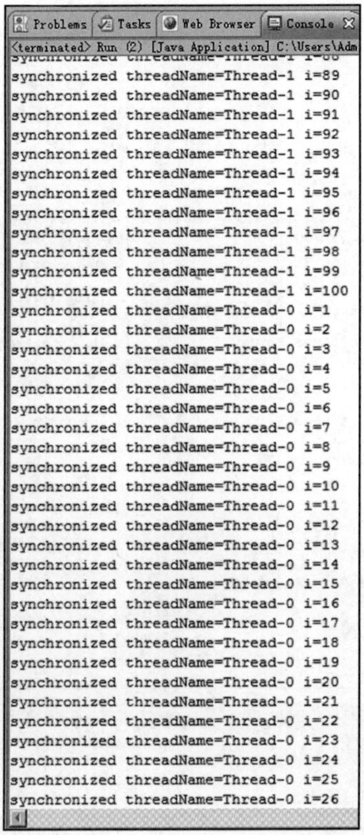

```
Problems  Tasks  Web Browser  Console
<terminated> Run (2) [Java Application] C:\Users\Adm
synchronized threadName=Thread-1 i=89
synchronized threadName=Thread-1 i=90
synchronized threadName=Thread-1 i=91
synchronized threadName=Thread-1 i=92
synchronized threadName=Thread-1 i=93
synchronized threadName=Thread-1 i=94
synchronized threadName=Thread-1 i=95
synchronized threadName=Thread-1 i=96
synchronized threadName=Thread-1 i=97
synchronized threadName=Thread-1 i=98
synchronized threadName=Thread-1 i=99
synchronized threadName=Thread-1 i=100
synchronized threadName=Thread-0 i=1
synchronized threadName=Thread-0 i=2
synchronized threadName=Thread-0 i=3
synchronized threadName=Thread-0 i=4
synchronized threadName=Thread-0 i=5
synchronized threadName=Thread-0 i=6
synchronized threadName=Thread-0 i=7
synchronized threadName=Thread-0 i=8
synchronized threadName=Thread-0 i=9
synchronized threadName=Thread-0 i=10
synchronized threadName=Thread-0 i=11
synchronized threadName=Thread-0 i=12
synchronized threadName=Thread-0 i=13
synchronized threadName=Thread-0 i=14
synchronized threadName=Thread-0 i=15
synchronized threadName=Thread-0 i=16
synchronized threadName=Thread-0 i=17
synchronized threadName=Thread-0 i=18
synchronized threadName=Thread-0 i=19
synchronized threadName=Thread-0 i=20
synchronized threadName=Thread-0 i=21
synchronized threadName=Thread-0 i=22
synchronized threadName=Thread-0 i=23
synchronized threadName=Thread-0 i=24
synchronized threadName=Thread-0 i=25
synchronized threadName=Thread-0 i=26
```

图 2-25　排队执行

### 2.2.5　synchronized 代码块间的同步性

在使用 synchronized(this) 同步代码块时需要注意的是，当一个线程访问 object 的一个 synchronized(this) 同步代码块时，其他线程对同一个 object 中所有其他 synchronized(this) 同步代码块的访问将被阻塞，说明 synchronized 使用的“对象监视器”是一个，即使用的“锁”是一个。

创建验证项目 doubleSynBlockOneTwo，类文件 ObjectService.java 代码如下：

```
package service;

public class ObjectService {

public void serviceMethodA() {
    try {
        synchronized (this) {
            System.out.println("A begin time=" + System.currentTimeMillis());
            Thread.sleep(2000);
            System.out.println("A end    end=" + System.currentTimeMillis());
```

```
        }
    } catch (InterruptedException e) {
        e.printStackTrace();
    }
}

public void serviceMethodB() {
    synchronized (this) {
        System.out.println("B begin time=" + System.currentTimeMillis());
        System.out.println("B end    end=" + System.currentTimeMillis());
    }
}
}
```

自定义线程类 ThreadA.java 代码如下：

```
package extthread;

import service.ObjectService;

public class ThreadA extends Thread {

private ObjectService service;

public ThreadA(ObjectService service) {
    super();
    this.service = service;
}

@Override
public void run() {
    super.run();
    service.serviceMethodA();
}

}
```

自定义线程类 ThreadB.java 代码如下：

```
package extthread;

import service.ObjectService;

public class ThreadB extends Thread {
private ObjectService service;

public ThreadB(ObjectService service) {
    super();
    this.service = service;
}

@Override
public void run() {
```

```
        super.run();
        service.serviceMethodB();
    }
    }
```

运行类 Run.java 代码如下：

```
package test.run;

import service.ObjectService;
import extthread.ThreadA;
import extthread.ThreadB;

public class Run {

public static void main(String[] args) {
    ObjectService service = new ObjectService();

    ThreadA a = new ThreadA(service);
    a.setName("a");
    a.start();

    ThreadB b = new ThreadB(service);
    b.setName("b");
    b.start();
}

}
```

程序运行结果如图 2-26 所示。

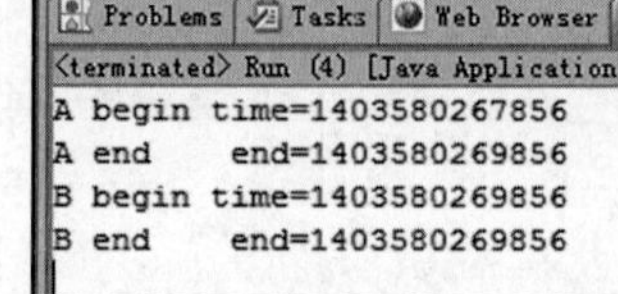


图 2-26 两个同步代码块按顺序执行

### 2.2.6 方法 println() 也是同步的

在 JDK 的源代码中也用到了 synchronized(this) 使用的体现，PrintStream.java 类中的 println() 重载方法代码如下：

```
public void println(String x) {
    synchronized (this) {
        print(x);
        newLine();
    }
}

public void println(Object x) {
    String s = String.valueOf(x);
    synchronized (this) {
        print(s);
        newLine();
    }
}
```

两个方法都用到 synchronized (this) 同步代码块，说明 public void println(String x) 和 public void println(Object x) 方法在 synchronized (this) 同步代码块中是按顺序执行，是同步执行，这样输出的一行信息只属于某一个线程，不会出现输出的数据所属两个线程的情况。

### 2.2.7　验证 synchronized(this) 同步代码块是锁定当前对象的

和 synchronized 方法一样，synchronized(this) 同步代码块也是锁定当前对象的。

创建 t8 项目，文件 Task.java 代码如下：

```
package mytask;

public class Task {

public void otherMethod() {
System.out.println("------------------------run--otherMethod");
}

public void doLongTimeTask() {
    synchronized (this) {
        for (int i = 0; i < 10000; i++) {
            System.out.println("synchronized threadName="
                + Thread.currentThread().getName() + " i=" + (i + 1));
        }
    }

}
}
```

文件 MyThread1.java 代码如下：

```
package mythread;

import mytask.Task;

public class MyThread1 extends Thread {

private Task task;

public MyThread1(Task task) {
    super();
    this.task = task;
}

@Override
public void run() {
    super.run();
    task.doLongTimeTask();
}

}
```

文件 MyThread2.java 代码如下：

```
package mythread;

import mytask.Task;

public class MyThread2 extends Thread {

private Task task;

public MyThread2(Task task) {
    super();
    this.task = task;
}

@Override
public void run() {
    super.run();
    task.otherMethod();
}

}
```

文件 Run.java 代码如下：

```
package test;

import mytask.Task;
import mythread.MyThread1;
import mythread.MyThread2;

public class Run {

public static void main(String[] args) throws InterruptedException {
    Task task = new Task();

    MyThread1 thread1 = new MyThread1(task);
    thread1.start();

    Thread.sleep(100);

    MyThread2 thread2 = new MyThread2(task);
    thread2.start();
}
}
```

程序运行结果如图 2-27 所示。

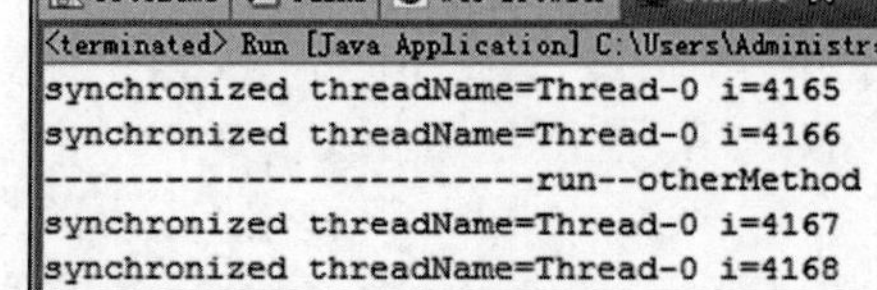


图 2-27　异步输出

更改 Task.java 代码如下：

```
package mytask;

public class Task {

synchronized public void otherMethod() {
```

```
System.out.println("------------------------run--otherMethod");
}

public void doLongTimeTask() {
    synchronized (this) {
        for (int i = 0; i < 10000; i++) {
            System.out.println("synchronized threadName="
                + Thread.currentThread().getName() + " i=" + (i + 1));
        }
    }

}
}
```

程序运行结果如图 2-28 所示。

同步输出的原因是使用 synchronized (this) 同步代码块将当前类的对象作为锁，使用 synchronized public void otherMethod() 同步方法将当前方法所在类的对象作为锁，两者是一把锁，所以运行结果呈同步的效果。

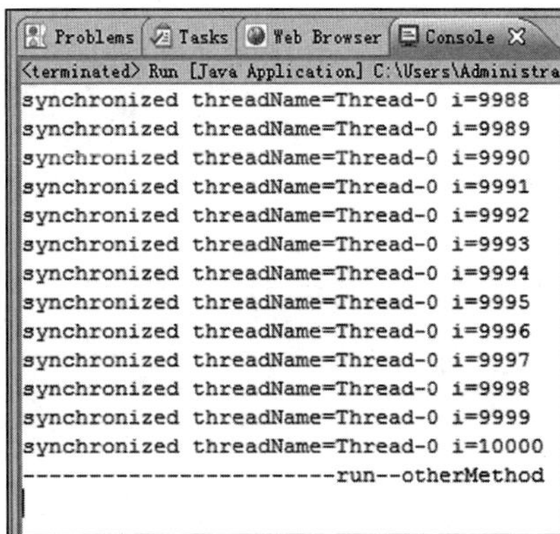


图 2-28 同步输出

### 2.2.8 将任意对象作为锁

多个线程调用同一个对象中的不同名称的 synchronized 同步方法或 synchronized(this) 同步代码块时，是按顺序执行，也就是同步的。

如果在一个类中同时存在 synchronized 同步方法和 synchronized(this) 同步代码块，对其他 synchronized 同步方法或 synchronized(this) 同步代码块调用会呈同步的效果，执行特性如下。

1）同一时间只有一个线程可以执行 synchronized 同步方法中的代码；

2）同一时间只有一个线程可以执行 synchronized(this) 同步代码块中的代码。

以上两种情况已经在前面的章节中进行了测试。

其实，Java 中还支持将任意对象作为锁，来实现同步的功能，这个任意对象大多数是实例变量及方法的参数，格式为 synchronized（非 this 对象）。

synchronized（非 this 对象 x）同步代码块的执行特性如下：在多个线程争抢相同的非 this 对象 x 的锁时，同一时间只有一个线程可以执行 synchronized（非 this 对象 x）同步代码块中的代码。

创建项目验证此结论。创建测试项目 synBlockString，类文件 Service.java 代码如下：

```
package service;

public class Service {

private String usernameParam;
```

```
    private String passwordParam;

    private String anyString = new String();

    public void setUsernamePassword(String username, String password) {
        try {

            synchronized (anyString) {
                System.out.println("线程名称为：" + Thread.currentThread().getName()
                    + "在" + System.currentTimeMillis() + "进入同步块");
                usernameParam = username;
                Thread.sleep(3000); //模拟处理数据需要的耗时
                passwordParam = password;
                System.out.println("线程名称为：" + Thread.currentThread().getName()
                    + "在" + System.currentTimeMillis() + "离开同步块");
            }
        } catch (InterruptedException e) {
            // TODO Auto-generated catch block
            e.printStackTrace();
        }
    }

}
```

自定义线程 ThreadA.java 代码如下：

```
package extthread;

import service.Service;

public class ThreadA extends Thread {
private Service service;

public ThreadA(Service service) {
    super();
    this.service = service;
}

@Override
public void run() {
    service.setUsernamePassword("a", "aa");

}

}
```

自定义线程 ThreadB.java 代码如下：

```
package extthread;

import service.Service;

public class ThreadB extends Thread {
```

```
    private Service service;

    public ThreadB(Service service) {
        super();
        this.service = service;
    }

    @Override
    public void run() {
        service.setUsernamePassword("b", "bb");

    }

    }
```

运行类 Run.java 代码如下：

```
package test;

import service.Service;
import extthread.ThreadA;
import extthread.ThreadB;

public class Run {

public static void main(String[] args) {
    Service service = new Service();

    ThreadA a = new ThreadA(service);
    a.setName("A");
    a.start();

    ThreadB b = new ThreadB(service);
    b.setName("B");
    b.start();

}

}
```

锁非 this 对象具有一定的优点，就是如果一个类中有很多 synchronized 方法，这时虽然能实现同步，但影响运行效率，如果使用同步代码块锁非 this 对象，则 synchronized（非 this）代码块中的程序与同步方法是异步的，因为是两把锁，不与其他锁 this 同步方法争抢 this 锁，可大大提高运行效率。

程序运行结果如图 2-29 所示。

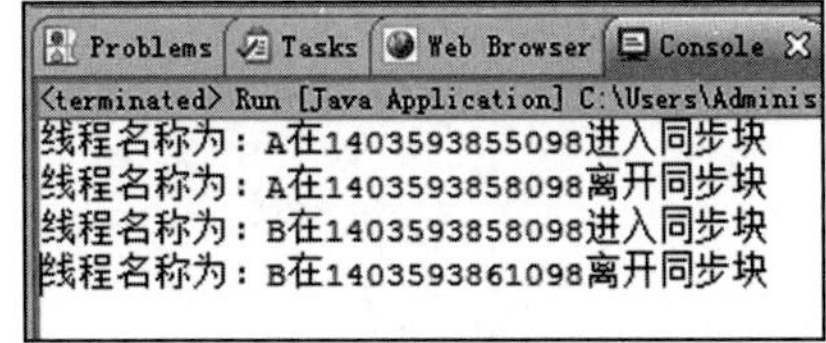


图 2-29　同步效果

## 2.2.9　多个锁就是异步执行

如果 Service.java 文件代码更改如下：

```
package service;

public class Service {

private String usernameParam;
private String passwordParam;

public void setUsernamePassword(String username, String password) {
    try {
        String anyString = new String();
        synchronized (anyString) {
            System.out.println("线程名称为: " + Thread.currentThread().getName()
                + "在" + System.currentTimeMillis() + "进入同步块");
            usernameParam = username;
            Thread.sleep(3000);
            passwordParam = password;
            System.out.println("线程名称为: " + Thread.currentThread().getName()
                + "在" + System.currentTimeMillis() + "离开同步块");
        }
    } catch (InterruptedException e) {
        // TODO Auto-generated catch block
        e.printStackTrace();
    }
}

}
```

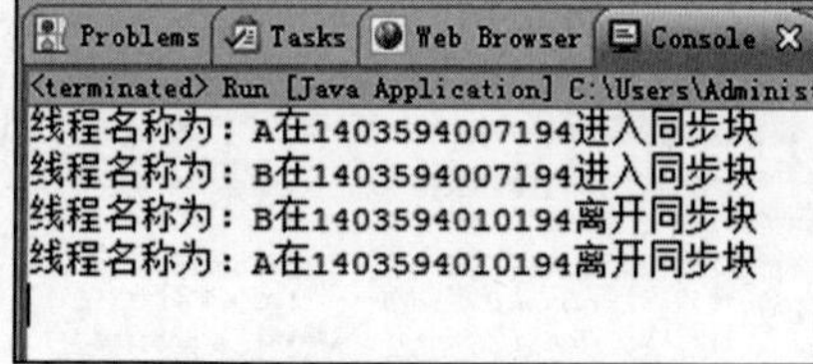


图 2-30 不是同步的而是异步，因为不是同一个锁

程序运行效果如图 2-30 所示。

可见，想使用"synchronized（非 this 对象 x）同步代码块"格式进行同步操作时，锁必须是同一个，如果不是同一个，运行的结果就是异步调用，交叉运行了。

下面再用另外一个项目来验证使用"synchronized（非 this 对象 x）同步代码块"格式时持有不同的锁是异步的效果。

创建新的项目，名称为 synBlockString2，验证 synchronized（非 this 对象）与同步 synchronized 方法是异步调用。

两个自定义线程类代码如图 2-31 所示。

类 Service.java 代码如下：

```
package service;

public class Service {

private String anyString = new String();

public void a() {
    try {
```

```
        synchronized (anyString) {
            System.out.println("a begin");
            Thread.sleep(3000);
            System.out.println("a   end");
        }
    } catch (InterruptedException e) {
        e.printStackTrace();
    }
}
synchronized public void b() {
    System.out.println("b begin");
    System.out.println("b   end");
}

}
```

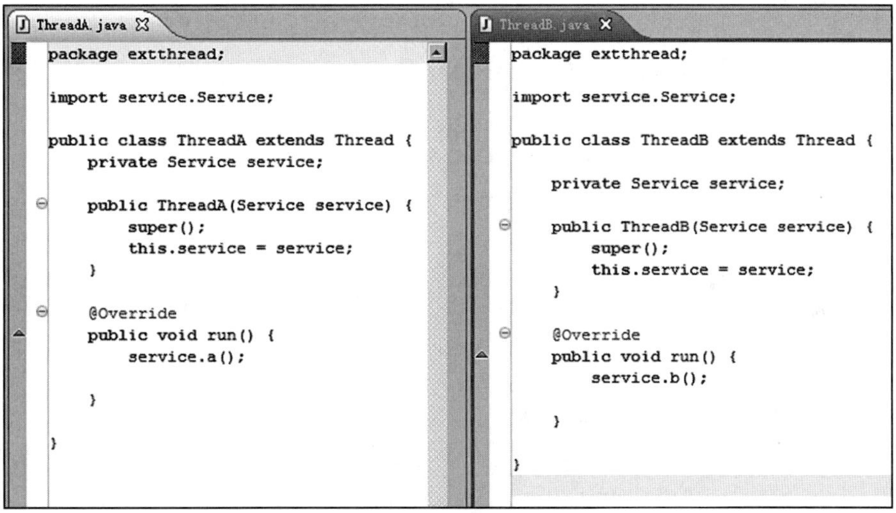

```
package extthread;

import service.Service;

public class ThreadA extends Thread {
    private Service service;

    public ThreadA(Service service) {
        super();
        this.service = service;
    }

    @Override
    public void run() {
        service.a();

    }

}
```

```
package extthread;

import service.Service;

public class ThreadB extends Thread {

    private Service service;

    public ThreadB(Service service) {
        super();
        this.service = service;
    }

    @Override
    public void run() {
        service.b();

    }

}
```

图 2-31　线程类代码

类 Run.java 代码如下：

```
package test;

import service.Service;
import extthread.ThreadA;
import extthread.ThreadB;

public class Run {

public static void main(String[] args) {
    Service service = new Service();

    ThreadA a = new ThreadA(service);
    a.setName("A");
```

```
        a.start();

        ThreadB b = new ThreadB(service);
        b.setName("B");
        b.start();

    }

}
```

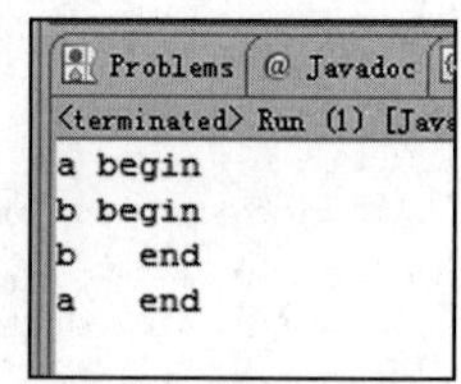

图 2-32 异步运行效果

程序运行结果如图 2-32 所示。

由于锁不同，所以运行结果就是异步的。

### 2.2.10 验证方法被调用是随机的

同步代码块放在非同步 synchronized 方法中进行声明，并不能保证调用方法的线程的执行同步 / 顺序性，即线程调用方法是无序的。下面就来验证多个线程调用同一个方法是随机的。

创建测试用的项目，项目名称为 syn_Out_asyn，类 MyList.java 代码如下：

```
package mylist;

import java.util.ArrayList;
import java.util.List;

public class MyList {

private List list = new ArrayList();

synchronized public void add(String username) {
    System.out.println("ThreadName=" + Thread.currentThread().getName()
        + "执行了 add 方法！");
    list.add(username);
    System.out.println("ThreadName=" + Thread.currentThread().getName()
        + "退出了 add 方法！");
}

synchronized public int getSize() {
    System.out.println("ThreadName=" + Thread.currentThread().getName()
        + "执行了 getSize 方法！");
    int sizeValue = list.size();
    System.out.println("ThreadName=" + Thread.currentThread().getName()
        + "退出了 getSize 方法！");
    return sizeValue;
}

}
```

两个线程对象代码如图 2-33 所示。

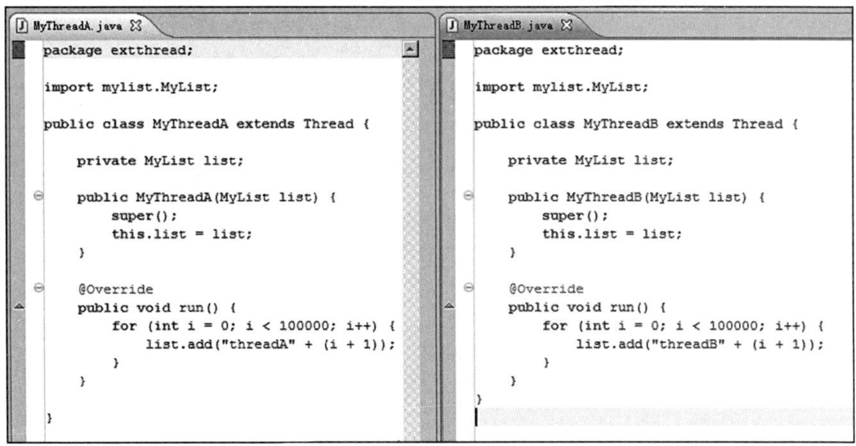

MyThreadA.java

```
package extthread;

import mylist.MyList;

public class MyThreadA extends Thread {

    private MyList list;

    public MyThreadA(MyList list) {
        super();
        this.list = list;
    }

    @Override
    public void run() {
        for (int i = 0; i < 100000; i++) {
            list.add("threadA" + (i + 1));
        }
    }

}
```

MyThreadB.java

```
package extthread;

import mylist.MyList;

public class MyThreadB extends Thread {

    private MyList list;

    public MyThreadB(MyList list) {
        super();
        this.list = list;
    }

    @Override
    public void run() {
        for (int i = 0; i < 100000; i++) {
            list.add("threadB" + (i + 1));
        }
    }
}
```

图 2-33　两个线程对象代码

类 Test.java 代码如下：

```
package test;

import mylist.MyList;
import extthread.MyThreadA;
import extthread.MyThreadB;

public class Test {

public static void main(String[] args) {
    MyList mylist = new MyList();

    MyThreadA a = new MyThreadA(mylist);
    a.setName("A");
    a.start();

    MyThreadB b = new MyThreadB(mylist);
    b.setName("B");
    b.start();
}

}
```

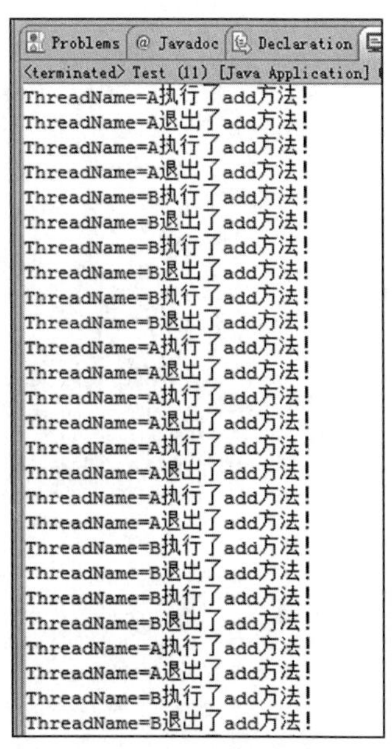

```
Problems  @ Javadoc  Declaration
<terminated> Test (11) [Java Application]
ThreadName=A执行了add方法!
ThreadName=A退出了add方法!
ThreadName=A执行了add方法!
ThreadName=A退出了add方法!
ThreadName=B执行了add方法!
ThreadName=B退出了add方法!
ThreadName=B执行了add方法!
ThreadName=B退出了add方法!
ThreadName=B执行了add方法!
ThreadName=B退出了add方法!
ThreadName=A执行了add方法!
ThreadName=A退出了add方法!
ThreadName=A执行了add方法!
ThreadName=A退出了add方法!
ThreadName=A执行了add方法!
ThreadName=A退出了add方法!
ThreadName=A执行了add方法!
ThreadName=A退出了add方法!
ThreadName=B执行了add方法!
ThreadName=B退出了add方法!
ThreadName=B执行了add方法!
ThreadName=B退出了add方法!
ThreadName=A执行了add方法!
ThreadName=A退出了add方法!
ThreadName=B执行了add方法!
ThreadName=B退出了add方法!
```

图 2-34　运行结果

程序运行结果如图 2-34 所示。

从运行结果来看，同步方法中的代码是同步输出的，所以线程的“执行”与“退出”是成对出现的，但方法被调用是随机的，也就是线程 A 和线程 B 的执行是异步的。

## 2.2.11　不同步导致的逻辑错误与解决方案

如果方法不被同步化，会导致的逻辑错误。

创建 t9 项目，创建一个只能放一个元素的自定义集合工具类 MyOneList.java，代码如下：

```
package mylist;

import java.util.ArrayList;
import java.util.List;

public class MyOneList {

private List list = new ArrayList();

synchronized public void add(String data) {
    list.add(data);
};

synchronized public int getSize() {
    return list.size();
};

}
```

创建业务类 MyService.java，代码如下：

```
package service;

import mylist.MyOneList;

public class MyService {

public MyOneList addServiceMethod(MyOneList list, String data) {
    try {
        if (list.getSize() < 1) {
            Thread.sleep(2000); //模拟从远程花费 2 秒取回数据
            list.add(data);
        }
    } catch (InterruptedException e) {
        e.printStackTrace();
    }
    return list;
}
}
```

创建线程类 MyThread1.java，代码如下：

```
package mythread;

import mylist.MyOneList;
import service.MyService;

public class MyThread1 extends Thread {

private MyOneList list;
```

```
public MyThread1(MyOneList list) {
    super();
    this.list = list;
}

@Override
public void run() {
    MyService msRef = new MyService();
    msRef.addServiceMethod(list, "A");
}

}
```

创建线程类 MyThread2.java，代码如下：

```
package mythread;

import service.MyService;
import mylist.MyOneList;

public class MyThread2 extends Thread {

private MyOneList list;

public MyThread2(MyOneList list) {
    super();
    this.list = list;
}

@Override
public void run() {
    MyService msRef = new MyService();
    msRef.addServiceMethod(list, "B");
}

}
```

创建 Run.java，代码如下：

```
package test;

import mylist.MyOneList;
import mythread.MyThread1;
import mythread.MyThread2;

public class Run {

public static void main(String[] args) throws InterruptedException {
    MyOneList list = new MyOneList();

    MyThread1 thread1 = new MyThread1(list);
    thread1.setName("A");
    thread1.start();
```

```
        MyThread2 thread2 = new MyThread2(list);
        thread2.setName("B");
        thread2.start();

        Thread.sleep(6000);

        System.out.println("listSize=" + list.getSize());

    }

    }
```

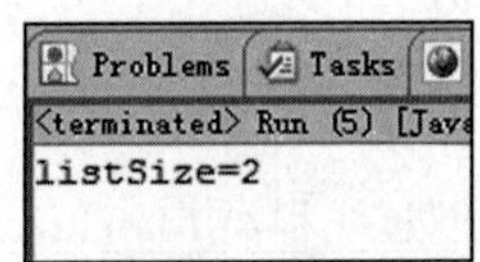

图 2-35　无序性带来的错误结果

程序运行结果如图 2-35 所示。

出现错误的原因是两个线程同时执行 if 判断语句时返回 list 的 size() 大小都是 0，最后向 list 中添加了两个数据，解决办法就是对 if 语句进行同步化。

在此示例中的 synchronized public int getSize() 方法是同步的，但运行结果并不正确，所以看到 synchronized 时并不代表代码不出现意外，要把 synchronized 关键字放在正确的位置才能发挥它应有的作用，位置放错了，达不到应有的效果。

更改 MyService.java 类文件代码如下：

```
package service;

import mylist.MyOneList;

public class MyService {

public MyOneList addServiceMethod(MyOneList list, String data) {
    try {
        synchronized (list) {
            if (list.getSize() < 1) {
                Thread.sleep(2000);
                list.add(data);
            }
        }
    } catch (InterruptedException e) {
        e.printStackTrace();
    }
    return list;
}

}
```

由于 list 参数对象在项目中是一份实例，是单例的，而且需要对 list 参数的 getSize() 方法做同步的调用，所以使用 list 参数作为锁。

程序运行结果如图 2-36 所示。

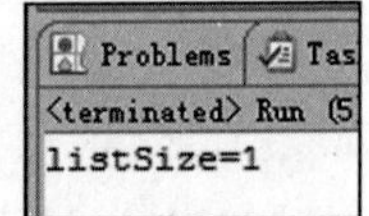

图 2-36　正确的运行结果

### 2.2.12　细化验证 3 个结论

synchronized（非 this 对象 x）表示将 x 对象本身作为“对象监视器”，这样就可以分析出 3 个结论。

- 当多个线程同时执行 synchronized(x){} 同步代码块时呈同步效果。
- 当其他线程执行 x 对象中 synchronized 同步方法时呈同步效果。
- 当其他线程执行 x 对象方法里面的 synchronized(this) 代码块时也呈现同步效果。

注意　如果其他线程调用不加 synchronized 关键字的方法时还是异步调用。

为了验证这 3 个结论，创建实验项目 synchronizedBlockLockAll。

**先来验证第 1 个结论**：当多个线程同时执行 synchronized(x){} 同步代码块时呈同步效果。

创建名称为 test1 的包。类 MyObject.java 代码如下：

```
package test1.extobject;

public class MyObject {
}
```

类 Service.java 代码如下：

```
package test1.service;

import test1.extobject.MyObject;

public class Service {

public void testMethod1(MyObject object) {
    synchronized (object) {
        try {
            System.out.println("testMethod1 ____getLock time="
                + System.currentTimeMillis() + " run ThreadName="
                + Thread.currentThread().getName());
            Thread.sleep(2000);
            System.out.println("testMethod1 releaseLock time="
                + System.currentTimeMillis() + " run ThreadName="
                + Thread.currentThread().getName());
        } catch (InterruptedException e) {
            e.printStackTrace();
        }
    }
```

```
    }

}
```

两个自定义线程代码如图 2-37 所示。

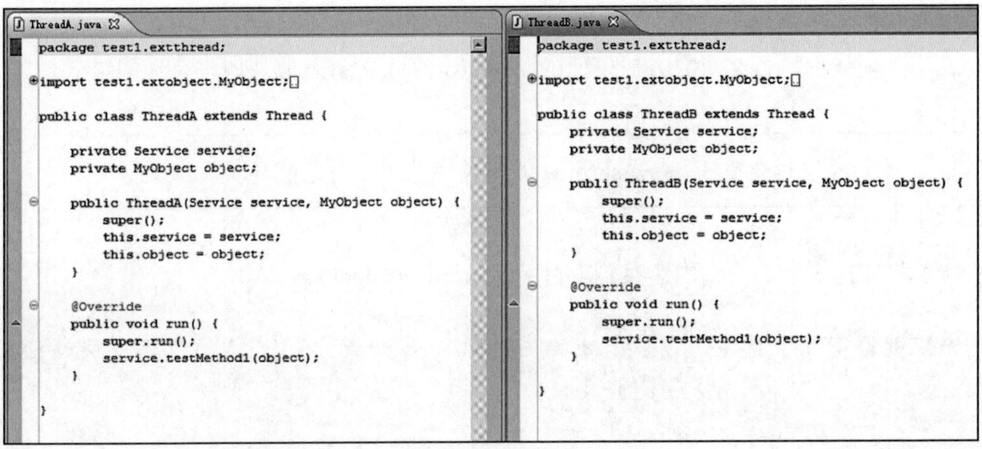

ThreadA.java

```
package test1.extthread;

import test1.extobject.MyObject;

public class ThreadA extends Thread {

    private Service service;
    private MyObject object;

    public ThreadA(Service service, MyObject object) {
        super();
        this.service = service;
        this.object = object;
    }

    @Override
    public void run() {
        super.run();
        service.testMethod1(object);
    }

}
```

ThreadB.java

```
package test1.extthread;

import test1.extobject.MyObject;

public class ThreadB extends Thread {
    private Service service;
    private MyObject object;

    public ThreadB(Service service, MyObject object) {
        super();
        this.service = service;
        this.object = object;
    }

    @Override
    public void run() {
        super.run();
        service.testMethod1(object);
    }

}
```

图 2-37 线程代码

类文件 Run1_1.java 代码如下：

```
package test1.run;

import test1.extobject.MyObject;
import test1.extthread.ThreadA;
import test1.extthread.ThreadB;
import test1.service.Service;

public class Run1_1 {

public static void main(String[] args) {
    Service service = new Service();
    MyObject object = new MyObject();

    ThreadA a = new ThreadA(service, object);
    a.setName("a");
    a.start();

    ThreadB b = new ThreadB(service, object);
    b.setName("b");
    b.start();
}

}
```

程序运行结果如图 2-38 所示。

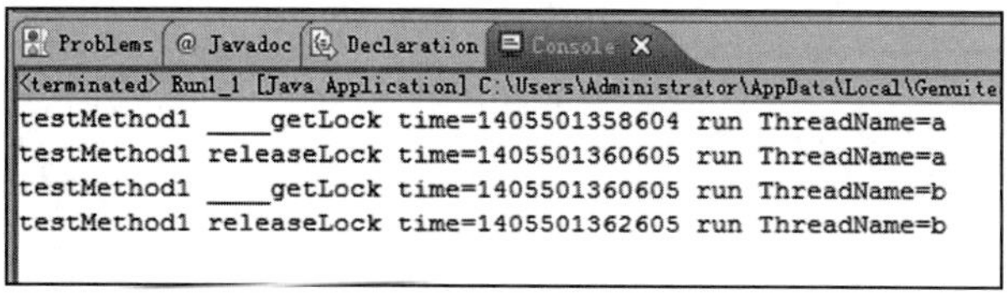
Problems
@ Javadoc
Declaration
Console
<terminated> Run1_1 [Java Application] C:\Users\Administrator\AppData\Local\Genuite
testMethod1 ____getLock time=1405501358604 run ThreadName=a
testMethod1 releaseLock time=1405501360605 run ThreadName=a
testMethod1 ____getLock time=1405501360605 run ThreadName=b
testMethod1 releaseLock time=1405501362605 run ThreadName=b

图 2-38　同步效果

同步的原因是使用同一把锁，如果使用不同的锁会出现什么样的效果呢？

创建类文件 Run1_2.java，代码如下：

```
package test1.run;

import test1.extobject.MyObject;
import test1.extthread.ThreadA;
import test1.extthread.ThreadB;
import test1.service.Service;

public class Run1_2 {

public static void main(String[] args) {
    Service service = new Service();
    MyObject object1 = new MyObject();
    MyObject object2 = new MyObject();

    ThreadA a = new ThreadA(service, object1);
    a.setName("a");
    a.start();

    ThreadB b = new ThreadB(service, object2);
    b.setName("b");
    b.start();
}

}
```

程序执行结果如图 2-39 所示。

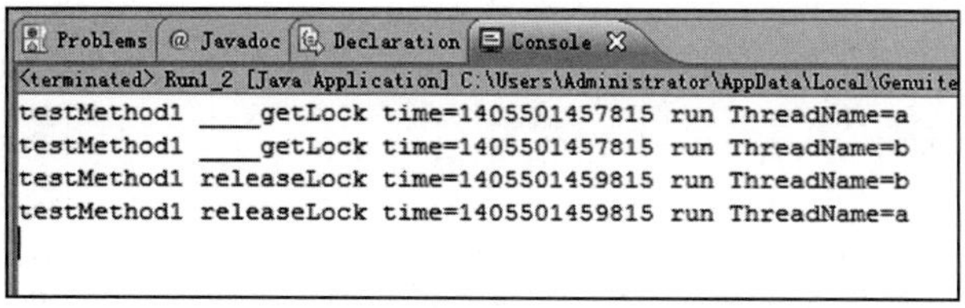
Problems
@ Javadoc
Declaration
Console
<terminated> Run1_2 [Java Application] C:\Users\Administrator\AppData\Local\Genuite
testMethod1 ____getLock time=1405501457815 run ThreadName=a
testMethod1 ____getLock time=1405501457815 run ThreadName=b
testMethod1 releaseLock time=1405501459815 run ThreadName=b
testMethod1 releaseLock time=1405501459815 run ThreadName=a

图 2-39　异步调用，因为是不同的锁

**继续验证第 2 个结论：**当其他线程执行 x 对象中的 synchronized 同步方法时呈同步效果。

创建名称为 test2 的包。类 MyObject.java 代码如下：

```
package test2.extobject;

public class MyObject {
synchronized public void speedPrintString() {
    System.out.println("speedPrintString ____getLock time="
        + System.currentTimeMillis() + " run ThreadName="
        + Thread.currentThread().getName());
    System.out.println("-----------------");
    System.out.println("speedPrintString releaseLock time="
        + System.currentTimeMillis() + " run ThreadName="
        + Thread.currentThread().getName());
}
}
```

类 Service.java 代码如下：

```
package test2.service;

import test2.extobject.MyObject;

public class Service {

public void testMethod1(MyObject object) {
    synchronized (object) {
        try {
            System.out.println("testMethod1 ____getLock time="
                + System.currentTimeMillis() + " run ThreadName="
                + Thread.currentThread().getName());
            Thread.sleep(5000);
            System.out.println("testMethod1 releaseLock time="
                + System.currentTimeMillis() + " run ThreadName="
                + Thread.currentThread().getName());
        } catch (InterruptedException e) {
            e.printStackTrace();
        }
    }
}

}
```

两个自定义线程代码如图 2-40 所示。

类 Run.java 代码如下：

```
package test2.run;

import test2.extobject.MyObject;
import test2.extthread.ThreadA;
import test2.extthread.ThreadB;
import test2.service.Service;

public class Run {
```

```
    public static void main(String[] args) throws InterruptedException {
        Service service = new Service();
        MyObject object = new MyObject();

        ThreadA a = new ThreadA(service, object);
        a.setName("a");
        a.start();

        Thread.sleep(100);

        ThreadB b = new ThreadB(object);
        b.setName("b");
        b.start();
    }

}
```

```
package test2.extthread;

import test2.extobject.MyObject;

public class ThreadA extends Thread {

    private Service service;
    private MyObject object;

    public ThreadA(Service service, MyObject object) {
        super();
        this.service = service;
        this.object = object;
    }

    @Override
    public void run() {
        super.run();
        service.testMethod1(object);
    }

}
```

```
package test2.extthread;

import test2.extobject.MyObject;

public class ThreadB extends Thread {
    private MyObject object;

    public ThreadB(MyObject object) {
        super();
        this.object = object;
    }

    @Override
    public void run() {
        super.run();
        object.speedPrintString();
    }
}
```

图 2-40　自定义线程代码

程序运行结果如图 2-41 所示。

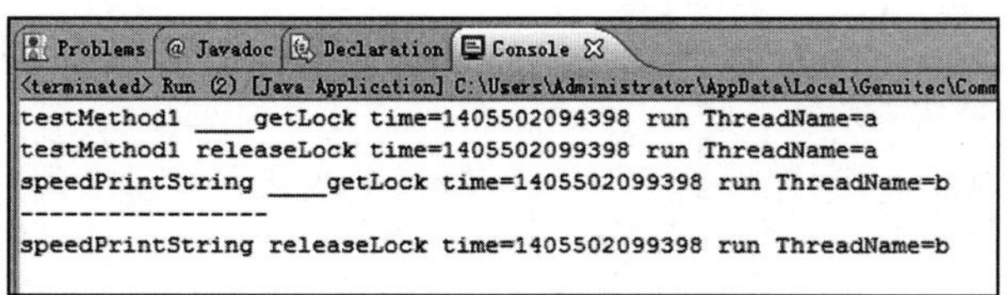


图 2-41　同步效果

**继续验证第 3 个结论**：当其他线程执行 x 对象方法里面的 synchronized(this) 代码块时也呈现同步效果。

创建名称为 test3 的包。创建名称为 MyObject.java 的类，代码如下：

```
package test3.extobject;

public class MyObject {
public void speedPrintString() {
    synchronized (this) {
        System.out.println("speedPrintString ____getLock time="
            + System.currentTimeMillis() + " run ThreadName="
            + Thread.currentThread().getName());
        System.out.println("-----------------");
        System.out.println("speedPrintString releaseLock time="
            + System.currentTimeMillis() + " run ThreadName="
            + Thread.currentThread().getName());
    }
}
}
```

其他代码与 test2 包中 Java 类的代码一样，程序运行结果如图 2-42 所示。

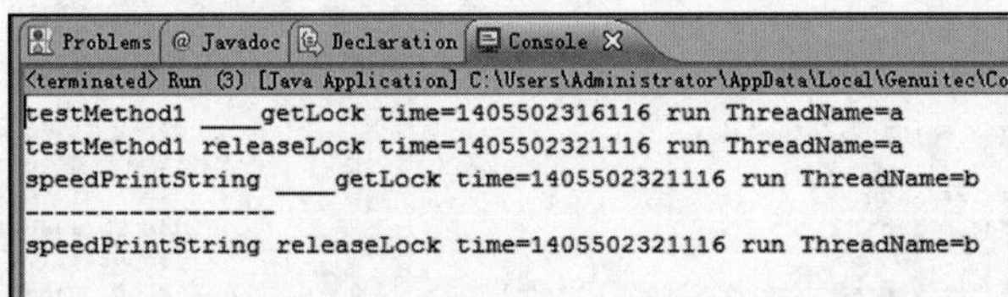
```
<terminated> Run (3) [Java Application] C:\Users\Administrator\AppData\Local\Genuitec\Co
testMethod1 ____getLock time=1405502316116 run ThreadName=a
testMethod1 releaseLock time=1405502321116 run ThreadName=a
speedPrintString ____getLock time=1405502321116 run ThreadName=b
-----------------
speedPrintString releaseLock time=1405502321116 run ThreadName=b
```

图 2-42　同样也是同步效果

## 2.2.13　类对象的单例性

每一个 *.java 文件都对应一个类（Class）的实例，在内存中是单例的，测试代码如下：

```
class MyTest {
}

public class Test {
public static void main(String[] args) throws InterruptedException {
    MyTest test1 = new MyTest();
    MyTest test2 = new MyTest();
    MyTest test3 = new MyTest();
    MyTest test4 = new MyTest();

    System.out.println(test1.getClass() == test1.getClass());
    System.out.println(test1.getClass() == test2.getClass());
    System.out.println(test1.getClass() == test3.getClass());
    System.out.println(test1.getClass() == test4.getClass());

    //
    System.out.println();
    //

    SimpleDateFormat format1 = new SimpleDateFormat("");
    SimpleDateFormat format2 = new SimpleDateFormat("");
```

```
        SimpleDateFormat format3 = new SimpleDateFormat("");
        SimpleDateFormat format4 = new SimpleDateFormat("");
        System.out.println(format1.getClass() == format1.getClass());
        System.out.println(format1.getClass() == format2.getClass());
        System.out.println(format1.getClass() == format3.getClass());
        System.out.println(format1.getClass() == format4.getClass());
    }
}
```

程序运行结果如下：

```
true
true
true
true

true
true
true
true
```

Class 类用于描述类的基本信息，包括有多少个字段，有多少个构造方法，有多少个普通方法等，为了减少对内存的高占用，在内存中只需要保存 1 份 Class 类的对象就可以了，所以被设计为单例。

### 2.2.14　静态同步：synchronized 方法与 synchronized(class) 代码块

synchronized 关键字还可以应用在静态方法上，如果这样写，那是对当前的 *.java 文件对应的 Class 类的对象进行持锁，Class 类的对象是单例的，更具体地说，在静态方法上使用 synchronized 关键字声明同步方法时，是使用当前静态方法所在类对应 Class 类的单例对象作为锁的。

测试项目在 synStaticMethod 中，类文件 Service.java 代码如下：

```
package service;

public class Service {

synchronized public static void printA() {
    try {
        System.out.println("线程名称为：" + Thread.currentThread().getName()
                + "在" + System.currentTimeMillis() + "进入printA");
        Thread.sleep(3000);
        System.out.println("线程名称为：" + Thread.currentThread().getName()
                + "在" + System.currentTimeMillis() + "离开printA");
        } catch (InterruptedException e) {
            e.printStackTrace();
        }
    }

    synchronized public static void printB() {
```

```
            System.out.println("线程名称为: " + Thread.currentThread().getName()
                + "在" + System.currentTimeMillis() + "进入printB");
            System.out.println("线程名称为: " + Thread.currentThread().getName()
                + "在" + System.currentTimeMillis() + "离开printB");
    }

    }
```

自定义线程类 ThreadA.java 代码如下：

```
package extthread;

import service.Service;

public class ThreadA extends Thread {
@Override
public void run() {
    Service.printA();
}

}
```

自定义线程类 ThreadB.java 代码如下：

```
package extthread;

import service.Service;

public class ThreadB extends Thread {
@Override
public void run() {
    Service.printB();
}
}
```

运行类 Run.java 代码如下：

```
package test;

import service.Service;
import extthread.ThreadA;
import extthread.ThreadB;

public class Run {

public static void main(String[] args) {

    ThreadA a = new ThreadA();
    a.setName("A");
    a.start();

    ThreadB b = new ThreadB();
    b.setName("B");
```

```
        b.start();

    }

}
```

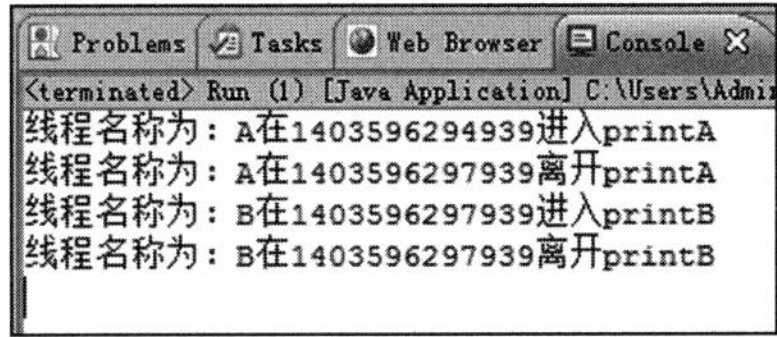


图 2-43　运行结果是同步效果

程序运行结果如图 2-43 所示。

虽然运行结果与将 synchronized 关键字加到非 static 静态方法上的使用效果一样，都是同步的效果，但还是有本质上的不同。synchronized 关键字加到 static 静态方法上是将 Class 类的对象作为锁，而 synchronized 关键字加到非 static 静态方法上是将方法所在类的对象作为锁。

为了验证不是同一个锁，创建新的项目 synTwoLock，文件 Service.java 代码如下：

```
package service;

public class Service {

synchronized public static void printA() {
    try {
        System.out.println("线程名称为：" + Thread.currentThread().getName()
            + "在" + System.currentTimeMillis() + "进入printA");
        Thread.sleep(3000);
        System.out.println("线程名称为：" + Thread.currentThread().getName()
            + "在" + System.currentTimeMillis() + "离开printA");
    } catch (InterruptedException e) {
        e.printStackTrace();
    }
}

synchronized public static void printB() {
    System.out.println("线程名称为：" + Thread.currentThread().getName() + "在"
        + System.currentTimeMillis() + "进入printB");
    System.out.println("线程名称为：" + Thread.currentThread().getName() + "在"
        + System.currentTimeMillis() + "离开printB");
}

synchronized public void printC() {
    System.out.println("线程名称为：" + Thread.currentThread().getName() + "在"
        + System.currentTimeMillis() + "进入printC");
    System.out.println("线程名称为：" + Thread.currentThread().getName() + "在"
        + System.currentTimeMillis() + "离开printC");
}

}
```

自定义线程类 ThreadA.java 代码如下：

```
package extthread;

import service.Service;
```

```
public class ThreadA extends Thread {
private Service service;

public ThreadA(Service service) {
    super();
    this.service = service;
}

@Override
public void run() {
    service.printA();
}

}
```

自定义线程类 ThreadB.java 代码如下：

```
package extthread;

import service.Service;

public class ThreadB extends Thread {
private Service service;

public ThreadB(Service service) {
    super();
    this.service = service;
}

@Override
public void run() {
    service.printB();
}
}
```

自定义线程类 ThreadC.java 代码如下：

```
package extthread;

import service.Service;

public class ThreadC extends Thread {

private Service service;

public ThreadC(Service service) {
    super();
    this.service = service;
}

@Override
public void run() {
```

```
        service.printC();
    }
}
```

运行类 Run.java 代码如下：

```
package test;

import service.Service;
import extthread.ThreadA;
import extthread.ThreadB;
import extthread.ThreadC;

public class Run {

public static void main(String[] args) {

    Service service = new Service();

    ThreadA a = new ThreadA(service);
    a.setName("A");
    a.start();

    ThreadB b = new ThreadB(service);
    b.setName("B");
    b.start();

    ThreadC c = new ThreadC(service);
    c.setName("C");
    c.start();

}

}
```

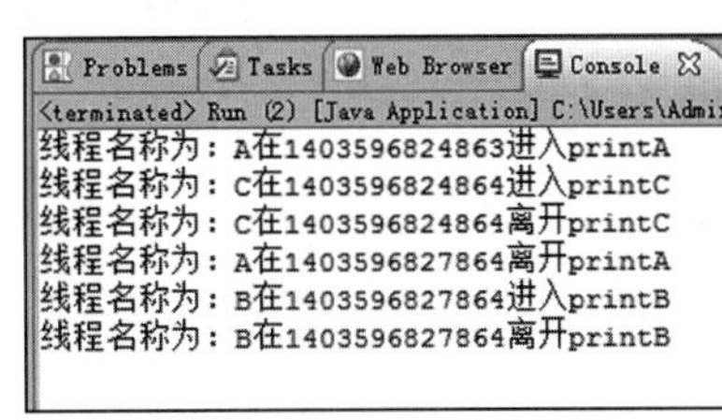


图 2-44　printC() 方法为异步运行

程序运行结果如图 2-44 所示。

异步的原因是持有不同的锁，一个是将 Service 类的对象作为锁，另一个是将 Service 类对应 Class 类的对象作为锁，线程 AB 和 C 是异步的关系，而线程 A 和 B 是同步的关系。

### 2.2.15　同步 synchronized 方法可以对类的所有对象实例起作用

Class 锁可以对同一个类的所有对象实例起作用，实现同步效果。

用项目 synMoreObjectStaticOneLock 来验证，类文件 Service.java 代码如下：

```
package service;

public class Service {

synchronized public static void printA() {
    try {
        System.out.println(" 线程名称为：" + Thread.currentThread().getName()
```

```
            + "在" + System.currentTimeMillis() + "进入printA");
        Thread.sleep(3000);
        System.out.println("线程名称为：" + Thread.currentThread().getName()
            + "在" + System.currentTimeMillis() + "离开printA");
    } catch (InterruptedException e) {
        e.printStackTrace();
    }
}

synchronized public static void printB() {
    System.out.println("线程名称为：" + Thread.currentThread().getName() + "在"
        + System.currentTimeMillis() + "进入printB");
    System.out.println("线程名称为：" + Thread.currentThread().getName() + "在"
        + System.currentTimeMillis() + "离开printB");
}

}
```

自定义线程 ThreadA.java 代码如下：

```
package extthread;

import service.Service;

public class ThreadA extends Thread {
private Service service;

public ThreadA(Service service) {
    super();
    this.service = service;
}

@Override
public void run() {
    service.printA();
}
}
```

自定义线程 ThreadB.java 代码如下：

```
package extthread;

import service.Service;

public class ThreadB extends Thread {
private Service service;

public ThreadB(Service service) {
    super();
    this.service = service;
}

@Override
```

```
public void run() {
    service.printB();
}
}
```

运行类 Run.java 代码如下：

```
package test;

import service.Service;
import extthread.ThreadA;
import extthread.ThreadB;

public class Run {

public static void main(String[] args) {

    Service service1 = new Service();
    Service service2 = new Service();

    ThreadA a = new ThreadA(service1);
    a.setName("A");
    a.start();

    ThreadB b = new ThreadB(service2);
    b.setName("B");
    b.start();

}

}
```

程序运行结果如图 2-45 所示。

```
<terminated> Run (3) [Java Application] C:\Users\Admin
线程名称为：A在1403598112532进入printA
线程名称为：A在1403598115532离开printA
线程名称为：B在1403598115532进入printB
线程名称为：B在1403598115532离开printB
```

图 2-45　虽然是不同对象，但静态的同步方法还是同步运行

### 2.2.16　同步 synchronized(class) 代码块可以对类的所有对象实例起作用

同步 synchronized(class) 代码块的作用其实和 synchronized 静态方法的作用一样。创建测试项目 synBlockMoreObjectOneLock，类文件 Service.java 代码如下：

```
package service;

public class Service {

public void printA() {
    synchronized (Service.class) {
        try {
            System.out.println("线程名称为：" + Thread.currentThread().getName()
                + "在" + System.currentTimeMillis() + "进入printA");
            Thread.sleep(3000);
            System.out.println("线程名称为：" + Thread.currentThread().getName()
                + "在" + System.currentTimeMillis() + "离开printA");
        } catch (InterruptedException e) {
```

```
                e.printStackTrace();
            }
        }

    }

    public void printB() {
        synchronized (Service.class) {
            System.out.println("线程名称为: " + Thread.currentThread().getName()
                + "在" + System.currentTimeMillis() + "进入printB");
            System.out.println("线程名称为: " + Thread.currentThread().getName()
                + "在" + System.currentTimeMillis() + "离开printB");
        }
    }
}
```

两个自定义线程代码如图 2-46 所示。

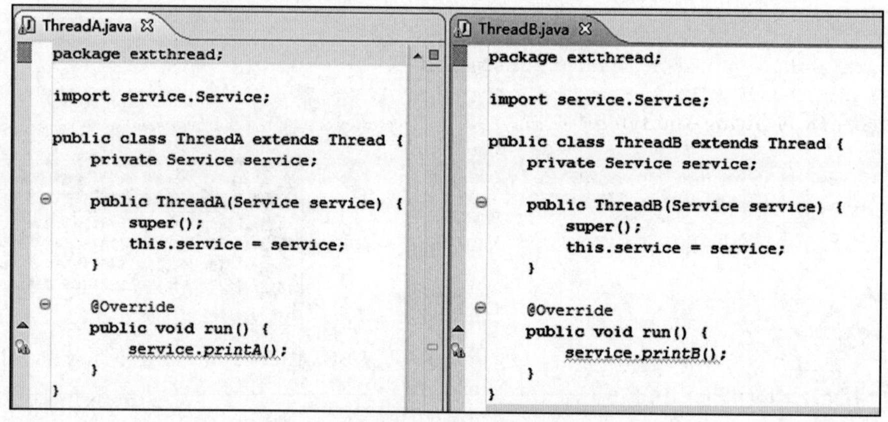


图 2-46 两个自定义线程代码

运行类 Run.java 代码如下：

```
package test;

import service.Service;
import extthread.ThreadA;
import extthread.ThreadB;

public class Run {

public static void main(String[] args) {

    Service service1 = new Service();
    Service service2 = new Service();

    ThreadA a = new ThreadA(service1);
    a.setName("A");
```

```
        a.start();

        ThreadB b = new ThreadB(service2);
        b.setName("B");
        b.start();

    }

}
```

程序运行结果如图 2-47 所示。

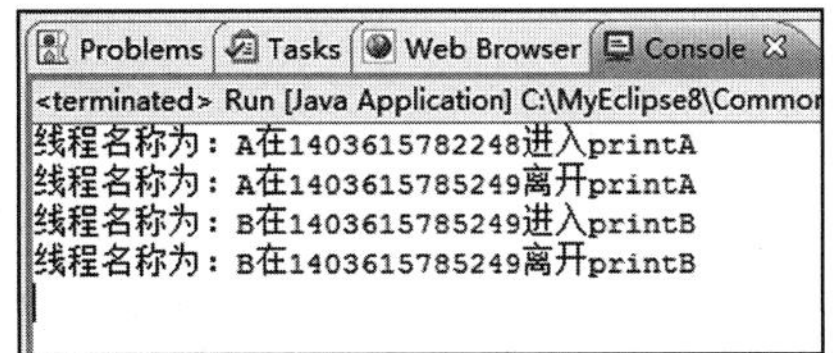


图 2-47　同步运行

### 2.2.17　String 常量池特性与同步问题

JVM 具有 String 常量池的功能，所以如图 2-48 所示的结果为 true。

```
package test;

public class Test {
    public static void main(String[] args) {
        String a = "a";
        String b = "a";
        System.out.println(a == b);
    }
}
```

```
<terminated> Test [Java Application] C:\MyEclipse8\Common\binary
true
```

图 2-48　String 常量池缓存

在将 synchronized(string) 同步块与 String 联合使用时，要注意常量池会带来一些意外。

新建名称为 StringAndSyn 的项目，类文件 Service.java 代码如下：

```
package service;

public class Service {
public static void print(String stringParam) {
    try {
        synchronized (stringParam) {
            while (true) {

            System.out.println(Thread.currentThread().getName());
                Thread.sleep(1000);
            }
        }
    } catch (InterruptedException e) {
        e.printStackTrace();
        }
}
}
```

两个自定义线程代码如图 2-49 所示。

运行类 Run.java 代码如下：

```
package test;

import service.Service;
import extthread.ThreadA;
import extthread.ThreadB;

public class Run {
```

```
    public static void main(String[] args) {

        Service service = new Service();

        ThreadA a = new ThreadA(service);
        a.setName("A");
        a.start();

        ThreadB b = new ThreadB(service);
        b.setName("B");
        b.start();

    }

    }
```

ThreadA.java

```
package extthread;

import service.Service;

public class ThreadA extends Thread {
    private Service service;
    public ThreadA(Service service) {
        super();
        this.service = service;
    }

    @Override
    public void run() {
        service.print("AA");
    }
}
```

ThreadB.java

```
package extthread;

import service.Service;

public class ThreadB extends Thread {
    private Service service;
    public ThreadB(Service service) {
        super();
        this.service = service;
    }

    @Override
    public void run() {
        service.print("AA");
    }
}
```

图 2-49　线程类代码

程序运行结果如图 2-50 所示。

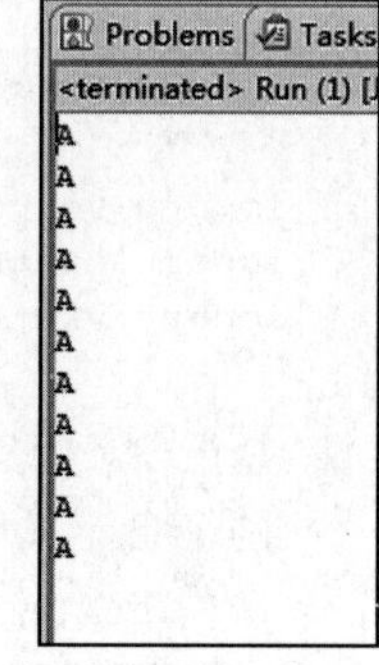


图 2-50　死循环

出现这种情况就是因为 String 的两个值都是”AA”，两个线程是持有相同的锁，造成线程 B 不能执行。这就是 String 常量池所带来的问题，所以大多数情况下，同步 synchronized 代码块都不使用 String 作为锁对象，而改用其他，例如 new Object() 实例化一个新的 Object 对象时，它并不放入缓存池中，或者执行 new String() 创建不同的字符串对象，形成不同的锁。

继续实验，创建名称为 StringAndSyn2 的项目，类文件 Service.java 代码如下：

```
package service;

public class Service {
public static void print(Object object) {
    try {
```

```
            synchronized (object) {
                while (true) {

                    System.out.println(Thread.currentThread().getName());
                    Thread.sleep(1000);
                }
            }
        } catch (InterruptedException e) {
            e.printStackTrace();
        }
    }
}
```

两个自定义线程如图 2-51 所示。

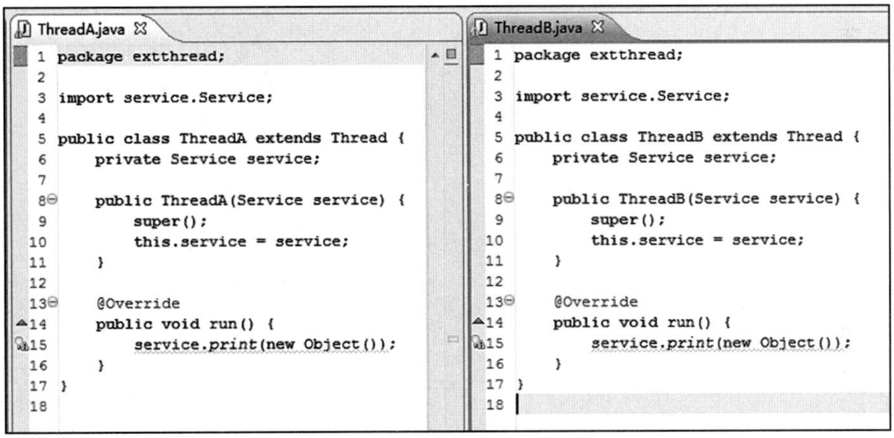

ThreadA.java

```
package extthread;

import service.Service;

public class ThreadA extends Thread {
    private Service service;

    public ThreadA(Service service) {
        super();
        this.service = service;
    }

    @Override
    public void run() {
        service.print(new Object());
    }
}
```

ThreadB.java

```
package extthread;

import service.Service;

public class ThreadB extends Thread {
    private Service service;

    public ThreadB(Service service) {
        super();
        this.service = service;
    }

    @Override
    public void run() {
        service.print(new Object());
    }
}
```

图 2-51　自定义线程代码

运行类 Run.java 代码如下：

```
package test;

import service.Service;
import extthread.ThreadA;
import extthread.ThreadB;

public class Run {

public static void main(String[] args) {

    Service service = new Service();

    ThreadA a = new ThreadA(service);
    a.setName("A");
    a.start();

    ThreadB b = new ThreadB(service);
    b.setName("B");
```

```
    b.start();

}

}
```

程序运行结果如图 2-52 所示。

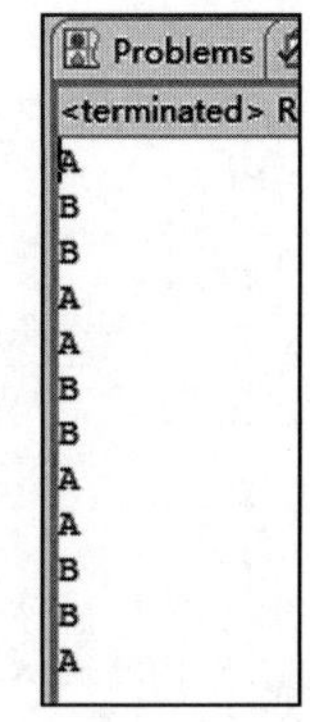


图 2-52 交替输出

交替输出的原因是持有的锁不是一个。

## 2.2.18 synchronized 方法无限等待问题与解决方案

使用同步方法会导致锁资源被长期占用，得不到运行的机会。创建示例项目 twoStop，类 Service.java 代码如下：

```
package service;

public class Service {
synchronized public void methodA() {
    System.out.println("methodA begin");
    boolean isContinueRun = true;
    while (isContinueRun) {
    }
    System.out.println("methodA end");
}

synchronized public void methodB() {
    System.out.println("methodB begin");
    System.out.println("methodB end");
}
}
```

两个自定义线程类代码如图 2-53 所示。

ThreadA.java

```
package extthread;

import service.Service;

public class ThreadA extends Thread {

    private Service service;

    public ThreadA(Service service) {
        super();
        this.service = service;
    }

    @Override
    public void run() {
        service.methodA();
    }

}
```

ThreadB.java

```
package extthread;

import service.Service;

public class ThreadB extends Thread {

    private Service service;

    public ThreadB(Service service) {
        super();
        this.service = service;
    }

    @Override
    public void run() {
        service.methodB();
    }

}
```

图 2-53 自定义线程类代码

运行类 Run.java 代码如下：

```
package test.run;

import service.Service;
import extthread.ThreadA;
import extthread.ThreadB;

public class Run {

public static void main(String[] args) {
    Service service = new Service();

    ThreadA athread = new ThreadA(service);
    athread.start();

    ThreadB bthread = new ThreadB(service);
    bthread.start();
}

}
```

程序运行结果如图 2-54 所示。

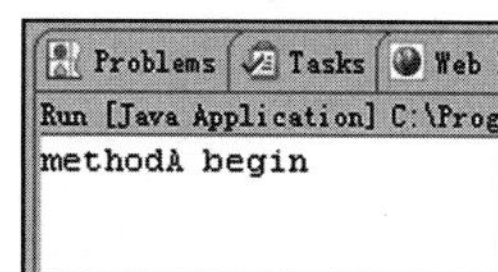


图 2-54　运行结果是死循环

ThreadB 永远得不到运行的机会，这时就可以使用同步块来解决这个问题，更改后的 Service.java 文件代码如下：

```
package service;

public class Service {
Object object1 = new Object();

public void methodA() {
    synchronized (object1) {
        System.out.println("methodA begin");
        boolean isContinueRun = true;
        while (isContinueRun) {
        }
        System.out.println("methodA end");
    }
}

Object object2 = new Object();

public void methodB() {
    synchronized (object2) {
        System.out.println("methodB begin");
        System.out.println("methodB end");
    }
}
}
```

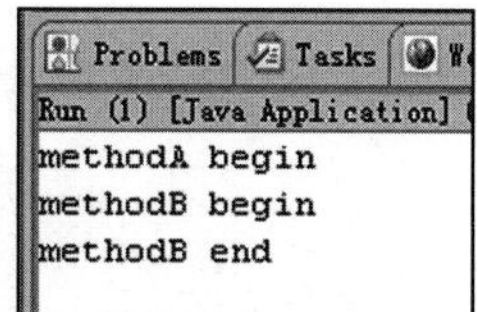


图 2-55　不再出现同步等待的情况

程序运行结果如图 2-55 所示。

本示例代码在项目 twoNoStop 中。

### 2.2.19 多线程的死锁

Java 线程死锁是一个经典的多线程问题，因为不同的线程都在等待根本不可能被释放的锁，导致所有的任务都无法继续完成。在多线程技术中，“死锁”是必须要避免的，因为这会造成线程的“假死”。

创建名称为 deadLockTest 的项目，DealThread.java 类代码如下：

```
package test;

public class DealThread implements Runnable {

public String username;
public Object lock1 = new Object();
public Object lock2 = new Object();

public void setFlag(String username) {
    this.username = username;
}

@Override
public void run() {
    if (username.equals("a")) {
        synchronized (lock1) {
            try {
                System.out.println("username = " + username);
                Thread.sleep(3000);
            } catch (InterruptedException e) {
                // TODO Auto-generated catch block
                e.printStackTrace();
            }
            synchronized (lock2) {
                System.out.println("按 lock1->lock2 代码顺序执行了 ");
            }
        }
    }
    if (username.equals("b")) {
        synchronized (lock2) {
            try {
                System.out.println("username = " + username);
                Thread.sleep(3000);
            } catch (InterruptedException e) {
                // TODO Auto-generated catch block
                e.printStackTrace();
            }
            synchronized (lock1) {
                System.out.println("按 lock2->lock1 代码顺序执行了 ");
            }
```

```
            }
        }
    }

    }
```

运行类 Run.java 代码如下：

```
package test;

public class Run {
public static void main(String[] args) {
    try {
        DealThread t1 = new DealThread();
        t1.setFlag("a");

        Thread thread1 = new Thread(t1);
        thread1.start();

        Thread.sleep(100);

        t1.setFlag("b");
        Thread thread2 = new Thread(t1);
        thread2.start();
    } catch (InterruptedException e) {
        // TODO Auto-generated catch block
        e.printStackTrace();
    }
}
}
```

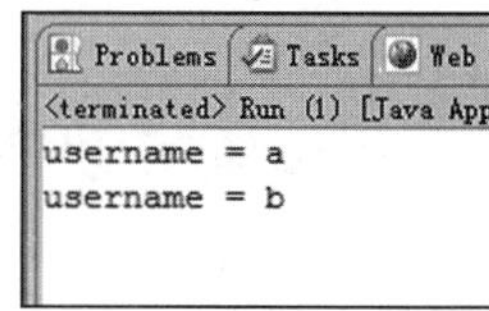


图 2-56　死锁了

程序运行结果如图 2-56 所示。

可以使用 JDK 自带的工具来监测是否有死锁现象，首先进入 CMD 工具，再进入 JDK 的安装文件夹中的 bin 目录，执行 jps 命令，如图 2-57 所示。

```
管理员: C:\Windows\system32\cmd.exe
Microsoft Windows [版本 6.1.7601]
版权所有 (c) 2009 Microsoft Corporation。保留所有权利。

C:\Users\Administrator>cd C:/Users/Administrator/AppData/Local/Genuitec/Common/b
inary/com.sun.java.jdk.win32.x86_1.6.0.013/

C:\Users\Administrator\AppData\Local\Genuitec\Common\binary\com.sun.java.jdk.win
32.x86_1.6.0.013>cd bin

C:\Users\Administrator\AppData\Local\Genuitec\Common\binary\com.sun.java.jdk.win
32.x86_1.6.0.013\bin>jps
1852 Jps
3352
3244 Run
```

图 2-57　执行 jps 命令

得到运行线程 Run 的 id 值是 3244，再执行 jstack 命令，查看结果，如图 2-58 所示。

```
C:\Users\Administrator\AppData\Local\Genuitec\Common\binary\com.sun.java.jdk.win
32.x86_1.6.0.013\bin>jstack -l 3244
```

图 2-58 执行 jstack 命令

监测出有死锁现象，如图 2-59 所示。

```
Java stack information for the threads listed above:
===================================================
"Thread-1":
        at test.DealThread.run(DealThread.java:39)
        - waiting to lock <0x0420dbb0> (a java.lang.Object)
        - locked <0x0420dbb8> (a java.lang.Object)
        at java.lang.Thread.run(Thread.java:619)
"Thread-0":
        at test.DealThread.run(DealThread.java:25)
        - waiting to lock <0x0420dbb8> (a java.lang.Object)
        - locked <0x0420dbb0> (a java.lang.Object)
        at java.lang.Thread.run(Thread.java:619)

Found 1 deadlock.
```

图 2-59 出现死锁

死锁是程序设计的 Bug，在设计程序时就要避免双方互相持有对方的锁，只要互相等待对方释放锁，就有可能出现死锁。

### 2.2.20 内置类与静态内置类

synchronized 关键字的知识点还涉及内置类的使用，先来看一下简单的内置类的测试，创建 innerClass 项目，类 PublicClass.java 代码如下：

```
package test;

public class PublicClass {

private String username;
private String password;

class PrivateClass {
    private String age;
    private String address;

    public String getAge() {
        return age;
    }

    public void setAge(String age) {
        this.age = age;
    }

    public String getAddress() {
        return address;
```

```
    }

    public void setAddress(String address) {
        this.address = address;
    }

    public void printPublicProperty() {
        System.out.println(username + " " + password);
    }
}

public String getUsername() {
    return username;
}

public void setUsername(String username) {
    this.username = username;
}

public String getPassword() {
    return password;
}

public void setPassword(String password) {
    this.password = password;
}

}
```

创建运行类 Run.java，代码如下：

```
package test;

import test.PublicClass.PrivateClass;

public class Run {

public static void main(String[] args) {

    PublicClass publicClass = new PublicClass();
    publicClass.setUsername("usernameValue");
    publicClass.setPassword("passwordValue");

    System.out.println(publicClass.getUsername() + " "
        + publicClass.getPassword());

    PrivateClass privateClass = publicClass.new PrivateClass();
    privateClass.setAge("ageValue");
    privateClass.setAddress("addressValue");

    System.out.println(privateClass.getAge() + " "
        + privateClass.getAddress());
```

```
    }

}
```

如果 PublicClass.java 类和 Run.java 类不在同一个包中，则需要将 PrivateClass 内置类声明成 public。

程序运行结果如图 2-60 所示。

图 2-60 运行结果（内置类）

想要实例化内置类必须使用如下代码：

```
PrivateClass privateClass = publicClass.new PrivateClass();
```

还有一种内置类叫作静态内置类。

创建实验项目 innerStaticClass，类 PublicClass.java 代码如下：

```
package test;

public class PublicClass {

static private String username;
static private String password;

static class PrivateClass {
    private String age;
    private String address;

    public String getAge() {
        return age;
    }

    public void setAge(String age) {
        this.age = age;
    }

    public String getAddress() {
        return address;
    }

    public void setAddress(String address) {
        this.address = address;
    }

    public void printPublicProperty() {
        System.out.println(username + " " + password);
    }
}

public String getUsername() {
    return username;
}

public void setUsername(String username) {
    this.username = username;
```

```
}

public String getPassword() {
    return password;
}

public void setPassword(String password) {
    this.password = password;
}

}
```

运行类 Run.java，代码如下：

```
package test;

import test.PublicClass.PrivateClass;

public class Run {

public static void main(String[] args) {

    PublicClass publicClass = new PublicClass();
    publicClass.setUsername("usernameValue");
    publicClass.setPassword("passwordValue");

    System.out.println(publicClass.getUsername() + " "
        + publicClass.getPassword());

    PrivateClass privateClass = new PrivateClass();
    privateClass.setAge("ageValue");
    privateClass.setAddress("addressValue");

    System.out.println(privateClass.getAge() + " "
        + privateClass.getAddress());

}

}
```

程序运行结果如图 2-61 所示。

```
Problems  Tasks  Web Browser
<terminated> Run (1) [Java Application] C:
usernameValue passwordValue
ageValue addressValue
```

图 2-61　运行结果（静态内置类）

## 2.2.21　内置类与同步：实验 1

本实验测试的案例是内置类中有两个同步方法，但使用不同的锁，输出的结果也是异步的。

创建实验用的项目 innerTest1，类 OutClass.java 代码如下：

```
package test;

public class OutClass {

static class Inner {
```

```
        public void method1() {
            synchronized ("其他的锁") {
                for (int i = 1; i <= 10; i++) {
                    System.out.println(Thread.currentThread().getName() + " i="
                        + i);
                    try {
                        Thread.sleep(100);
                    } catch (InterruptedException e) {
                    }
                }
            }
        }

        public synchronized void method2() {
            for (int i = 11; i <= 20; i++) {
                System.out
                        .println(Thread.currentThread().getName() + " i=" + i);
                try {
                    Thread.sleep(100);
                } catch (InterruptedException e) {
                }
            }
        }
    }
}
```

运行类 Run.java 代码如下：

```
package test;

import test.OutClass.Inner;

public class Run {
public static void main(String[] args) {

    final Inner inner = new Inner();

    Thread t1 = new Thread(new Runnable() {
        public void run() {
            inner.method1();
        }
    }, "A");

    Thread t2 = new Thread(new Runnable() {
        public void run() {
            inner.method2();
        }
    }, "B");

    t1.start();
    t2.start();

}
}
```

程序运行结果如图 2-62 所示。

由于持有不同的锁，所以输出结果就是乱序的。

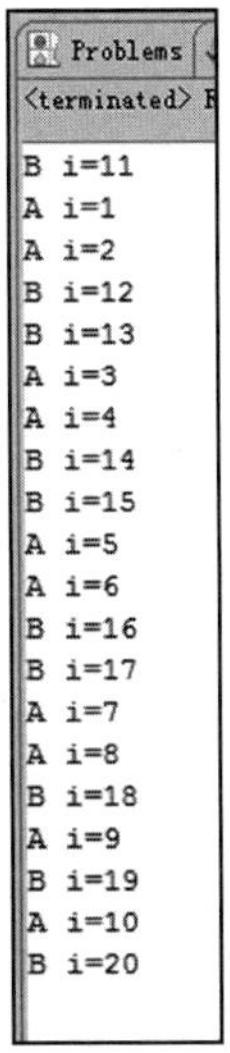

```
B i=11
A i=1
A i=2
B i=12
B i=13
A i=3
A i=4
B i=14
B i=15
A i=5
A i=6
B i=16
B i=17
A i=7
A i=8
B i=18
A i=9
B i=19
A i=10
B i=20
```

图 2-62　乱序输出

## 2.2.22　内置类与同步：实验 2

本实验测试 synchronized (lock) 同步代码块对 lock 上锁后，其他线程只能以同步的方式调用锁中的同步方法。

创建测试项目 innerTest2，类 OutClass.java 代码如下：

```
package test;

public class OutClass {
static class InnerClass1 {
    public void method1(InnerClass2 class2) {
        String threadName = Thread.currentThread().getName();
        synchronized (class2) {
            System.out.println(threadName + " 进入 InnerClass1
                类中的 method1 方法 ");
            for (int i = 0; i < 10; i++) {
                System.out.println("i=" + i);
                try {
                    Thread.sleep(100);
                } catch (InterruptedException e) {

                }
            }
            System.out.println(threadName + " 离开 InnerClass1 类中的 method1 方法 ");
        }
    }

    public synchronized void method2() {
        String threadName = Thread.currentThread().getName();
        System.out.println(threadName + " 进入 InnerClass1 类中的 method2 方法 ");
        for (int j = 0; j < 10; j++) {
            System.out.println("j=" + j);
            try {
                Thread.sleep(100);
            } catch (InterruptedException e) {

            }
        }
        System.out.println(threadName + " 离开 InnerClass1 类中的 method2 方法 ");
    }
}

static class InnerClass2 {
    public synchronized void method1() {
        String threadName = Thread.currentThread().getName();
        System.out.println(threadName + " 进入 InnerClass2 类中的 method1 方法 ");
        for (int k = 0; k < 10; k++) {
            System.out.println("k=" + k);
```

```
                try {
                    Thread.sleep(100);
                } catch (InterruptedException e) {

                }
            }
            System.out.println(threadName + " 离开 InnerClass2 类中的 method1 方法 ");
        }
    }
}
```

运行类 Run.java 代码如下：

```
package test;

import test.OutClass.InnerClass1;
import test.OutClass.InnerClass2;

public class Run {

public static void main(String[] args) {
    final InnerClass1 in1 = new InnerClass1();
    final InnerClass2 in2 = new InnerClass2();
    Thread t1 = new Thread(new Runnable() {
        public void run() {
            in1.method1(in2);
        }
    }, "T1");
    Thread t2 = new Thread(new Runnable() {
        public void run() {
            in1.method2();
        }
    }, "T2");
    // //
    // //
    Thread t3 = new Thread(new Runnable() {
        public void run() {
            in2.method1();
        }
    }, "T3");
    t1.start();
    t2.start();
    t3.start();
}
}
```

程序运行结果如图 2-63 所示。

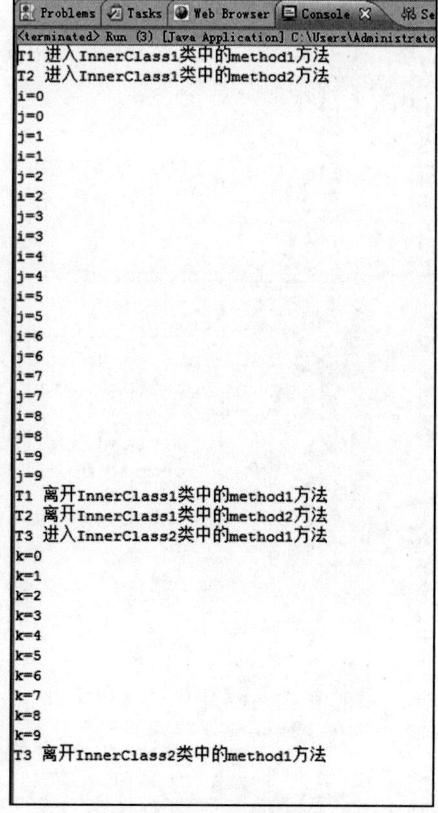


图 2-63 运行结果

## 2.2.23 锁对象改变导致异步执行

在将任何数据类型作为同步锁时，需要注意是否有多个线程同时争抢锁对象，如果同时争抢相同的锁对象，则这些线程之间就是同步的；如果分别获得自己的锁，则这些线程之间就是异步的。

通常情况下，一旦持有锁后就不再对锁对象进行更改，因为一旦更改就有可能出现一些错误。

创建测试项目 setNewStringTwoLock，MyService.java 类代码如下：

```
package myservice;

public class MyService {
private String lock = "123";

public void testMethod() {
    try {
        synchronized (lock) {
            System.out.println(Thread.currentThread().getName() + " begin "
                + System.currentTimeMillis());
            lock = "456";
            Thread.sleep(2000);
            System.out.println(Thread.currentThread().getName() + "   end "
                + System.currentTimeMillis());
        }
    } catch (InterruptedException e) {
        e.printStackTrace();
    }
}

}
```

两个自定义线程类代码如图 2-64 所示。

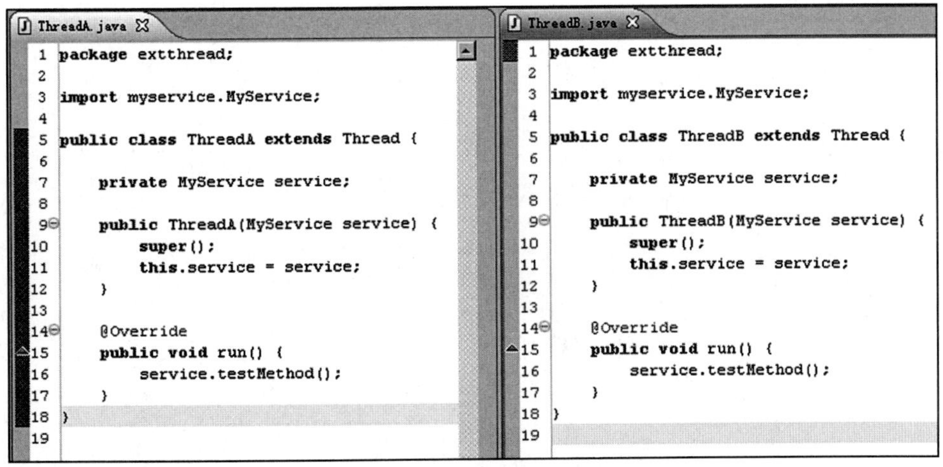


图 2-64　自定义线程类代码

运行类 Run1.java 代码如下：

```
package test.run;

import myservice.MyService;
import extthread.ThreadA;
import extthread.ThreadB;

public class Run1 {

public static void main(String[] args) throws InterruptedException {

    MyService service = new MyService();

    ThreadA a = new ThreadA(service);
    a.setName("A");

    ThreadB b = new ThreadB(service);
    b.setName("B");

    a.start();
    Thread.sleep(50);     // 存在 50 毫秒
    b.start();
}
}
```

程序运行结果如图 2-65 所示。

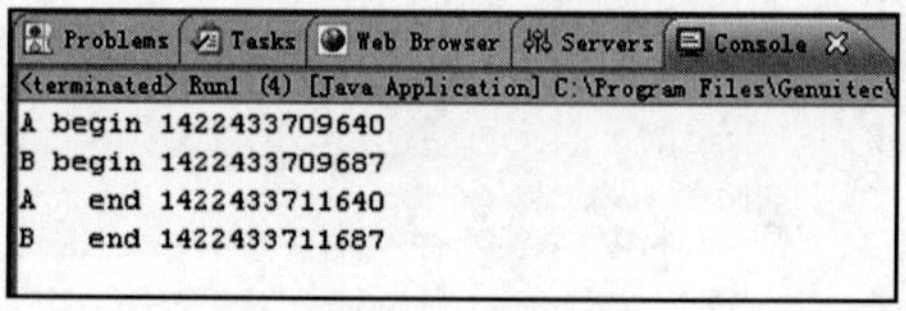

因为 50 毫秒过后 B 线程取得的锁是 456。

```
Problems  Tasks  Web Browser  Servers  Console
<terminated> Run1 (4) [Java Application] C:\Program Files\Genuitec\
A begin 1422433709640
B begin 1422433709687
A   end 1422433711640
B   end 1422433711687
```

图 2-65 异步输出

继续实验，创建运行类 Run2.java 代码如下：

```
package test.run;

import myservice.MyService;
import extthread.ThreadA;
import extthread.ThreadB;

public class Run2 {

public static void main(String[] args) throws InterruptedException {

    MyService service = new MyService();

    ThreadA a = new ThreadA(service);
    a.setName("A");

    ThreadB b = new ThreadB(service);
    b.setName("B");

    a.start();
    b.start();
}
}
```

去掉代码 Thread.sleep(50)。程序运行结果如图 2-66 所示。

需要注意的是，String 类型是不可变的，都是创建新的内存空间来存储新的字符。

控制台输出的信息说明 A 线程和 B 线程检测到锁对象的值为 123，且存储到 X 内存空间中，虽然将锁改成了 456，并存储到 Y 内存空间中，但结果还是同步的，因为 A 线程和 B 线程共同争抢的锁是 X 内存空间中的 123，而不是 Y 内存空间中的 456。

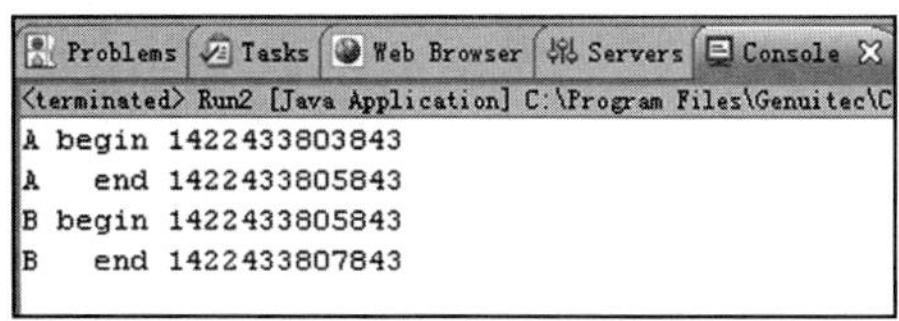


图 2-66　同步输出

但是，还是会有很小的概率出现一起输出两个 begin 的情况，因为 A 线程将锁值改成 456 之后，B 线程才启动去执行 run() 方法，不存在 A 和 B 线程争抢同一把锁的情况，导致 B 线程获得更改后的锁值是 456，并连续输出两个 begin。

## 2.2.24　锁对象不改变依然是同步执行

注意，只要对象不变，即使对象的属性被改变，运行的结果仍为同步。此结论的实验代码在 setNewPropertiesLockOne 项目里进行演示，创建类 Userinfo.java，结构如图 2-67 所示。

图 2-67　类结构

类 Service.java 代码如下：

```
package service;

import entity.Userinfo;

public class Service {

public void serviceMethodA(Userinfo userinfo) {
    synchronized (userinfo) {
        try {
            System.out.println(Thread.currentThread().getName());
            userinfo.setUsername("abcabcabc");
            Thread.sleep(3000);
            System.out.println("end! time=" + System.currentTimeMillis());
        } catch (InterruptedException e) {
            // TODO Auto-generated catch block
            e.printStackTrace();
        }
    }
}
}
```

两个线程类代码如图 2-68 所示。

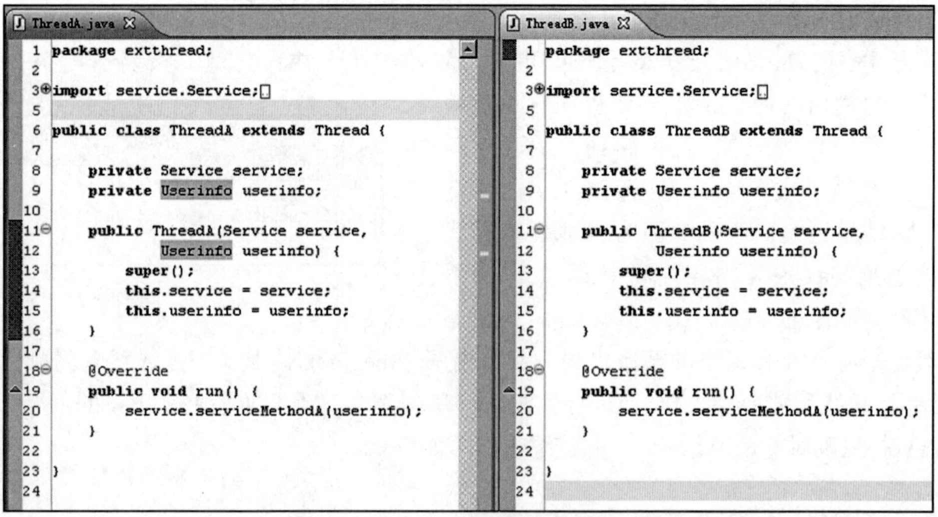

```java
package extthread;

import service.Service;

public class ThreadA extends Thread {

    private Service service;
    private Userinfo userinfo;

    public ThreadA(Service service,
            Userinfo userinfo) {
        super();
        this.service = service;
        this.userinfo = userinfo;
    }

    @Override
    public void run() {
        service.serviceMethodA(userinfo);
    }

}
```

```java
package extthread;

import service.Service;

public class ThreadB extends Thread {

    private Service service;
    private Userinfo userinfo;

    public ThreadB(Service service,
            Userinfo userinfo) {
        super();
        this.service = service;
        this.userinfo = userinfo;
    }

    @Override
    public void run() {
        service.serviceMethodA(userinfo);
    }

}
```

图 2-68　线程类代码

运行类 Run.java 代码如下：

```java
package test.run;

import service.Service;
import entity.Userinfo;
import extthread.ThreadA;
import extthread.ThreadB;

public class Run {

public static void main(String[] args) {

    try {
        Service service = new Service();
        Userinfo userinfo = new Userinfo();

        ThreadA a = new ThreadA(service, userinfo);
        a.setName("a");
        a.start();
        Thread.sleep(50);
        ThreadB b = new ThreadB(service, userinfo);
        b.setName("b");
        b.start();

    } catch (InterruptedException e) {
        e.printStackTrace();
    }

}
}
```

程序运行结果如图 2-69 所示。

只要对象不变就是同步效果，因为 A 线程和 B 线程持有的锁对象永远为同一个，只是对象的属性变了，但对象从未改变。

```
<terminated> Run (24) [Java Applicatio
a
end! time=1413511508687
b
end! time=1413511511687
```

图 2-69 只要对象不变就是同步效果

### 2.2.25 同步写法案例比较

使用 synchronized 关键字的写法比较多，常用有如下几种，代码如下：

```
public class MyService {
synchronized public static void testMethod1() {
}
public void testMethod2() {
    synchronized (MyService.class) {
    }
}
synchronized public void testMethod3() {
}
public void testMethod4() {
    synchronized (this) {
    }
}
public void testMethod5() {
    synchronized ("abc") {
    }
}

}
```

上面的代码出现 3 种类型的锁对象。

A）testMethod1() 和 testMethod2() 持有的锁是同一个，即 MyService.java 对应 Class 类的对象。

B）testMethod3() 和 testMethod4() 持有的锁是同一个，即 MyService.java 类的对象。

C）testMethod5() 持有的锁是字符串 abc。注意，testMethod1() 和 testMethod2() 是同步关系。testMethod3() 和 testMethod4() 是同步关系。

即：

A 和 C 之间是异步关系。

B 和 C 之间是异步关系。

A 和 B 之间是异步关系。

### 2.2.26 方法 holdsLock(Object obj) 的使用

holdsLock(Object obj) 方法的作用是当 currentThread 在指定的对象上保持锁定时，返回 true。

测试代码如下：

```
package test9;

public class Test1 {
public static void main(String[] args) {
    System.out.println("A " + Thread.currentThread().holdsLock(Test1.class));
    synchronized (Test1.class) {
        System.out.println("B " + Thread.currentThread().holdsLock(Test1.class));
    }
    System.out.println("C " + Thread.currentThread().holdsLock(Test1.class));
}
}
```

程序运行结果如下所示。

```
A false
B true
C false
```

### 2.2.27 临界区

被 synchronized 包围的代码称为临界区（Critical Section），临界区中的代码通常是操作共享的数据。临界区就是被同步执行的代码区域，临界区中的代码具有原子性，不可分割，不可被中断。

示例代码如下：

```
public class Test {
    //临界区开始
    synchronized public void test1() {
    //代码 1
    //代码 2
    //代码 3
    }
    //临界区结束

    public void test2() {
        //临界区开始
        synchronized (this) {
        //代码 1
        //代码 2
        //代码 3
        }
        //临界区结束
    }
}
```

## 2.3 volatile 关键字

在 Java 中 volatile 关键字就像一个神话一样，几乎在各种博客、微信订阅号、聊天群中被反复谈起，可见程序员对其是又爱又恨，也说明 volatile 在多线程领域的重要性。volatile 在使用上有以下 3 个特性。

1）可见性：B 线程能马上看到 A 线程更改的数据。

2）原子性：原子性是指一组操作在执行时不能被打断。如果在中间执行其他操作会导致这一组操作不连续，获得错误的结果，即非原子性。

volatile 的原子性体现在赋值原子性，在 32 位 JDK 中对 64 位数据类型执行赋值操作时会写两次，高 32 位和低 32 位，如果写两次的这组操作被打断，导致写入的数据被其他线程的写操作所覆盖，获得错误的结果，就是非原子性的。如果写两次的操作是连续的，不允许被打断，就是原子性的。

在 32 位 JDK 中针对未使用 volatile 声明的 long 或 double 的 64 位数据类型没有实现写原子性，如果想实现，需要在声明变量时添加 volatile，而在 64 位 JDK 中，是否具有原子性取决于具体的实现，在 X86 架构 64 位 JDK 版本中，写 double 或 long 是原子性的。针对用 volatile 声明的 int i 变量进行 i++ 操作时是非原子性的。这些知识点都会在后面的章节中进行验证。

3）禁止代码重排序。

下面就让我们依次对这 3 个特性进行论证与学习。

### 2.3.1 可见性的测试

volatile 关键字具有可见性，可以提高软件的灵敏度。具体测试过程如下。

#### 1. 单线程出现死循环

创建测试项目 t99，创建 PrintString.java 类，代码如下：

```
public class PrintString {

private boolean isContinuePrint = true;

public boolean isContinuePrint() {
    return isContinuePrint;
}

public void setContinuePrint(boolean isContinuePrint) {
    this.isContinuePrint = isContinuePrint;
}

public void printStringMethod() {
    try {
        while (isContinuePrint == true) {
            System.out.println("run printStringMethod threadName="
                + Thread.currentThread().getName());
            Thread.sleep(1000);
        }
    } catch (InterruptedException e) {
```

```
            // TODO Auto-generated catch block
            e.printStackTrace();
        }
    }
}
```

运行类 Run.java 代码如下：

```
public class Run {

public static void main(String[] args) {
    PrintString printStringService = new PrintString();
    printStringService.printStringMethod();
    System.out.println(" 我要停止它！stopThread="
        + Thread.currentThread().getName());
    printStringService.setContinuePrint(false);
}

}
```

程序在运行后，根本停不下来，结果如图 2-70 所示。

停不下来的原因主要就是 main 线程一直在处理 while() 循环，导致程序不能继续执行后面的代码，解决的办法当然是用多线程技术。

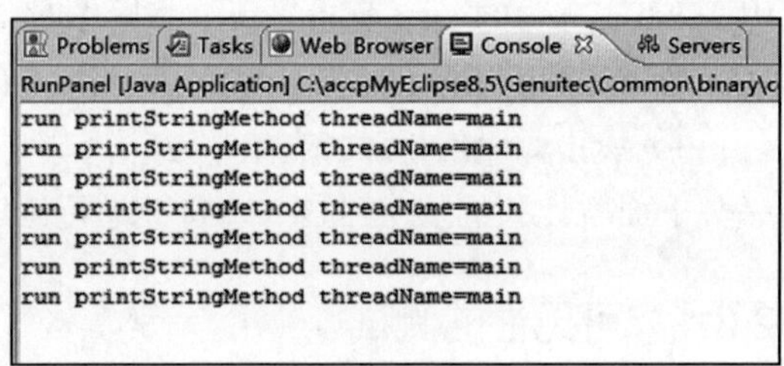


图 2-70　停不下来的程序

### 2. 使用多线程解决死循环

继续创建新的项目 t10，更改 PrintString.java 类，代码如下：

```
public class PrintString implements Runnable {

private boolean isContinuePrint = true;

public boolean isContinuePrint() {
    return isContinuePrint;
}

public void setContinuePrint(boolean isContinuePrint) {
    this.isContinuePrint = isContinuePrint;
}

public void printStringMethod() {
    try {
        while (isContinuePrint == true) {
            System.out.println("run printStringMethod threadName="
                + Thread.currentThread().getName());
            Thread.sleep(1000);
        }
```

```
        } catch (InterruptedException e) {
            // TODO Auto-generated catch block
            e.printStackTrace();
        }
    }

    @Override
    public void run() {
        printStringMethod();
    }
    }
```

运行 Run.java 类代码如下：

```
    public class Run {

    public static void main(String[] args) {
        PrintString printStringService = new PrintString();
        new Thread(printStringService).start();

        System.out.println("我要停止它！stopThread="
            + Thread.currentThread().getName());
        printStringService.setContinuePrint(false);
    }

    }
```

程序运行结果如图 2-71 所示。

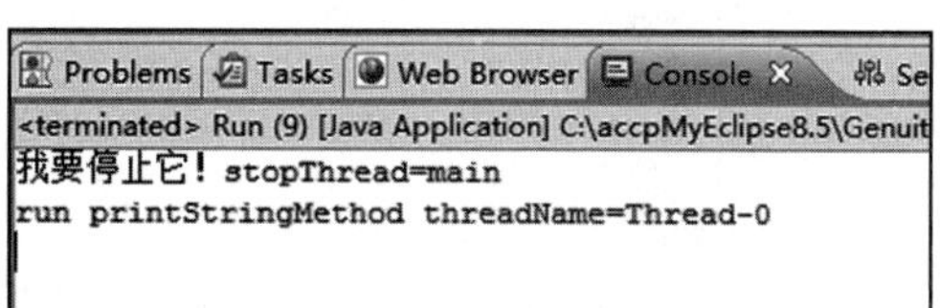


图 2-71　程序被停了下来

### 3. 使用多线程有可能出现死循环

创建项目 t16，创建 RunThread.java 类代码如下：

```
    package extthread;

    public class RunThread extends Thread {

    private boolean isRunning = true;

    public boolean isRunning() {
        return isRunning;
    }

    public void setRunning(boolean isRunning) {
        this.isRunning = isRunning;
    }

    @Override
    public void run() {
        System.out.println("进入 run 了");
        while (isRunning == true) {
```

```
        }
        System.out.println("线程被停止了!");
    }

    }
```

> 注意 while 语句中一定要执行空循环，即语句中不能有任何代码，哪怕是 System.out.println()。

创建类 Run.java 代码如下：

```
package test;

import extthread.RunThread;

public class Run {
public static void main(String[] args) {
    try {
        RunThread thread = new RunThread();
        thread.start();
        Thread.sleep(1000);
        thread.setRunning(false);
        System.out.println("已经赋值为 false");
    } catch (InterruptedException e) {
        // TODO Auto-generated catch block
        e.printStackTrace();
    }
}
}
```

程序运行结果可能出现死循环，也可能不出现死循环。如果不出现死循环，可以在 JVM 中将当前运行的模式设置为服务器模式，配置的步骤是在 Eclipse 中对 JVM 添加运行参数为 -server，代表更改运行的模式为服务器模式，设置界面如图 2-72 所示。

点击 "Run" 按钮后出现了死循环，如图 2-73 所示。

代码 System.out.println（“线程被停止了!”）永远不会被执行。

#### 4. 使用 volatile 关键字解决多线程出现的死循环

是什么原因导致死循环呢？在启动线程时，因为变量 private boolean isRunning = true; 分别存储在公共内存及线程的私有内存中，线程运行后在线程的私有内存中取得 isRunning 的值一直是 true，而代码 "thread.setRunning(false);" 虽然被执行，却是将公共内存中的 isRunning 变量改成 false，操作的是两块内存地址中的数据，所以一直处于死循环的状态，内存结构如图 2-74 所示。

这个问题其实就是私有内存中的值和公共内存中的值不同步造成的，可以通过使用 volatile 关键字来解决，volatile 的主要作用就是当线程访问 isRunning 变量时，强制地从公共内存中取值。

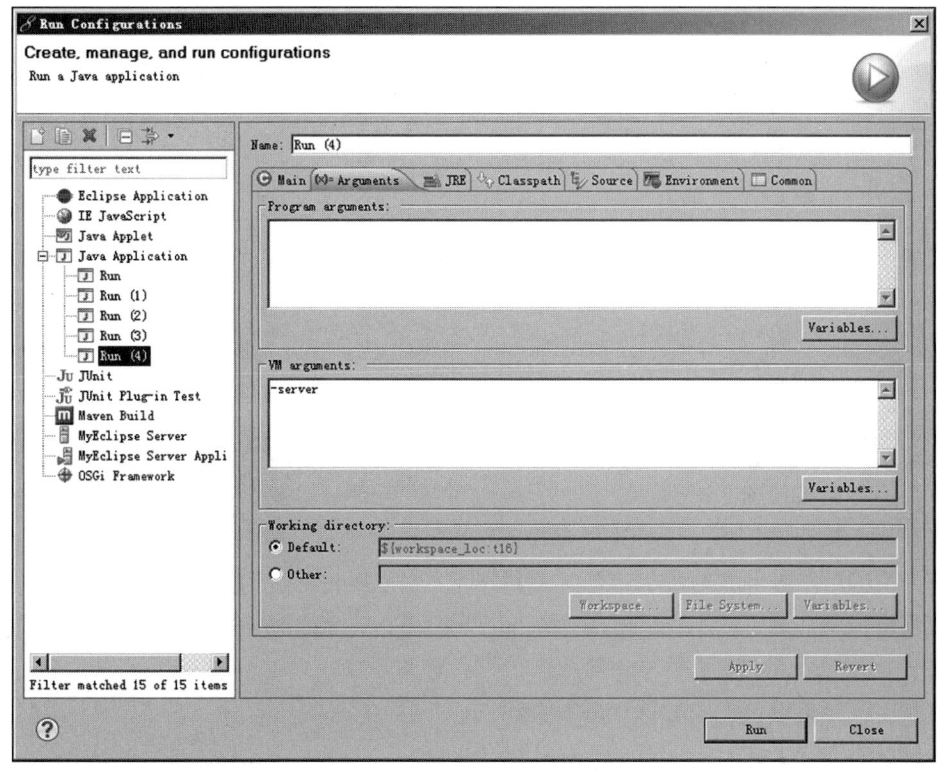


图 2-72　配置 JVM 为 server 模式

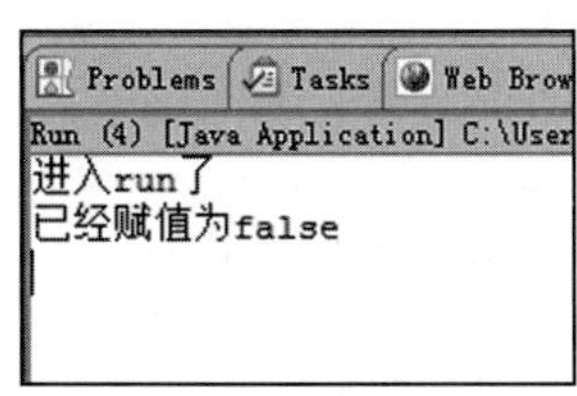


图 2-73　出现了死循环进程且未销毁

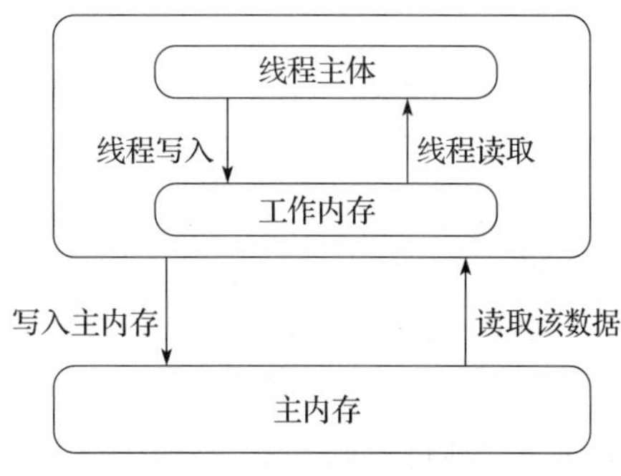


图 2-74　线程具有私有内存

将 RunThread.java 代码更改如下：

```
package extthread;

public class RunThread extends Thread {

volatile private boolean isRunning = true;

public boolean isRunning() {
```

```
        return isRunning;
    }

    public void setRunning(boolean isRunning) {
        this.isRunning = isRunning;
    }

    @Override
    public void run() {
        System.out.println("进入 run 了");
        while (isRunning == true) {
        }
        System.out.println("线程被停止了!");
    }

    }
```

程序运行结果如图 2-75 所示。

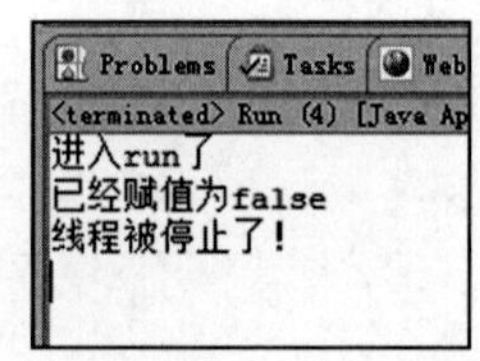


图 2-75　运行后不出现死循环

线程终于被正确地停止了！这种方式就是 1.11 节介绍的第一种停止线程的方法：**使用退出标志使线程正常退出。**

通过使用 volatile 关键字，强制地从公共内存中读取变量的值再同步到线程的私有内存中，结构如图 2-76 所示。

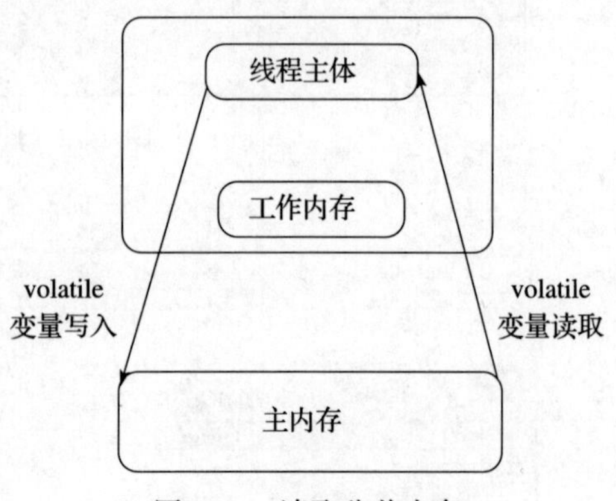


图 2-76　读取公共内存

使用 volatile 关键字是增加了实例变量在多个线程之间的可见性。

### 5. synchronized 代码块也具有增加可见性作用

synchronized 关键字可以使多个线程访问同一个资源，具有同步性，也可以使线程私有内存中的变量与公共内存中的变量同步，也就是可见性，下面对其进行验证。

创建测试项目 synchronizedUpdateNewValue，类 Service.java 代码如下：

```
package service;

public class Service {

private boolean isContinueRun = true;

public void runMethod() {
    while (isContinueRun == true) {
    }
    System.out.println("停下来了!");
```

```
}

public void stopMethod() {
    isContinueRun = false;
}
}
```

线程类 ThreadA.java 代码如下：

```
package extthread;

import service.Service;

public class ThreadA extends Thread {
private Service service;

public ThreadA(Service service) {
    super();
    this.service = service;
}

@Override
public void run() {
    service.runMethod();
}
}
```

线程类 ThreadB.java 代码如下：

```
package extthread;

import service.Service;

public class ThreadB extends Thread {
private Service service;

public ThreadB(Service service) {
    super();
    this.service = service;
}

@Override
public void run() {
    service.stopMethod();
}

}
```

运行类 Run.java 代码如下：

```
package test;

import service.Service;
```

```
import extthread.ThreadA;
import extthread.ThreadB;

public class Run {

public static void main(String[] args) {
    try {
        Service service = new Service();

        ThreadA a = new ThreadA(service);
        a.start();

        Thread.sleep(1000);

        ThreadB b = new ThreadB(service);
        b.start();

        System.out.println("已经发起停止的命令了!");
    } catch (InterruptedException e) {
        // TODO Auto-generated catch block
        e.printStackTrace();
    }
}

}
```

运行此项目，出现死循环，如图 2-77 所示。

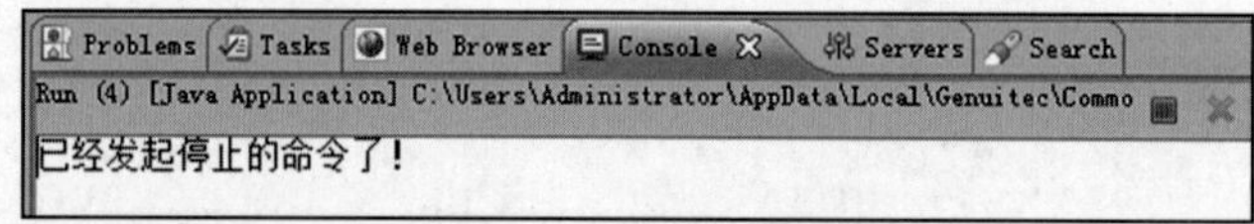


图 2-77　永不变灰的按钮

这个结果是因各线程间的数据值没有可见性造成的，而 synchronized 关键字可以使数据具有可见性，更改 Service.java 代码如下：

```
package service;

public class Service {

private boolean isContinueRun = true;

public void runMethod() {
    String anyString = new String();
    while (isContinueRun == true) {
        synchronized (anyString) {
        }
        }
    System.out.println("停下来了!");
}
```

```
public void stopMethod() {
    isContinueRun = false;
}
}
```

再次运行程序，正常退出，结果如图 2-78 所示。

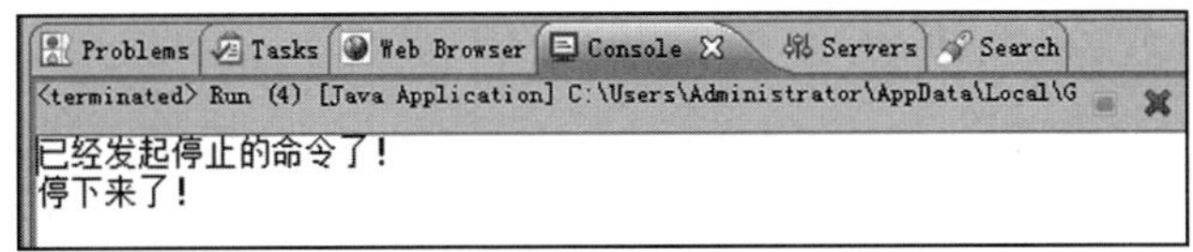


图 2-78　按钮变灰了

synchronized 关键字会把私有内存中的数据同公共内存同步，使私有内存中的数据和公共内存中的数据一致。

## 2.3.2　原子性与非原子性的测试

在 32 位 JDK 中针对未使用 volatile 声明的 long 或 double 的 64 位数据类型没有实现赋值写原子性，如果想实现，声明变量时添加 volatile。如果在 64 位 JDK 中，是否原子取决于具体的实现，在 X86 架构 64 位 JDK 版本中，写 double 或 long 是原子的。

另外 volatile 关键字最致命的缺点是不支持运算原子性，也就是多个线程对用 volatile 修饰的变量 i 执行 i--/i++ 操作时，i--/i++ 操作还是会被分解成三步，造成非线程安全问题。

### 1. 32 位 JDK 中 long 或 double 数据类型写操作为非原子性

注意，测试要在 32 位的 JDK 中进行。

创建测试项目 long_double_32_noATOMIC_test。

创建测试业务类代码如下：

```
package test;

public class MyService {
public long i;
}
```

创建线程 A 代码如下：

```
package test;

public class MyThreadA extends Thread {
private MyService service;

public MyThreadA(MyService service) {
    super();
    this.service = service;
}
```

```
@Override
public void run() {
    while (true) {
        service.i = 1;
    }
}
}
```

创建线程 B 代码如下：

```
package test;

public class MyThreadB extends Thread {
private MyService service;

public MyThreadB(MyService service) {
    super();
    this.service = service;
}

@Override
public void run() {
    while (true) {
        service.i = -1;
    }
}
}
```

运行类代码如下：

```
package test;

public class Test {
public static void main(String[] args) throws InterruptedException {
    MyService service = new MyService();
    MyThreadA a = new MyThreadA(service);
    MyThreadB b = new MyThreadB(service);
    a.start();
    b.start();
    Thread.sleep(1000);
    System.out.println("long  1 二进制值是: " + Long.toBinaryString(1));
    System.out.println("long -1 二进制值是: " + Long.toBinaryString(-1));
    while (true) {
        long getValue = service.i;
        if (getValue != 1 && getValue != -1) {
            System.out.println("              i 的值是: " + Long.toBinaryString
                (getValue) + " 十进制是: " + getValue);
            System.exit(0);
        }
    }
}
}
```

程序运行后在控制台的输出结果如下：

```
long  1 二进制值是：1
long -1 二进制值是：1111111111111111111111111111111111111111111111111111111111111111
         i 的值是：11111111111111111111111111111111 十进制是：4294967295
```

程序运行后变量 i 的值即不是 1 也不是 –1，是 4294967295，说明在 32 位 JDK 中对 long 或 double 数据类型进行写操作是非原子的。

也有一定比率会出现 –4294967295 的结果，–4294967295 的二进制值为 11111111111111 11111111111111111100000000000000000000000000000001。

### 2. 使用 volatile 解决在 32 位 JDK 中 long 或 double 数据类型写操作为非原子性的问题

更改业务类代码如下：

```
package test;

public class MyService {
volatile public long i;
}
```

在 32 位 JDK 中，在 long 或 double 数据类型的变量前加入 volatile 关键字后再进行写操作是原子性的，程序再次运行后控制台并未输出信息，说明 i 的值不是 1，就是 –1。

在 32 位 JDK 中对非 volatile 的 long 或 double 变量进行赋值是非原子性的，所以需要添加 volatile 关键字。如果在 64 位 JDK 中进行写操作是原子性的，则不需要添加 volatile 关键字，示例代码如下：

```
package test;

public class MyService {
public long i;
}
```

代码在项目 long_double_64_ATOMIC_test 中。

### 3. volatile int i++ 操作是非原子性的

这是因为 i++ 操作不是原子性的，会拆成 3 个步骤，此知识点在前面章节有介绍。

volatile 关键字不支持 i++ 运算原子性，使用多线程执行 volatile int i++ 赋值操作是非原子性的，i-- 操作的行为也是一样，下面用项目来进行测试。

创建项目 volatileTestThread，文件 MyThread.java 代码如下：

```
package extthread;

public class MyThread extends Thread {
volatile public static int count;

private static void addCount() {
    for (int i = 0; i < 100; i++) {
```

```
            count++;
        }
        System.out.println("count=" + count);
    }

    @Override
    public void run() {
        addCount();
    }

}
```

文件 Run.java 代码如下：

```
package test.run;

import extthread.MyThread;

public class Run {
public static void main(String[] args) {
    MyThread[] mythreadArray = new MyThread[100];
    for (int i = 0; i < 100; i++) {
        mythreadArray[i] = new MyThread();
    }

    for (int i = 0; i < 100; i++) {
        mythreadArray[i].start();
    }
}
}
```

程序运行结果如图 2-79 所示。

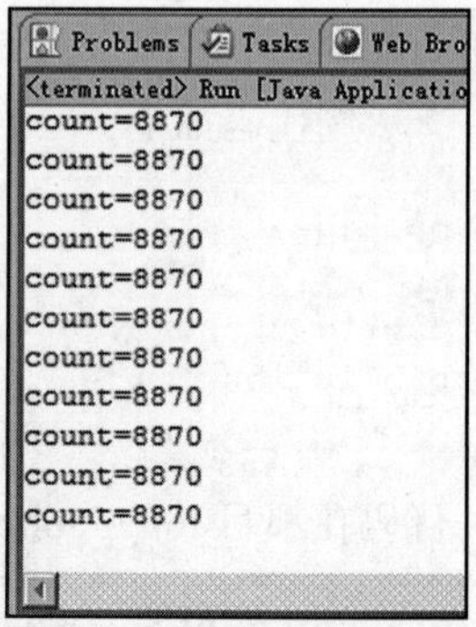

```
<terminated> Run [Java Applicatio
count=8870
count=8870
count=8870
count=8870
count=8870
count=8870
count=8870
count=8870
count=8870
count=8870
count=8870
```

图 2-79　运行结果值不是 10000

运行结果值不是 10000，说明在多线程环境下 volatile public static int count++ 运算操作是非原子性的。

更改自定义线程类 MyThread.java 文件代码如下：

```
package extthread;

public class MyThread extends Thread {
volatile public static int count;
//注意一定要添加static关键字
//这样synchronized与static锁的内容就是MyThread.class类
//也就达到同步的效果
synchronized private static void addCount() {
    for (int i = 0; i < 100; i++) {
        count++;
    }
    System.out.println("count=" + count);
}

@Override
```

```
    public void run() {
        addCount();
    }

}
```

程序运行结果如图 2-80 所示。

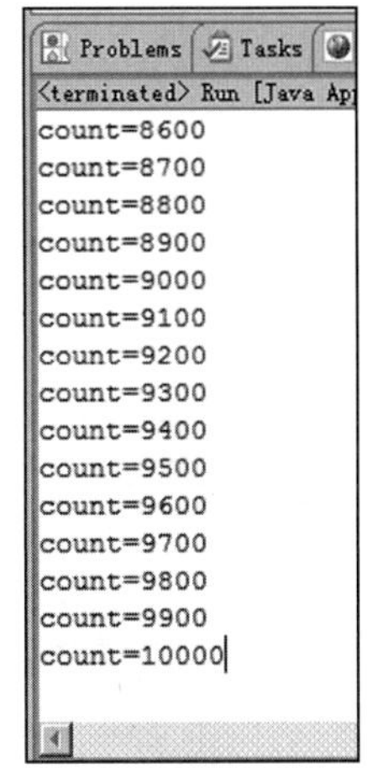


图 2-80　正确的运行结果

在本示例中，如果在方法 private static void addCount() 前加入 synchronized 同步关键字，就没有必要再使用 volatile 关键字来声明 count 变量了。

volatile 关键字主要是在多个线程中可以感知实例变量被更改了，并且可以获得最新的值时使用，也就是增加可见性时使用。例如，在 32 位 JDK 中增加赋值操作的原子性。

volatile 关键字提示线程每次从公共内存中去读取变量，而不是从私有内存中去读取，这样就保证了同步数据的可见性。但需要注意的是：如果修改实例变量中的数据，比如 i++，则这样的操作其实并不是一个原子操作，也就是非线程安全的。表达式 i++ 的操作步骤分解如下：

1）从内存中取出 i 的值；

2）计算 i 的值；

3）将 i 的值写到内存中。

假设在第 2 步计算值的时候，另外一个线程也修改 i 的值，那么结果就是错误的，解决办法是使用 synchronized 关键字保证原子性。所以，volatile 本身并不处理 int i++ 运算操作的原子性。

总结：volatile 保证数据在线程之间的可见性，但不保证同步性，同时在 32 位的 JDK 中保证赋值操作的原子性。

#### 4. 使用 Atomic 原子类进行 i++ 操作实现原子性

除了在 i++ 操作时使用 synchronized 关键字实现同步外，还可以使用 AtomicInteger 原子类实现。

原子操作是不能分割的整体，没有其他线程能够中断或检查正在原子操作中的变量。一个原子（atomic）类型就是一个原子操作可用的类型，它可以在没有锁的情况下做到线程安全（thread-safe）。

创建测试项目 AtomicIntegerTest，文件 AddCountThread.java 代码如下：

```
package extthread;

import java.util.concurrent.atomic.AtomicInteger;

public class AddCountThread extends Thread {
```

```
private AtomicInteger count = new AtomicInteger(0);

@Override
public void run() {
    for (int i = 0; i < 10000; i++) {
        System.out.println(count.incrementAndGet());
    }
}
}
```

文件 Run.java 代码如下：

```
package test;

import extthread.AddCountThread;

public class Run {

public static void main(String[] args) {
    AddCountThread countService = new AddCountThread();

    Thread t1 = new Thread(countService);
    t1.start();

    Thread t2 = new Thread(countService);
    t2.start();

    Thread t3 = new Thread(countService);
    t3.start();

    Thread t4 = new Thread(countService);
    t4.start();

    Thread t5 = new Thread(countService);
    t5.start();

}

}
```

程序运行结果如图 2-81 所示，发现成功累加到 50000。

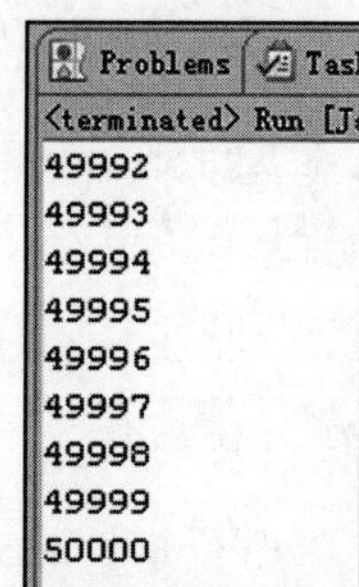

图 2-81　运行结果

### 5. 逻辑混乱与解决方案

即使在有逻辑性的情况下，原子类的输出结果也具有随机性。

创建测试项目 atomicIntergerNoSafe，类 MyService.java 代码如下：

```
package service;

import java.util.concurrent.atomic.AtomicLong;

public class MyService {
```

```
public static AtomicLong aiRef = new AtomicLong();

public void addNum() {
    System.out.println(Thread.currentThread().getName() + "加了 100 之后的值是 :"
        + aiRef.addAndGet(100));
    aiRef.addAndGet(1);
}

}
```

类 MyThread.java 代码如下：

```
package extthread;

import service.MyService;

public class MyThread extends Thread {
private MyService mySerivce;

public MyThread(MyService mySerivce) {
    super();
    this.mySerivce = mySerivce;
}

@Override
public void run() {
    mySerivce.addNum();
}

}
```

类 Run.java 代码如下：

```
package test.run;

import service.MyService;
import extthread.MyThread;

public class Run {

public static void main(String[] args) {
    try {
        MyService service = new MyService();

        MyThread[] array = new MyThread[5];
        for (int i = 0; i < array.length; i++) {
            array[i] = new MyThread(service);
        }
        for (int i = 0; i < array.length; i++) {
            array[i].start();
        }
        Thread.sleep(1000);
        System.out.println(service.aiRef.get());
```

```
        } catch (InterruptedException e) {
            // TODO Auto-generated catch block
            e.printStackTrace();
        }
    }
}
```

取消控制台输出的信息数量，如图 2-82 所示。

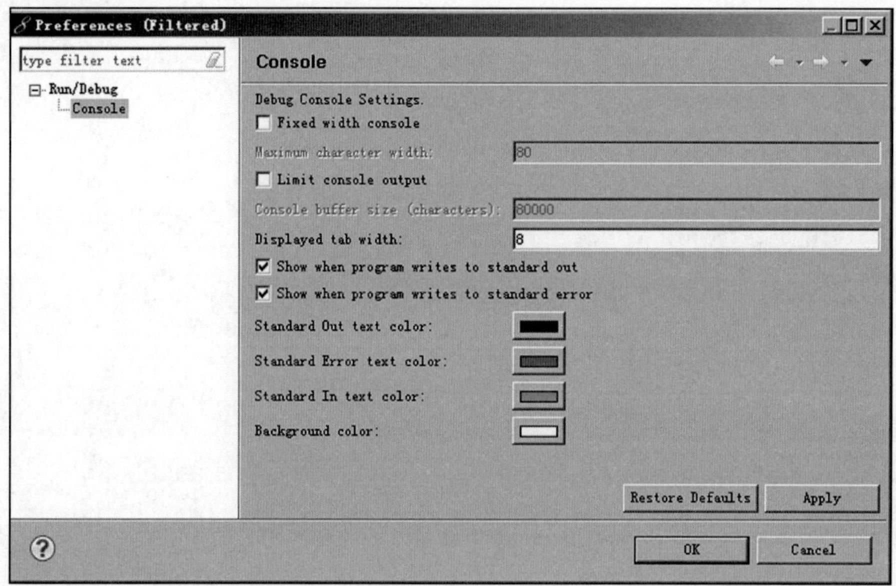


图 2-82 取消勾选 Limit console output

程序运行结果如图 2-83 所示。

输出顺序出错了，应该每加 1 次 100 再加 1 次 1，出现这种情况的原因是 addAndGet() 方法是原子的，但方法和方法之间的调用却是非原子的，此时可以用同步解决该问题。

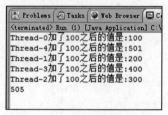

```
Problems  Tasks  Web Browser
<terminated> Run (1) [Java Application] C:\
Thread-0加了100之后的值是:100
Thread-4加了100之后的值是:501
Thread-1加了100之后的值是:200
Thread-3加了100之后的值是:400
Thread-2加了100之后的值是:300
505
```

图 2-83 结果值是正确的，但顺序却出错了

更改 MyService.java 代码如下：

```
package service;

import java.util.concurrent.atomic.AtomicLong;

public class MyService {

public static AtomicLong aiRef = new AtomicLong();

synchronized public void addNum() {
    System.out.println(Thread.currentThread().getName() + "加了 100 之后的值是 :"
```

```
            + aiRef.addAndGet(100));
        aiRef.addAndGet(1);
    }

    }
```

程序运行结果如图 2-84 所示。

从运行结果可以看到，输出信息依次加 100 再加 1，是我们想要得到的正确的计算过程，累加顺序是正确的，且结果（505）也是正确的。

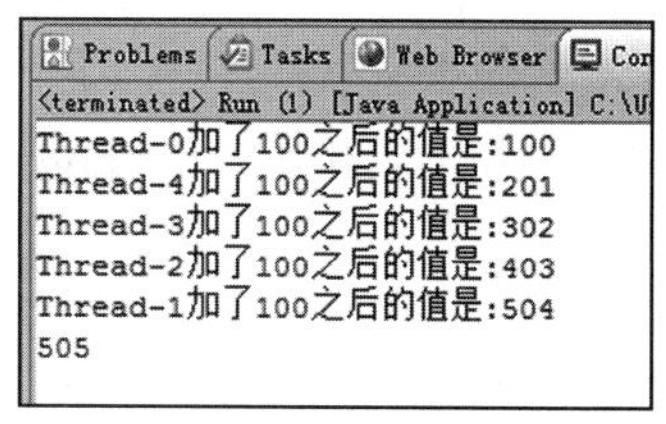


图 2-84　结果正确

### 2.3.3　禁止代码重排序的测试

volatile 关键字可以禁止代码重排序。

什么是重排序？在 Java 程序运行时，JIT（Just-In-Time Compiler，即时编译器）为了优化程序的运行，可以动态地改变程序代码运行的顺序。比如有如下代码：

```
A 代码 - 重耗时
B 代码 - 轻耗时
C 代码 - 重耗时
D 代码 - 轻耗时
```

在多线程的环境中，JIT 有可能进行代码重排，重排后的代码顺序可能如下：

```
B 代码 - 轻耗时
D 代码 - 轻耗时
A 代码 - 重耗时
C 代码 - 重耗时
```

这样做的主要原因是在 CPU 流水线中这 4 个指令是同时执行的，轻耗时的代码在很大程度上会先执行完，以让出 CPU 流水线资源供其他指令使用，所以代码重排是为了追求更高的程序运行效率。

重排序发生在没有依赖关系时，比如上面 ABCD 代码，BCD 不依赖 A 的结果，CD 不依赖 AB 的结束，D 不依赖 ABC 的结果时就会发生重排序，如果发生依赖则代码不会重排序。

而 volatile 关键字可以禁止代码重排序，比如有如下代码：

```
A 变量的操作
B 变量的操作
volatile Z 变量的操作
C 变量的操作
D 变量的操作
```

那么这会有 4 种情况发生：

1）AB 可以重排序；

2）CD 可以重排序；

3）AB 不可以重排到 Z 的后面；

4）CD 不可以重排到 Z 的前面。

也就是说，变量 Z 是一道屏障，是一堵墙，Z 变量之前或之后的代码不可以跨越 Z 变量。synchronized 关键字也具有同样的特性。

### 1. 实现代码重排序的测试

虽然代码重排序后能提高运行效率，但在有逻辑性的程序里很容易出现一些错误，下面开始验证。

创建测试项目 reorderTest。

创建类代码如下：

```
package test;

public class Test1 {
private static long x = 0;
private static long y = 0;
private static long a = 0;
private static long b = 0;
private static long c = 0;
private static long d = 0;
private static long e = 0;
private static long f = 0;

private static long count = 0;

public static void main(String[] args) throws InterruptedException {
    for (;;) {
        x = 0;
        y = 0;
        a = 0;
        b = 0;
        c = 0;
        d = 0;
        e = 0;
        f = 0;
        count++;
        Thread t1 = new Thread(new Runnable() {
            public void run() {
                a = 1;
                c = 101;
                d = 102;
                x = b;
            }
        });

        Thread t2 = new Thread(new Runnable() {
            public void run() {
                b = 1;
                e = 201;
```

```
                f = 202;
                y = a;
            }
        });
        t1.start();         // t1 和 t2 以异步的方式执行
        t2.start();         // t1 和 t2 以异步的方式执行，如果代码重排，则 x 和 y 的值有可能是 0
        t1.join();          // 如果 t1 存活则等待，销毁则继续向下运行
        t2.join();          // 如果 t2 存活则等待，销毁则继续向下运行
        String showString = "count=" + count + " " + x + "," + y + "";
        if (x == 0 && y == 0) {
            System.err.println(showString);
            break;
        } else {
            System.out.println(showString);
        }
    }
}
}
```

程序运行后，控制台输出的最后结果（部分）如下：

```
count=119630 0,1
count=119631 0,1
count=119632 0,1
count=119633 0,1
count=119634 0,1
count=119635 0,0
```

程序输出 x 和 y 都是 0，这时就出现了代码重排序，重排后的顺序为：

```
x = b;
a = 1;
c = 101;
d = 102;
```

和

```
y = a;
b = 1;
e = 201;
f = 202;
```

结果是 x 和 y 都是 0。

volatile 关键字也可以禁止代码重排序。

### 2. volatile 关键字之前的代码可以重排

下面验证 volatile 之前的代码还是可以出现代码重排的效果，重排后的顺序为：

```
x = b;
a = 1;
c = 101;
d = 102;   // volatile 变量
```

和

```
y = a;
b = 1;
e = 201;
f = 202;  //volatile 变量
```

结果是 x 和 y 都是 0。

程序代码如下：

```
package test;

public class Test2 {
private static long x = 0;
private static long y = 0;
private static long a = 0;
private static long b = 0;
private static long c = 0;
volatile private static long d = 0;
private static long e = 0;
volatile private static long f = 0;

private static long count = 0;

public static void main(String[] args) throws InterruptedException {
    for (;;) {
        x = 0;
        y = 0;
        a = 0;
        b = 0;
        c = 0;
        d = 0;
        e = 0;
        f = 0;
        count++;
        Thread t1 = new Thread(new Runnable() {
            public void run() {
                a = 1;
                c = 101;
                x = b;
                d = 102;
            }
        });

        Thread t2 = new Thread(new Runnable() {
            public void run() {
                b = 1;
                e = 201;
                y = a;
                f = 202;
            }
        });
```

```
            t1.start();
            t2.start();
            t1.join();
            t2.join();
            String showString = "count=" + count + " " + x + "," + y + "";
            if (x == 0 && y == 0) {
                System.err.println(showString);
                break;
            } else {
                System.out.println(showString);
            }
        }
    }
}
```

程序运行结果如下：

```
count=33853 0,1
count=33854 0,1
count=33855 0,1
count=33856 0,1
count=33857 0,1
count=33858 0,0
```

由结果可知，volatile 关键字之前的代码重排序了。

### 3. volatile 关键字之后的代码可以重排

下面验证 volatile 之后的代码还是可以出现代码重排的效果，重排后的顺序为：

```
c = 101;  //volatile 变量
x = b;
a = 1;
d = 102;
```

和

```
e = 201;  //volatile 变量
y = a;
b = 1;
f = 202;
```

结果是 x 和 y 都是 0。

程序代码如下：

```
package test;

public class Test3 {
private static long x = 0;
private static long y = 0;
private static long a = 0;
private static long b = 0;
volatile private static long c = 0;
```

```
    private static long d = 0;
    volatile private static long e = 0;
    private static long f = 0;

    private static long count = 0;

    public static void main(String[] args) throws InterruptedException {
        for (;;) {
            x = 0;
            y = 0;
            a = 0;
            b = 0;
            c = 0;
            d = 0;
            e = 0;
            f = 0;
            count++;
            Thread t1 = new Thread(new Runnable() {
                public void run() {
                    c = 101;
                    a = 1;
                    d = 102;
                    x = b;
                }
            });

            Thread t2 = new Thread(new Runnable() {
                public void run() {
                    e = 201;
                    b = 1;
                    f = 202;
                    y = a;
                }
            });
            t1.start();
            t2.start();
            t1.join();
            t2.join();
            String showString = "count=" + count + " " + x + "," + y + "";
            if (x == 0 && y == 0) {
                System.err.println(showString);
                break;
            } else {
                System.out.println(showString);
            }
        }
    }
}
```

程序运行结果如下：

```
count=20898 0,1
count=20899 0,1
```

```
count=20900 0,1
count=20901 0,1
count=20902 0,0
```

由结果可知，volatile 关键字之后的代码重排序了。

### 4. volatile 关键字之前的代码不可以重排到 volatile 之后

下面验证 volatile 之前的代码不可以重排到 volatile 之后，x 和 y 同时不为 0 的情况不会发生。

程序代码如下：

```
package test;

public class Test4 {
private static long x = 0;
private static long y = 0;
private static long a = 0;
private static long b = 0;
volatile private static long c = 0;
volatile private static long d = 0;

private static long count = 0;

public static void main(String[] args) throws InterruptedException {
    for (;;) {
        x = 0;
        y = 0;
        a = 0;
        b = 0;
        c = 0;
        d = 0;
        count++;
        Thread t1 = new Thread(new Runnable() {
            public void run() {
                x = b;
                c = 101;
                a = 1;
            }
        });

        Thread t2 = new Thread(new Runnable() {
            public void run() {
                y = a;
                d = 201;
                b = 1;
            }
        });
        t1.start();
        t2.start();
        t1.join();
        t2.join();
```

```
            String showString = "count=" + count + " " + x + "," + y + "";
            if (x != 0 && y != 0) {
                System.err.println(showString);
                break;
            } else {
                System.out.println(showString);
            }
        }
    }
    }
```

程序运行后，x 和 y 同时不为 0 的情况没有发生，也就是同时等于 1 的情况不会出现，所以 volatile 关键字之前的代码不可以重排到 volatile 之后。

### 5. volatile 关键字之后的代码不可以重排到 volatile 之前

接下来验证 volatile 之后的代码不可以重排到 volatile 之前，x 和 y 的值永远不可能同时为 0。

程序代码如下：

```
package test;

public class Test5 {
private static long x = 0;
private static long y = 0;
private static long a = 0;
private static long b = 0;
volatile private static long c = 0;
volatile private static long d = 0;

private static long count = 0;

public static void main(String[] args) throws InterruptedException {
    for (;;) {
        x = 0;
        y = 0;
        a = 0;
        b = 0;
        c = 0;
        d = 0;
        count++;
        Thread t1 = new Thread(new Runnable() {
            public void run() {
                a = 1;
                c = 101;
                x = b;
            }
        });

        Thread t2 = new Thread(new Runnable() {
            public void run() {
                b = 1;
```

```
                d = 201;
                y = a;
            }
        });
        t1.start();
        t2.start();
        t1.join();
        t2.join();
        String showString = "count=" + count + " " + x + "," + y + "";
        if (x == 0 && y == 0) {
            System.err.println(showString);
            break;
        } else {
            System.out.println(showString);
        }
    }
}
}
```

程序运行后，x 和 y 的值永远不可能同时为 0，所以关键字 volatile 之后的代码不可以重排到 volatile 之前。

#### 6. synchronized 关键字之前的代码不可以重排到 synchronized 之后

synchronized 关键字也具有禁止代码重排的功能。

下面验证 synchronized 之前的代码不可以重排到 synchronized 之后，所以 x 和 y 同时不为 0 的情况不会发生，也就是同时等于 1 的情况不会出现。

程序代码如下：

```
package test;

public class Test6 {
private static long x = 0;
private static long y = 0;
private static long a = 0;
private static long b = 0;

private static long count = 0;

public static void main(String[] args) throws InterruptedException {
    for (;;) {
        x = 0;
        y = 0;
        a = 0;
        b = 0;
        count++;
        Thread t1 = new Thread(new Runnable() {
            public void run() {
                x = b;
                synchronized (this) {   // 两把锁：锁 A
                }
```

```
                a = 1;
            }
        });

        Thread t2 = new Thread(new Runnable() {
            public void run() {
                y = a;
                synchronized (this) {   //两把锁：锁B
                }
                b = 1;
            }
        });
        t1.start();
        t2.start();
        t1.join();
        t2.join();
        String showString = "count=" + count + " " + x + "," + y + "";
        if (x != 0 && y != 0) {
            System.err.println(showString);
            break;
        } else {
            System.out.println(showString);
        }
    }
}
}
```

程序运行后，x 和 y 同时不为 0 的情况没有发生，也就是 x 和 y 不可能同时为 1，所以 synchronized 关键字之前的代码不可以重排到 synchronized 之后。

### 7. synchronized 关键字之后的代码不可以重排到 synchronized 之前

下面验证 synchronized 之后的代码不可以重排到 synchronized 之前，x 和 y 的值永远不可能同时为 0。

程序代码如下：

```
package test;

public class Test7 {
private static long x = 0;
private static long y = 0;
private static long a = 0;
private static long b = 0;

private static long count = 0;

public static void main(String[] args) throws InterruptedException {
    for (;;) {
        x = 0;
        y = 0;
        a = 0;
        b = 0;
```

```
            count++;
            Thread t1 = new Thread(new Runnable() {
                public void run() {
                    a = 1;
                    synchronized (this) {
                    }
                    x = b;
                }
            });

            Thread t2 = new Thread(new Runnable() {
                public void run() {
                    b = 1;
                    synchronized (this) {
                    }
                    y = a;
                }
            });
            t1.start();
            t2.start();
            t1.join();
            t2.join();
            String showString = "count=" + count + " " + x + "," + y + "";
            if (x == 0 && y == 0) {
                System.err.println(showString);
                break;
            } else {
                System.out.println(showString);
            }
        }
    }
}
```

程序运行后，x 和 y 的值永远不可能同时为 0，所以 synchronized 关键字之后的代码不可以重排到 synchronized 之前。

### 8. 总结

synchronized 关键字的主要作用是保证同一时刻，只有一个线程可以执行某一个方法或者某一个代码块。synchronized 可以修饰方法以及代码块，随着 JDK 的版本升级，synchronized 在执行效率上得到很大提升。它包含三个特征：可见性、原子性和禁止代码重排序。

volatile 关键字的主要作用是让其他线程可以看到最新的值，volatile 只能修饰变量。它也包含三个特征：可见性、原子性和禁止代码重排序。

学习多线程与并发，要着重“外炼互斥，内修可见，内功有序”，这是掌握多线程，学习多线程和并发技术的重要知识点。

总结一下，volatile 和 synchronized 关键字的使用场景如下：

1）当想实现一个变量的值被更改，而其他线程能取到最新的值时，就要对变量使用

volatile；

2）如果多个线程对同一个对象中的同一个实例变量进行写操作，为了避免出现非线程安全问题，就要使用 synchronized。

## 2.4 本章小结

通过对本章的学习，我们对 synchronized 关键字不再陌生，知道什么时候使用它，它解决哪些问题，这是开发上的重点；学习完同步后就可以有效控制线程间处理数据的顺序性，以及对处理后的数据进行有效值的保证，更好地获知线程执行结果的预期性。

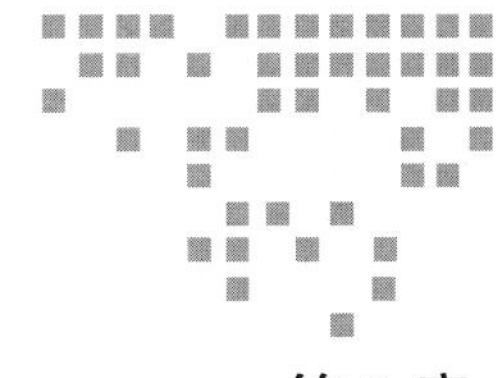

第 3 章 Chapter 3

# 线程间通信

线程是操作系统中独立的个体，但这些个体如果不经过特殊的处理是不能成为一个整体的。线程间的通信就是使线程成为整体的必用方案之一，可以说，使线程间进行通信后系统之间的交互性会更强大，CPU 利用率会得以大幅提高，同时程序员在处理的过程中可以有效把控与监督各线程任务。本章着重介绍的技术点如下：

- 如何使用 wait/notify 机制实现线程间的通信；
- 生产者 / 消费者模式的实现；
- join 方法的使用；
- ThreadLocal 类的使用。

## 3.1 wait/ notify 机制

前面两章分别介绍了多线程的基本知识以及方法和变量的并发访问，本节将介绍多个线程之间如何进行通信。有了通信，线程与线程之间就不是独立的个体了，它们可以互相协作了。

### 3.1.1 不使用 wait/notify 机制进行通信的缺点

创建新的项目，名称为 TwoThreadTransData，在实验中使用 sleep() 结合 while(true) 死循环法来实现多个线程间通信。

类 MyList.java 的代码如下：

```
package mylist;
import java.util.ArrayList;
import java.util.List;
public class MyList {
volatile private List list = new ArrayList();
public void add() {
    list.add("高洪岩");
}
public int size() {
    return list.size();
}
}
```

其中下面这行代码是为变量添加 volatile 关键字，以实现在 A 和 B 线程间的可视性：

```
volatile private List list = new ArrayList();
```

线程类 ThreadA.java 的代码如下：

```
package extthread;
import mylist.MyList;
public class ThreadA extends Thread {
private MyList list;
public ThreadA(MyList list) {
    super();
    this.list = list;
}
@Override
public void run() {
    try {
        for (int i = 0; i < 10; i++) {
            list.add();
            System.out.println("添加了" + (i + 1) + "个元素");
            Thread.sleep(1000);
        }
    } catch (InterruptedException e) {
        e.printStackTrace();
    }
}
}
```

线程类 ThreadB.java 的代码如下：

```
package extthread;
import mylist.MyList;
public class ThreadB extends Thread {
private MyList list;
public ThreadB(MyList list) {
    super();
    this.list = list;
}
@Override
public void run() {
```

```
        try {
            while (true) {
                if (list.size() == 5) {
                    System.out.println("==5 了，线程 b 要退出了！");
                    throw new InterruptedException();
                }
            }
        } catch (InterruptedException e) {
            e.printStackTrace();
        }
    }
    }
```

运行类 Test.java 的代码如下：

```
package test;
import mylist.MyList;
import extthread.ThreadA;
import extthread.ThreadB;
public class Test {
public static void main(String[] args) {
    MyList service = new MyList();
    ThreadA a = new ThreadA(service);
    a.setName("A");
    a.start();
    ThreadB b = new ThreadB(service);
    b.setName("B");
    b.start();
}
}
```

程序运行后的效果如图 3-1 所示。

虽然两个线程间实现了通信，但还存在缺点：线程 ThreadB.java 不停地通过 while 语句轮询机制来检测某一个条件，这样会浪费 CPU 资源。

如果轮询的时间间隔很短，更浪费 CPU 资源；如果轮询的时间间隔很长，有可能会取不到想要得到的数据。示例代码如下：

```
Problems  Tasks  Web Browser  Console  Servers
Test (13) [Java Application] C:\Users\Administrator\AppData\Local\Genu
添加了1个元素
添加了2个元素
添加了3个元素
添加了4个元素
==5了，线程b要退出了！
添加了5个元素
java.lang.InterruptedException
        at extthread.ThreadB.run(ThreadB.java:20)
添加了6个元素
添加了7个元素
添加了8个元素
添加了9个元素
```

图 3-1　两个线程互相通信成功

```
@Override
public void run() {
    try {
        while (true) {
            Thread.sleep(2000);
            if (list.size() == 5) {
                System.out.println("eeeeeeeeeeeeeeexit");
                throw new InterruptedException();
```

```
            }
        }
    } catch (InterruptedException e) {
        e.printStackTrace();
    }
}
```

添加了 Thread.sleep(2000) 代码后线程 B 并没有退出，所以就需要引入一种机制，在减少 CPU 资源浪费的同时还可以实现在多个线程间随时通信，这就是 wait/notify 机制。

### 3.1.2 什么是 wait/notify 机制

wait/notify（等待 / 通知）机制在生活中比比皆是，比如在就餐时就会出现，如图 3-2 所示。

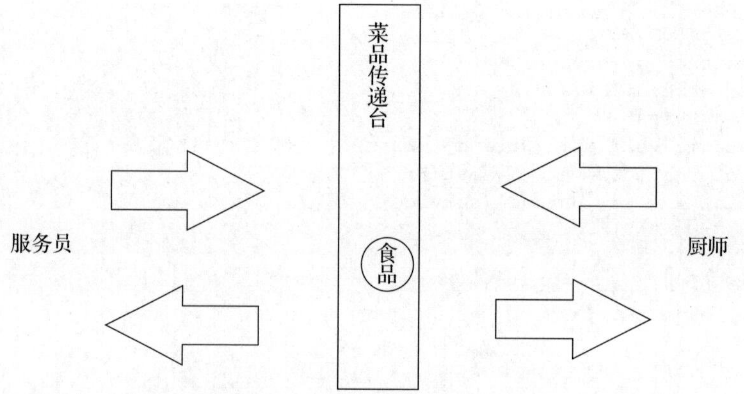


图 3-2 就餐时出现等待通知

厨师和服务员要在“菜品传递台”上交互，在这期间会想到几个问题：

1）厨师做完一个菜的时间未知，所以厨师将菜品放到“菜品传递台”上的时间也未知。

2）服务员取到菜的时间取决于厨师，所以服务员就有“wait”的状态。

3）服务员如何能取到菜呢？这又得取决于厨师。厨师将菜放在“菜品传递台”上，其实就是相当于一种 notify，这时服务员才可以拿到菜并交给就餐者。

4）在这个过程中出现了“wait/notify 机制”。

需要说明的是，前文中多个线程之间也可以实现通信，原因就是多个线程共同访问同一个变量。但那种通信机制却不是“等待 / 通知”，两个线程完全是主动操作同一个共享变量，在花费读取时间的基础上，读到的值是不是想要的并不能完全确定。比如前面示例中添加了 Thread.sleep(2000); 代码导致线程 B 并不能退出，所以现在迫切需要一种“等待 / 通知”机制来满足上面的需求。

### 3.1.3 wait/notify 机制的原理

注意：拥有相同锁的线程才可以实现 wait/notify 机制。所以下文都是假定操作同一个锁。

wait() 是 Object 类的方法，它的作用是使当前执行 wait() 方法的线程进行等待，在 wait() 所在的代码行处暂停执行，并释放锁，直到接到通知或被中断为止。在调用 wait() 之前，线程必须要获得该对象的对象级别锁，即只能在同步方法或同步块中调用 wait() 方法。通过通知机制使某个线程继续执行 wait() 方法后面的代码时，对线程的选择是按着执行 wait() 方法的顺序确定的，并需要重新获得锁。如果调用 wait() 时没有持有适当的锁，则抛出 IllegalMonitorStateException。它是 RuntimeException 的一个子类，因此不需要 try-catch 语句进行捕捉异常。

notify() 也要在同步方法或同步块中调用，即在调用前线程必须要获得锁，如果调用 notify() 时没有持有适当的锁，也会抛出 IllegalMonitorStateException。该方法用来通知那些可能等待该锁的其他线程，如果有多个线程等待，则按着执行 wait() 方法的顺序对呈等待状态的线程发出 1 次通知，并使那个线程重新获取锁。需要说明的是，执行 notify() 方法后，当前线程不会马上释放该锁，呈等待状态的线程也并不能马上获取该对象锁，要等到执行 notify() 方法的线程将程序执行完，也就是退出同步区域后，当前线程才会释放锁，而呈等待状态所在的线程才可以获取该对象锁。当第一个获得了该对象锁的等待线程运行完毕后，它会释放掉该对象锁。此时如果没有再次使用 notify 语句，那么其他等待状态的线程会因为没有得到通知而继续等待。

wait 和 notify 是 Object 类中的方法。

一句话来总结一下 wait 和 notify：wait 使线程暂停运行，而 notify 通知暂停的线程继续运行。

### 3.1.4 方法 wait() 的基本用法

方法 wait() 的作用是使当前线程暂停运行，并释放锁。

创建测试用的 Java 项目，名称为 test1，类 Test1.java 的代码如下：

```
package test;

public class Test1 {
public static void main(String[] args) {
    try {
        String newString = new String("");
        newString.wait();
    } catch (InterruptedException e) {
        e.printStackTrace();
    }
}
}
```

程序运行后的效果如图 3-3 所示。

```
Exception in thread "main" java.lang.IllegalMonitorStateException
	at java.lang.Object.wait(Native Method)
	at java.lang.Object.wait(Object.java:485)
	at test.Test1.main(Test1.java:7)
```

图 3-3 出现异常

出现异常的原因是没有“对象监视器”，也就是没有锁。

继续创建 Test2.java 文件，代码如下：

```
package test;

public class Test2 {

public static void main(String[] args) {
    try {
        String lock = new String();
        System.out.println("syn 上面 ");
        synchronized (lock) {
            System.out.println("syn 第一行 ");
            lock.wait();
            System.out.println("wait 下面的代码 !");
        }
        System.out.println("syn 下面的代码 ");
    } catch (InterruptedException e) {
        e.printStackTrace();
    }
}

}
```

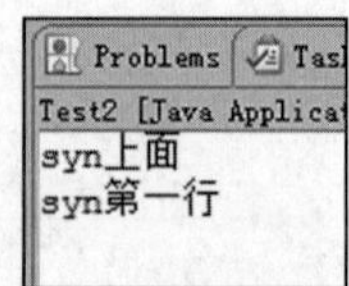


图 3-4 方法 wait 下面的代码不执行了

程序运行后的效果如图 3-4 所示。

但线程不能永远等待下去，那样程序就不会继续向下运行了。如何使呈等待状态的线程继续运行呢？答案就是使用 notify() 方法。

### 3.1.5 使用代码完整实现 wait /notify 机制

创建实验用的项目，名称为 test2，类 MyThread1.java 的代码如下：

```
package extthread;

public class MyThread1 extends Thread {
private Object lock;

public MyThread1(Object lock) {
    super();
    this.lock = lock;
}
```

```
@Override
public void run() {
    try {
        synchronized (lock) {
            System.out.println(" 开始      wait time=" + System.currentTimeMillis());
            lock.wait();
            System.out.println(" 结束      wait time=" + System.currentTimeMillis());
        }
    } catch (InterruptedException e) {
        // TODO Auto-generated catch block
        e.printStackTrace();
    }
}
}
```

类 MyThread2.java 的代码如下：

```
package extthread;

public class MyThread2 extends Thread {
private Object lock;

public MyThread2(Object lock) {
    super();
    this.lock = lock;
}

@Override
public void run() {
    synchronized (lock) {
        System.out.println(" 开始 notify time=" + System.currentTimeMillis());
        lock.notify();
        System.out.println(" 结束 notify time=" + System.currentTimeMillis());
    }
}
}
```

类 Test.java 的代码如下：

```
package test;

import extthread.MyThread1;
import extthread.MyThread2;

public class Test {
public static void main(String[] args) {
    try {
        Object lock = new Object();

        MyThread1 t1 = new MyThread1(lock);
        t1.start();

        Thread.sleep(3000);
```

```
            MyThread2 t2 = new MyThread2(lock);
            t2.start();

        } catch (InterruptedException e) {
            e.printStackTrace();
        }
    }
}
```

程序运行后的效果如图 3-5 所示。

从控制台打印的结果来看，3 秒后线程被通知唤醒。

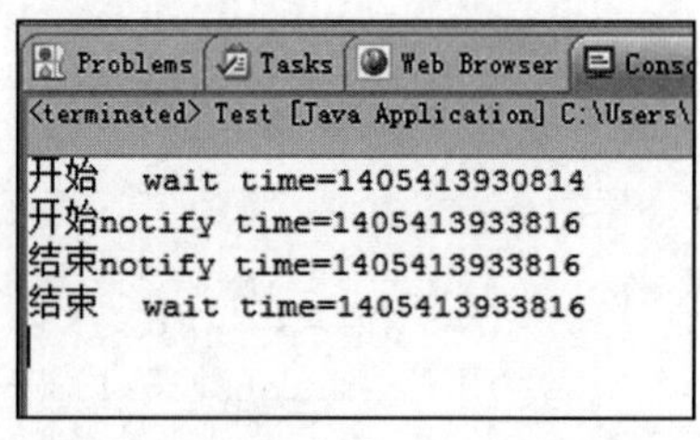


图 3-5 使用 wait/notify 机制示例

### 3.1.6 使用 wait/notify 机制实现线程销毁

那如何使用 wait() 与 notify() 来实现前面 List.size() 值等于 5 时线程销毁的实验呢？创建新的项目 wait_notify_size5，类 MyList.java 的代码如下：

```
package extlist;

import java.util.ArrayList;
import java.util.List;

public class MyList {

private static List list = new ArrayList();

public static void add() {
    list.add("anyString");
}

public static int size() {
     return list.size();
}

}
```

类 ThreadA.java 的代码如下：

```
package extthread;

import extlist.MyList;

public class ThreadA extends Thread {

private Object lock;

public ThreadA(Object lock) {
    super();
    this.lock = lock;
}

@Override
```

```
public void run() {
    try {
        synchronized (lock) {
            if (MyList.size() != 5) {
                System.out.println("wait begin "
                        + System.currentTimeMillis());
                lock.wait();
                System.out.println("wait end  "
                        + System.currentTimeMillis());
            }
        }
    } catch (InterruptedException e) {
        e.printStackTrace();
    }
}

}
```

类 ThreadB.java 的代码如下：

```
package extthread;

import extlist.MyList;

public class ThreadB extends Thread {
private Object lock;

public ThreadB(Object lock) {
    super();
    this.lock = lock;
}

@Override
public void run() {
    try {
        synchronized (lock) {
            for (int i = 0; i < 10; i++) {
                MyList.add();
                if (MyList.size() == 5) {
                    lock.notify();
                    System.out.println("已发出通知！");
                }
                System.out.println("添加了" + (i + 1) + "个元素！");
                Thread.sleep(1000);
            }
        }
    } catch (InterruptedException e) {
        e.printStackTrace();
    }
}

}
```

类 Run.java 的代码如下：

```
package test;

import extthread.ThreadA;
import extthread.ThreadB;

public class Run {

public static void main(String[] args) {

    try {
        Object lock = new Object();

        ThreadA a = new ThreadA(lock);
        a.start();

        Thread.sleep(50);

        ThreadB b = new ThreadB(lock);
        b.start();
    } catch (InterruptedException e) {
        e.printStackTrace();
    }

}

}
```

程序运行结果如图 3-6 所示。

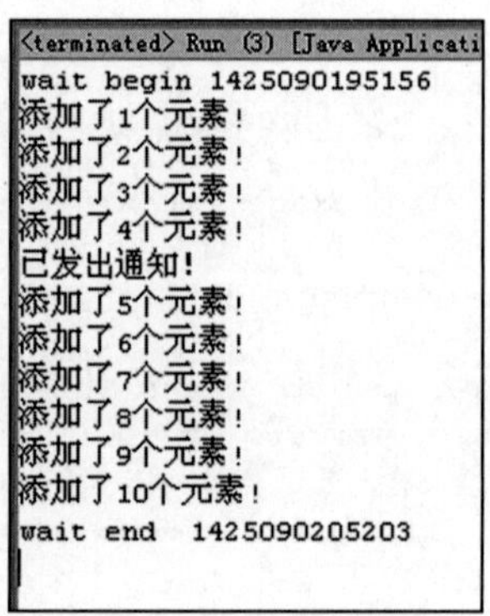


图 3-6 运行结果

日志信息 wait end 在最后输出，这也说明 notify() 方法执行后并不立即释放锁，这个知识点在后文中还有补充介绍。

关键字 synchronized 可以将任何一个 Object 作为锁来看待，而 Java 为每个 Object 都实现了 wait() 和 notify() 方法，它们必须用在被同步的 Object 的临界区内。通过调用 wait() 方法可以使处于临界区内的线程进入等待状态，同时释放被同步对象的锁，而 notify 操作可以唤醒一个因调用了 wait 操作而处于 wait 状态中的线程，使其进入就绪状态，被重新唤醒的线程会试图重新获得临界区的控制权，也就是锁，并继续执行临界区内 wait 之后的代码。如果发出 notify 操作时没有处于 wait 状态中的线程，那么该命令会被忽略。

wait() 方法可以使调用该方法的线程释放锁，然后从运行状态转换成 wait 状态，等待被唤醒。

notify() 方法按照执行 wait() 方法的顺序唤醒等待同一锁的“一个”线程，进入可运行状态。也就是 notify() 方法仅通知“一个”线程。

notifyAll() 方法执行后，会按照执行 wait() 方法的倒序依次唤醒“全部”的线程。

### 3.1.7 对业务代码进行封装

前面的实验是在自定义的 MyThread 类中处理业务，而业务代码要尽量放在 Service 类中进行处理，这样的代码更加标准。

创建测试用的项目 wait_notify_service。

创建类 MyList.java，代码如下：

```
package test;

import java.util.ArrayList;
import java.util.List;

public class MyList {
    volatile private List list = new ArrayList();

    public void add() {
        list.add("anyString");
}

    public int size() {
        return list.size();
    }

}
```

创建类 MyService.java，代码如下：

```
package test;

public class MyService {

    private Object lock = new Object();
    private MyList list = new MyList();

    public void waitMethod() {
        try {
            synchronized (lock) {
                if (list.size() != 5) {
                    System.out.println(
                            "begin wait " + System.currentTimeMillis() + " " +
                                Thread.currentThread().getName());
                    lock.wait();
                    System.out.println(
                        "  end wait " + System.currentTimeMillis() + " " + Thread.
                            currentThread().getName());
                }
            }
        } catch (InterruptedException e) {
            e.printStackTrace();
        }
}

public void notifyMethod() {
    try {
        synchronized (lock) {
```

```
                System.out
                        .println("begin notify " + System.currentTimeMillis() + " " +
                            Thread.currentThread().getName());
                for (int i = 0; i < 10; i++) {
                    list.add();
                    if (list.size() == 5) {
                        lock.notify();
                        System.out.println("仅仅是发出通知而已，wait 后面的代码并没有立即
                            执行，因为锁没有释放");
                    }
                    System.out.println("add 次数: " + (i + 1));
                    Thread.sleep(1000);
                }
                System.out
                        .println("  end notify " + System.currentTimeMillis() + " " +
                            Thread.currentThread().getName());
            }
        } catch (InterruptedException e) {
            e.printStackTrace();
        }
    }
```

创建类 MyThreadA.java 和 MyThreadB.java，代码如下：

```
package test;

public class MyThreadA extends Thread {

    private MyService service;

    public MyThreadA(MyService service) {
        super();
        this.service = service;
    }

    @Override
    public void run() {
        service.waitMethod();
    }

}
```

```
package test;

public class MyThreadB extends Thread {
    private MyService service;

    public MyThreadB(MyService service) {
        super();
        this.service = service;
    }

    @Override
```

```
    public void run() {
        service.notifyMethod();
    }
}
```

创建类 Test.java，代码如下：

```
package test;

public class Test {
    public static void main(String[] args) throws InterruptedException {
        MyService service = new MyService();
        MyThreadA t1 = new MyThreadA(service);
        t1.start();
        Thread.sleep(5000);
        MyThreadB t2 = new MyThreadB(service);
        t2.start();
    }
}
```

控制台运行结果如下：

```
begin wait 1520220451697 Thread-0
begin notify 1520220456699 Thread-1
add 次数: 1
add 次数: 2
add 次数: 3
add 次数: 4
```

仅仅是发出通知而已，wait 后面的代码并没有立即执行，因为锁没有释放。

```
add 次数: 5
add 次数: 6
add 次数: 7
add 次数: 8
add 次数: 9
add 次数: 10
    end notify 1520220466700 Thread-1
    end wait 1520220466700 Thread-0
```

### 3.1.8　线程状态的切换

前面已经介绍了与 Thread 有关的大部分 API，这些 API 可以改变线程对象的状态，如图 3-7 所示。

1）创建一个新的线程对象后，再调用它的 start() 方法，系统会为此线程分配 CPU 资源，处于可运行状态，是一个准备运行的阶段。如果线程抢占到 CPU 资源，此线程就处于运行状态。

2）可运行状态和运行状态可相互切换，因为有可能线程运行一段时间后其他高优先级的线程抢占了 CPU 资源，这时此线程就从运行状态变成可运行状态。

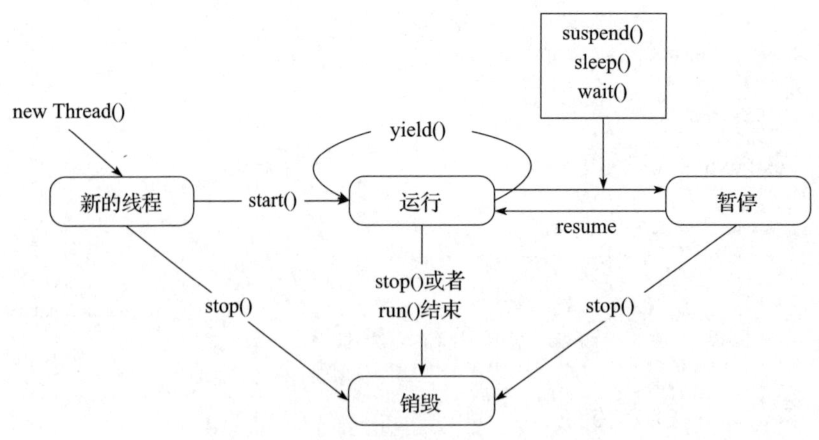


图 3-7　线程状态切换示意图

线程进入可运行状态大体分为如下 4 种情况：

- 调用 sleep() 方法后经过的时间超过了指定的休眠时间；
- 线程成功获得了试图同步的监视器；
- 线程正在等待某个通知，其他线程发出了通知；
- 处于挂起状态的线程调用了 resume 方法。

3）暂停状态结束后，线程进入可运行状态，等待系统重新分配资源。

出现阻塞的情况大体分为如下 5 种：

- 线程调用 sleep 方法，主动放弃占用的处理器资源；
- 线程调用了阻塞式 I/O 方法，在该方法返回前，该线程被阻塞；
- 线程试图获得一个同步监视器，但该同步监视器正被其他线程所持有；
- 线程等待某个通知；
- 程序调用了 suspend 方法将该线程挂起。此方法容易导致死锁，应尽量避免使用。

4）run() 方法运行结束后进入销毁阶段，整个线程执行完毕。

### 3.1.9　方法 wait() 导致锁立即释放

方法 wait() 被执行后，锁会被立即释放，但执行完 notify() 方法后，锁却不立即释放。

创建实验用的项目，名称为 waitReleaseLock，类 Service.java 的代码如下：

```
package service;

public class Service {

public void testMethod(Object lock) {
    try {
        synchronized (lock) {
```

```
                System.out.println("begin wait()");
                lock.wait();
                System.out.println("  end wait()");
            }
        } catch (InterruptedException e) {
            e.printStackTrace();
        }
    }

}
```

两个自定义线程类如图 3-8 所示。

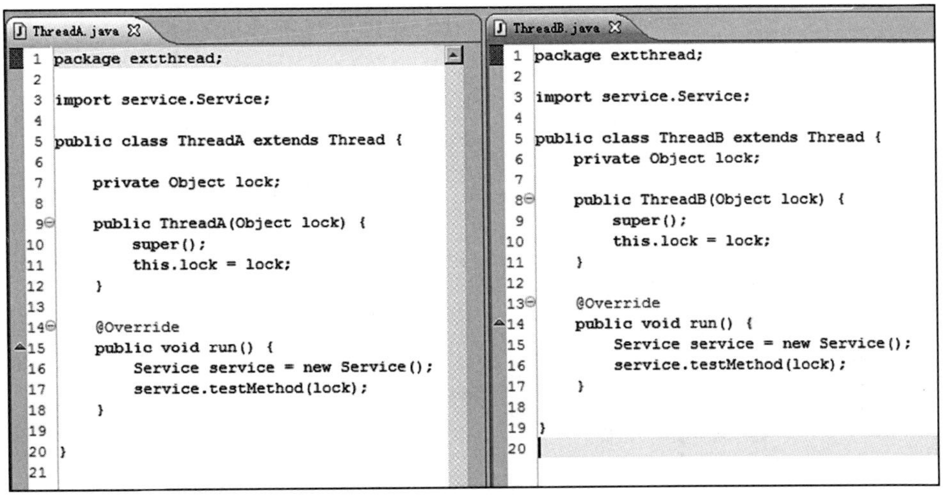

```
package extthread;

import service.Service;

public class ThreadA extends Thread {

    private Object lock;

    public ThreadA(Object lock) {
        super();
        this.lock = lock;
    }

    @Override
    public void run() {
        Service service = new Service();
        service.testMethod(lock);
    }
}
```

```
package extthread;

import service.Service;

public class ThreadB extends Thread {
    private Object lock;

    public ThreadB(Object lock) {
        super();
        this.lock = lock;
    }

    @Override
    public void run() {
        Service service = new Service();
        service.testMethod(lock);
    }
}
```

图 3-8　两个自定义线程类

运行类 Test.java，代码如下：

```
package test;

import extthread.ThreadA;
import extthread.ThreadB;

public class Test {

public static void main(String[] args) {

    Object lock = new Object();

    ThreadA a = new ThreadA(lock);
    a.start();

    ThreadB b = new ThreadB(lock);
    b.start();
```

```
    }

}
```

程序运行后的效果如图 3-9 所示。

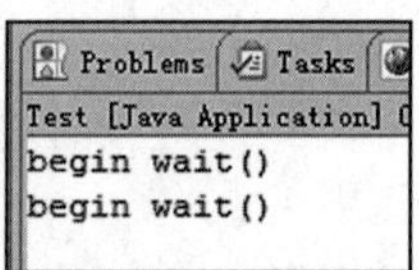


图 3-9 方法 wait() 自动将锁释放

## 3.1.10 方法 sleep() 不释放锁

如果将 wait() 方法改成 sleep() 方法，就成了同步的效果，因为 sleep() 方法不释放锁，如图 3-10 所示。

```
Service.java
package service;

public class Service {

    public void testMethod(Object lock) {
        try {
            synchronized (lock) {
                System.out.println("begin wait()");
                Thread.sleep(40000);
                System.out.println("  end wait()");
            }
        } catch (InterruptedException e) {
            e.printStackTrace();
        }
    }

}
```

```
Problems  Tasks  Web Browser  Console  Servers
Test [Java Application] C:\Users\Administrator\AppData\Local\Genuitec\Common\binary\
begin wait()
```

图 3-10 方法 sleep() 不释放锁

## 3.1.11 方法 notify() 不立即释放锁

还有一个结论要进行实验：方法 notify() 被执行后，不立即释放锁。

验证这个结论，创建新的项目 notifyHoldLock，类 MyService.java 的代码如下：

```
package service;

public class MyService {

    private Object lock = new Object();

    public void waitMethod() {
        try {
            synchronized (lock) {
                System.out.println("begin wait() ThreadName=" + Thread.current-
                    Thread().getName() + " time="
                        + System.currentTimeMillis());
                lock.wait();
```

```
                System.out.println("  end wait() ThreadName=" + Thread.current-
                    Thread().getName() + " time="
                        + System.currentTimeMillis());
            }
        } catch (InterruptedException e) {
            e.printStackTrace();
        }
    }

    public void notifyMethod() {
        try {
            synchronized (lock) {
                System.out.println("begin notify() ThreadName=" + Thread.current-
                    Thread().getName() + " time="
                        + System.currentTimeMillis());
                lock.notify();
                Thread.sleep(5000);
                System.out.println("  end notify() ThreadName=" + Thread.current-
                    Thread().getName() + " time="
                        + System.currentTimeMillis());
            }
        } catch (InterruptedException e) {
            e.printStackTrace();
        }
    }

}
```

类 MyThreadA.java 和 MyThreadB.java 的代码如下：

```
package extthread;

import service.MyService;

public class MyThreadA extends Thread {
    private MyService myService;

    public MyThreadA(MyService myService) {
        super();
        this.myService = myService;
    }

    @Override
    public void run() {
        myService.waitMethod();
    }

}

package extthread;

import service.MyService;
```

```
public class MyThreadB extends Thread {
    private MyService myService;

    public MyThreadB(MyService myService) {
        super();
        this.myService = myService;
    }

    @Override
    public void run() {
        myService.notifyMethod();
    }

}
```

类 Test.java 的代码如下：

```
package test;

import extthread.MyThreadA;
import extthread.MyThreadB;
import service.MyService;

public class Test {

    public static void main(String[] args) throws InterruptedException {

        MyService myService = new MyService();

        MyThreadA a = new MyThreadA(myService);
        a.start();

        Thread.sleep(50);

        MyThreadB b = new MyThreadB(myService);
        b.start();

    }

}
```

```
begin wait() ThreadName=Thread-0 time=1520221695524
begin notify() ThreadName=Thread-1 time=1520221695576
  end notify() ThreadName=Thread-1 time=1520221700576
  end wait() ThreadName=Thread-0 time=1520221700576
```

图 3-11 方法 notify() 执行后锁不释放

程序运行结果如图 3-11 所示。

通过控制台打印的时间来分析，可以得出如下结论：必须执行完 notify() 方法所在的同步代码块后才释放锁。

### 3.1.12 方法 interrupt() 遇到方法 wait()

当线程调用 wait() 方法后，再对该线程对象执行 interrupt() 方法时，会出现 InterruptedException 异常。

创建测试用的项目 waitInterruptException，类 Service.java 的代码如下：

```
package service;

public class Service {

public void testMethod(Object lock) {
    try {
        synchronized (lock) {
            System.out.println("begin wait()");
            lock.wait();
            System.out.println("  end wait()");
        }
    } catch (InterruptedException e) {
        e.printStackTrace();
        System.out.println("出现异常了，因为呈 wait 状态的线程被 interrupt 了！");
    }
}

}
```

类 ThreadA.java 的代码如下：

```
package extthread;

import service.Service;

public class ThreadA extends Thread {

private Object lock;

public ThreadA(Object lock) {
    super();
    this.lock = lock;
}

@Override
public void run() {
    Service service = new Service();
    service.testMethod(lock);
}

}
```

运行类 Test.java，代码如下：

```
package test;

import extthread.ThreadA;

public class Test {

public static void main(String[] args) {

    try {
```

```
            Object lock = new Object();

            ThreadA a = new ThreadA(lock);
            a.start();

            Thread.sleep(5000);

            a.interrupt();
        } catch (InterruptedException e) {
            e.printStackTrace();
        }

    }

}
```

程序运行后的效果如图 3-12 所示。

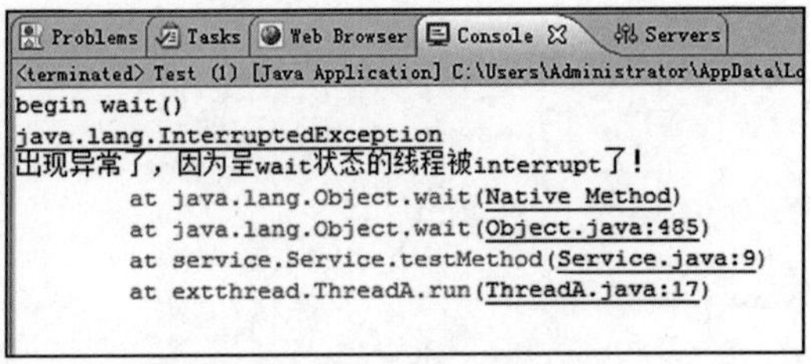

```
Problems  Tasks  Web Browser  Console  Servers
<terminated> Test (1) [Java Application] C:\Users\Administrator\AppData\Lo
begin wait()
java.lang.InterruptedException
出现异常了，因为呈wait状态的线程被interrupt了！
        at java.lang.Object.wait(Native Method)
        at java.lang.Object.wait(Object.java:485)
        at service.Service.testMethod(Service.java:9)
        at extthread.ThreadA.run(ThreadA.java:17)
```

图 3-12 线程出现异常

## 3.1.13 方法 notify() 只通知一个线程

每次调用 notify() 方法，只通知一个线程进行唤醒，唤醒的顺序按执行 wait() 方法的正序。

创建测试用的项目 notifyOne，类 MyService.java 的代码如下：

```
package test;

public class MyService {

    private Object lock = new Object();

    public void waitMethod() {
        try {
            synchronized (lock) {
                System.out.println("begin wait " + System.currentTimeMillis() +
                    " " + Thread.currentThread().getName());
                lock.wait();
                System.out.println("  end wait " + System.currentTimeMillis() +
                    " " + Thread.currentThread().getName());
            }
        } catch (InterruptedException e) {
            e.printStackTrace();
        }
    }

    public void notifyMethod() {
        synchronized (lock) {
            System.out.println("begin notify " + System.currentTimeMillis() +
                " " + Thread.currentThread().getName());
            lock.notify();
            System.out.println("  end notify " + System.currentTimeMillis() +
                " " + Thread.currentThread().getName());
```

```
        }
    }

}
```

执行 wait() 方法的线程 MyThreadA.java 的源代码如下：

```
package test;

public class MyThreadA extends Thread {

    private MyService service;

    public MyThreadA(MyService service) {
        super();
        this.service = service;
    }

    @Override
    public void run() {
        service.waitMethod();
    }

}
```

创建唤醒线程 MyThreadB.java，代码如下：

```
package test;

public class MyThreadB extends Thread {

    private MyService service;

    public MyThreadB(MyService service) {
        super();
        this.service = service;
    }

    @Override
    public void run() {
        service.notifyMethod();
    }

}
```

运行类 Test.java，代码如下：

```
package test;

public class Test {
    public static void main(String[] args) throws InterruptedException {
        MyService service = new MyService();

        for (int i = 0; i < 10; i++) {
```

```
            MyThreadA t1 = new MyThreadA(service);
            t1.start();
        }

        Thread.sleep(1000);

        MyThreadB t1 = new MyThreadB(service);
        t1.start();
        Thread.sleep(500);
        MyThreadB t2 = new MyThreadB(service);
        t2.start();
        Thread.sleep(500);
        MyThreadB t3 = new MyThreadB(service);
        t3.start();
        Thread.sleep(500);
        MyThreadB t4 = new MyThreadB(service);
        t4.start();
        Thread.sleep(500);
        MyThreadB t5 = new MyThreadB(service);
        t5.start();
        // 一共唤醒 5 个线程！
    }
}
```

程序运行后的效果如图 3-13 所示。

方法 notify() 仅按照执行 wait() 方法的顺序依次逐个唤醒线程，分别是 Thread-0、Thread-5、Thread-4、Thread-3 和 Thread-2。

通过上面的几个实验，我们可以得出如下 3 点结论。

1）执行完 notify() 方法后，按照执行 wait() 方法的顺序唤醒其他线程。notify() 所在的同步代码块执行完才会释放对象的锁，其他线程继续执行 wait() 之后的代码。

2）在执行同步代码块的过程中，遇到异常而导致线程终止时，锁也会被释放。

3）在执行同步代码块的过程中执行了锁所属对象的 wait() 方法，这个线程会释放对象锁，等待被唤醒。

```
begin wait 1520234674318 Thread-0
begin wait 1520234674319 Thread-5
begin wait 1520234674319 Thread-4
begin wait 1520234674319 Thread-3
begin wait 1520234674319 Thread-2
begin wait 1520234674319 Thread-1
begin wait 1520234674320 Thread-6
begin wait 1520234674320 Thread-8
begin wait 1520234674320 Thread-7
begin wait 1520234674320 Thread-9
begin notify 1520234675376 Thread-10
  end notify 1520234675376 Thread-10
  end wait 1520234675376 Thread-0
begin notify 1520234675876 Thread-11
  end notify 1520234675876 Thread-11
  end wait 1520234675877 Thread-5
begin notify 1520234676376 Thread-12
  end notify 1520234676376 Thread-12
  end wait 1520234676377 Thread-4
begin notify 1520234676876 Thread-13
  end notify 1520234676876 Thread-13
  end wait 1520234676877 Thread-3
begin notify 1520234677376 Thread-14
  end notify 1520234677376 Thread-14
  end wait 1520234677377 Thread-2
```

图 3-13 每次仅有一个线程被唤醒

## 3.1.14 方法 notifyAll() 通知所有线程

前面示例中通过多次调用 notify() 方法来实现 5 个线程被唤醒，但并不能保证系统中仅有 5 个线程，也就是 notify() 方法的调用次数小于线程对象的数量，那么会出现部分线程对象没有被唤醒的情况。为了唤醒全部线程，可以使用 notifyAll() 方法。

注意，方法 notifyAll() 会按照执行 wait() 方法的倒序依次对其他线程进行唤醒。

创建测试用的项目 notifyAll，将 notifyOne 项目中的所有文件复制到 notifyAll 项目中，只需要将 MyThreadB.java 类使用的方法变为 notifyAll() 即可，还要更改 Test.java，代码如下：

```
package test;

public class Test {
    public static void main(String[] args) throws InterruptedException {
        MyService service = new MyService();

        for (int i = 0; i < 10; i++) {
            MyThreadA t1 = new MyThreadA(service);
            t1.start();
        }

        Thread.sleep(1000);

        MyThreadB t1 = new MyThreadB(service);
        t1.start();
    }
}
```

程序运行后呈倒序唤醒的效果如图 3-14 所示。

```
begin wait 1520237239994 Thread-0
begin wait 1520237239994 Thread-3
begin wait 1520237239994 Thread-2
begin wait 1520237239994 Thread-1
begin wait 1520237239995 Thread-8
begin wait 1520237239995 Thread-6
begin wait 1520237239995 Thread-5
begin wait 1520237239995 Thread-4
begin wait 1520237239995 Thread-9
begin wait 1520237239995 Thread-7
begin notify 1520237240994 Thread-10
  end notify 1520237240994 Thread-10
  end wait 1520237240994 Thread-7
  end wait 1520237240994 Thread-9
  end wait 1520237240994 Thread-4
  end wait 1520237240995 Thread-5
  end wait 1520237240995 Thread-6
  end wait 1520237240995 Thread-8
  end wait 1520237240995 Thread-1
  end wait 1520237240995 Thread-2
  end wait 1520237240995 Thread-3
  end wait 1520237240995 Thread-0
```

图 3-14　全部被唤醒并呈倒序

唤醒的顺序是正序的、倒序的还是随机的，要取决于具体的 JVM 实现。

注意：JDK 版本不同，打印的顺序也不一样，JDK11 和 JDK13 的运行效果是先唤醒第一个执行 wait() 方法的线程，然后依次倒序进行唤醒。

### 3.1.15　方法 wait(long) 的基本用法

带 1 个参数的 wait(long) 方法的功能是等待某一时间内是否有线程对锁进行通知唤醒，如果超过这个时间则自动唤醒。能继续向下运行的前提是再次持有锁。

创建测试用的项目 waitHasParamMethod，创建 MyRunnable.java 类，代码如下：

```
package myrunnable;

public class MyRunnable {
static private Object lock = new Object();
static private Runnable runnable1 = new Runnable() {
    @Override
    public void run() {
        try {
            synchronized (lock) {
```

```
                System.out.println("wait begin timer="
                        + System.currentTimeMillis());
                lock.wait(5000);
                System.out.println("wait   end timer="
                        + System.currentTimeMillis());
            }
        } catch (InterruptedException e) {
            e.printStackTrace();
        }
    }
};

public static void main(String[] args) {
    Thread t = new Thread(runnable1);
    t.start();
}

}
```

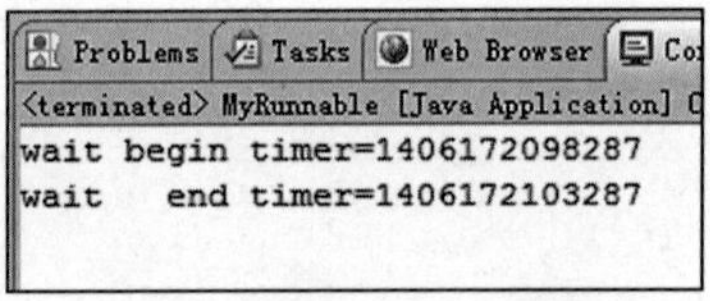

程序运行后的效果如图 3-15 所示。

```
wait begin timer=1406172098287
wait   end timer=1406172103287
```

图 3-15 5s 后自动被唤醒

当然也可以在 5s 内由其他线程进行唤醒。

代码更改如下：

```
package myrunnable;

public class MyRunnable {
static private Object lock = new Object();
static private Runnable runnable1 = new Runnable() {
    @Override
    public void run() {
        try {
            synchronized (lock) {
                System.out.println("wait begin timer="
                        + System.currentTimeMillis());
                lock.wait(5000);
                System.out.println("wait   end timer="
                        + System.currentTimeMillis());
            }
        } catch (InterruptedException e) {
            e.printStackTrace();
        }
    }
};

static private Runnable runnable2 = new Runnable() {
    @Override
    public void run() {
        synchronized (lock) {
            System.out.println("notify begin timer="
                    + System.currentTimeMillis());
            lock.notify();
            System.out.println("notify   end timer="
```

```
                        + System.currentTimeMillis());
            }
        }
    };

    public static void main(String[] args) throws InterruptedException {
        Thread t1 = new Thread(runnable1);
        t1.start();
        Thread.sleep(3000);
        Thread t2 = new Thread(runnable2);
        t2.start();
    }

}
```

程序运行结果如图 3-16 所示。

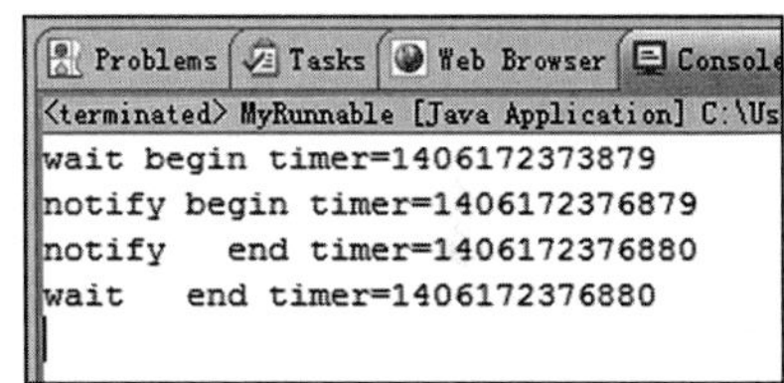


图 3-16　3s 后由其他线程唤醒

打印日志中 wait begin 的时间尾数为 3879，在 3000ms 后，即 notify begin 时间尾数为 6879 时被执行，也就是在此时间点准备对呈等待状态的线程进行唤醒。

还有另外一个带纳秒单位的重载方法 public final void wait(long timeout, int nanos)，源代码如下：

```
public final void wait(long timeout, int nanos) throws InterruptedException {
    if (timeout < 0) {
        throw new IllegalArgumentException("timeout value is negative");
    }

    if (nanos < 0 || nanos > 999999) {
        throw new IllegalArgumentException(
                            "nanosecond timeout value out of range");
    }

    if (nanos > 0) {
        timeout++;
    }

    wait(timeout);
}
```

但 nanos 单位的值并不是精确的，而是进行了 timeout++ 处理。

### 3.1.16　方法 wait(long) 自动向下运行的条件

方法 wait(long) 想要自动向下运行，需要持有锁。如果没有锁，程序会一直等待，直到持有锁为止。

创建测试用的项目 wait_time_backLock。

创建 MyService.java 类，代码如下：

```
package test;

public class MyService {

    public void testMethod() {
        try {
            synchronized (this) {
                System.out.println("wait begin " + Thread.currentThread().
                    getName() + " " + System.currentTimeMillis());
                wait(5000);
                System.out.println("wait   end " + Thread.currentThread().
                    getName() + " " + System.currentTimeMillis());
            }
        } catch (InterruptedException e) {
            e.printStackTrace();
        }
    }

    synchronized public void longTimeSyn() {
        try {
            Thread.sleep(8000);
        } catch (InterruptedException e) {
            e.printStackTrace();
        }
    }

}
```

线程按顺序执行同步代码块，也就是按顺序执行 wait() 方法，按顺序释放锁。

创建 MyThreadA.java 类，代码如下：

```
package test;

public class MyThreadA extends Thread {
    private MyService service;

    public MyThreadA(MyService service) {
        super();
        this.service = service;
    }

    @Override
    public void run() {
        service.testMethod();
    }
}
```

创建 MyThreadB.java 类，代码如下：

```
package test;

public class MyThreadB extends Thread {
```

```
    private MyService service;

    public MyThreadB(MyService service) {
        super();
        this.service = service;
    }

    @Override
    public void run() {
        service.longTimeSyn();
    }
}
```

创建 Test.java 类，代码如下：

```
package test;

import java.io.IOException;

public class Test {
    public static void main(String[] args) throws IOException, InterruptedException {
        MyService service = new MyService();

        MyThreadA[] array = new MyThreadA[10];

        for (int i = 0; i < 10; i++) {
            array[i] = new MyThreadA(service);
        }

        for (int i = 0; i < 10; i++) {
            array[i].start();
        }

        MyThreadB b = new MyThreadB(service);
        b.start();
    }
}
```

运行结果如下：

```
wait begin Thread-0 1520403291508
wait begin Thread-9 1520403291508
wait begin Thread-8 1520403291508
wait begin Thread-7 1520403291508
wait begin Thread-6 1520403291508
wait begin Thread-5 1520403291508
wait begin Thread-4 1520403291508
wait begin Thread-3 1520403291508
wait begin Thread-2 1520403291508
wait begin Thread-1 1520403291508
wait   end Thread-7 1520403299509
wait   end Thread-8 1520403299510
wait   end Thread-1 1520403299510
```

```
wait   end Thread-2 1520403299511
wait   end Thread-9 1520403299512
wait   end Thread-5 1520403299512
wait   end Thread-3 1520403299512
wait   end Thread-6 1520403299512
wait   end Thread-4 1520403299513
wait   end Thread-0 1520403299513
```

end 打印的时间是在打印 begin 之后的 8s，并不是 5s。

### 3.1.17 通知过早与相应的解决方案

如果通知过早，则会打乱程序正常的运行逻辑。

创建测试用的项目 firstNotify，类 MyRun.java 的代码如下：

```
package test;

public class MyRun {

private String lock = new String("");

private Runnable runnableA = new Runnable() {
    @Override
    public void run() {
        try {
            synchronized (lock) {
                System.out.println("begin wait");
                lock.wait();
                System.out.println("end wait");

            }
        } catch (InterruptedException e) {
            e.printStackTrace();
        }
    }
};

private Runnable runnableB = new Runnable() {
    @Override
    public void run() {
        synchronized (lock) {
            System.out.println("begin notify");
            lock.notify();
            System.out.println("end notify");

        }
    }
};

public static void main(String[] args) {

    MyRun run = new MyRun();
```

```
        Thread a = new Thread(run.runnableA);
        a.start();

        Thread b = new Thread(run.runnableB);
        b.start();

    }

}
```

程序运行结果如图 3-17 所示。

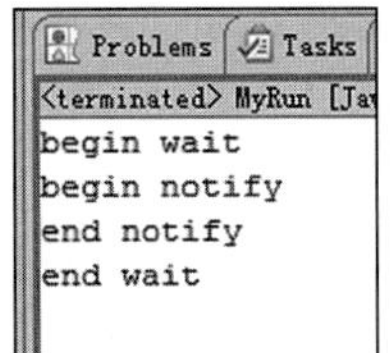


图 3-17　正常运行结果

如果将 main 方法中的代码改成如下所示：

```
public static void main(String[] args) throws InterruptedException {

    MyRun run = new MyRun();

    Thread b = new Thread(run.runnableB);
    b.start();

    Thread.sleep(100);

    Thread a = new Thread(run.runnableA);
    a.start();

}
```

则程序运行结果如图 3-18 所示。

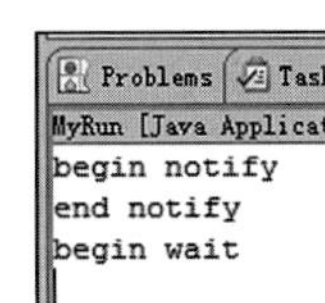


图 3-18　方法 wait 永远不会被通知

如果先通知了，则 wait 方法也就没有必要执行了。

升级后的 MyRun.java 代码如下：

```
package test;

public class MyRun {

private String lock = new String("");
private boolean isFirstRunB = false;

private Runnable runnableA = new Runnable() {
    @Override
    public void run() {
        try {
            synchronized (lock) {
                while (isFirstRunB == false) {
                    System.out.println("begin wait");
                    lock.wait();
                    System.out.println("end wait");
                }
            }
        } catch (InterruptedException e) {
            e.printStackTrace();
        }
```

```
        }
    };

    private Runnable runnableB = new Runnable() {
        @Override
        public void run() {
            synchronized (lock) {
                System.out.println("begin notify");
                lock.notify();
                System.out.println("end notify");
                isFirstRunB = true;
            }
        }
    };

    public static void main(String[] args) throws InterruptedException {

        MyRun run = new MyRun();

        Thread b = new Thread(run.runnableB);
        b.start();

        Thread.sleep(100);

        Thread a = new Thread(run.runnableA);
        a.start();

    }

}
```

Problems Tasks
<terminated> MyRun [Ja
begin notify
end notify

图 3-19 只执行了 notify 方法

程序运行结果如图 3-19 所示。

继续更改上面程序中的 main 方法，代码如下：

```
public static void main(String[] args) throws InterruptedException {

    MyRun run = new MyRun();

    Thread a = new Thread(run.runnableA);
    a.start();

    Thread.sleep(100);

    Thread b = new Thread(run.runnableB);
    b.start();

}
```

运行结果就是正确的了，如图 3-20 所示。

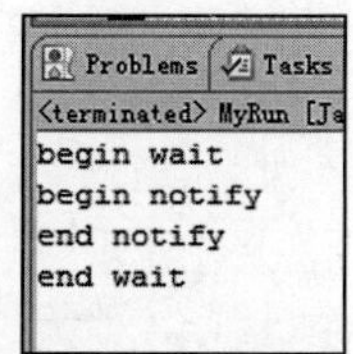


图 3-20 正确的结果

## 3.1.18 等待条件发生变化

在使用 wait/notify 机制时，还需要注意另外一种情况：

等待的条件发生变化容易造成逻辑混乱。

创建测试用的项目，名称为 waitOld，创建类 Add.java，代码如下：

```
package entity;

// 加法
public class Add {

private String lock;

public Add(String lock) {
    super();
    this.lock = lock;
}

public void add() {
    synchronized (lock) {
        ValueObject.list.add("anyString");
        lock.notifyAll();
    }
}

}
```

创建类 Subtract.java，代码如下：

```
package entity;

// 减法
public class Subtract {

private String lock;

public Subtract(String lock) {
    super();
    this.lock = lock;
}

public void subtract() {
    try {
        synchronized (lock) {
            if (ValueObject.list.size() == 0) {
                System.out.println("wait begin ThreadName="
                        + Thread.currentThread().getName());
                lock.wait();
                System.out.println("wait   end ThreadName="
                        + Thread.currentThread().getName());
            }
            ValueObject.list.remove(0);
            System.out.println("list size=" + ValueObject.list.size());
        }
    } catch (InterruptedException e) {
```

```
            e.printStackTrace();
        }
    }

}
```

类 ValueObject.java 的代码如下：

```
package entity;

import java.util.ArrayList;
import java.util.List;

public class ValueObject {

public static List list = new ArrayList();

}
```

两个线程类代码如图 3-21 所示。

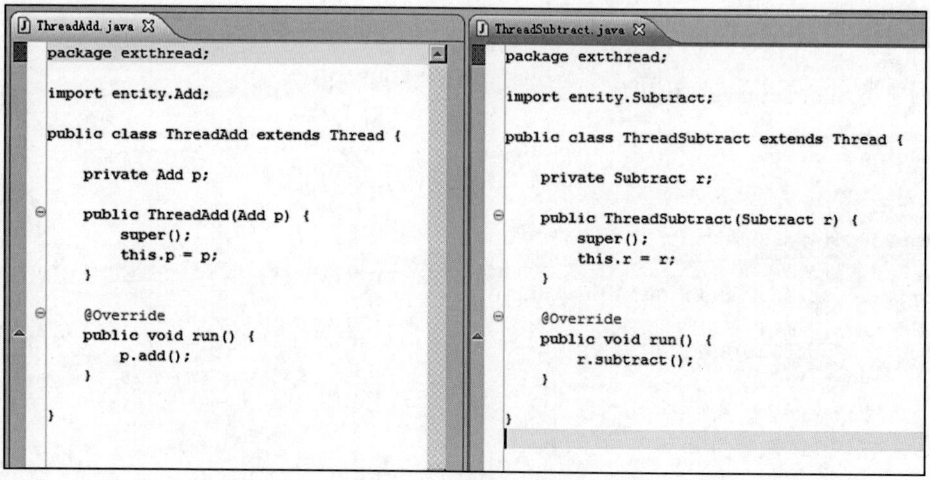

```
package extthread;

import entity.Add;

public class ThreadAdd extends Thread {

    private Add p;

    public ThreadAdd(Add p) {
        super();
        this.p = p;
    }

    @Override
    public void run() {
        p.add();
    }

}
```

```
package extthread;

import entity.Subtract;

public class ThreadSubtract extends Thread {

    private Subtract r;

    public ThreadSubtract(Subtract r) {
        super();
        this.r = r;
    }

    @Override
    public void run() {
        r.subtract();
    }

}
```

图 3-21　线程类代码

类 Run.java 的代码如下：

```
package test;

import entity.Add;
import entity.Subtract;
import extthread.ThreadAdd;
import extthread.ThreadSubtract;

public class Run {
```

```
    public static void main(String[] args) throws InterruptedException {

        String lock = new String("");

        Add add = new Add(lock);
        Subtract subtract = new Subtract(lock);

        ThreadSubtract subtract1Thread = new ThreadSubtract(subtract);
        subtract1Thread.setName("subtract1Thread");
        subtract1Thread.start();

        ThreadSubtract subtract2Thread = new ThreadSubtract(subtract);
        subtract2Thread.setName("subtract2Thread");
        subtract2Thread.start();

        Thread.sleep(1000);

        ThreadAdd addThread = new ThreadAdd(add);
        addThread.setName("addThread");
        addThread.start();

    }

}
```

程序运行结果如图 3-22 所示。

```
Problems  Tasks  Web Browser  Console  Servers
<terminated> Run (1) [Java Application] C:\Users\Administrator\AppData\Local\Genuitec\Common\binary\com.sun.java.jdk.win32.x86
wait begin ThreadName=subtract1Thread
wait begin ThreadName=subtract2Thread
wait   end ThreadName=subtract2Thread
list size=0
wait   end ThreadName=subtract1Thread
Exception in thread "subtract1Thread" java.lang.IndexOutOfBoundsException: Index: 0, Size: 0
        at java.util.ArrayList.RangeCheck(ArrayList.java:547)
        at java.util.ArrayList.remove(ArrayList.java:387)
        at entity.Subtract.subtract(Subtract.java:23)
        at extthread.ThreadSubtract.run(ThreadSubtract.java:16)
```

图 3-22　运行结果报异常

在这段代码中有 2 个实现删除 remove() 操作的线程，它们在 Thread.sleep(1000); 之前都执行了 wait() 方法，呈等待状态。当加操作的线程在 1 秒之后被运行时，通知了所有呈等待状态的减操作的线程，那么第一个实现减操作的线程能正确删除 list 中索引为 0 的数据，但第 2 个实现减操作的线程则出现索引溢出的异常，因为 list 中仅仅添加了 1 个数据，也只能删除 1 个数据，没有第 2 个数据可供删除，所以出现了 java.lang.IndexOutOfBoundsException 异常。

如何解决这样的问题呢？

更改 Subtract.java 中的 subtract 方法，代码如下：

```
    public void subtract() {
        try {
            synchronized (lock) {
                while (ValueObject.list.size() == 0) {
                    System.out.println("wait begin ThreadName="
                            + Thread.currentThread().getName());
                    lock.wait();
                    System.out.println("wait   end ThreadName="
                            + Thread.currentThread().getName());
                }
                ValueObject.list.remove(0);
                System.out.println("list size=" + ValueObject.list.size());
            }
        } catch (InterruptedException e) {
            e.printStackTrace();
        }
    }
```

程序运行结果如图 3-23 所示。

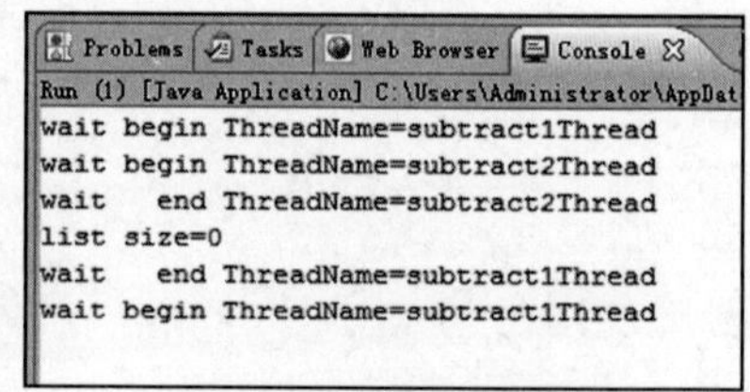


图 3-23 异常消失

### 3.1.19 生产者 / 消费者模式实现

wait/notify 机制最经典的案例就是"生产者与消费者"模式。此模式有几种"变形"，以及一些使用注意事项。

#### 1. 一生产与一消费情况下的操作值

创建名称为 p_r_test 的 Java 项目，创建生产者 P.java 类，代码如下：

```
package entity;

//生产者
public class P {

private String lock;

public P(String lock) {
    super();
    this.lock = lock;
}

public void setValue() {
    try {
        synchronized (lock) {
            if (!ValueObject.value.equals("")) {
                lock.wait();
            }
            String value = System.currentTimeMillis() + "_"
                    + System.nanoTime();
            System.out.println("set 的值是 " + value);
            ValueObject.value = value;
```

```
                lock.notify();
            }

        } catch (InterruptedException e) {
            e.printStackTrace();
        }
    }

}
```

创建消费者类 C.java，代码如下：

```
package entity;

// 消费者
public class C {

private String lock;

public C(String lock) {
    super();
    this.lock = lock;
}

public void getValue() {
    try {
        synchronized (lock) {
            if (ValueObject.value.equals("")) {
                lock.wait();
            }
            System.out.println("get 的值是 " + ValueObject.value);
            ValueObject.value = "";
            lock.notify();
        }

    } catch (InterruptedException e) {
        e.printStackTrace();
    }
}

}
```

创建存储值的对象 ValueObject.java，代码如下：

```
package entity;

public class ValueObject {

public static String value = "";

}
```

创建两个线程对象，一个是生产者线程，另外一个是消费者线程，代码如图 3-24 所示。

ThreadP.java

```
package extthread;

import entity.P;

public class ThreadP extends Thread {

    private P p;

    public ThreadP(P p) {
        super();
        this.p = p;
    }

    @Override
    public void run() {
        while (true) {
            p.setValue();
        }
    }

}
```

ThreadC.java

```
package extthread;

import entity.C;

public class ThreadC extends Thread {

    private C r;

    public ThreadC(C r) {
        super();
        this.r = r;
    }

    @Override
    public void run() {
        while (true) {
            r.getValue();
        }
    }

}
```

图 3-24　线程代码

运行类 Run.java，代码如下：

```
package test;

import entity.P;
import entity.C;
import extthread.ThreadP;
import extthread.ThreadC;

public class Run {

public static void main(String[] args) {

    String lock = new String("");
    P p = new P(lock);
    C r = new C(lock);

    ThreadP pThread = new ThreadP(p);
    ThreadC rThread = new ThreadC(r);

    pThread.start();
    rThread.start();
}

}
```

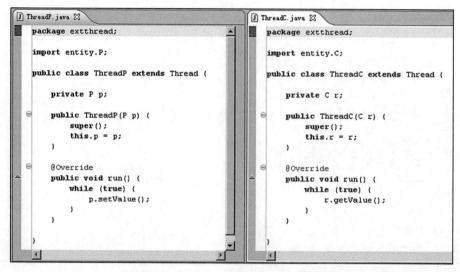

程序运行结果如图 3-25 所示。

本示例是 1 个生产者和 1 个消费者进行数据的交互，在控制台中打印的日志 get 和 set 是交替运行的。

但如果在此实验的基础上设计出多个生产者和

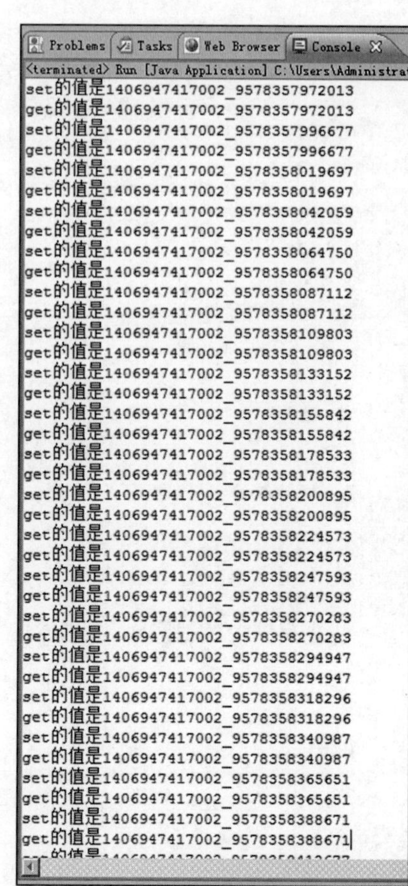


图 3-25　打印的部分结果

多个消费者，那么在运行的过程中极有可能出现连续生产值，导致值被覆盖，以及连续消费值，导致消费的都是空值的情况，关于这个示例请看下面的章节。

### 2. 多生产与多消费情况下的逻辑错误

在p_r_test项目中创建类Run1.java，代码如下：

```
public class Run1 {
    public static void main(String[] args) throws InterruptedException {
        String lock = new String("");
        P p = new P(lock);
        C r = new C(lock);

        ThreadP[] pThread = new ThreadP[20];
        ThreadC[] rThread = new ThreadC[20];

        for (int i = 0; i < 20; i++) {
            pThread[i] = new ThreadP(p);
            pThread[i].setName("生产者" + (i + 1));
            pThread[i].start();
        }

        for (int i = 0; i < 2; i++) {
            rThread[i] = new ThreadC(r);
            rThread[i].setName("消费者" + (i + 1));
            rThread[i].start();
        }
    }
}
```

生产者多一些，消费者少一些，增加生产者连续生产的概率。

程序运行后控制台输出的部分结果如下：

```
set的值是1587357273960_1554744110923500
set的值是1587357273960_1554744110942900
set的值是1587357273961_1554744110979500
    连续生产，导致值被覆盖。
```

在p_r_test项目中创建类Run2.java，代码如下：

```
public class Run2 {
    public static void main(String[] args) throws InterruptedException {
        String lock = new String("");
        P p = new P(lock);
        C r = new C(lock);

        ThreadP[] pThread = new ThreadP[20];
        ThreadC[] rThread = new ThreadC[20];

        for (int i = 0; i < 2; i++) {
            pThread[i] = new ThreadP(p);
            pThread[i].setName("生产者" + (i + 1));
```

```
            pThread[i].start();
        }

        for (int i = 0; i < 20; i++) {
            rThread[i] = new ThreadC(r);
            rThread[i].setName("消费者" + (i + 1));
            rThread[i].start();
        }
    }
}
```

生产者少一些，消费者多一些，增加消费者连续消费""空值的概率。

程序运行后控制台输出的部分结果如下：

```
get的值是
get的值是
get的值是
get的值是
    连续消费""空值。
```

出现这样的情况是因为if条件发生改变时其他线程并不知晓，被通知后会继续向下运行，而且还发生了唤醒同类的情况，最终出现连续生产或连续消费，导致程序的逻辑出现错误。解决这个问题的办法是将if改成while语句。

### 3. 多生产与多消费情况下的假死问题

创建新的项目p_c__more_while。将项目p_c_test中的所有源代码复制到p_c__more_while项目中，并将P.java中的if语句改成while，将C.java中的if语句改成while。

此时再运行Run1.java和Run2.java类，就不会出现连续生产以及连续消费的情况了，即使唤醒同类线程还会重新执行while判断条件，如果条件为true则执行wait()方法，避免了连续生产以及连续消费的情况。

但程序运行后却出现了假死，也就是所有的线程都呈等待状态，关于这个示例请看下面的章节。

### 4. 分析假死出现的原因

"假死"的现象其实就是线程进入等待状态，如果全部线程都进入等待状态，程序就不再执行任何业务功能了，整个项目呈停止状态，这在使用生产者与消费者模式时经常遇到。

创建Java项目p_c_allWait，类P.java的代码如下：

```
package entity;

//生产者
public class P {

private String lock;

public P(String lock) {
```

```
        super();
        this.lock = lock;
    }

    public void setValue() {
        try {
            synchronized (lock) {
                while (!ValueObject.value.equals("")) {
                    System.out.println("生产者 "
                            + Thread.currentThread().getName() + " WAITING了★");
                    lock.wait();
                }
                System.out.println("生产者 " + Thread.currentThread().getName()
                        + " RUNNABLE了");
                String value = System.currentTimeMillis() + "_"
                        + System.nanoTime();
                ValueObject.value = value;
                lock.notify();
            }

        } catch (InterruptedException e) {
            e.printStackTrace();
        }
    }

}
```

类C.java的代码如下：

```
package entity;

//消费者
public class C {

private String lock;

public C(String lock) {
    super();
    this.lock = lock;
}

public void getValue() {
    try {
        synchronized (lock) {
            while (ValueObject.value.equals("")) {
                System.out.println("消费者 "
                        + Thread.currentThread().getName() + " WAITING了☆");
                lock.wait();
            }
            System.out.println("消费者 " + Thread.currentThread().getName()
                    + " RUNNABLE了");
            ValueObject.value = "";
            lock.notify();
```

```
            }

        } catch (InterruptedException e) {
            e.printStackTrace();
        }
    }

}
```

由于此案例是多生产与多消费，所以不再使用 if 语句，转而使用 while() 语句作为 wait 条件的判断。

线程类和工具类代码如图 3-26 所示。

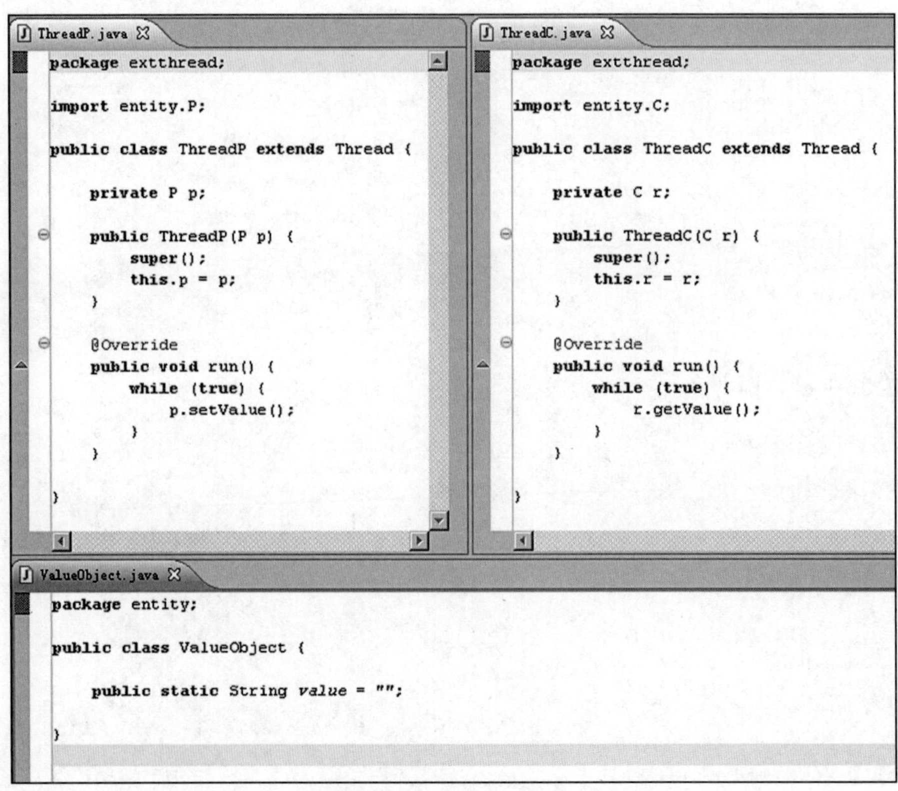


图 3-26 线程类和工具类代码

类 Run.java 的代码如下：

```
package test;

import entity.P;
import entity.C;
import extthread.ThreadP;
import extthread.ThreadC;
```

```
public class Run {

public static void main(String[] args) throws InterruptedException {

    String lock = new String("");
    P p = new P(lock);
    C r = new C(lock);

    ThreadP[] pThread = new ThreadP[2];
    ThreadC[] rThread = new ThreadC[2];

    for (int i = 0; i < 2; i++) {
        pThread[i] = new ThreadP(p);
        pThread[i].setName(" 生产者 " + (i + 1));

        rThread[i] = new ThreadC(r);
        rThread[i].setName(" 消费者 " + (i + 1));

        pThread[i].start();
        rThread[i].start();
    }

    Thread.sleep(5000);
    Thread[] threadArray = new Thread[Thread.currentThread()
            .getThreadGroup().activeCount()];

    Thread.currentThread().getThreadGroup().enumerate(threadArray);

    for (int i = 0; i < threadArray.length; i++) {
        System.out.println(threadArray[i].getName() + " "
                + threadArray[i].getState());
    }
}

}
```

程序运行后出现了很多假死状态，如图 3-27 所示。

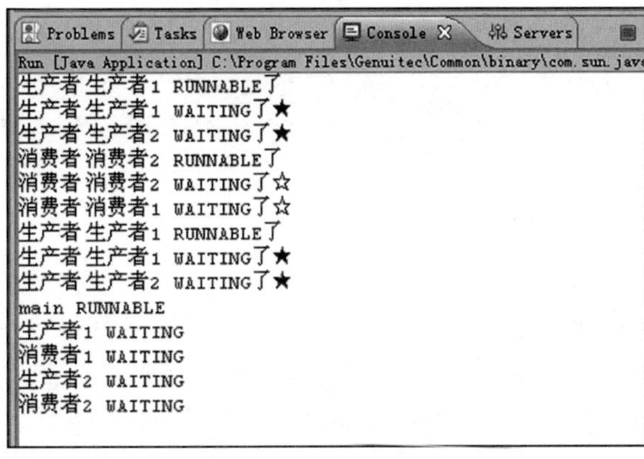


图 3-27 程序运行状态

为什么会出现这样的情况呢？在代码中不是已经用了 wait/notify 吗？

在代码中确实已经通过 wait/notify 进行通信了，但不保证 notify 唤醒的是异类，也许是同类，比如“生产者”唤醒“生产者”，或“消费者”唤醒“消费者”这样的情况，如果这种情况越来越多，就会导致所有的线程都不能继续运行下去，大家都在等待，程序最后也就呈“假死”状态了。

那么假死出现的具体过程是怎么样的呢？将控制台中的日志复制到 editplus 中以显示行号，如图 3-28 所示。

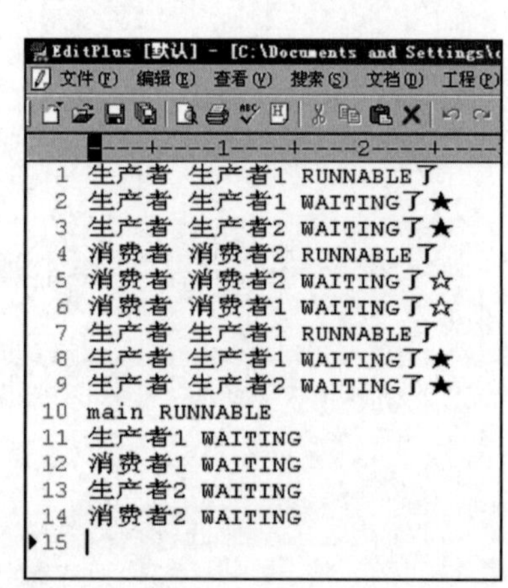


图 3-28 显示行号的 editplus 工具

分析 editplus 工具中的日志执行过程，分析的步骤号与行号对应。

1）生产者 1 进行生产，生产完毕后发出通知（但此通知属于“通知过早”，因为消费者线程还未启动），并释放锁，准备进入下一次的 while 循环。

2）生产者 1 进入了下一次 while 循环，迅速再次持有锁，发现产品并没有被消费，所以生产者 1 呈等待状态★。

3）生产者 2 被 start() 启动，生产者 2 发现产品还没有被消费，所以生产者 2 也呈等待状态★。

4）消费者 2 被 start() 启动，消费者 2 持有锁，将产品消费并发出通知（发出的通知唤醒了第 7 行生产者 1），运行结束后释放锁，等待消费者 2 进入下一次循环。

5）消费者 2 进入了下一次的 while 循环，并快速持有锁，发现产品并未生产，所以释放锁并呈等待状态★。

6）消费者 1 被 start() 启动，快速持有锁，发现产品并未生产，所以释放锁并呈等待状态★。

7）由于消费者 2 在第 4 行已经将产品进行消费，唤醒了第 7 行的生产者 1 顺利生产后释放锁并发出通知（此通知唤醒了第 9 行的生产者 2），生产者 1 准备进入下一次的 while 循环。

8）这时生产者 1 进入下一次的 while 循环并再次持有锁，发现产品还并未消费，所以生产者 1 也呈等待状态★。

9）由于第 7 行的生产者 1 唤醒了生产者 2，生产者 2 发现产品并未被消费，所以生产者 2 也呈等待状态★

出现★符号就代表本线程进入等待状态，需要额外注意这样的执行结果。

其实上面复杂的过程可以用简单的示例进行解释：老爸老妈都会做饭，你和你哥都要吃饭。老妈做完饭通知你和你哥吃饭然后去休息。老爸一看饭做好了，不用他再做了，也去休息。你哥还在下班的路上，你先去吃饭，结果吭哧吭哧把饭吃完了，然后没心没肺地通知你哥回来吃饭。你哥到家后一看哪有饭，然后气愤地休息去了。最后，这 4 个人啥事没有了。

导致假死出现的极大的原因是有可能连续唤醒了同类，怎么解决这样的问题？不能只唤醒同类，将异类也一同唤醒就可以了。后文会介绍具体的解决的办法。

### 5. 解决假死问题

创建 p_c_allWait_fix 项目，将 p_c_allWait 项目中的所有源代码复制到 p_c_allWait_fix 项目中。解决“假死”的情况很简单，将 P.java 和 C.java 文件中的 notify() 改成 notifyAll() 方法即可，它的原理就是通知的线程不仅是同类，也包括异类，这样程序就会一直运行下去。

### 6. 一生产与一消费情况下的操作栈

本示例是使用生产者向栈 List 对象中放入数据，使用消费者从 List 栈中取出数据，List 最大容量是 1，实验环境只有一个生产者与一个消费者。

创建项目 stack_1，类 MyStack.java 的代码如下：

```
package entity;

import java.util.ArrayList;
import java.util.List;

public class MyStack {
private List list = new ArrayList();

synchronized public void push() {
    try {
        if (list.size() == 1) {
            this.wait();
        }
        list.add("anyString=" + Math.random());
        this.notify();
        System.out.println("push=" + list.size());
    } catch (InterruptedException e) {
        e.printStackTrace();
    }
}

synchronized public String pop() {
    String returnValue = "";
    try {
        if (list.size() == 0) {
            System.out.println("pop 操作中的: "
                    + Thread.currentThread().getName() + " 线程呈 wait 状态");
            this.wait();
        }
        returnValue = "" + list.get(0);
        list.remove(0);
```

```
            this.notify();
            System.out.println("pop=" + list.size());
        } catch (InterruptedException e) {
            e.printStackTrace();
        }
        return returnValue;
    }
}
```

生产者和消费者线程代码如图 3-29 所示。

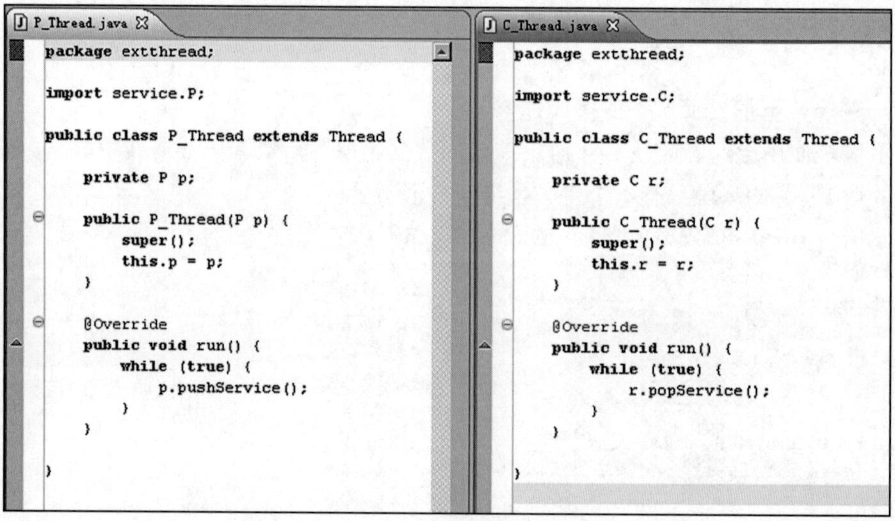

P_Thread.java

```
package extthread;

import service.P;

public class P_Thread extends Thread {

    private P p;

    public P_Thread(P p) {
        super();
        this.p = p;
    }

    @Override
    public void run() {
        while (true) {
            p.pushService();
        }
    }

}
```

C_Thread.java

```
package extthread;

import service.C;

public class C_Thread extends Thread {

    private C r;

    public C_Thread(C r) {
        super();
        this.r = r;
    }

    @Override
    public void run() {
        while (true) {
            r.popService();
        }
    }

}
```

图 3-29　两个对象的代码

生产者 P.java 服务代码如下：

```
package service;

import entity.MyStack;

public class P {

private MyStack myStack;

public P(MyStack myStack) {
    super();
    this.myStack = myStack;
}

public void pushService() {
    myStack.push();
}
}
```

消费者 C.java 服务代码如下：

```
package service;

import entity.MyStack;

public class C {

private MyStack myStack;

public C(MyStack myStack) {
    super();
    this.myStack = myStack;
}

public void popService() {
    System.out.println("pop=" + myStack.pop());
}
}
```

运行类 Run.java，代码如下：

```
package test.run;

import service.P;
import service.C;
import entity.MyStack;
import extthread.P_Thread;
import extthread.C_Thread;

public class Run {
public static void main(String[] args) {
    MyStack myStack = new MyStack();

    P p = new P(myStack);
    C r = new C(myStack);

    P_Thread pThread = new P_Thread(p);
    C_Thread rThread = new C_Thread(r);
    pThread.start();
    rThread.start();
}

}
```

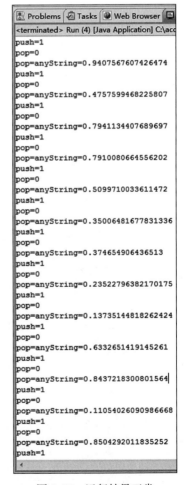

程序运行结果如图 3-30 所示。

```
Problems  Tasks  Web Browser
<terminated> Run (4) [Java Application] C:\acc
push=1
pop=0
pop=anyString=0.9407567607426474
push=1
pop=0
pop=anyString=0.4757599468225807
push=1
pop=0
pop=anyString=0.7941134407689697
push=1
pop=0
pop=anyString=0.7910080664556202
push=1
pop=0
pop=anyString=0.5099710033611472
push=1
pop=0
pop=anyString=0.35006481677831336
push=1
pop=0
pop=anyString=0.374654906436513
push=1
pop=0
pop=anyString=0.23522796382170175
push=1
pop=0
pop=anyString=0.13735144818262424
push=1
pop=0
pop=anyString=0.6332651419145261
push=1
pop=0
pop=anyString=0.8437218300801564
push=1
pop=0
pop=anyString=0.11054026090986668
push=1
pop=0
pop=anyString=0.8504292011835252
push=1
```

图 3-30　运行结果正常

使用一生产者一消费者模式时，容器 size() 的值不会大于 1，这也是本示例想要实现的效果，值在 0 和 1 之间进行交替，也就是生产和消费这 2 个过程在交替执行。

如果在此案例的基础上设计出有多个生产者和多个消

费者，则还会出现连续生产和连续消费的情况，请看下面的案例。

#### 7. 多生产与多消费情况下的操作栈

本示例使用 1 个生产者向栈 List 对象中放入数据，使用多个消费者从 List 栈中取出数据，目的是增加消费者重复消费的比例。List 最大容量还是 1。

创建新的项目 stack_2_old，将项目 stack_1 中的所有代码复制到 stack_2_old 项目中，更改 Run.java 代码，如下所示：

```
package test.run;

import service.C;
import service.P;
import entity.MyStack;
import extthread.C_Thread;
import extthread.P_Thread;

public class Run {
public static void main(String[] args) throws InterruptedException {
    MyStack myStack = new MyStack();

    P p = new P(myStack);

    C r1 = new C(myStack);
    C r2 = new C(myStack);
    C r3 = new C(myStack);
    C r4 = new C(myStack);
    C r5 = new C(myStack);

    P_Thread pThread = new P_Thread(p);
    pThread.start();

    C_Thread cThread1 = new C_Thread(r1);
    C_Thread cThread2 = new C_Thread(r2);
    C_Thread cThread3 = new C_Thread(r3);
    C_Thread cThread4 = new C_Thread(r4);
    C_Thread cThread5 = new C_Thread(r5);
    cThread1.start();
    cThread2.start();
    cThread3.start();
    cThread4.start();
    cThread5.start();
}

}
```

程序运行后出现异常，如图 3-31 所示。

出现异常就是因为在 MyStack.java 类中使用了 if 语句来作为条件的判断，代码如下：

```
synchronized public String pop() {
    String returnValue = "";
```

```
        try {
            if (list.size() == 0) {
                System.out.println("pop 操作中的: "
                        + Thread.currentThread().getName() + " 线程呈 wait 状态 ");
                this.wait();
            }
            returnValue = "" + list.get(0);
            list.remove(0);
            this.notify();
            System.out.println("pop=" + list.size());
        } catch (InterruptedException e) {
            e.printStackTrace();
        }
        return returnValue;
    }
```

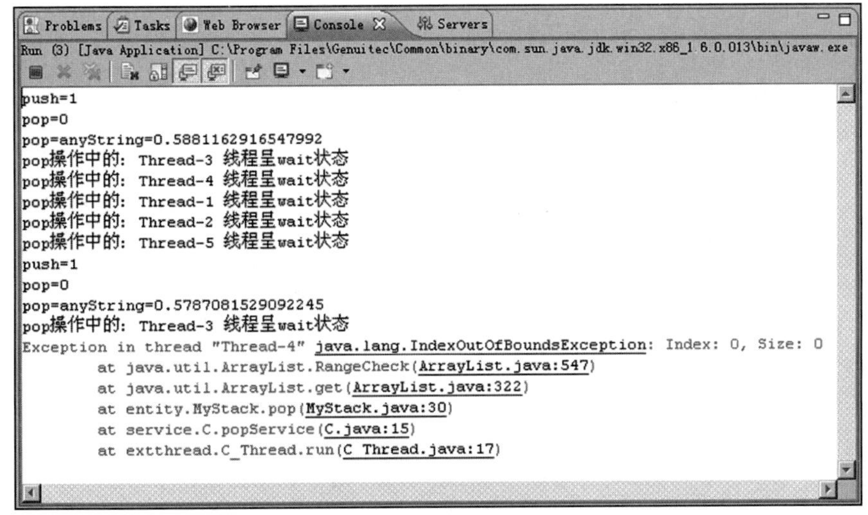


图 3-31　出现异常索引溢出

if 条件发生改变时其他线程并不知晓，被通知后会继续向下运行，而且还发生了消费者唤醒同类的情况，导致连续执行 list.remove(0) 代码而出现异常，解决办法还是将 if 改成 while。

### 8. 多生产与多消费操作栈的假死问题

将 if 语句改成 while 语句解决了出现异常的问题。

新建项目 stack_2_new，将 stack_2_old 中的全部代码复制到 stack_2_new 项目中，并且更改 MyStack.java 类代码，如下所示：

```
package entity;

import java.util.ArrayList;
import java.util.List;
```

```
public class MyStack {
private List list = new ArrayList();

synchronized public void push() {
    try {
        while (list.size() == 1) {
            this.wait();
        }
        list.add("anyString=" + Math.random());
        this.notify();
        System.out.println("push=" + list.size());
    } catch (InterruptedException e) {
        e.printStackTrace();
    }
}

synchronized public String pop() {
    String returnValue = "";
    try {
        while (list.size() == 0) {
            System.out.println("pop 操作中的: "
                    + Thread.currentThread().getName() + " 线程呈 wait 状态 ");
            this.wait();
        }
        returnValue = "" + list.get(0);
        list.remove(0);
        this.notify();
        System.out.println("pop=" + list.size());
    } catch (InterruptedException e) {
        e.printStackTrace();
    }
    return returnValue;
}
}
```

运行项目没有出现异常，但却出现了“假死”情况，如图 3-32 所示。

解决“假死”的办法就是使用 while 语句和 notifyAll() 方法。

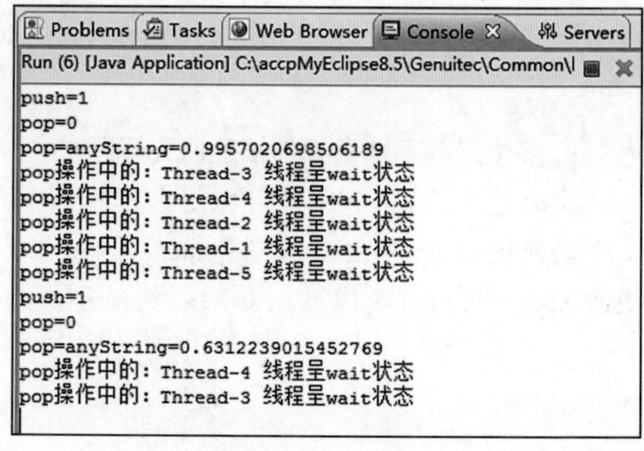


图 3-32 出现假死

### 9. 解决假死问题

创建全新的项目 stack_2_new_final，将 stack_2_new 项目中的所有源代码复制到 stack_2_new_final 项目中，将 MyStack.java 类中的两处调用 notify() 方法改成调用 notifyAll() 方法，程序运行后不再出现假死，会永远正常运行。

在此案例中如果创建多个生产者和多个消费者也会正确无误地运行，说明想要实现任意数量的几对几生产与消费的示例，就要同时使用 while 和 notifyAll()，这相当于一个“设计模式”。这种组合具有通用性，适用于一对一、一对多、多对一、多对多场景。

### 3.1.20　在管道中传递字节流

Java 语言提供了各种各样的输入输出流，使我们能够很方便地操作数据，其中管道流是一种特殊的流，用于在不同线程间直接传送数据。一个线程发送数据到输出管道，另一个线程从输入管道中读数据。通过使用管道，实现不同线程间的通信，而无须借助于临时文件之类的东西。

Java JDK 提供了 4 个类来使线程间可以进行通信：PipedInputStream、PipedOutputStream、PipedReader 和 PipedWriter。

创建测试用的项目 pipeInputOutput。

类 WriteData.java 的代码如下：

```
package service;

import java.io.IOException;
import java.io.PipedOutputStream;

public class WriteData {

    public void writeMethod(PipedOutputStream out) {
        try {
            System.out.println("write :");
            for (int i = 0; i < 300; i++) {
                String outData = "" + (i + 1);
                out.write(outData.getBytes());
                System.out.print(outData);
            }
            System.out.println();
            out.close();
        } catch (IOException e) {
            e.printStackTrace();
        }
    }
}
```

类 ReadData.java 的代码如下：

```
package service;

import java.io.IOException;
import java.io.PipedInputStream;

public class ReadData {

    public void readMethod(PipedInputStream input) {
```

```
        try {
            System.out.println("read  :");
            byte[] byteArray = new byte[20];
            int readLength = input.read(byteArray);
            while (readLength != -1) {
                String newData = new String(byteArray, 0, readLength);
                System.out.print(newData);
                readLength = input.read(byteArray);
            }
            System.out.println();
            input.close();
        } catch (IOException e) {
            e.printStackTrace();
        }
    }
}
```

两个自定义线程代码如图 3-33 所示。

ThreadWrite.java

```
package extthread;

import java.io.PipedOutputStream;

import service.WriteData;

public class ThreadWrite extends Thread {

    private WriteData write;
    private PipedOutputStream out;

    public ThreadWrite(WriteData write, PipedOutputStream out) {
        super();
        this.write = write;
        this.out = out;
    }

    @Override
    public void run() {
        write.writeMethod(out);
    }
}
```

ThreadRead.java

```
package extthread;

import java.io.PipedInputStream;

import service.ReadData;

public class ThreadRead extends Thread {

    private ReadData read;
    private PipedInputStream input;

    public ThreadRead(ReadData read, PipedInputStream input) {
        super();
        this.read = read;
        this.input = input;
    }

    @Override
    public void run() {
        read.readMethod(input);
    }
}
```

图 3-33 自定义线程代码

类 Run.java 的代码如下：

```
package test;

import java.io.IOException;
import java.io.PipedInputStream;
import java.io.PipedOutputStream;

import service.ReadData;
import service.WriteData;
import extthread.ThreadRead;
import extthread.ThreadWrite;

public class Run {
```

```
    public static void main(String[] args) {

        try {
            WriteData writeData = new WriteData();
            ReadData readData = new ReadData();

            PipedInputStream inputStream = new PipedInputStream();
            PipedOutputStream outputStream = new PipedOutputStream();

            inputStream.connect(outputStream);
            outputStream.connect(inputStream);

            ThreadRead threadRead = new ThreadRead(readData, inputStream);
            threadRead.start();

            Thread.sleep(2000);

            ThreadWrite threadWrite = new ThreadWrite(writeData, outputStream);
            threadWrite.start();

        } catch (IOException e) {
            e.printStackTrace();
        } catch (InterruptedException e) {
            e.printStackTrace();
        }

    }

}
```

代码 inputStream.connect(outputStream) 或 outputStream.connect(inputStream) 的作用是使两个管道之间产生通信链接，这样才可以将数据进行输出与输入。

程序运行结果如图 3-34 所示。

```
<terminated> Run (2) [Java Application] C:\Program Files\Genuitec\Common\binary\com.sun.java.
read  :
write :
123456789101112131415161718192021222324252627282930313233343536373839
123456789101112131415161718192021222324252627282930313233343536373839
```

图 3-34　从 1 开始

从程序打印的结果来看，两个线程通过管道流成功进行了数据的传输。

但在此实验中，首先是读取线程 new ThreadRead(inputStream) 先启动，由于当时没有数据被写入，所以线程阻塞在 int readLength = in.read(byteArray); 代码中，直到有数据被写入，才继续向下运行。

## 3.1.21　在管道中传递字符流

当然，在管道中还可以传递字符流。

创建测试用的项目 pipeReaderWriter。

类 WriteData.java 的代码如下：

```
package service;

import java.io.IOException;
import java.io.PipedWriter;

public class WriteData {

    public void writeMethod(PipedWriter out) {
        try {
            System.out.println("write :");
            for (int i = 0; i < 300; i++) {
                String outData = "" + (i + 1);
                out.write(outData);
                System.out.print(outData);
            }
            System.out.println();
            out.close();
        } catch (IOException e) {
            e.printStackTrace();
        }
    }
}
```

类 ReadData.java 的代码如下：

```
package service;

import java.io.IOException;
import java.io.PipedReader;

public class ReadData {

    public void readMethod(PipedReader input) {
        try {
            System.out.println("read  :");
            char[] byteArray = new char[20];
            int readLength = input.read(byteArray);
            while (readLength != -1) {
                String newData = new String(byteArray, 0, readLength);
                System.out.print(newData);
                readLength = input.read(byteArray);
            }
            System.out.println();
            input.close();
        } catch (IOException e) {
            e.printStackTrace();
        }
    }
}
```

两个自定义线程代码如图 3-35 所示。

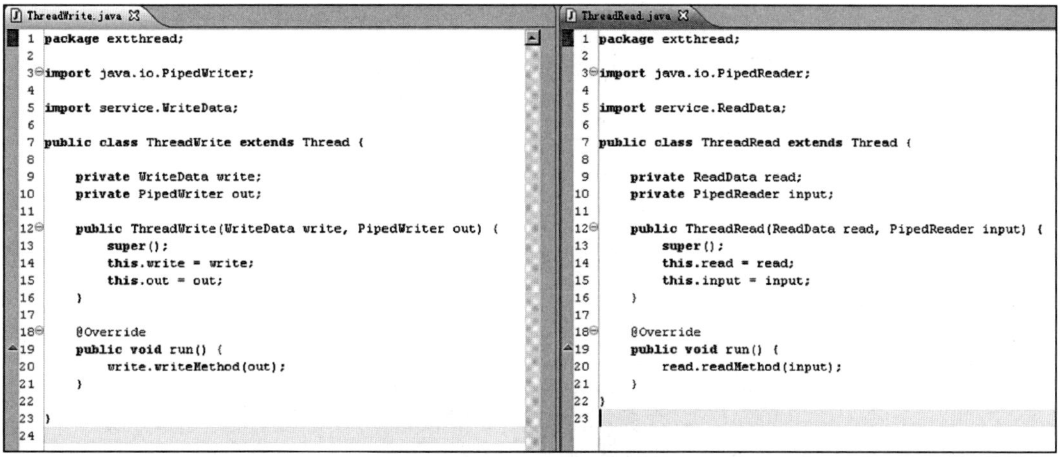

ThreadWrite.java

```
package extthread;

import java.io.PipedWriter;

import service.WriteData;

public class ThreadWrite extends Thread {

    private WriteData write;
    private PipedWriter out;

    public ThreadWrite(WriteData write, PipedWriter out) {
        super();
        this.write = write;
        this.out = out;
    }

    @Override
    public void run() {
        write.writeMethod(out);
    }

}
```

ThreadRead.java

```
package extthread;

import java.io.PipedReader;

import service.ReadData;

public class ThreadRead extends Thread {

    private ReadData read;
    private PipedReader input;

    public ThreadRead(ReadData read, PipedReader input) {
        super();
        this.read = read;
        this.input = input;
    }

    @Override
    public void run() {
        read.readMethod(input);
    }
}
```

图 3-35　自定义线程代码

类 Run.java 的代码如下：

```
package test;

import java.io.IOException;
import java.io.PipedReader;
import java.io.PipedWriter;

import service.ReadData;
import service.WriteData;
import extthread.ThreadRead;
import extthread.ThreadWrite;

public class Run {

    public static void main(String[] args) {

        try {
            WriteData writeData = new WriteData();
            ReadData readData = new ReadData();

            PipedReader inputStream = new PipedReader();
            PipedWriter outputStream = new PipedWriter();

            inputStream.connect(outputStream);
            outputStream.connect(inputStream);

            ThreadRead threadRead = new ThreadRead(readData, inputStream);
            threadRead.start();

            Thread.sleep(2000);
```

```
            ThreadWrite threadWrite = new ThreadWrite(writeData, outputStream);
            threadWrite.start();

        } catch (IOException e) {
            e.printStackTrace();
        } catch (InterruptedException e) {
            e.printStackTrace();
        }

    }

}
```

程序运行结果如图 3-36 所示。

```
read  :
write :
1234567891011121314151617181920212223242526272829303132333435363738394041424344454647484950515253545556575859606162636465666767
1234567891011121314151617181920212223242526272829303132333435363738394041424344454647484950515253545556575859606162636465666767
```

图 3-36　从 1 开始

## 3.1.22　利用 wait/notify 机制实现交叉备份

本节介绍如何使用 wait/notify 机制实现交叉备份：创建 20 个线程，其中 10 个线程是将数据备份到 A 数据库中，另外 10 个线程将数据备份到 B 数据库中，并且两个数据库的备份工作是交叉进行的。

先要创建出 20 个线程，效果如图 3-37 所示。

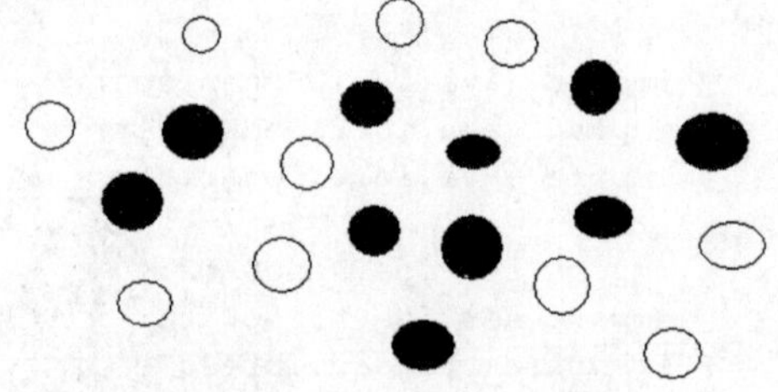

图 3-37　创建 20 个线程

将这 20 个线程的运行效果变成有序的，如图 3-38 所示。

图 3-38　具有交叉间隔效果

创建测试用的项目，名称为 wait_notify_insert_test。

创建 DBTools.java 类，代码如下：

```
package service;

public class DBTools {

volatile private boolean prevIsA = false;

synchronized public void backupA() {
    try {
```

```
            while (prevIsA == true) {
                wait();
            }
            for (int i = 0; i < 5; i++) {
                System.out.println(" ★★★★★ ");
            }
            prevIsA = true;
            notifyAll();
        } catch (InterruptedException e) {
            e.printStackTrace();
        }
    }

    synchronized public void backupB() {
        try {
            while (prevIsA == false) {
                wait();
            }
            for (int i = 0; i < 5; i++) {
                System.out.println(" ☆☆☆☆☆ ");
            }
            prevIsA = false;
            notifyAll();
        } catch (InterruptedException e) {
            e.printStackTrace();
        }
    }
}
```

变量 prevIsA 的主要作用就是确保备份“★★★★★”数据库 A 首先执行，然后与“☆☆☆☆☆”数据库 B 交替进行备份。

创建两个线程工具类，如图 3-39 所示。

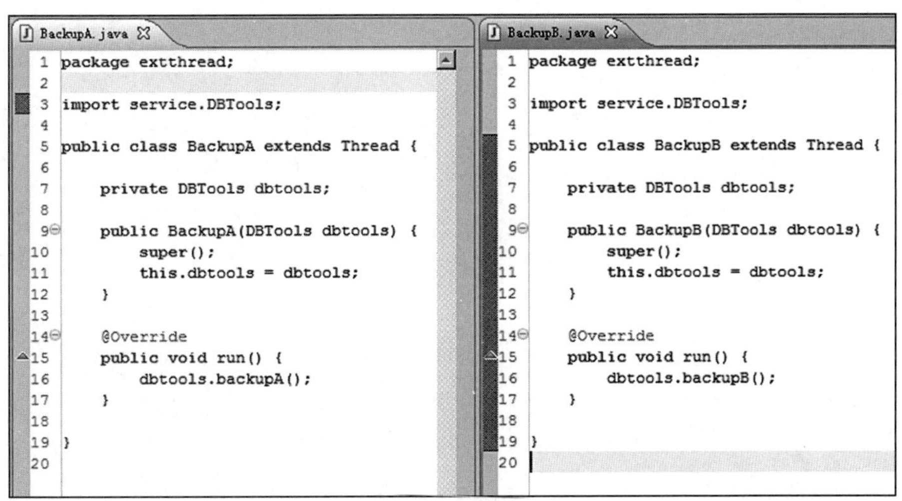


图 3-39　两个线程工具类

运行类 Run.java，代码如下：

```
package test.run;

import service.DBTools;
import extthread.BackupA;
import extthread.BackupB;

public class Run {

public static void main(String[] args) {
    DBTools dbtools = new DBTools();
    for (int i = 0; i < 20; i++) {
        BackupB output = new BackupB(dbtools);
        output.start();
        BackupA input = new BackupA(dbtools);
        input.start();
    }
}

}
```

程序运行后的部分打印效果如下：

```
★★★★★
★★★★★
★★★★★
★★★★★
★★★★★
☆☆☆☆☆
☆☆☆☆☆
☆☆☆☆☆
☆☆☆☆☆
☆☆☆☆☆
★★★★★
★★★★★
★★★★★
★★★★★
★★★★★
☆☆☆☆☆
☆☆☆☆☆
☆☆☆☆☆
☆☆☆☆☆
☆☆☆☆☆
★★★★★
★★★★★
★★★★★
★★★★★
★★★★★
☆☆☆☆☆
☆☆☆☆☆
☆☆☆☆☆
```

☆☆☆☆☆
☆☆☆☆☆

从打印的效果看备份是交替运行的。

交替打印的原理就是使用如下代码作为标记来实现 A 和 B 线程交替备份的效果：

```
volatile private boolean prevIsA = false;
```

### 3.1.23 方法 sleep() 和 wait() 的区别

方法 sleep() 和 wait() 的区别。

1）sleep() 是 Thread 类中的方法，而 wait() 是 Object 类中的方法。

2）sleep() 可以不结合 synchronized 使用，而 wait() 必须结合。

3）sleep() 在执行时不会释放锁，而 wait() 在执行后锁被释放了。

4）sleep() 方法执行后线程的状态是 TIMED_WAITING，wait() 方法执行后线程的状态是等待。

## 3.2 方法 join() 的使用

在很多情况下，主线程创建并启动子线程，如果子线程中要进行大量的耗时运算，主线程往往将早于子线程结束，这时如果主线程想等待子线程执行完成之后再结束，比如子线程处理一个数据，主线程要取得这个数据中的值，这个时候就要用到 join() 方法了。方法 join() 的作用是等待线程对象销毁。

### 3.2.1 学习方法 join() 前的铺垫

在介绍 join() 方法之前，先来看一个实验。

创建测试用的项目，名称为 joinTest1，类 MyThread.java 的代码如下：

```
package extthread;

public class MyThread extends Thread {

@Override
public void run() {
    try {
        int secondValue = (int) (Math.random() * 10000);
        System.out.println(secondValue);
        Thread.sleep(secondValue);
    } catch (InterruptedException e) {
        // TODO Auto-generated catch block
        e.printStackTrace();
    }
}

}
```

类 Test.java 代码如下：

```
package test;

import extthread.MyThread;

public class Test {

public static void main(String[] args) {

    MyThread threadTest = new MyThread();
    threadTest.start();

    // Thread.sleep(?)
    System.out.println("main 线程想实现当 threadTest 对象执行完毕后我再继续向下执行,");
    System.out.println("但上面代码中的 sleep() 中的值应该写多少呢? ");
    System.out.println("答案是: 根据不能确定 :)");
}

}
```

程序运行结果如图 3-40 所示。

```
main线程想实现当threadTest对象执行完毕后我再继续向下执行,
但上面代码中的sleep()中的值应该写多少呢?
答案是：根据不能确定:)
7528
```

图 3-40 方法 sleep() 中的值不能确定

### 3.2.2 用方法 join() 解决问题

方法 join() 可以解决这个问题。新建 Java 项目 joinTest2，类 MyThread.java 的代码如下：

```
package extthread;

public class MyThread extends Thread {

@Override
public void run() {
    try {
        int secondValue = (int) (Math.random() * 10000);
        System.out.println(secondValue);
        Thread.sleep(secondValue);
    } catch (InterruptedException e) {
        // TODO Auto-generated catch block
        e.printStackTrace();
    }
}

}
```

类 Test.java 的代码如下：

```
package test;

import extthread.MyThread;

public class Test {
```

```
public static void main(String[] args) {
    try {
        MyThread threadTest = new MyThread();
        threadTest.start();
        threadTest.join();

        System.out.println(" 我想当 threadTest 对象执行完毕后我再执行，我做到了 ");
    } catch (InterruptedException e) {
        e.printStackTrace();
    }
}

}
```

```
Problems  Tasks  Web Browser  Console  Servers
<terminated> Test (1) [Java Application] C:\Users\Administrator\AppDat
8431
我想当threadTest对象执行完毕后我再执行，我做到了
```

图 3-41　运行结果

程序运行后的效果如图 3-41 所示。

方法 join() 的作用是使所属的线程对象 x 正常执行 run() 方法中的任务，而使当前线程 z 进行无限期的阻塞，等待线程 x 销毁后再继续执行线程 z 后面的代码。也就是说，join() 方法具有串联执行的作用：你不销毁，我不往下走！

方法 join() 也支持多个线程的等待。创建测试项目 joinTest3，运行类代码，如下所示：

```
package test;

public class Test {
    static int number1 = 0;
    static int number2 = 0;
    public static void main(String[] args) throws InterruptedException {
        Thread t1 = new Thread() {
            public void run() {
                try {
                    Thread.sleep(1000);
                } catch (InterruptedException e) {
                    e.printStackTrace();
                }
                number1 = 1000;
            };
        };

        Thread t2 = new Thread() {
            public void run() {
                try {
                    Thread.sleep(2000);
                } catch (InterruptedException e) {
                    e.printStackTrace();
                }
                number2 = 2000;
            };
        };

        long beginTime = System.currentTimeMillis();
```

```
        t1.start();
        t2.start();
        System.out.println("A " + System.currentTimeMillis());
        t1.join();
        System.out.println("B " + System.currentTimeMillis());
        t2.join();
        System.out.println("C " + System.currentTimeMillis());
        long endTime = System.currentTimeMillis();
        System.out.println("number1 值为: " + number1 + ", number2 值为: " +
            number2 + ", 耗时: " + (endTime - beginTime));
    }

}
```

程序运行结果如下：

```
A 1615436244271
B 1615436245271
C 1615436246271
number1 值为: 1000, number2 值为: 2000, 耗时: 2000
```

如果改变代码顺序：

```
t2.join();
t1.join();
```

程序运行结果如下：

```
A 1615436307728
B 1615436309729
C 1615436309729
number1 值为: 1000, number2 值为: 2000, 耗时: 2001
```

方法 join() 具有使线程排队运行的效果，有些类似 synchronized 同步的运行效果，但是它们的区别在于，join() 在内部使用 wait() 方法进行等待，会释放锁，而 synchronized 关键字一直持有锁。

### 3.2.3 方法 join() 和 interrupt() 出现异常

在 join() 方法运行过程中，如果当前线程对象被中断，则当前线程出现异常。

创建测试用的项目 joinException，类 ThreadA.java 的代码如下：

```
package extthread;

public class ThreadA extends Thread {
@Override
public void run() {
    for (int i = 0; i < Integer.MAX_VALUE; i++) {
        String newString = new String();
        Math.random();
    }
```

```
}
}
```

类 ThreadB.java 的代码如下：

```
package extthread;

public class ThreadB extends Thread {

@Override
public void run() {
    try {
        ThreadA a = new ThreadA();
        a.start();
        a.join();

        System.out.println("线程B在run end处打印了");
    } catch (InterruptedException e) {
        System.out.println("线程B在catch处打印了");
        e.printStackTrace();
    }
}

}
```

类 ThreadC.java 的代码如下：

```
package extthread;

public class ThreadC extends Thread {

private ThreadB threadB;

public ThreadC(ThreadB threadB) {
    super();
    this.threadB = threadB;
}

@Override
public void run() {
    threadB.interrupt();
}

}
```

类 Run.java 的代码如下：

```
package test.run;

import extthread.ThreadB;
import extthread.ThreadC;

public class Run {
```

```
    public static void main(String[] args) {

        try {
            ThreadB b = new ThreadB();
            b.start();

            Thread.sleep(500);

            ThreadC c = new ThreadC(b);
            c.start();
        } catch (InterruptedException e) {
            e.printStackTrace();
        }
    }

    }
```

程序运行后的效果如图 3-42 所示。

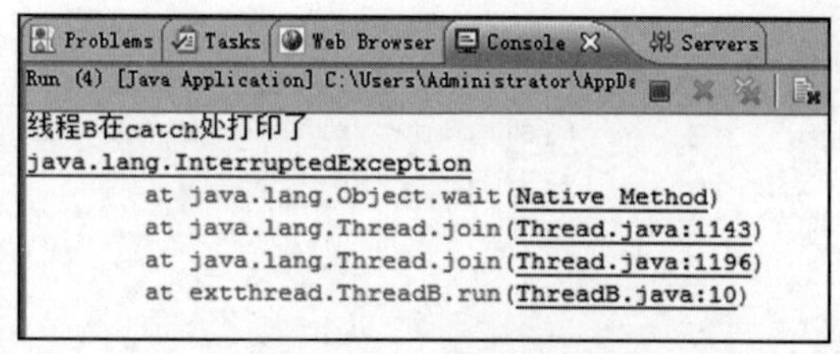


图 3-42 出现异常

可见，如果方法 join() 与 interrupt() 彼此遇到，程序会出现异常，无论它们执行的顺序是怎样的。进程按钮还呈“红色”，原因是线程 ThreadA 还在继续运行，它并未出现异常。

### 3.2.4 方法 join(long) 的使用

方法 x.join(long) 中的参数用于设定最长的等待时间，当线程小于 long 时间销毁或 long 时间到达并且重新获得了锁时，当前线程会继续向后运行。如果没有重新获得锁，线程会一直尝试，直到获得锁为止。

创建测试用的项目 joinLong，类 MyThread.java 的代码如下：

```
package extthread;

public class MyThread extends Thread {
    @Override
    public void run() {
        try {
            System.out.println("run begin Timer=" + System.currentTimeMillis());
            Thread.sleep(5000);
            System.out.println("run   end Timer=" + System.currentTimeMillis());
        } catch (InterruptedException e) {
            e.printStackTrace();
        }
    }

}
```

类 Test1.java 的代码如下：

```
package test;

import extthread.MyThread;

public class Test1 {
    public static void main(String[] args) {
        try {
            MyThread threadTest = new MyThread();
            threadTest.start();
            System.out.println("     main begin time=" + System.currentTimeMillis());
            threadTest.join(2000);      // 只等 2 秒
            System.out.println("     main   end time=" + System.currentTimeMillis());
        } catch (InterruptedException e) {
            e.printStackTrace();
        }
    }
}
```

程序运行结果如图 3-43 所示。

```
     main begin time=1615360076810
run begin Timer=1615360076810
     main   end time=1615360078811
run   end Timer=1615360081811
```

图 3-43　运行结果

从运行结果可以发现，run() 方法执行了 5 秒，main() 方法暂停了 2 秒。

如果更改代码，如下所示：

```
package test;

import extthread.MyThread;

public class Test2 {
    public static void main(String[] args) {
        try {
            MyThread threadTest = new MyThread();
            threadTest.start();

            System.out.println("     main begin time=" + System.currentTimeMillis());
            threadTest.join(8000);      // 只等 8 秒
            System.out.println("     main   end time=" + System.currentTimeMillis());
        } catch (InterruptedException e) {
            e.printStackTrace();
        }
    }
}
```

程序运行结果如图 3-44 所示。

```
     main begin time=1615360207315
run begin Timer=1615360207315
run   end Timer=1615360212315
     main   end time=1615360212315
```

图 3-44　新程序运行结果

从运行结果可以发现，run() 方法执行了 5 秒，main() 方法暂停了 5 秒。

从以上案例可以分析出，join(long) 方法和 sleep(long) 具有相似的功能，就是使当前线程暂停指定的时间。两者的区别是：join(long) 暂停的时间是可变的，取决于线程是否销毁，而 sleep(long) 暂停的时间是固定的。另外两者还有一个关键区别：锁是否释放。

### 3.2.5 方法 join(long) 与 sleep(long) 的区别

方法 join(long) 的功能是通过在内部使用 wait(long) 方法来实现的，所以 join(long) 方法具有释放锁的特点。

方法 join(long) 的源代码如下：

```
public final synchronized void join(long millis)
        throws InterruptedException {
    long base = System.currentTimeMillis();
    long now = 0;

    if (millis < 0) {
        throw new IllegalArgumentException("timeout value is negative");
    }

    if (millis == 0) {
        while (isAlive()) {
            wait(0);
        }
    } else {
        while (isAlive()) {
            long delay = millis - now;
            if (delay <= 0) {
                break;
            }
            wait(delay);
            now = System.currentTimeMillis() - base;
        }
    }
}
```

从源代码中可以了解到，当执行 wait(long) 方法后锁被释放，那么其他线程就可以调用此线程中的同步方法了。当 start() 后的线程销毁时会在本地使用 C 语言代表通知所有的等待者，等待者被唤醒后继续执行后面的代码。

而 Thread.sleep(long) 方法却不释放锁，我们来看看下面的示例。

创建测试用的项目 join_sleep_1，类 ThreadA.java 的代码如下：

```
package extthread;

public class ThreadA extends Thread {

private ThreadB b;

public ThreadA(ThreadB b) {
    super();
    this.b = b;
}

@Override
public void run() {
```

```
        try {
            synchronized (b) {
                b.start();
                Thread.sleep(6000);
                //Thread.sleep() 不释放锁！
            }
        } catch (InterruptedException e) {
            e.printStackTrace();
        }
    }
}
```

类 ThreadB.java 的代码如下：

```
package extthread;

public class ThreadB extends Thread {

    @Override
    public void run() {
        try {
            System.out.println("  b run begin timer="
                    + System.currentTimeMillis());
            Thread.sleep(5000);
            System.out.println("  b run   end timer="
                    + System.currentTimeMillis());
        } catch (InterruptedException e) {
            e.printStackTrace();
        }
    }

    synchronized public void bService() {
        System.out.println("打印了 bService timer=" + System.currentTimeMillis());
    }

}
```

类 ThreadC.java 的代码如下：

```
package extthread;

public class ThreadC extends Thread {

    private ThreadB threadB;

    public ThreadC(ThreadB threadB) {
        super();
        this.threadB = threadB;
    }

    @Override
    public void run() {
        threadB.bService();
```

```
    }

}
```

类 Run.java 的代码如下：

```
package test.run;

import extthread.ThreadA;
import extthread.ThreadB;
import extthread.ThreadC;

public class Run {

public static void main(String[] args) {

    try {
        ThreadB b = new ThreadB();

        ThreadA a = new ThreadA(b);
        a.start();

        Thread.sleep(1000);

        ThreadC c = new ThreadC(b);
        c.start();
    } catch (InterruptedException e) {
        e.printStackTrace();
    }
}

}
```

程序运行后的效果如图 3-45 所示。

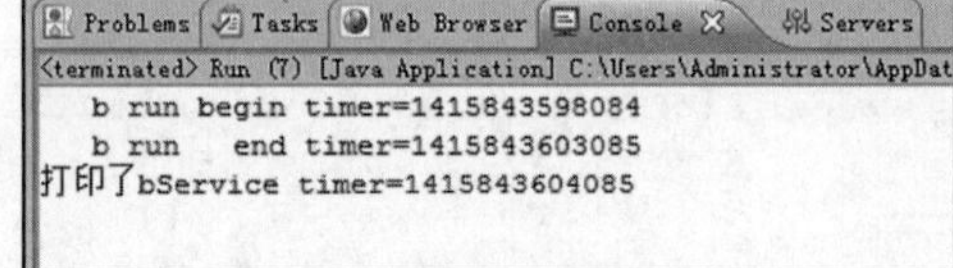


图 3-45 线程 ThreadA 不释放 ThreadB 的锁

由于线程 ThreadA 在使用 Thread.sleep(6000) 方法时一直持有 ThreadB 对象的锁，时间达到 6 秒，所以线程 ThreadC 只有在 ThreadA 释放 ThreadB 的锁时，才可以调用 ThreadB 中的同步方法 synchronized public void bService()。

下面继续验证 join() 方法释放锁的特点。

创建实验用的项目 join_sleep_2，将 join_sleep_1 中的所有代码复制到 join_sleep_2 项目中，更改 ThreadA.java 类的代码，如下所示：

```
package extthread;

public class ThreadA extends Thread {

private ThreadB b;

public ThreadA(ThreadB b) {
```

```
        super();
        this.b = b;
    }

    @Override
    public void run() {
        try {
            synchronized (b) {
                b.start();
                b.join();    // 执行 join() 方法的一瞬间，b 锁立即释放
                for (int i = 0; i < Integer.MAX_VALUE; i++) {
                    String newString = new String();
                    Math.random();
                }
            }
        } catch (InterruptedException e) {
            e.printStackTrace();
        }
    }
}
```

程序运行后的效果如图 3-46 所示。

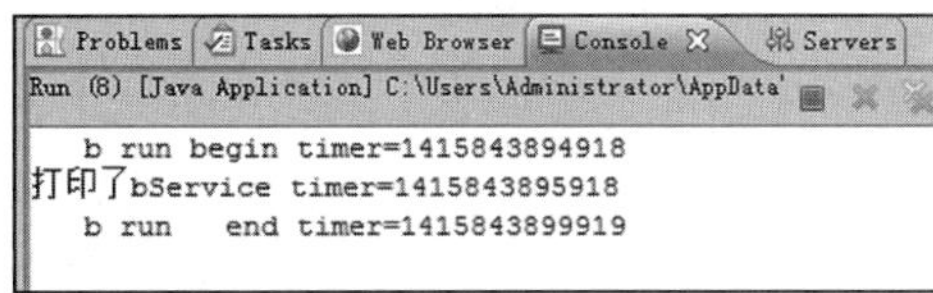


图 3-46　方法 join() 释放锁

由于线程 ThreadA 释放了 ThreadB 的锁，所以线程 ThreadC 可以调用 ThreadB 中的同步方法 synchronized public void bService()。

另外还需要注意一点，join() 无参方法或 join(time) 有参方法一旦执行，说明源代码中的 wait(time) 已经被执行，也就证明锁被立即释放，仅仅在指定的 join(time) 时间后当前线程才会继续运行。

### 3.2.6　方法 join() 后的代码提前运行

测试前文中的代码时还可能遇到“陷阱”，如果稍不注意，就会掉进“坑”里。

创建测试用的项目 joinMoreTest，类 ThreadA.java 的代码如下：

```
package extthread;

public class ThreadA extends Thread {
private ThreadB b;

public ThreadA(ThreadB b) {
    super();
    this.b = b;
}

@Override
public void run() {
    try {
        synchronized (b) {
            System.out.println("begin A ThreadName="
```

```
                    + Thread.currentThread().getName() + "  "
                    + System.currentTimeMillis());
            Thread.sleep(500);
            System.out.println("  end A ThreadName="
                    + Thread.currentThread().getName() + "  "
                    + System.currentTimeMillis());
        }
    } catch (InterruptedException e) {
        e.printStackTrace();
    }
}
}
```

类 ThreadB.java 的代码如下：

```
package extthread;

public class ThreadB extends Thread {
@Override
synchronized public void run() {
    try {
        System.out.println("begin B ThreadName="
                + Thread.currentThread().getName() + "  "
                + System.currentTimeMillis());
        Thread.sleep(500);
        System.out.println("  end B ThreadName="
                + Thread.currentThread().getName() + "  "
                + System.currentTimeMillis());
    } catch (InterruptedException e) {
        e.printStackTrace();
    }
}
}
```

一定要注意，ThreadB.java 中的 run() 方法是 synchronized 同步的。

创建 Run1.java 代码，如下所示：

```
package test.run;

import extthread.ThreadA;
import extthread.ThreadB;

public class Run1 {

public static void main(String[] args) {
    try {
        ThreadB b = new ThreadB();
        ThreadA a = new ThreadA(b);
        a.start();
        b.start();
        b.join(200);
        System.out.println("                              main end "
                + System.currentTimeMillis());
```

```
        } catch (InterruptedException e) {
            e.printStackTrace();
        }
    }

}
```

程序运行后，在控制台打印的结果可能如图 3-47 所示，也可能如图 3-48 或图 3-49 所示。

```
begin A ThreadName=Thread-1  1520394585265
  end A ThreadName=Thread-1  1520394585765
                   main end  1520394585765
begin B ThreadName=Thread-0  1520394585765
  end B ThreadName=Thread-0  1520394586265
```

图 3-47　运行结果 1

```
begin B ThreadName=Thread-0  1520394725161
  end B ThreadName=Thread-0  1520394725661
begin A ThreadName=Thread-1  1520394725661
  end A ThreadName=Thread-1  1520394726161
                   main end  1520394726161
```

图 3-48　运行结果 2

```
begin A ThreadName=Thread-1  1520394761485
  end A ThreadName=Thread-1  1520394761985
begin B ThreadName=Thread-0  1520394761985
                   main end  1520394761985
  end B ThreadName=Thread-0  1520394762485
```

图 3-49　运行结果 3

为什么会出现截然不同的运行结果呢？

为了查看 join() 方法在 Run1.java 类中执行的时机，创建 RunFirst.java 类文件，代码如下：

```
package test.run;

import extthread.ThreadA;
import extthread.ThreadB;

public class RunFirst {

    public static void main(String[] args) {
        ThreadB b = new ThreadB();
        ThreadA a = new ThreadA(b);
        a.start();
        b.start();
        System.out.println("   main end=" + System.currentTimeMillis());
    }

}
```

程序第 1 次运行的结果如图 3-50 所示。

程序第 2 次运行的结果如图 3-51 所示。

```
<terminated> RunFirst (1) [Java Application] C:\Program Fi
   main end=1429496141109
begin A ThreadName=Thread-1   1429496141109
  end A ThreadName=Thread-1   1429496146109
begin B ThreadName=Thread-0   1429496146109
  end B ThreadName=Thread-0   1429496151109
```

图 3-50　第 1 次运行的结果

```
Problems  Tasks  Web Browser  Console ✕  S
<terminated> RunFirst (1) [Java Application] C:\Program File
   main end=1429496389109
begin A ThreadName=Thread-1   1429496389109
  end A ThreadName=Thread-1   1429496394109
begin B ThreadName=Thread-0   1429496394109
  end B ThreadName=Thread-0   1429496399109
```

图 3-51　第 2 次运行的结果

多次运行 RunFirst.java 文件后可以发现一个规律：多数时候 main end 是第一个打印的。所以可以得出如下结论：如果将 System.out.println() 方法当作 join(200)，join(200) 大部分是先运行的，也就是先抢到 ThreadB 的锁，然后快速释放。但由于线程执行 run() 方法的随机性，ThreadA 和 ThreadB 以及 main 线程都有可能先获得锁，不过为了解释方便，假定 join() 方法先获得锁。

执行 Run1.java 文件后就会出现一些不同的运行结果，在此案例中出现了 3 个线程和 2 个锁，3 个线程分别是 ThreadA、ThreadB 和 main 线程，2 个锁分别是 ThreadB 对象锁和 PrintStream 打印锁。

先来看看有可能出现的运行结果 A，如图 3-52 所示。

```
begin A ThreadName=Thread-1  1520394585265
  end A ThreadName=Thread-1  1520394585765
                    main end 1520394585765
begin B ThreadName=Thread-0  1520394585765
  end B ThreadName=Thread-0  1520394586265
```

图 3-52 运行结果 A

运行结果的解释如下。

1）b.join(200) 方法先抢到 B 锁，执行 JDK 源代码内部的 wait(200) 方法后立即释放 B 锁。

2）这时，ThreadA 和 ThreadB 开始抢 ThreadB 对象锁，而 ThreadA 抢到了锁，打印 ThreadA begin 并执行 sleep(500)。

3）在执行完 sleep(500) 之后 ThreadA 打印 ThreadA end 并释放锁。

4）当在 ThreadA 中的 sleep(500) 执行到第 200 毫秒时，join(200) 的源代码 wait(200) 时间已到，想要继续执行 JDK 中的源代码时必须要有 ThreadB 对象锁，但 ThreadB 对象锁此时被 ThreadA 持有，ThreadA 还要持有 300 毫秒，在这 300 毫秒的过程中，main 线程和 ThreadB 一起争抢 ThreadB 对象锁。300 毫秒过后 ThreadA 释放锁，而 main 线程和 ThreadB 还是会一起争抢 ThreadB 对象锁。main 线程抢到了锁，导致 join(200) 执行完毕继续运行，然后 main 线程和 ThreadB 都要执行 print() 方法，main 线程和 ThreadB 线程由原来的抢 ThreadB 对象锁转而抢 PrintStream 锁，这时 main 线程抢到了 PrintStream 锁，就优先打印 main end。

5）ThreadB 得到锁，PrintStream 打印 ThreadB begin。

6）500 毫秒之后再打印 ThreadB end。

再来看看有可能出现的运行结果 B，如图 3-53 所示。

下面解释运行结果。

```
begin B ThreadName=Thread-0  1520394725161
  end B ThreadName=Thread-0  1520394725661
begin A ThreadName=Thread-1  1520394725661
  end A ThreadName=Thread-1  1520394726161
                    main end 1520394726161
```

图 3-53 运行结果 B

1）b.join(200) 方法先抢到 B 锁，执行 JDK 源代码内部的 wait(200) 方法后立即释放 B 锁。

2）这时，ThreadA 和 ThreadB 开始抢 ThreadB 对象锁，而 ThreadB 抢到了锁，打印 ThreadB begin 并执行 sleep(500)。

3）在执行 sleep(500) 之后，ThreadB 打印 ThreadB end 并释放锁。

4）当在 ThreadB 中的 sleep(500) 执行第 200 毫秒时，join(200) 的源代码 wait(200) 时间已到，想要继续执行 JDK 中的源代码时必须要有 ThreadB 对象锁，但 ThreadB 对象锁此时被 ThreadB 持有，ThreadB 还要持有 300 毫秒，在这 300 毫秒的过程中，main 线程和 ThreadA 一起争抢 ThreadB 对象锁。300 毫秒过后 ThreadB 释放锁，而 main 线程和 ThreadA 还是会一起争抢 ThreadB 对象锁，可惜这次 main 线程并没有抢到 ThreadB 对象锁。

5）ThreadA 抢到锁，打印 ThreadA begin。

6）500 毫秒之后再打印 ThreadA end，并释放锁。

7）ThreadA 释放锁后，wait(200) 重新获得锁，发现时间已过，于是结束 join(200) 的运行，继续运行，在最后输出 main end。

再来看看有可能出现的运行结果 C，如图 3-54 所示。

```
begin A ThreadName=Thread-1  1520394761485
  end A ThreadName=Thread-1  1520394761985
begin B ThreadName=Thread-0  1520394761985
                    main end 1520394761985
  end B ThreadName=Thread-0  1520394762485
```

图 3-54 运行结果 C

对运行结果的解释如下。

1）b.join(200) 方法先抢到 B 锁，执行 JDK 源代码内部的 wait(200) 方法后立即释放 B 锁。

2）这时，ThreadA 和 ThreadB 开始抢 ThreadB 对象锁，而 ThreadA 抢到了锁，打印 ThreadA begin 并执行 sleep(500)。

3）在执行 sleep(500) 之后 ThreadA 打印 ThreadA end 并释放锁。

4）当在 ThreadA 中的 sleep(500) 执行到第 200 毫秒时，join(200) 的源代码 wait(200) 时间已到。要想继续执行 JDK 中的源代码则必须要有 ThreadB 对象锁，但 ThreadB 对象锁此时被 ThreadA 持有。ThreadA 还要持有 300 毫秒，在这 300 毫秒的过程中，main 线程和 ThreadB 一起争抢 ThreadB 对象锁。300 毫秒过后 ThreadA 释放锁，main 线程抢到了锁。因此 join(200) 方法执行完毕后继续运行并释放 ThreadB 锁，而 ThreadB 线程抢到 ThreadB 锁后开始和 main 线程抢打印 PrintStream 锁，这时 ThreadB 抢到了 PrintStream 对象锁并打印 ThreadB begin，之后释放锁。在执行 ThreadB 线程中的 500 毫秒的同时，main 线程接着抢到了 PrintStream 锁，就继续打印 main end。

5）500 毫秒过后 ThreadB 继续打印 ThreadB end。

### 3.2.7 方法 join(long millis, int nanos) 的使用

public final synchronized void join(long millis, int nanos) 表示等待该线程终止的时间最长为 millis 毫秒 + nanos 纳秒。如果参数 nanos < 0 或者 nanos > 999999)，就会出现异常 nanosecond timeout value out of range。

创建测试用的代码如下：

```
public class Test1 {
    public static void main(String[] args) throws InterruptedException {
        // 秒
        // 毫秒
        // 微秒
        // 纳秒
        long beginTime = System.currentTimeMillis();
        Thread.currentThread().join(2000, 999999);
        long endTime = System.currentTimeMillis();
        System.out.println(endTime - beginTime);
    }
}
```

程序运行结果显示方法 join() 耗时 2001 毫秒。

## 3.3 类ThreadLocal的使用

变量值的共享可以使用public static变量的形式，所有的线程都使用同一个public static变量，那如果想实现每一个线程都有自己的变量该如何解决呢？JDK提供的ThreadLocal就可以派上用场了。

类ThreadLocal主要的作用就是将数据放入当前线程对象中的Map里，这个Map是Thread类的实例变量。类ThreadLocal自己不管理也不存储任何数据，它只是数据和Map之间的中介和桥梁，通过ThreadLocal将数据放入Map中，执行流程如下：

数据->ThreadLocal->currentThread()->Map

执行后每个线程中的Map就存有自己的数据，Map中的key存储的是ThreadLocal对象，value就是存储的值，说明ThreadLocal和值之间是一对一的关系，一个ThreadLocal对象只能关联一个值。每个线程中Map的值只对当前线程可见，其他线程不可以访问当前线程对象中Map的值。

线程、Map、值之间的关系可以比喻成：

人（线程）随身有兜子（Map），兜子（Map）里面有东西（数据），这么实现，线程随身也有自己的数据了，随时可以访问自己的数据了。

由于Map中的key不可以重复，所以一个ThreadLocal对象对应一个value，内存结构如图3-55所示。

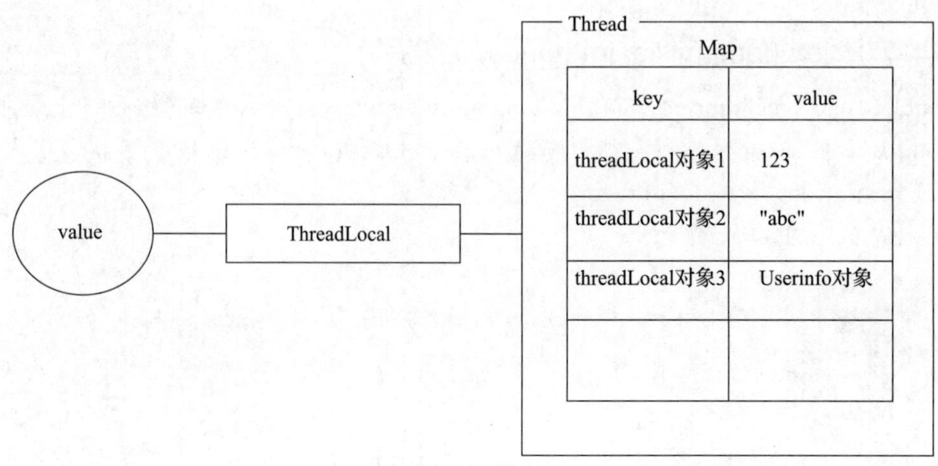


图3-55　内存结构

### 3.3.1 方法get()与null

如果从未在Thread中的Map存储ThreadLocal对象对应的值，则get()方法返回null。

创建名称为ThreadLocal11的项目，类Run.java的代码如下：

```
package test;

public class Run {
public static ThreadLocal tl = new ThreadLocal();

public static void main(String[] args) {
    if (tl.get() == null) {
        System.out.println(" 从未放过值 ");
        tl.set(" 我的值 ");
    }
    System.out.println(tl.get());
    System.out.println(tl.get());
}

}
```

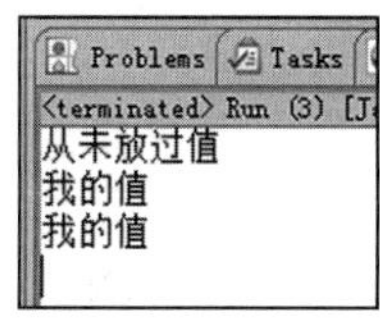


图 3-56 运行结果

程序运行后的效果如图 3-56 所示。

从图 3-56 中的运行结果来看，第一次调用 tl 对象的 get() 方法时返回的值是 null。调用 set() 方法并赋值后，可以顺利取出值并打印到控制台上。类 ThreadLocal 解决的是变量在不同线程中的隔离性，也就是不同线程拥有自己的值，不同线程中的值是可以通过 ThreadLocal 类进行保存的。

main 线程的兜子 ThreadLocal.ThreadLocalMap threadLocals = null; 对象由 JVM 进行实例化。

## 3.3.2 类 ThreadLocal 存取数据流程分析

运行测试程序：

```
public class Test {
    public static void main(String[] args) throws IOException, InterruptedException {
        ThreadLocal local = new ThreadLocal();
        local.set(" 我是任意的值 ");
        System.out.println(local.get());
    }
}
```

我们从 JDK 源代码的角度分析一下 ThreadLocal 类执行存取操作的流程。

1）执行 ThreadLocal.set(" 我是任意的值 ") 代码时，ThreadLocal 代码如下：

```
public void set(T value) {
    Thread t = Thread.currentThread(); // 对象 t 就是 main 线程
    ThreadLocalMap map = getMap(t);    // 从 main 线程中获得 ThreadLocalMap
    if (map != null)                   // 若 map 值不等于 null，进行 set 操作
        map.set(this, value);
    else
        createMap(t, value);           // 若 map 值等于 null，创建 map 并执行 set 操作
}                                      // 此源代码在 ThreadLocal.java 类中
```

2）代码 ThreadLocalMap map = getMap(t) 中的 getMap(t) 的源代码如下：

```
ThreadLocalMap getMap(Thread t) {        //参数 t 就是前面传入的 main 线程
    return t.threadLocals;
//返回 main 线程中 threadLocals 变量对应的 ThreadLocalMap 对象
}                                        //此源代码在 ThreadLocal.java 类中
```

3）声明变量 t.threadLocals 的源代码如下：

```
public class Thread implements Runnable {
    ThreadLocal.ThreadLocalMap threadLocals = null;    //默认值为 null
......                                   //此源代码在 Thread.java 类中
```

对象 threadLocals 数据类型就是 ThreadLocal.ThreadLocalMap，变量 threadLocals 是 Thread 类中的实例变量。

4）取得 Thread 中的 ThreadLocal.ThreadLocalMap 后，根据 map 对象值是不是 null 来决定是否对其执行 set 或 create and set 操作，源代码如图 3-57 所示。

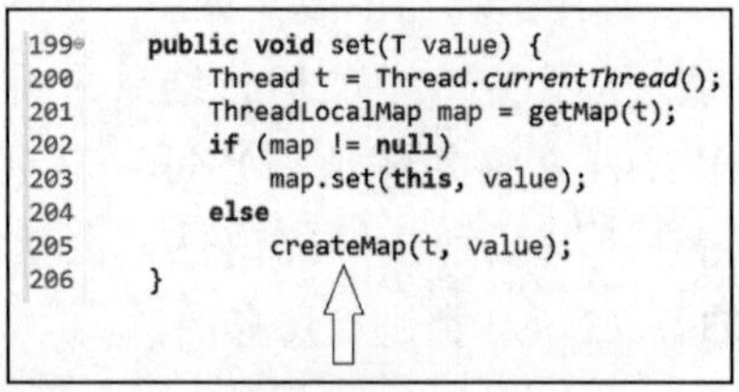

```
public void set(T value) {
    Thread t = Thread.currentThread();
    ThreadLocalMap map = getMap(t);
    if (map != null)
        map.set(this, value);
    else
        createMap(t, value);
}
```

图 3-57　执行 createMap() 方法

上面的源代码在 ThreadLocal.java 类中。

5）createMap() 方法的功能是创建一个新的 ThreadLocalMap，并在这个新的 ThreadLocalMap 里面存储数据，ThreadLocalMap 中的 key 就是当前的 ThreadLocal 对象，值就是传入的 value，createMap() 方法的源代码如下：

```
void createMap(Thread t, T firstValue) {
    t.threadLocals = new ThreadLocalMap(this, firstValue);
}                                        //此源代码在 ThreadLocal.java 类中
```

在实例化 ThreadLocalMap 的时候，向构造方法传入 this 和 firstValue。参数 this 就是当前 ThreadLocal 对象，firstValue 就是调用 ThreadLocal 对象时 set() 方法传入的参数值。

6）看一下 new ThreadLocalMap(this, firstValue) 构造方法的源代码，如图 3-58 所示。

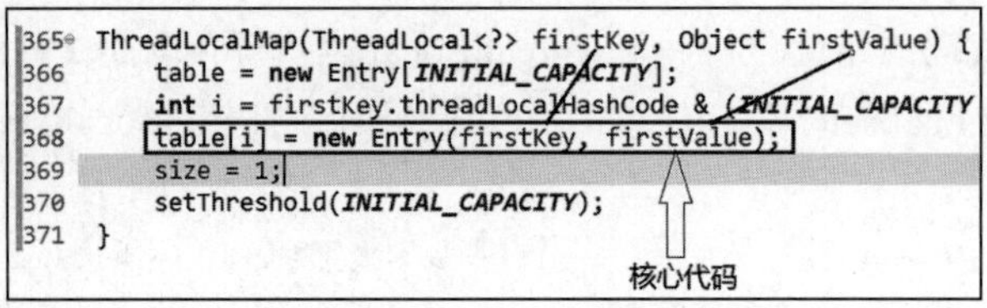

```
ThreadLocalMap(ThreadLocal<?> firstKey, Object firstValue) {
    table = new Entry[INITIAL_CAPACITY];
    int i = firstKey.threadLocalHashCode & (INITIAL_CAPACITY
    table[i] = new Entry(firstKey, firstValue);
    size = 1;
    setThreshold(INITIAL_CAPACITY);
}
```

核心代码

图 3-58　类 ThreadLocalMap 的有参构造方法源代码

上面的源代码在 ThreadLocal.java 类中。

在源代码中可以发现，将 ThreadLocal 对象与 firstValue 封装进 Entry 对象中，并放入 table[] 数组中，最后看一下 table[] 数组的声明。

7）table[] 数组的源代码如下：

```
static class ThreadLocalMap {
……
private Entry[] table;
……                                        // 此源代码在 ThreadLocal.java 类中
```

变量 table 就是 Entry[] 数组类型。

经过上面的 7 个步骤，我们成功将 value 通过 ThreadLocal 放入当前线程 currentThread() 中的 ThreadLocalMap 对象里面。

下面看看 get() 的执行流程。

8）当执行 System.out.println(local.get()); 代码时，ThreadLocal.get() 源代码如下：

```
public T get() {
    Thread t = Thread.currentThread();  // t 就是 main 线程
    ThreadLocalMap map = getMap(t);     // 从 main 线程中获得 Map
    if (map != null) {                  // 进入此分支，因为 map 不是 null
        // 执行 getEntry()，以 this 作为 key，获得对应的 Entry 对象
        ThreadLocalMap.Entry e = map.getEntry(this);
        if (e != null) {                // 进入此分支，因为 Entry 对象不为 null
            @SuppressWarnings("unchecked")
            T result = (T)e.value;      // 从 Entry 对象中取得 value 并返回
            return result;
        }
    }
    return setInitialValue();
}                                       // 此源代码在 ThreadLocal.java 类中
```

上面的流程就是 get() 方法的执行过程。

9）上面的 8 个步骤就是 set 和 get 的执行流程，比较麻烦，为什么不能直接向 Thread 类中的 ThreadLocalMap 对象存取数据呢？这是不能实现的，原因如图 3-59 所示。

```
Thread.class
182    ThreadLocal.ThreadLocalMap threadLocals = null;
183
```

图 3-59　变量 threadLocals 默认是包级访问

变量 threadLocals 默认是包级访问，所以不能从外部直接访问该变量，也没有对应的 get 和 set 方法，只有用同一个包中的类可以访问 threadLocals 变量，而 ThreadLocal 和 Thread 恰好在同一个包中，源代码如图 3-60 所示。

```
ThreadLocal.class
 2  * Copyright (c) 1997, 2013
25
26 package java.lang;
27 import java.lang.ref.*;

Thread.class
 2  * Copyright (c) 1994
25
26 package java.lang;
27
```

图 3-60　同在 lang 包下的 ThreadLocal 可以访问 Thread 中的 ThreadLocalMap

由于在同一个 lang 包下，所以外部代码通过 ThreadLocal 就可以访问 Thread 类中的“秘密对象”ThreadLocalMap 了。

### 3.3.3 验证线程变量的隔离性

此实验将实现通过使用 ThreadLocal 在每个线程中存储自己的私有数据。

创建测试用的项目 ThreadLocalTest，类 Tools.java 的代码如下：

```
package test;

public class Tools {
    public static ThreadLocal tl = new ThreadLocal();
}
```

两个自定义线程类的代码如下：

```
package test;

public class MyThreadA extends Thread {
    @Override
    public void run() {
        try {
            for (int i = 0; i < 10; i++) {
                Tools.tl.set("A " + (i + 1));
                System.out.println("A get " + Tools.tl.get());
                int sleepValue = (int) (Math.random() * 1000);
                Thread.sleep(sleepValue);
            }
        } catch (InterruptedException e) {
            e.printStackTrace();
        }
    }
}

package test;

public class MyThreadB extends Thread {
    @Override
    public void run() {
        try {
            for (int i = 0; i < 10; i++) {
                Tools.tl.set("B " + (i + 1));
                System.out.println("      B get " + Tools.tl.get());
                int sleepValue = (int) (Math.random() * 1000);
                Thread.sleep(sleepValue);
            }
        } catch (InterruptedException e) {
            e.printStackTrace();
        }
    }
}
```

类 Test.java 的代码如下：

```
package test;

import java.io.IOException;

public class Test {
    public static void main(String[] args) throws IOException, InterruptedException {
        MyThreadA a = new MyThreadA();
        MyThreadB b = new MyThreadB();
        a.start();
        b.start();
        for (int i = 0; i < 10; i++) {
            Tools.tl.set("main " + (i + 1));
            System.out.println("                main get " + Tools.tl.get());
            int sleepValue = (int) (Math.random() * 1000);
            Thread.sleep(sleepValue);
        }
    }
}
```

程序运行后的效果如下：

```
                main get main 1
A get A 1
     B get B 1
                main get main 2
     B get B 2
A get A 2
                main get main 3
A get A 3
     B get B 3
A get A 4
                main get main 4
A get A 5
     B get B 4
                main get main 5
     B get B 5
                main get main 6
A get A 6
     B get B 6
                main get main 7
A get A 7
A get A 8
                main get main 8
     B get B 7
A get A 9
     B get B 8
     B get B 9
                main get main 9
A get A 10
                main get main 10
     B get B 10
```

控制台输出的结果表明通过 ThreadLocal 向每一个线程存储自己的私有数据，虽然 3 个线程都向 tl 对象中通过的 set() 存放数据值，但每个线程仅能取出自己的数据，不能取出别人的。

创建新的项目 s5 来再次验证数据的隔离性。类 Tools.java 的代码如下：

```
package test;

public class Tools {
    public static ThreadLocal tl = new ThreadLocal();
    }
```

创建 2 个线程类，代码如下：

```
package test;

public class MyThreadA extends Thread {
    @Override
    public void run() {
        try {
            for (int i = 0; i < 10; i++) {
                if (Tools.tl.get() == null) {
                    Tools.tl.set("A " + (i + 1));
                }
                System.out.println("A get " + Tools.tl.get());
                int sleepValue = (int) (Math.random() * 1000);
                Thread.sleep(sleepValue);
            }
        } catch (InterruptedException e) {
            e.printStackTrace();
        }
    }
}

package test;

public class MyThreadB extends Thread {
    @Override
    public void run() {
        try {
            for (int i = 1; i < 10; i++) {
                if (Tools.tl.get() == null) {
                    Tools.tl.set("B " + (i + 1));
                }
                System.out.println("      B get " + Tools.tl.get());
                int sleepValue = (int) (Math.random() * 1000);
                Thread.sleep(sleepValue);
            }
        } catch (InterruptedException e) {
            e.printStackTrace();
        }
    }
}
```

类Test.java的代码如下：

```
package test;

import java.io.IOException;

public class Test {
    public static void main(String[] args) throws IOException, InterruptedException {
        MyThreadA a = new MyThreadA();
        MyThreadB b = new MyThreadB();
        a.start();
        b.start();
        for (int i = 2; i < 10; i++) {
            if (Tools.tl.get() == null) {
                Tools.tl.set("main " + (i + 1));
            }
            System.out.println("                main get " + Tools.tl.get());
            int sleepValue = (int) (Math.random() * 1000);
            Thread.sleep(sleepValue);
        }
    }
}
```

程序运行结果如下所示。

```
                main get main 3
     B get B 2
A get A 1
                main get main 3
A get A 1
     B get B 2
A get A 1
     B get B 2
A get A 1
A get A 1
     B get B 2
                main get main 3
A get A 1
A get A 1
     B get B 2
A get A 1
                main get main 3
A get A 1
                main get main 3
     B get B 2
     B get B 2
A get A 1
     B get B 2
                main get main 3
     B get B 2
                main get main 3
                main get main 3
```

在 for 循环中使用了 if 语句来判断当前线程的 ThreadLocalMap 中是否有数据，如果有则不再重复 set，所以线程 a 存取值 1，线程 b 存取值 2，线程 main 存取值 3。

在第一次调用 Threadlocal 类的 get() 方法时返回值是 null，怎么实现第一次调用 get() 不返回 null 呢？我们继续学习下一节。

### 3.3.4 解决 get() 返回 null 的问题

创建名称为 ThreadLocal22 的项目，继承 ThreadLocal 类产生 ThreadLocalExt.java 类，代码如下：

```
package ext;

public class ThreadLocalExt extends ThreadLocal {
@Override
protected Object initialValue() {
    return "我是默认值 第一次get不再为null";
}
}
```

覆盖 initialValue() 方法具有初始值，因为 ThreadLocal.java 中的 initialValue() 方法默认返回值就是 null，所以要在子类中重写，源代码如下：

```
protected T initialValue() {
    return null;
}
```

运行类 Run.java 的代码如下：

```
package test;

import ext.ThreadLocalExt;

public class Run {
public static ThreadLocalExt tl = new ThreadLocalExt();

public static void main(String[] args) {
    if (tl.get() == null) {
        System.out.println("从未放过值");
        tl.set("我的值");
    }
    System.out.println(tl.get());
    System.out.println(tl.get());
}

}
```

程序运行结果如图 3-61 所示。

此案例仅能证明 main 线程有自己的值，那其他线程是否会有自己的初始值呢？

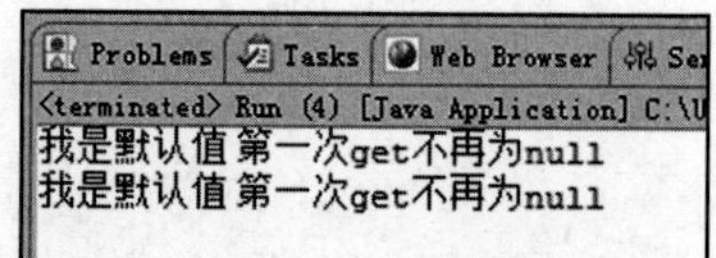


图 3-61 运行结果

### 3.3.5　验证重写 initialValue() 方法的隔离性

创建名称为 ThreadLocal33 的项目，类 Tools.java 的代码如下：

```
package tools;

import ext.ThreadLocalExt;

public class Tools {
public static ThreadLocalExt tl = new ThreadLocalExt();
}
```

类 ThreadLocalExt.java 的代码如下：

```
package ext;

import java.util.Date;

public class ThreadLocalExt extends ThreadLocal {
@Override
protected Object initialValue() {
    return new Date().getTime();
}
}
```

类 ThreadA.java 的代码如下：

```
package extthread;

import tools.Tools;

public class ThreadA extends Thread {

@Override
public void run() {
    try {
        for (int i = 0; i < 10; i++) {
            System.out.println("在ThreadA线程中取值=" + Tools.tl.get());
            Thread.sleep(100);
        }
    } catch (InterruptedException e) {
        // TODO Auto-generated catch block
        e.printStackTrace();
    }
}

}
```

类 Run.java 的代码如下：

```
package test;

import tools.Tools;
```

```
import extthread.ThreadA;

public class Run {

public static void main(String[] args) {
    try {
        for (int i = 0; i < 10; i++) {
            System.out.println("        在 Main 线程中取值 =" + Tools.tl.get());
            Thread.sleep(100);
        }
        Thread.sleep(5000);
        ThreadA a = new ThreadA();
        a.start();
    } catch (InterruptedException e) {
        e.printStackTrace();
    }
}

}
```

程序运行结果如图 3-62 所示。

子线程和父线程各有各的默认值。

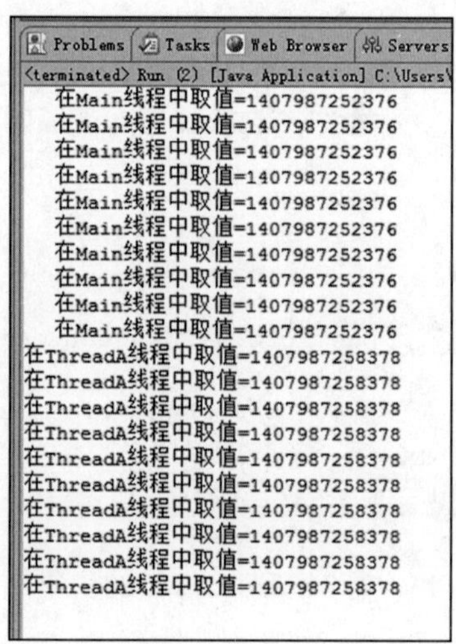


图 3-62　运行结果

## 3.3.6　使用 remove() 方法的必要性

ThreadLocalMap 中的静态内置类 Entry 是弱引用类型，源代码如图 3-63 所示。

```
static class ThreadLocalMap {

    /**
     * The entries in this hash map extend WeakReference, using
     * its main ref field as the key (which is always a
     * ThreadLocal object).  Note that null keys (i.e. entry.get()
     * == null) mean that the key is no longer referenced, so the
     * entry can be expunged from table.  Such entries are referred to
     * as "stale entries" in the code that follows.
     */
    static class Entry extends WeakReference<ThreadLocal<?>> {
        /** The value associated with this ThreadLocal. */
        Object value;

        Entry(ThreadLocal<?> k, Object v) {
            super(k);
            value = v;
        }
    }
```

图 3-63　静态内置类 ThreadLocalMap 源代码

弱引用的特点是，只要垃圾回收器扫描时发现弱引用的对象，则不管内存是否足够，都会回收弱引用的对象。也就是只要执行 gc 操作，ThreadLocal 对象就立即销毁，代表 key 的值 ThreadLocal 对象会随着 gc 操作而销毁，释放内存空间，但 value 值却不会随着 gc 操作而销毁，这会出现内存溢出。

创建测试用的项目 ThreadLocal_remove。

创建类代码：

```
package test;

import java.util.concurrent.atomic.AtomicInteger;

public class MyThreadLocal extends ThreadLocal {

    private static AtomicInteger count = new AtomicInteger(0);

    @Override
    protected void finalize() throws Throwable {
        System.out.println("MyThreadLocal finalize() " + count.addAndGet(1));
    }
}
```

创建类代码：

```
package test;

import java.util.concurrent.atomic.AtomicInteger;

public class Userinfo {
    private static AtomicInteger count = new AtomicInteger(0);

    @Override
    protected void finalize() throws Throwable {
        System.out.println("----------------Userinfo protected void finalize() "
            + count.addAndGet(1));
    }
}
```

运行类代码：

```
package test;

import java.util.ArrayList;
import java.util.List;

public class Run1 {

    public static void main(String[] args) {
        for (int i = 0; i < 9000; i++) {
            MyThreadLocal threadLocal = new MyThreadLocal();
            Userinfo userinfo = new Userinfo();
            threadLocal.set(userinfo);
            //threadLocal.remove();
        }
        MyThreadLocal threadLocal = new MyThreadLocal();
        System.out.println("9000 end!");
        List list = new ArrayList();
```

```
            for (int i = 0; i < 900000000; i++) {
                String newString = new String("" + (i + 1));
                Thread.yield();
                Thread.yield();
                Thread.yield();
                Thread.yield();
            }
            // 打印 threadLocal 实现强引用
            // 至少在内存中保留 1 个 threadLocal 对象
            System.out.println("zzzzzzzzzzzz " + threadLocal);
        }
    }
```

程序运行后，在 jvisualvm.exe 工具中可以查看到 9000 个 MyThreadLocal 类的对象全部被 gc 垃圾回收了，因为它们是弱引用类型，只有 1 个强引用的 MyThreadLocal 类的对象得以保留，如图 3-64 所示。

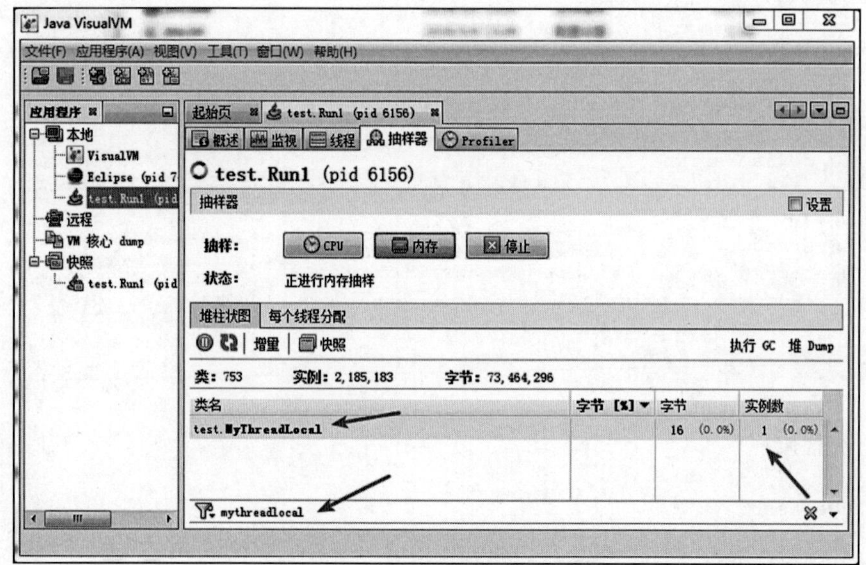


图 3-64　只有 1 个实例

但是 Userinfo 类的实例却没有被 gc 回收，整整 9000 个 Userinfo 对象都保存在内存中，如图 3-65 所示。

如果 Userinfo 对象数量更多，则一定会出现内存溢出，所以 static class ThreadLocalMap 类中不用的数据要使用 ThreadLocal 类的 remove() 方法进行清除，实现 Userinfo 类对象的垃圾回收，释放内存。运行代码如下：

```
package test;

import java.util.ArrayList;
```

```
import java.util.List;

public class Run2 {
    public static void main(String[] args) {
        for (int i = 0; i < 9000; i++) {
            MyThreadLocal threadLocal = new MyThreadLocal();
            Userinfo userinfo = new Userinfo();
            threadLocal.set(userinfo);
            threadLocal.remove();
        }
        MyThreadLocal threadLocal = new MyThreadLocal();
        System.out.println("9000 end!");
        List list = new ArrayList();
        for (int i = 0; i < 900000000; i++) {
            String newString = new String("" + (i + 1));
            Thread.yield();
            Thread.yield();
            Thread.yield();
            Thread.yield();
        }
        // 打印 threadLocal 实现强引用
        // 至少在内存中保留 1 个 threadLocal 对象
        System.out.println("zzzzzzzzzzzzz " + threadLocal);
    }
}
```

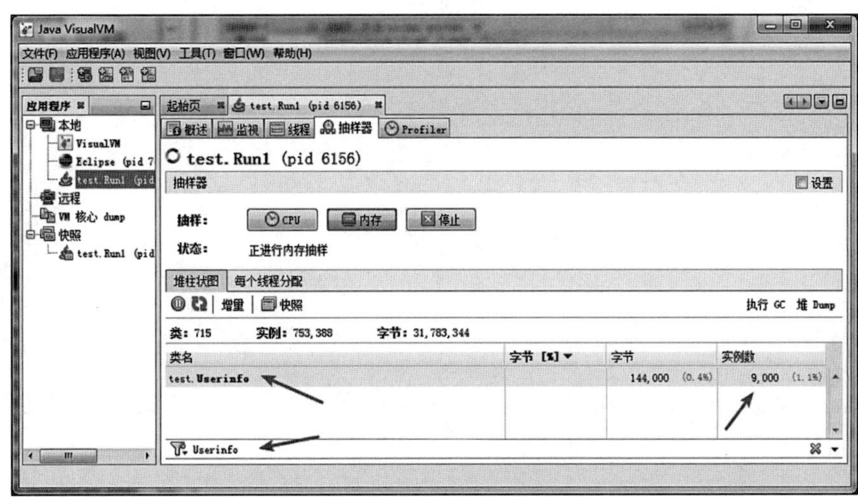


图 3-65　整整 9000 个实例

在代码中对 ThreadLocal 对象调用了 remove() 方法，清除不使用的对象，再释放内存资源。

程序运行后内存中只有 1 个 MyThreadLocal 类的实例，如图 3-66 所示。

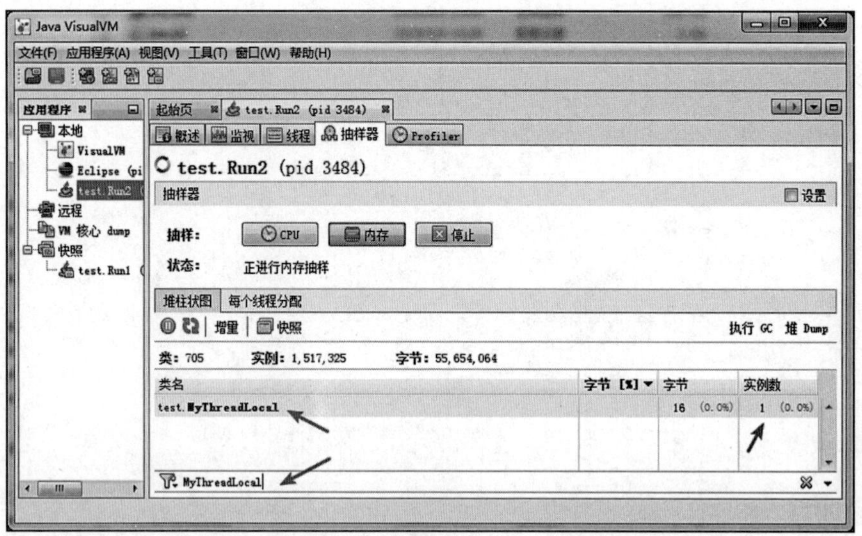


图 3-66　只有 1 个 MyThreadLocal 类的对象

并且其余的 9000 个 Userinfo 类的实例也被回收了，如图 3-67 所示。

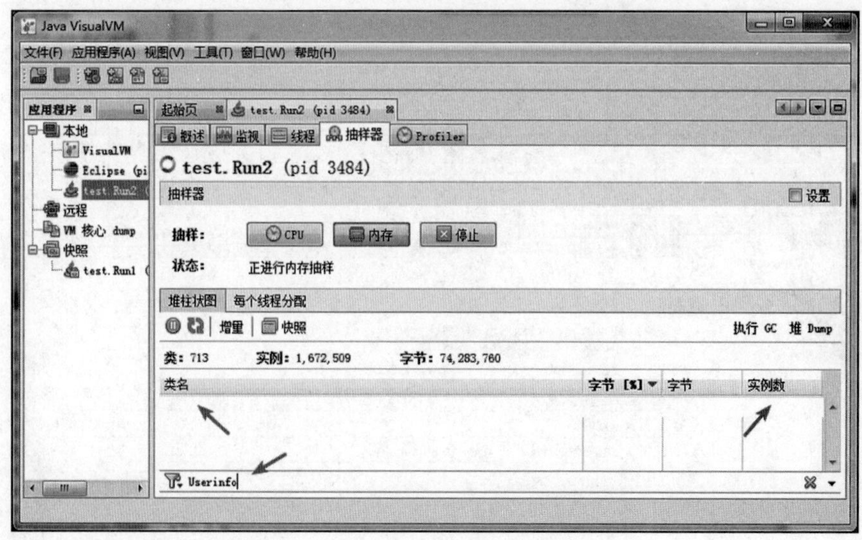


图 3-67　类 Userinfo 全部对象被回收

此实验的结论就是：当 ThreadLocalMap 中的数据不再使用时，要手动执行 ThreadLocal 类的 remove() 方法，清除数据，释放内存空间，不然会出现内存溢出。

## 3.4　类 InheritableThreadLocal 的使用

使用类 InheritableThreadLocal 可以在子线程中取得父线程继承下来的值。

### 3.4.1　类 ThreadLocal 不能实现值继承

创建测试用的项目 ThreadLocalNoExtends。

创建类 Tools.java，代码如下：

```
package test;

public class Tools {
    public static ThreadLocal tl = new ThreadLocal();
}
```

创建类 ThreadA.java，代码如下：

```
package test;

public class ThreadA extends Thread {
@Override
public void run() {
    try {
        for (int i = 0; i < 10; i++) {
            System.out.println(" 在 ThreadA 线程中取值 =" + Tools.tl.get());
            Thread.sleep(100);
        }
    } catch (InterruptedException e) {
        e.printStackTrace();
    }
}

}
```

创建类 Test.java，代码如下：

```
package test;

public class Test {

    public static void main(String[] args) {
        try {
            for (int i = 0; i < 10; i++) {
                if (Tools.tl.get() == null) {
                    Tools.tl.set(" 此值是 main 线程放入的 !");
                }
                System.out.println("        在 Main 线程中取值 =" + Tools.tl.get());
                Thread.sleep(100);
            }
            Thread.sleep(5000);
            ThreadA a = new ThreadA();
            a.start();
        } catch (InterruptedException e) {
            e.printStackTrace();
        }
    }

}
```

程序运行结果如下：

```
    在 Main 线程中取值 = 此值是 main 线程放入的！
    在 Main 线程中取值 = 此值是 main 线程放入的！
    在 Main 线程中取值 = 此值是 main 线程放入的！
    在 Main 线程中取值 = 此值是 main 线程放入的！
    在 Main 线程中取值 = 此值是 main 线程放入的！
    在 Main 线程中取值 = 此值是 main 线程放入的！
    在 Main 线程中取值 = 此值是 main 线程放入的！
    在 Main 线程中取值 = 此值是 main 线程放入的！
    在 Main 线程中取值 = 此值是 main 线程放入的！
    在 Main 线程中取值 = 此值是 main 线程放入的！
在 ThreadA 线程中取值 =null
在 ThreadA 线程中取值 =null
在 ThreadA 线程中取值 =null
在 ThreadA 线程中取值 =null
在 ThreadA 线程中取值 =null
在 ThreadA 线程中取值 =null
在 ThreadA 线程中取值 =null
在 ThreadA 线程中取值 =null
在 ThreadA 线程中取值 =null
在 ThreadA 线程中取值 =null
```

因为 main 线程创建了 ThreadA 线程，所以 main 线程是 ThreadA 线程的父线程。从运行结果中可以发现，由于 ThreadA 线程并没有继承 main 线程，所以 ThreadLocal 并不具有值继承特性，这时就要使用 InheritableThreadLocal 类进行替换了。

### 3.4.2 使用 InheritableThreadLocal 体现值继承特性

使用 InheritableThreadLocal 类可以让子线程从父线程中继承值。

创建测试项目 InheritableThreadLocal1。

Tools.java 类的代码如下。

```
package tools;

public class Tools {
    public static InheritableThreadLocal tl = new InheritableThreadLocal();
}
```

ThreadA.java 类的代码如下。

```
package extthread;

import tools.Tools;

public class ThreadA extends Thread {
    @Override
    public void run() {
        try {
            for (int i = 0; i < 10; i++) {
```

```
                System.out.println(" 在 ThreadA 线程中取值 =" + Tools.tl.get());
                Thread.sleep(100);
            }
        } catch (InterruptedException e) {
            e.printStackTrace();
        }
    }

}
```

Test.java 类的代码如下。

```
package test;

import extthread.ThreadA;
import tools.Tools;

public class Test {

    public static void main(String[] args) {
        try {
            for (int i = 0; i < 10; i++) {
                if (Tools.tl.get() == null) {
                    Tools.tl.set(" 此值是 main 线程放入的 !");
                }
                System.out.println("       在 Main 线程中取值 =" + Tools.tl.get());
                Thread.sleep(100);
            }
            Thread.sleep(5000);
            ThreadA a = new ThreadA();
            a.start();
        } catch (InterruptedException e) {
            e.printStackTrace();
        }
    }

}
```

程序运行结果如下。

```
    在 Main 线程中取值 = 此值是 main 线程放入的 !
    在 Main 线程中取值 = 此值是 main 线程放入的 !
    在 Main 线程中取值 = 此值是 main 线程放入的 !
    在 Main 线程中取值 = 此值是 main 线程放入的 !
    在 Main 线程中取值 = 此值是 main 线程放入的 !
    在 Main 线程中取值 = 此值是 main 线程放入的 !
    在 Main 线程中取值 = 此值是 main 线程放入的 !
    在 Main 线程中取值 = 此值是 main 线程放入的 !
    在 Main 线程中取值 = 此值是 main 线程放入的 !
    在 Main 线程中取值 = 此值是 main 线程放入的 !
在 ThreadA 线程中取值 = 此值是 main 线程放入的 !
在 ThreadA 线程中取值 = 此值是 main 线程放入的 !
在 ThreadA 线程中取值 = 此值是 main 线程放入的 !
```

```
在 ThreadA 线程中取值 = 此值是 main 线程放入的！
在 ThreadA 线程中取值 = 此值是 main 线程放入的！
在 ThreadA 线程中取值 = 此值是 main 线程放入的！
在 ThreadA 线程中取值 = 此值是 main 线程放入的！
在 ThreadA 线程中取值 = 此值是 main 线程放入的！
在 ThreadA 线程中取值 = 此值是 main 线程放入的！
在 ThreadA 线程中取值 = 此值是 main 线程放入的！
```

ThreadA 子线程获取的值是从父线程 main 继承的。

### 3.4.3 值继承特性在源代码中的执行流程

使用 InheritableThreadLocal 的确可以实现值继承的特性，那么在 JDK 的源代码中是如何实现这个特性的呢？下面按步骤来分析一下。

1）首先看一下 InheritableThreadLocal 类的源代码，如下所示。

```
public class InheritableThreadLocal<T> extends ThreadLocal<T> {
    protected T childValue(T parentValue) {
        return parentValue;
    }

    ThreadLocalMap getMap(Thread t) {
        return t.inheritableThreadLocals;
    }

    void createMap(Thread t, T firstValue) {
        t.inheritableThreadLocals = new ThreadLocalMap(this, firstValue);
    }
}
```

在 InheritableThreadLocal 类的源代码中存在 3 个方法，这 3 个方法都是对父类 ThreadLocal 中的同名方法进行重写后得到的，因为在源代码中并没有使用 @Override 进行标识，所以在初期分析时如果不注意，流程是比较绕的。

InheritableThreadLocal 类中的这 3 个核心方法都是对 ThreadLocal 类中的方法进行重写后得到的，ThreadLocal 类中这 3 个方法的源代码如下。

```
T childValue(T parentValue) {
    throw new UnsupportedOperationException();
}
ThreadLocalMap getMap(Thread t) {
    return t.threadLocals;
}
void createMap(Thread t, T firstValue) {
    t.threadLocals = new ThreadLocalMap(this, firstValue);
}
```

从源代码中可以看出，ThreadLocal 类操作的是 threadLocals 实例变量，而 InheritableThreadLocal 类操作的是 inheritableThreadLocals 实例变量，这是 2 个变量。

2）在 main() 方法中使用 main 线程执行 InheritableThreadLocal.set() 方法，源代码如下。

```
public static void main(String[] args) {
    try {
        for (int i = 0; i < 10; i++) {
            if (Tools.tl.get() == null) {
                Tools.tl.set("此值是 main 线程放入的！"); // 在此处执行
            }
```

调用 InheritableThreadLocal 对象中的 set() 方法其实就是调用 ThreadLocal.java 类中的 set() 方法，因为 InheritableThreadLocal 并没有重写 set() 方法。

3）下面分析一下 ThreadLocal.java 类中的 set() 方法，源代码如下。

```
public void set(T value) {
    Thread t = Thread.currentThread();
    ThreadLocalMap map = getMap(t);
    if (map != null)
        map.set(this, value);
    else
        createMap(t, value);
}
```

在执行 ThreadLocal.java 类中的 set() 方法时，有 2 个方法已经被 InheritableThreadLocal 类重写了，分别是 getMap(t) 和 createMap(t, value)。一定要留意，在执行这 2 个方法时，调用的是 InheritableThreadLocal 类中重写的 getMap(t) 方法和 createMap(t, value) 方法。再次查看一下重写的这 2 个方法在 InheritableThreadLocal 类中的源代码。

```
public class InheritableThreadLocal<T> extends ThreadLocal<T> {
    ThreadLocalMap getMap(Thread t) {
        return t.inheritableThreadLocals;
    }
    void createMap(Thread t, T firstValue) {
        t.inheritableThreadLocals = new ThreadLocalMap(this, firstValue);
    }
}
```

4）通过查看 InheritableThreadLocal 类中 getMap(Thread t) 方法和 createMap(Thread t, T first-Value) 方法的源代码可以明确一个重要的知识点，那就是不再向 Thread 类中的 ThreadLocal.ThreadLocalMap threadLocals 存入数据了，而是向 ThreadLocal.ThreadLocalMap inheritable ThreadLocals 存入数据，这 2 个对象在 Thread.java 类中的声明如下。

```
public class Thread implements Runnable {
    ThreadLocal.ThreadLocalMap threadLocals = null;
    ThreadLocal.ThreadLocalMap inheritableThreadLocals = null;
```

上面的分析步骤明确了一个知识点，就是 main 线程向 inheritableThreadLocals 对象存入数据，对象 inheritableThreadLocals 就是存数据的容器，那么子线程如何继承父线程中的 inheritableThreadLocals 对象的值呢？

5）这个实现的思路就是在创建子线程 ThreadA 时，子线程主动引用父线程 main 里面的 inheritableThreadLocals 对象值，源代码证明如下。

```
public class Thread implements Runnable {
    private void init(ThreadGroup g, Runnable target, String name,
                      long stackSize, AccessControlContext acc,
                      boolean inheritThreadLocals) {
        ......
        if (inheritThreadLocals && parent.inheritableThreadLocals != null)
            this.inheritableThreadLocals =
ThreadLocal.createInheritedMap(parent.inheritableThreadLocals);
    ......
    }
```

因为 init(ThreadGroup g, Runnable target, String name, long stackSize, AccessControlContext acc, boolean inheritThreadLocals) 方法是被 Thread 的构造方法调用的，所以在 new ThreadA() 中，在 Thread.java 源代码内部会自动调用 init(ThreadGroup g, Runnable target, String name, long stackSize, AccessControlContext acc, boolean inheritThreadLocals) 方法。

在 init(ThreadGroup g, Runnable target, String name, long stackSize, AccessControlContext acc, boolean inheritThreadLocals) 方法中的最后 1 个参数 inheritThreadLocals 代表当前线程对象是否会从父线程中继承值。因为这个值被永远传入 true，所以每一次都会继承值。传入 true 的源代码在 init(ThreadGroup g, Runnable target, String name, long stackSize) 方法中，源代码如下。

```
private void init(ThreadGroup g, Runnable target, String name,
                  long stackSize) {
    init(g, target, name, stackSize, null, true);
    }
```

这一过程也就是方法 init(ThreadGroup g, Runnable target, String name, long stackSize)。

调用方法 init(ThreadGroup g, Runnable target, String name, long stackSize, AccessControlContext acc, boolean inheritThreadLocals) 并对最后一个参数永远传入 true，即最后一个参数 inheritThreadLocals 永远为 true。

6）执行 init(ThreadGroup g, Runnable target, String name, long stackSize, AccessControlContext acc, boolean inheritThreadLocals) 方法中的 if 语句，如下所示。

```
if (inheritThreadLocals && parent.inheritableThreadLocals != null)
```

如果运算符 && 左边的表达式 inheritThreadLocals 的值为 true，就要开始运算 && 右边的表达式 parent.inheritableThreadLocals != null 了。

当向 main 线程中的 inheritableThreadLocals 存放数据时，因为对象 inheritableThreadLocals 并不是空的，所以 && 运算符两端的结果都为 true。那么程序继续运行，对当前线程的 inheritableThreadLocals 对象变量进行赋值，代码如下。

```
this.inheritableThreadLocals =
ThreadLocal.createInheritedMap(parent.inheritableThreadLocals);
```

7）代码 this.inheritableThreadLocals 中的 this 就是当前 ThreadA.java 类的对象，执行 createInheritedMap() 方法的目的是先创建一个新的 ThreadLocalMap 对象，然后再将 ThreadLocalMap 对象赋值给 ThreadA 对象中的 inheritableThreadLocals 变量，createInheritedMap() 方法的源代码如下。

```
static ThreadLocalMap createInheritedMap(ThreadLocalMap parentMap) {
    return new ThreadLocalMap(parentMap);
}
```

8）下面继续分析一下 new ThreadLocalMap(parentMap) 构造方法中的核心源代码。

```
private ThreadLocalMap(ThreadLocalMap parentMap) {
    Entry[] parentTable = parentMap.table;
    int len = parentTable.length;
    setThreshold(len);
    table = new Entry[len];                        // 新建 Entry[] 数组

    for (int j = 0; j < len; j++) {
        Entry e = parentTable[j];
        if (e != null) {
            @SuppressWarnings("unchecked")
            ThreadLocal<Object> key = (ThreadLocal<Object>) e.get();
            if (key != null) {
                Object value = key.childValue(e.value);
                Entry c = new Entry(key, value);  // 实例化新的 Entry 对象
                int h = key.threadLocalHashCode & (len - 1);
                while (table[h] != null)
                    h = nextIndex(h, len);
                table[h] = c;                      // 将父线程中的数据复制到新数组中
                size++;
            }
        }
    }
}
```

在 ThreadLocalMap 类构造方法的源代码中，子线程创建了全新的 table = new Entry[len]; 对象来存储数据，数据源自父线程。

最为关键的代码如下。

```
Object value = key.childValue(e.value);
```

由于 value 数据类型可以是不可变的，也可以是可变的，因此会出现两种截然不同的结果。

先来看看不可变数据类型的测试。

```
public class Test {
    public static void main(String[] args) {
        String a = "abc";
```

```
        String b = a;
        System.out.println(a + " " + b);
        a = "xyz";
        System.out.println(a + " " + b);
    }
}
```

程序运行结果如下。

```
abc abc
xyz abc
```

String 数据类型是不可变的，对 String 赋新的常量值会开辟新的内存空间。

再来看一看可变数据类型的测试。

```
public class Test {
    static class Userinfo {
        public String username;

        public Userinfo(String username) {
            super();
            this.username = username;
        }
    }

    public static void main(String[] args) {
        Userinfo userinfo1 = new Userinfo("我是旧值");
        Userinfo userinfo2 = userinfo1;
        System.out.println(userinfo1.username + " " + userinfo2.username);
        userinfo1.username = "我是新值";
        System.out.println(userinfo1.username + " " + userinfo2.username);
    }
}
```

程序运行结果如下。

```
我是旧值 我是旧值
我是新值 我是新值
```

自定义 Userinfo 数据类型的内容是可变的，对象 userinfo1 和 userinfo2 引用同一个地址的 Userinfo 类的对象，一个对象的属性改了，另一个也能感应到。

根据以上测试，当执行代码 Object value = key.childValue(e.value); 时会出现 2 种结果。

- 如果 e.value 中的 value 是不可变数据类型，那么主线程使用 InheritableThreadLocal 类执行 set(String) 操作。当子线程对象创建完毕并启动时，子线程中的数据就是主线程中旧的数据。由于 String 数据类型是不可变的，因此主线程和子线程拥有各自的 String 存储空间，只是空间中的值是一样的。当主线程使用新的 String 数据时，只是更改了主线程 String 空间中的值，子线程还是使用旧的 String 数据，这是因为 e.value 是 String 数据类型，String 数据类型是不可变的。

- 如果 e.value 是可变数据类型，那么主线程使用 InheritableThreadLocal 类执行 set(Userinfo) 操作。当子线程对象创建完毕并启动时，主线程和子线程拥有的 Userinfo 对象是同一个。主线程改变 Userinfo 中的属性值，这时子线程可以立即取得最新的属性值。只要 main 主线程更改了 Userinfo 中的属性值，子线程就能感应到。

下面我们主要测试当 e.value 中的 value 是不可变数据类型 String 时的使用情况。

### 3.4.4 父线程有最新的值，子线程还是旧值：不可变类型

创建测试项目 InheritableThreadLocal101。

创建 Tools.java 类，代码如下。

```
package tools;

public class Tools {
    public static InheritableThreadLocal tl = new InheritableThreadLocal();
}
```

创建 ThreadA.java 类的代码如下。

```
package extthread;

import tools.Tools;

public class ThreadA extends Thread {
    @Override
    public void run() {
        try {
            for (int i = 0; i < 10; i++) {
                System.out.println("在ThreadA线程中取值=" + Tools.tl.get());
                Thread.sleep(1000);
            }
        } catch (InterruptedException e) {
            e.printStackTrace();
        }
    }

}
```

创建 Test.java 类的代码如下。

```
package test;

import extthread.ThreadA;
import tools.Tools;

public class Test {
    public static void main(String[] args) throws InterruptedException {
        if (Tools.tl.get() == null) {
            Tools.tl.set("此值是main线程放入的！");
        }
```

```
        System.out.println("        在 Main 线程中取值 =" + Tools.tl.get());
        Thread.sleep(100);
        ThreadA a = new ThreadA();
        a.start();
        Thread.sleep(5000);
        Tools.tl.set("此值是 main 线程 newnewnewnewnew 放入的!");
    }

}
```

程序运行后，子线程还是持有旧的数据，打印结果如下。

```
    在 Main 线程中取值 = 此值是 main 线程放入的!
在 ThreadA 线程中取值 = 此值是 main 线程放入的!
在 ThreadA 线程中取值 = 此值是 main 线程放入的!
在 ThreadA 线程中取值 = 此值是 main 线程放入的!
在 ThreadA 线程中取值 = 此值是 main 线程放入的!
在 ThreadA 线程中取值 = 此值是 main 线程放入的!
在 ThreadA 线程中取值 = 此值是 main 线程放入的!
在 ThreadA 线程中取值 = 此值是 main 线程放入的!
在 ThreadA 线程中取值 = 此值是 main 线程放入的!
在 ThreadA 线程中取值 = 此值是 main 线程放入的!
在 ThreadA 线程中取值 = 此值是 main 线程放入的!
```

### 3.4.5 子线程有最新的值，父线程还是旧值：不可变类型

创建测试项目 InheritableThreadLocal102。

创建 Tools.java 类的代码如下。

```
package tools;

public class Tools {
    public static InheritableThreadLocal tl = new InheritableThreadLocal();
}
```

创建 ThreadA.java 类的代码如下。

```
package extthread;

import tools.Tools;

public class ThreadA extends Thread {
    @Override
    public void run() {
        try {
            for (int i = 0; i < 10; i++) {
                System.out.println("在 ThreadA 线程中取值 =" + Tools.tl.get());
                Thread.sleep(1000);
                if (i == 5) {
                    Tools.tl.set("我是 ThreadA 的 newnewnewnew 最新的值!");
                    System.out.println("ThreadA 已经存在最的值----------------");
                }
```

```
            }
        } catch (InterruptedException e) {
            e.printStackTrace();
        }
    }

}
```

创建 Test.java 类的代码如下。

```
package test;

import extthread.ThreadA;
import tools.Tools;

public class Test {
    public static void main(String[] args) throws InterruptedException {
        if (Tools.tl.get() == null) {
            Tools.tl.set("此值是main线程放入的！");
        }
        System.out.println("       在Main线程中取值=" + Tools.tl.get());
        Thread.sleep(100);
        ThreadA a = new ThreadA();
        a.start();
        Thread.sleep(3000);
        for (int i = 0; i < 10; i++) {
            System.out.println("main end get value=" + Tools.tl.get());
            Thread.sleep(1000);
        }
    }

}
```

程序运行后，子线程还是持有最新的值，打印结果如下。

```
    在Main线程中取值=此值是main线程放入的！
在ThreadA线程中取值=此值是main线程放入的！
在ThreadA线程中取值=此值是main线程放入的！
在ThreadA线程中取值=此值是main线程放入的！
在ThreadA线程中取值=此值是main线程放入的！
main end get value=此值是main线程放入的！
在ThreadA线程中取值=此值是main线程放入的！
main end get value=此值是main线程放入的！
main end get value=此值是main线程放入的！
在ThreadA线程中取值=此值是main线程放入的！
ThreadA已经存在最的值----------------
main end get value=此值是main线程放入的！
在ThreadA线程中取值=我是ThreadA的newnewnewnew最新的值！
在ThreadA线程中取值=我是ThreadA的newnewnewnew最新的值！
main end get value=此值是main线程放入的！
在ThreadA线程中取值=我是ThreadA的newnewnewnew最新的值！
main end get value=此值是main线程放入的！
在ThreadA线程中取值=我是ThreadA的newnewnewnew最新的值！
```

```
main end get value=此值是main线程放入的！
main end get value=此值是main线程放入的！
main end get value=此值是main线程放入的！
main end get value=此值是main线程放入的！
```

main 线程存的永远是旧的数据。

### 3.4.6 子线程可以感应对象属性值的变化：可变类型

前面都是在主子线程中使用 String 数据类型做继承特性的实验，如果子线程从父线程继承可变对象数据类型，那么子线程可以得到最新对象中的属性值。

创建测试项目 InheritableThreadLocal103。

创建 Userinfo.java 类的代码如下。

```
package entity;

public class Userinfo {

    private String username;

    public String getUsername() {
        return username;
    }

    public void setUsername(String username) {
        this.username = username;
    }

}
```

创建 Tools.java 类的代码如下。

```
package tools;

import entity.Userinfo;

public class Tools {
    public static InheritableThreadLocal<Userinfo> tl = new InheritableThreadLocal<>();
}
```

创建 ThreadA.java 类的代码如下。

```
package extthread;

import entity.Userinfo;
import tools.Tools;

public class ThreadA extends Thread {
    @Override
    public void run() {
        try {
```

```
            for (int i = 0; i < 10; i++) {
                Userinfo userinfo = Tools.tl.get();
                System.out.println("在 ThreadA 线程中取值 =" + userinfo.getUsername() +
                    " " + userinfo.hashCode());
                Thread.sleep(1000);
            }
        } catch (InterruptedException e) {
            e.printStackTrace();
        }
    }

}
```

创建 Test.java 类的代码如下。

```
package test;

import entity.Userinfo;
import extthread.ThreadA;
import tools.Tools;

public class Test {
    public static void main(String[] args) throws InterruptedException {
        Userinfo userinfo = new Userinfo();
        System.out.println("A userinfo " + userinfo.hashCode());
        userinfo.setUsername("中国");
        if (Tools.tl.get() == null) {
            Tools.tl.set(userinfo);
        }
        System.out.println("        在 Main 线程中取值 =" + Tools.tl.get().getUsername() +
            " " + Tools.tl.get().hashCode());
        Thread.sleep(100);
        ThreadA a = new ThreadA();
        a.start();
        Thread.sleep(5000);
        Tools.tl.get().setUsername("美国");
    }

}
```

程序运行结果就是 ThreadA 取到 userinfo 对象的最新属性值，即美国了，打印结果如下。

```
A userinfo 366712642
    在 Main 线程中取值 = 中国 366712642
在 ThreadA 线程中取值 = 中国 366712642
在 ThreadA 线程中取值 = 中国 366712642
在 ThreadA 线程中取值 = 中国 366712642
在 ThreadA 线程中取值 = 中国 366712642
在 ThreadA 线程中取值 = 中国 366712642
在 ThreadA 线程中取值 = 美国 366712642
在 ThreadA 线程中取值 = 美国 366712642
```

```
在 ThreadA 线程中取值 = 美国 366712642
在 ThreadA 线程中取值 = 美国 366712642
在 ThreadA 线程中取值 = 美国 366712642
```

如果在 main() 方法的最后重新放入一个新的 Userinfo 对象，则 ThreadA 线程打印的结果永远是中国。这是因为 ThreadA 永远引用的是中国对应的 Userinfo 对象，并不是新版美国对应的 Userinfo 对象，所以依然符合“父线程有最新的值，子线程还是旧值”，代码如下。

```
package test;

import entity.Userinfo;
import extthread.ThreadA;
import tools.Tools;

public class Test2 {
    public static void main(String[] args) throws InterruptedException {
        Userinfo userinfo = new Userinfo();
        System.out.println("A userinfo " + userinfo.hashCode());
        userinfo.setUsername("中国");
        if (Tools.tl.get() == null) {
            Tools.tl.set(userinfo);
        }
        System.out.println("        在 Main 线程中取值 =" + Tools.tl.get().getUsername() +
            " " + Tools.tl.get().hashCode());
        Thread.sleep(100);
        ThreadA a = new ThreadA();
        a.start();
        Thread.sleep(5000);
        Userinfo userinfo2 = new Userinfo();
        userinfo2.setUsername("美国");
        System.out.println("B userinfo " + userinfo2.hashCode());
        Tools.tl.set(userinfo2);
    }

}
```

控制台输出结果如下。

```
A userinfo 366712642
    在 Main 线程中取值 = 中国 366712642
在 ThreadA 线程中取值 = 中国 366712642
在 ThreadA 线程中取值 = 中国 366712642
在 ThreadA 线程中取值 = 中国 366712642
在 ThreadA 线程中取值 = 中国 366712642
在 ThreadA 线程中取值 = 中国 366712642
在 ThreadA 线程中取值 = 中国 366712642
B userinfo 1829164700
在 ThreadA 线程中取值 = 中国 366712642
在 ThreadA 线程中取值 = 中国 366712642
在 ThreadA 线程中取值 = 中国 366712642
在 ThreadA 线程中取值 = 中国 366712642
```

### 3.4.7　重写 childValue 方法实现对继承值的加工

如果在继承的同时还可以对值进行进一步的加工就更好了。

创建测试项目 InheritableThreadLocal2，将 InheritableThreadLocal1 项目中的所有类复制到 InheritableThreadLocal2 项目中。

更改类 InheritableThreadLocalExt.java 的代码如下。

```
package ext;

import java.util.Date;

public class InheritableThreadLocalExt extends InheritableThreadLocal {
@Override
protected Object initialValue() {
    return new Date().getTime();
}

@Override
protected Object childValue(Object parentValue) {
    return parentValue + " 我在子线程加的 ~!";
}
}
```

程序运行后的效果如图 3-68 所示。

图 3-68　成功继承并修改

通过重写 childValue() 方法，子线程可以对父线程继承的值进行加工和修改。

在子线程的任意时刻执行 InheritableThreadLocalExt.set() 方法，使子线程具有最新的值。另外，通过重写 childValue() 方法也会使子线程得到最新的值。这两点的区别在于子线程可以在任意的时间执行 InheritableThreadLocalExt.set() 方法任意次，使自身一直持有新的值，而使用重写 childValue() 方法来实现时，只能在创建子线程时有效，而且仅此一次机会。

## 3.5　本章小结

本章介绍了分散的线程对象如何通信与协作。线程任务不再单打独斗，而是团结了，任务的执行和规划也更加合理了。

Chapter 4 第4章

# 锁的使用

本章使用锁（Lock对象）实现同步的效果，Lock对象在功能上比synchronized更加丰富，本章重点介绍如下2个知识点：

- ❑ ReentrantLock类的使用；
- ❑ ReentrantReadWriteLock类的使用。

## 4.1 使用ReentrantLock类

在Java多线程中可以使用synchronized关键字来实现线程间同步，不过在JDK1.5中新增的ReentrantLock类也能达到同样的效果，并且在扩展功能上更加强大，比如具有嗅探锁定、多路分支通知等功能。

### 4.1.1 使用ReentrantLock实现同步

既然ReentrantLock类在功能上相比synchronized更强大，那么下面以一个程序示例来介绍一下ReentrantLock类的使用。

创建测试项目ReentrantLockTest，创建MyService.java类，代码如下。

```
package service;

import java.util.concurrent.locks.Lock;
import java.util.concurrent.locks.ReentrantLock;

public class MyService {

private Lock lock = new ReentrantLock();
```

```
public void testMethod() {
    lock.lock();
    for (int i = 0; i < 5; i++) {
        System.out.println("ThreadName=" + Thread.currentThread().getName()
                + (" " + (i + 1)));
    }
    lock.unlock();
}

}
```

调用 ReentrantLock 对象的 lock() 方法获取锁，调用 unlock() 方法释放锁，这两个方法成对使用。想要实现同步代码，把这些代码放在 lock() 方法和 unlock() 方法之间即可。

创建 MyThread.java 类的代码如下。

```
package extthread;

import service.MyService;

public class MyThread extends Thread {

private MyService service;

public MyThread(MyService service) {
    super();
    this.service = service;
}

@Override
public void run() {
    service.testMethod();
}
}
```

运行 Run.java 类的代码如下。

```
package test;

import service.MyService;
import extthread.MyThread;

public class Run {

public static void main(String[] args) {

    MyService service = new MyService();

    MyThread a1 = new MyThread(service);
    MyThread a2 = new MyThread(service);
    MyThread a3 = new MyThread(service);
    MyThread a4 = new MyThread(service);
    MyThread a5 = new MyThread(service);
```

```
        a1.start();
        a2.start();
        a3.start();
        a4.start();
        a5.start();

    }

}
```

程序运行结果如图 4-1 所示。

```
Problems  Tasks  Web B
<terminated> Run (1) [Java Appl
ThreadName=Thread-0 1
ThreadName=Thread-0 2
ThreadName=Thread-0 3
ThreadName=Thread-0 4
ThreadName=Thread-0 5
ThreadName=Thread-4 1
ThreadName=Thread-4 2
ThreadName=Thread-4 3
ThreadName=Thread-4 4
ThreadName=Thread-4 5
ThreadName=Thread-1 1
ThreadName=Thread-1 2
ThreadName=Thread-1 3
ThreadName=Thread-1 4
ThreadName=Thread-1 5
ThreadName=Thread-2 1
ThreadName=Thread-2 2
ThreadName=Thread-2 3
ThreadName=Thread-2 4
ThreadName=Thread-2 5
ThreadName=Thread-3 1
ThreadName=Thread-3 2
ThreadName=Thread-3 3
ThreadName=Thread-3 4
ThreadName=Thread-3 5
```

图 4-1 实现同步

从运行结果来看，当前线程打印完毕之后将锁释放，其他线程才可以继续抢锁并打印，每个线程内打印的数据是有序的，即从 1 到 5。因为当前线程已经持有锁，具有互斥排它性，而线程之间打印的顺序是随机的，所以谁抢到锁，谁打印。

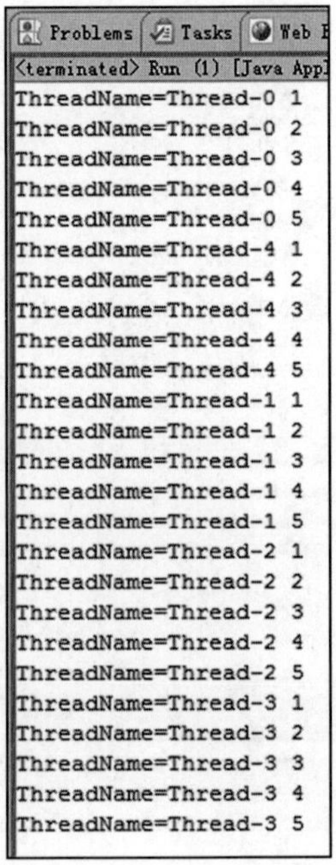

### 4.1.2 验证多代码块间的同步性

创建测试项目 ConditionTestMoreMethod，MyService.java 类的代码如下。

```
package service;

import java.util.concurrent.locks.Lock;
import java.util.concurrent.locks.ReentrantLock;

public class MyService {

private Lock lock = new ReentrantLock();

public void methodA() {
    try {
        lock.lock();
        System.out.println("methodA begin ThreadName="
                + Thread.currentThread().getName() + " time="
                + System.currentTimeMillis());
        Thread.sleep(5000);
        System.out.println("methodA  end ThreadName="
                + Thread.currentThread().getName() + " time="
                + System.currentTimeMillis());
    } catch (InterruptedException e) {
        e.printStackTrace();
    } finally {
        lock.unlock();
    }
}

public void methodB() {
    try {
        lock.lock();
```

```
            System.out.println("methodB begin ThreadName="
                    + Thread.currentThread().getName() + " time="
                    + System.currentTimeMillis());
            Thread.sleep(5000);
            System.out.println("methodB  end ThreadName="
                    + Thread.currentThread().getName() + " time="
                    + System.currentTimeMillis());
        } catch (InterruptedException e) {
            e.printStackTrace();
        } finally {
            lock.unlock();
        }
    }

}
```

第一组线程类代码如图 4-2 所示。

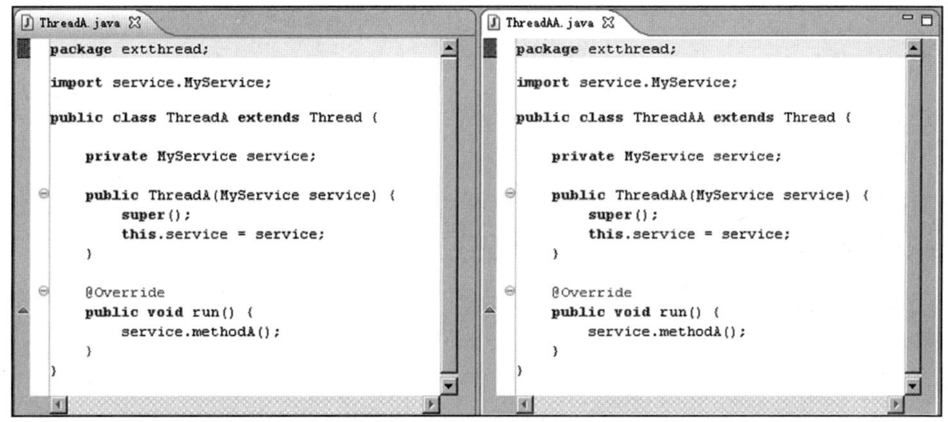


图 4-2　第一组线程类代码

第二组线程类代码如图 4-3 所示。

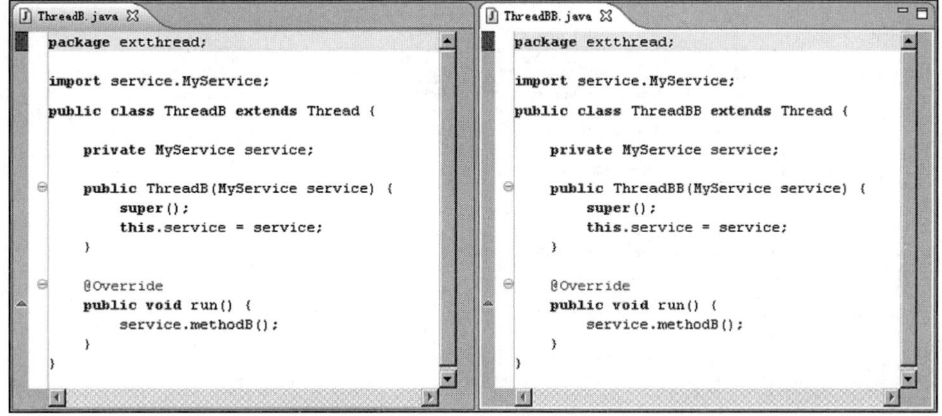


图 4-3　第二组线程类代码

Run.java 类的代码如下。

```
package test;

import service.MyService;
import extthread.ThreadA;
import extthread.ThreadAA;
import extthread.ThreadB;
import extthread.ThreadBB;

public class Run {

public static void main(String[] args) throws InterruptedException {
    MyService service = new MyService();

    ThreadA a = new ThreadA(service);
    a.setName("A");
    a.start();
    ThreadAA aa = new ThreadAA(service);
    aa.setName("AA");
    aa.start();

    Thread.sleep(100);

    ThreadB b = new ThreadB(service);
    b.setName("B");
    b.start();

    ThreadBB bb = new ThreadBB(service);
    bb.setName("BB");
    bb.start();

}

}
```

程序运行后的效果如图 4-4 所示。

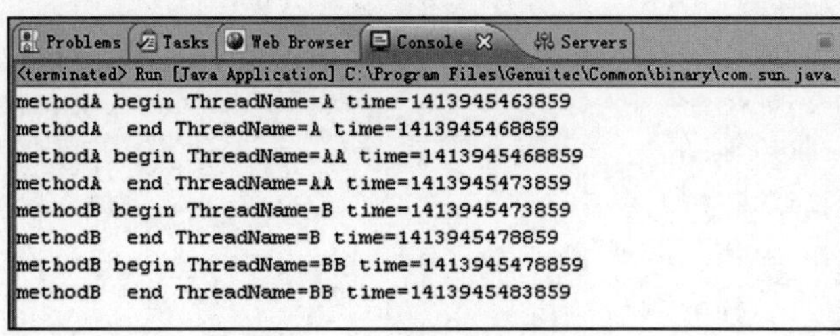
Problems Tasks Web Browser Console Servers
<terminated> Run [Java Application] C:\Program Files\Genuitec\Common\binary\com.sun.java.

```
methodA begin ThreadName=A time=1413945463859
methodA  end ThreadName=A time=1413945468859
methodA begin ThreadName=AA time=1413945468859
methodA  end ThreadName=AA time=1413945473859
methodB begin ThreadName=B time=1413945473859
methodB  end ThreadName=B time=1413945478859
methodB begin ThreadName=BB time=1413945478859
methodB  end ThreadName=BB time=1413945483859
```

图 4-4　全部实现同步运行

这个实验说明了，不管在一个方法还是多个方法的环境中，哪个线程持有锁，哪个线程就执行业务，其他线程只能等待锁被释放时再次争抢，抢到了才开始执行业务，运行效果和使用 synchronized 关键字一样。

线程之间执行的顺序是随机的。

### 4.1.3 方法 await() 的错误用法与相应的解决方案

关键字 synchronized 与 wait() 方法和 notify()/notifyAll() 方法相结合，可以实现等待 / 通知模式，ReentrantLock 类借助于 Condition 对象，也可以实现同样的功能。Condition 类是在 JDK5 中出现的技术，使用它可以获得更好的灵活性，比如实现多路通知功能，也就是在 1 个 Lock 对象里面创建多个 Condition 实例，并且线程对象注册在指定的 Condition 中，从而有选择性地进行线程通知，在调度线程上更加灵活。

在使用 notify()/notifyAll() 方法进行通知时，被通知的线程由 JVM 进行选择，而 notifyAll() 方法会通知所有的 WAITING 线程，没有选择权，这对运行效率有相当大的影响。使用 ReentrantLock 结合 Condition 类可以实现选择性通知，让通知更具针对性，这个功能在 Condition 类中是默认提供的。

Condition 对象的作用是控制并处理线程的状态，它可以使线程处于等待状态，也可以让线程继续运行。

创建 Java 项目 UseConditionWaitNotifyError，MyService.java 类的代码如下。

```
package service;

import java.util.concurrent.locks.Condition;
import java.util.concurrent.locks.Lock;
import java.util.concurrent.locks.ReentrantLock;

public class MyService {

private Lock lock = new ReentrantLock();
private Condition condition = lock.newCondition();

public void await() {
    try {
        condition.await();
    } catch (InterruptedException e) {
        e.printStackTrace();
    }
}
}
```

await() 方法的作用是使当前线程在接到通知或被中断之前，一直处于等待状态。它和 wait() 方法的作用一样。

ThreadA.java 类的代码如下。

```
package extthread;

import service.MyService;
```

```
public class ThreadA extends Thread {

private MyService service;

public ThreadA(MyService service) {
    super();
    this.service = service;
}

@Override
public void run() {
    service.await();
}
}
```

Run.java 类的代码如下。

```
package test;

import service.MyService;
import extthread.ThreadA;

public class Run {

public static void main(String[] args) {

    MyService service = new MyService();

    ThreadA a = new ThreadA(service);
    a.start();

}

}
```

程序运行结果如图 4-5 所示。

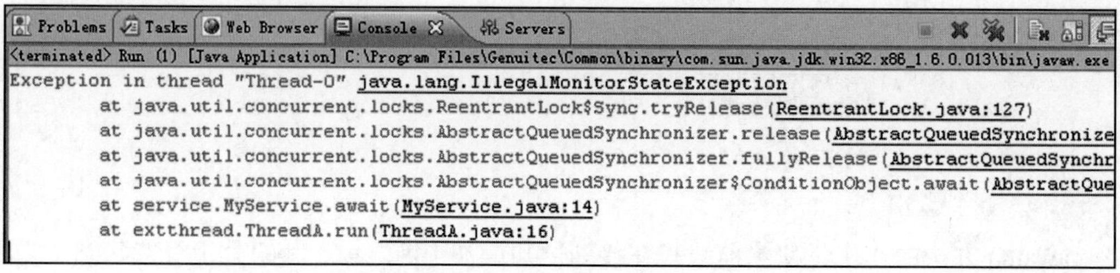

```
Problems  Tasks  Web Browser  Console ☒  Servers
<terminated> Run (1) [Java Application] C:\Program Files\Genuitec\Common\binary\com.sun.java.jdk.win32.x86_1.6.0.013\bin\javaw.exe
Exception in thread "Thread-0" java.lang.IllegalMonitorStateException
	at java.util.concurrent.locks.ReentrantLock$Sync.tryRelease(ReentrantLock.java:127)
	at java.util.concurrent.locks.AbstractQueuedSynchronizer.release(AbstractQueuedSynchronize
	at java.util.concurrent.locks.AbstractQueuedSynchronizer.fullyRelease(AbstractQueuedSynchr
	at java.util.concurrent.locks.AbstractQueuedSynchronizer$ConditionObject.await(AbstractQue
	at service.MyService.await(MyService.java:14)
	at extthread.ThreadA.run(ThreadA.java:16)
```

图 4-5　出现异常无监视器对象

报错的异常信息是监视器出错，解决这个问题必须要在 condition.await() 方法调用之前调用 lock.lock() 方法获得锁。

创建名称为 z3_ok 的 Java 项目，MyService.java 类的代码如下。

```
package service;

import java.util.concurrent.locks.Condition;
import java.util.concurrent.locks.ReentrantLock;

public class MyService {
private ReentrantLock lock = new ReentrantLock();
private Condition condition = lock.newCondition();

public void waitMethod() {
    try {
        lock.lock();
        System.out.println("A");
        condition.await();
        System.out.println("B");
    } catch (InterruptedException e) {
        e.printStackTrace();
    } finally {
        lock.unlock();
        System.out.println("锁释放了!");
    }
}
}
```

线程类代码如下。

```
package extthread;

import service.MyService;

public class MyThreadA extends Thread {

    private MyService myService;

    public MyThreadA(MyService myService) {
        super();
        this.myService = myService;
    }

    @Override
    public void run() {
        myService.waitMethod();
    }

}
```

运行类代码如下。

```
package test;

import extthread.MyThreadA;
import service.MyService;
```

```
public class Run {

    public static void main(String[] args) {
        MyService myService = new MyService();
        MyThreadA a1 = new MyThreadA(myService);
        a1.start();
        MyThreadA a2 = new MyThreadA(myService);
        a2.start();
        MyThreadA a3 = new MyThreadA(myService);
        a3.start();
    }
}
```

程序运行结果如图 4-6 所示。

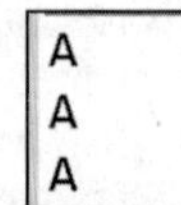


图 4-6 打印 3 个字母 A

运行结果是在控制台打印了 3 个字母 A，说明调用了 Condition 对象的 await() 方法将当前执行任务的线程转换成等待状态并释放锁。

### 4.1.4 使用方法 await() 和方法 signal() 实现 wait/notify

创建项目 UseConditionWaitNotifyOK，MyService.java 类的代码如下。

```
package service;

import java.util.concurrent.locks.Condition;
import java.util.concurrent.locks.Lock;
import java.util.concurrent.locks.ReentrantLock;

public class MyService {

private Lock lock = new ReentrantLock();
public Condition condition = lock.newCondition();

public void await() {
    try {
        lock.lock();
        System.out.println(" await 时间为 " + System.currentTimeMillis());
        condition.await();
    } catch (InterruptedException e) {
        e.printStackTrace();
    } finally {
        lock.unlock();
    }
}

public void signal() {
    try {
        lock.lock();
        System.out.println("signal 时间为 " + System.currentTimeMillis());
        condition.signal();
    } finally {
```

```
        lock.unlock();
    }
}
}
```

ThreadA.java 类的代码如下。

```
package extthread;

import service.MyService;

public class ThreadA extends Thread {

private MyService service;

public ThreadA(MyService service) {
    super();
    this.service = service;
}

@Override
public void run() {
    service.await();
}
}
```

Run.java 类的代码如下。

```
package test;

import service.MyService;
import extthread.ThreadA;

public class Run {

public static void main(String[] args) throws InterruptedException {

    MyService service = new MyService();

    ThreadA a = new ThreadA(service);
    a.start();

    Thread.sleep(3000);

    service.signal();

}

}
```

程序运行结果如图 4-7 所示。

至此，成功实现了等待 / 通知模式。

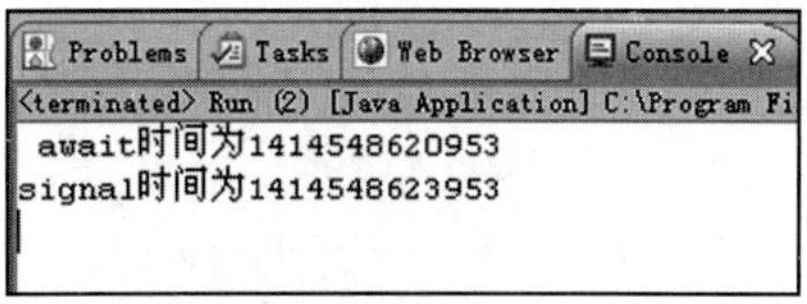

```
Problems  Tasks  Web Browser  Console
<terminated> Run (2) [Java Application] C:\Program Fi
 await时间为1414548620953
signal时间为1414548623953
```

图 4-7 正常运行

- Object 类中的 wait() 方法相当于 Condition 类中的 await() 方法。
- Object 类中的 wait(long timeout) 方法相当于 Condition 类中的 await(long time, TimeUnit unit) 方法。
- Object 类中的 notify() 方法相当于 Condition 类中的 signal() 方法。
- Object 类中的 notifyAll() 方法相当于 Condition 类中的 signalAll() 方法。

### 4.1.5 方法 await() 暂停的原理

执行如下代码。

```
import java.util.concurrent.locks.Condition;
import java.util.concurrent.locks.Lock;
import java.util.concurrent.locks.ReentrantLock;

public class Test {
    public static void main(String[] args) throws InterruptedException {
        Lock lock = new ReentrantLock(true);
        lock.lock();
        Condition condition = lock.newCondition();
        System.out.println("await begin");
        condition.await();
        System.out.println("await   end");
    }
}
```

运行结果是控制台只打印 await begin 信息，并没有输出 await end。这说明当线程执行 condition.await() 方法后进入暂停状态，不再继续运行，await() 方法内部是什么样的原理使得执行它的线程暂停运行的呢。其实是在并发包源代码内部执行了 Unsafe 类中的 public native void park(boolean isAbsolute, long time) 方法，让当前线程进入暂停状态，方法参数 isAbsolute 代表是否为绝对时间，方法参数 time 代表时间。如果将 isAbsolute 参数设为 true，代表第 2 个参数是绝对时间，单位为毫秒；如果设为 false，代表第 2 个参数为相对时间，单位为纳秒。

当使用 Eclipse 作为 IDE 时，Unsafe 类不允许被项目所使用，需要进行配置，如图 4-8 所示。

下面创建 4 个类来测试一下 park() 方法的使用。

创建类代码如下。

```
public class Test2 {
    public static void main(String[] args) throws InterruptedException, NoSuch-
        FieldException, SecurityException,
            IllegalArgumentException, IllegalAccessException {
        Field f = Unsafe.class.getDeclaredField("theUnsafe");
        f.setAccessible(true);
        Unsafe unsafe = (Unsafe) f.get(null);
        System.out.println("begin " + System.currentTimeMillis());
```

```
            System.currentTimeMillis();
            // 如果传入 true，第 2 个参数时间单位为毫秒
            unsafe.park(true, System.currentTimeMillis() + 3000);
            System.out.println("  end " + System.currentTimeMillis());
        }
    }
```

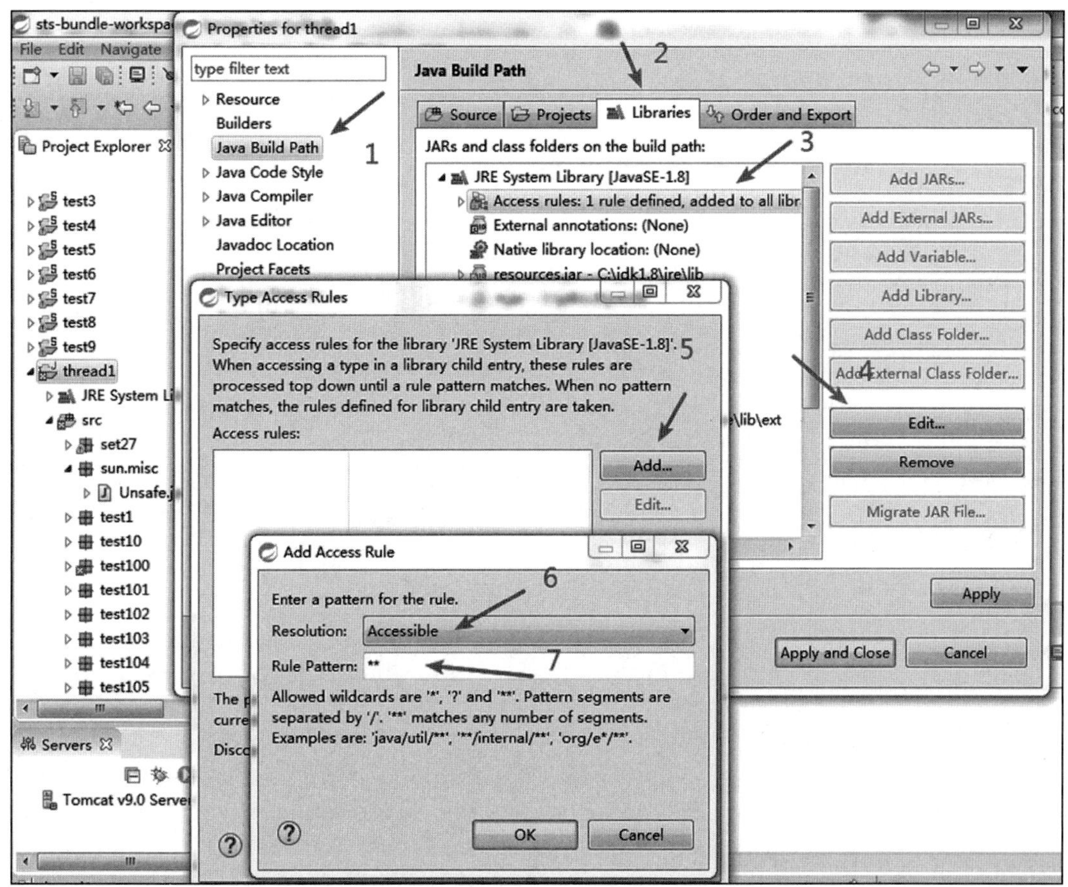


图 4-8 配置步骤

程序运行结果如下。

```
begin 1520513996506
    end 1520513999506
```

创建类代码如下。

```
import java.lang.reflect.Field;

import sun.misc.Unsafe;

public class Test3 {
```

```
    public static void main(String[] args) throws InterruptedException, NoSuch-
        FieldException, SecurityException,
            IllegalArgumentException, IllegalAccessException {
        Field f = Unsafe.class.getDeclaredField("theUnsafe");
        f.setAccessible(true);
        Unsafe unsafe = (Unsafe) f.get(null);
        System.out.println("begin " + System.currentTimeMillis());
        System.currentTimeMillis();
        //3 秒的纳秒值是 3000000000
        //3 秒的微秒值是 3000000
        //3 秒的毫秒值是 3000
        //3 秒
        //如果传入 false，第 2 个参数时间单位为纳秒
        unsafe.park(false, 3000000000L);
        System.out.println("  end " + System.currentTimeMillis());
    }

}
```

程序运行结果如下。

```
begin 1520514051547
    end 1520514054548
```

创建类代码如下。

```
import java.lang.reflect.Field;

import sun.misc.Unsafe;

public class Test4 {
    public static void main(String[] args) throws InterruptedException, NoSuch-
        FieldException, SecurityException,
            IllegalArgumentException, IllegalAccessException {
        Field f = Unsafe.class.getDeclaredField("theUnsafe");
        f.setAccessible(true);
        Unsafe unsafe = (Unsafe) f.get(null);
        System.out.println("begin " + System.currentTimeMillis());
        System.currentTimeMillis();
        unsafe.park(true, 0L);
        System.out.println("  end " + System.currentTimeMillis());
    }

}
```

程序运行结果如下。

```
begin 1520514077801
    end 1520514077801
```

创建类代码如下。

```
import java.lang.reflect.Field;

import sun.misc.Unsafe;
```

```
public class Test5 {
    public static void main(String[] args) throws InterruptedException, NoSuch-
        FieldException, SecurityException,
            IllegalArgumentException, IllegalAccessException {
        Field f = Unsafe.class.getDeclaredField("theUnsafe");
        f.setAccessible(true);
        Unsafe unsafe = (Unsafe) f.get(null);
        System.out.println("begin " + System.currentTimeMillis());
        System.currentTimeMillis();
        unsafe.park(false, 0L);
        System.out.println("  end " + System.currentTimeMillis());
    }

}
```

程序运行结果如下。

```
begin 1520514131875
```

执行代码 unsafe.park(false, 0L) 后，当前线程进入暂停运行的状态，也就实现了等待的效果，在并发包源代码中也执行了 unsafe.park(false, 0L) 这样形式的代码，效果如图 4-9 所示。

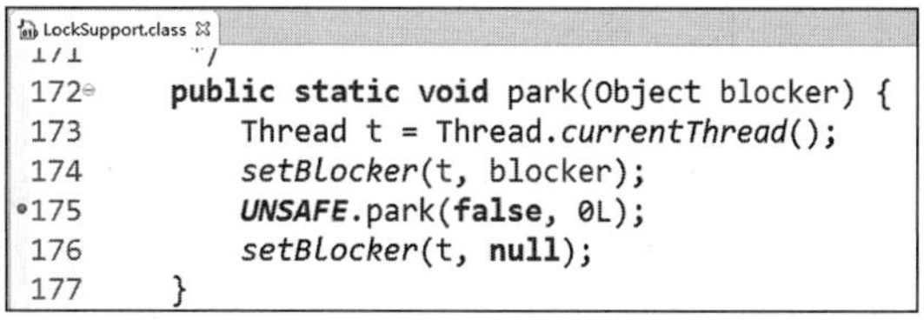

```
LockSupport.class
    */
    public static void park(Object blocker) {
        Thread t = Thread.currentThread();
        setBlocker(t, blocker);
        UNSAFE.park(false, 0L);
        setBlocker(t, null);
    }
```

图 4-9 执行了 park(false, 0L) 代码实现线程暂停

这就是 await() 方法实现暂停效果在源代码中的原理。

下面测试一下 signal() 方法实现唤醒线程的效果。

线程类代码如下。

```
public class MyThread extends Thread {

    private Unsafe unsafe;
    private Thread mainThread;

    public MyThread(Unsafe unsafe, Thread mainThread) {
        this.unsafe = unsafe;
        this.mainThread = mainThread;

    }

    @Override
    public void run() {
        try {
            Thread.sleep(6000);
            unsafe.unpark(mainThread);
        } catch (InterruptedException e) {
            e.printStackTrace();
        }
    }
}
```

运行类代码如下。

```
public class Run {
    public static void main(String[] args) throws InterruptedException, NoSuch-
        FieldException, SecurityException,
            IllegalArgumentException, IllegalAccessException {
        Field f = Unsafe.class.getDeclaredField("theUnsafe");
        f.setAccessible(true);
        Unsafe unsafe = (Unsafe) f.get(null);

        MyThread subThread = new MyThread(unsafe, Thread.currentThread());
        subThread.start();

        Thread.sleep(200);

        System.out.println("begin " + System.currentTimeMillis());
        unsafe.park(false, 0L);
        System.out.println("  end " + System.currentTimeMillis());
    }
}
```

程序运行结果如下。

```
begin 1587696567757
end 1587696573557
```

主线程 main 在 6 秒之后被 unpark() 方法唤醒。

### 4.1.6 通知部分线程：错误用法

除了使用一个 Condition 对象来实现等待 / 通知模式，也可以创建多个 Condition 对象，那么一个 Condition 对象和多个 Condition 对象在使用上有什么区别呢。

创建 Java 项目 MustUseMoreCondition_Error，类 MyService.java 的代码如下。

```
package service;

import java.util.concurrent.locks.Condition;
import java.util.concurrent.locks.Lock;
import java.util.concurrent.locks.ReentrantLock;

public class MyService {

private Lock lock = new ReentrantLock();
public Condition condition = lock.newCondition();

public void awaitA() {
    try {
        lock.lock();
        System.out.println("begin awaitA时间为" + System.currentTimeMillis()
                + " ThreadName=" + Thread.currentThread().getName());
        condition.await();
        System.out.println("  end awaitA时间为" + System.currentTimeMillis()
                + " ThreadName=" + Thread.currentThread().getName());
```

```
        } catch (InterruptedException e) {
            e.printStackTrace();
        } finally {
            lock.unlock();
        }
    }

    public void awaitB() {
        try {
            lock.lock();
            System.out.println("begin awaitB 时间为 " + System.currentTimeMillis()
                    + " ThreadName=" + Thread.currentThread().getName());
            condition.await();
            System.out.println("  end awaitB 时间为 " + System.currentTimeMillis()
                    + " ThreadName=" + Thread.currentThread().getName());
        } catch (InterruptedException e) {
            e.printStackTrace();
        } finally {
            lock.unlock();
        }
    }

    public void signalAll() {
        try {
            lock.lock();
            System.out.println("  signalAll 时间为 " + System.currentTimeMillis()
                    + " ThreadName=" + Thread.currentThread().getName());
            condition.signalAll();
        } finally {
            lock.unlock();
        }
    }
}
```

ThreadA.java 类和 ThreadB.java 类的代码如图 4-10 所示。

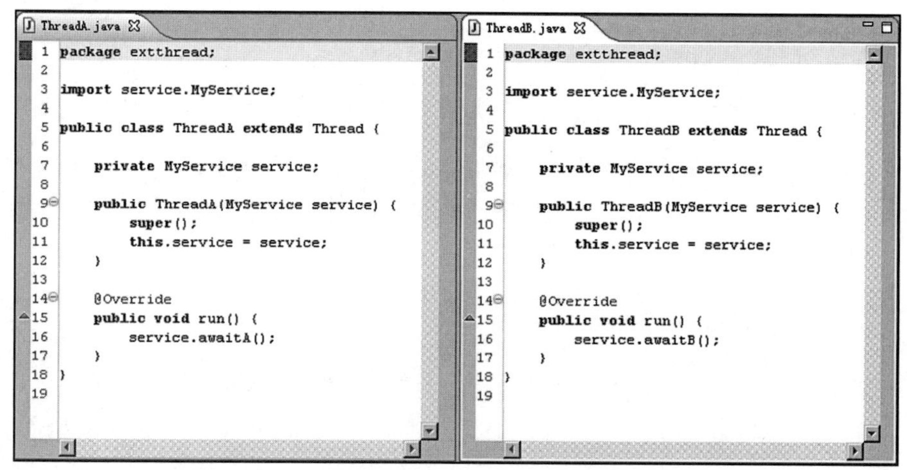


图 4-10 线程对象代码

Run.java 类的代码如下。

```
package test;

import service.MyService;
import extthread.ThreadA;
import extthread.ThreadB;

public class Run {

public static void main(String[] args) throws InterruptedException {

    MyService service = new MyService();

    ThreadA a = new ThreadA(service);
    a.setName("A");
    a.start();

    ThreadB b = new ThreadB(service);
    b.setName("B");
    b.start();

    Thread.sleep(3000);

    service.signalAll();

}

}
```

3 秒后，线程 A 和线程 B 都被唤醒了，控制台输出结果如图 4-11 所示。

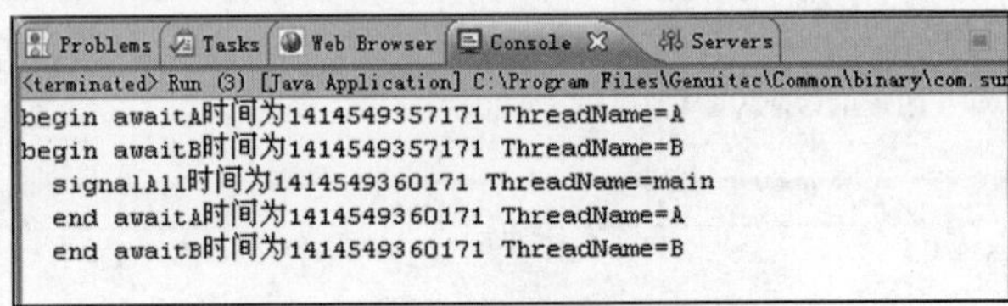


图 4-11 线程 A 和线程 B 被唤醒

如果想单独唤醒部分线程该怎么处理呢。这时就有必要使用多个 Condition 对象了。Condition 对象可以用于唤醒部分指定线程，有助于提升程序运行的效率，可以先对线程进行分组，然后唤醒指定组中的线程。

### 4.1.7 通知部分线程：正确用法

创建 Java 项目 MustUseMoreCondition_OK，MyService.java 类的代码如下。

```
package service;

import java.util.concurrent.locks.Condition;
```

```
import java.util.concurrent.locks.Lock;
import java.util.concurrent.locks.ReentrantLock;

public class MyService {

private Lock lock = new ReentrantLock();
public Condition conditionA = lock.newCondition();
public Condition conditionB = lock.newCondition();

public void awaitA() {
    try {
        lock.lock();
        System.out.println("begin awaitA时间为" + System.currentTimeMillis()
                + " ThreadName=" + Thread.currentThread().getName());
        conditionA.await();
        System.out.println("  end awaitA时间为" + System.currentTimeMillis()
                + " ThreadName=" + Thread.currentThread().getName());
    } catch (InterruptedException e) {
        e.printStackTrace();
    } finally {
        lock.unlock();
    }
}

public void awaitB() {
    try {
        lock.lock();
        System.out.println("begin awaitB时间为" + System.currentTimeMillis()
                + " ThreadName=" + Thread.currentThread().getName());
        conditionB.await();
        System.out.println("  end awaitB时间为" + System.currentTimeMillis()
                + " ThreadName=" + Thread.currentThread().getName());
    } catch (InterruptedException e) {
        e.printStackTrace();
    } finally {
        lock.unlock();
    }
}

public void signalAll_A() {
    try {
        lock.lock();
        System.out.println("  signalAll_A时间为" + System.currentTimeMillis()
                + " ThreadName=" + Thread.currentThread().getName());
        conditionA.signalAll();
    } finally {
        lock.unlock();
    }
}

public void signalAll_B() {
    try {
        lock.lock();
```

```
            System.out.println("  signalAll_B 时间为 " + System.currentTimeMillis()
                    + " ThreadName=" + Thread.currentThread().getName());
            conditionB.signalAll();
        } finally {
            lock.unlock();
        }
    }
}
```

ThreadA.java 类和 ThreadB.java 类的代码如图 4-12 所示。

ThreadA.java

```
package extthread;

import service.MyService;

public class ThreadA extends Thread {

    private MyService service;

    public ThreadA(MyService service) {
        super();
        this.service = service;
    }

    @Override
    public void run() {
        service.awaitA();
    }
}
```

ThreadB.java

```
package extthread;

import service.MyService;

public class ThreadB extends Thread {

    private MyService service;

    public ThreadB(MyService service) {
        super();
        this.service = service;
    }

    @Override
    public void run() {
        service.awaitB();
    }
}
```

图 4-12　线程代码

Run.java 类的代码如下。

```
package test;

import service.MyService;
import extthread.ThreadA;
import extthread.ThreadB;

public class Run {

public static void main(String[] args) throws InterruptedException {

    MyService service = new MyService();

    ThreadA a = new ThreadA(service);
    a.setName("A");
    a.start();

    ThreadB b = new ThreadB(service);
    b.setName("B");
    b.start();

    Thread.sleep(3000);
```

```
    service.signalAll_A();

}

}
```

3 秒后，只有线程 A 被唤醒了，控制台输出的结果如图 4-13 所示。

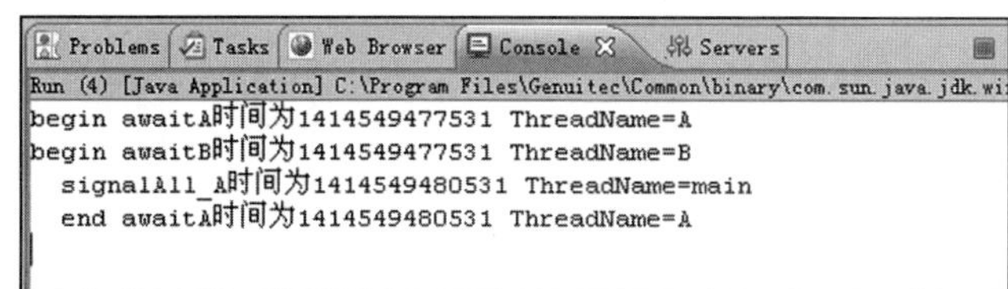


图 4-13　线程 B 没有被唤醒

使用 Condition 对象可以唤醒指定种类的线程，这是控制部分线程行为的便捷方式。

并发包 concurrent 提供了丰富的功能，这要感谢 Doug Lea，是他发布了基于 Java 语言的并发工具包，使得 Java 语言在并发编程上较其他语言更有优势，弥补了 Java 语言在并发编程的空白。Doug Lea 任职于纽约州立大学奥斯威戈分校，如图 4-14 所示。

图 4-14　Doug Lea

### 4.1.8　实现生产者 / 消费者模式一对一交替打印

创建测试项目 ConditionTest，创建 MyService.java 类，代码如下。

```
package service;

import java.util.concurrent.locks.Condition;
import java.util.concurrent.locks.ReentrantLock;

public class MyService {

private ReentrantLock lock = new ReentrantLock();
private Condition condition = lock.newCondition();
private boolean hasValue = false;

public void set() {
    try {
        lock.lock();
        if (hasValue == true) {
            condition.await();
        }
        System.out.println(" 打印★ ");
```

```
            hasValue = true;
            condition.signal();
        } catch (InterruptedException e) {
            e.printStackTrace();
        } finally {
            lock.unlock();
        }
    }

    public void get() {
        try {
            lock.lock();
            if (hasValue == false) {
                condition.await();
            }
            System.out.println(" 打印☆ ");
            hasValue = false;
            condition.signal();
        } catch (InterruptedException e) {
            e.printStackTrace();
        } finally {
            lock.unlock();
        }
    }

    }
```

创建 2 个线程类，代码如图 4-15 所示。

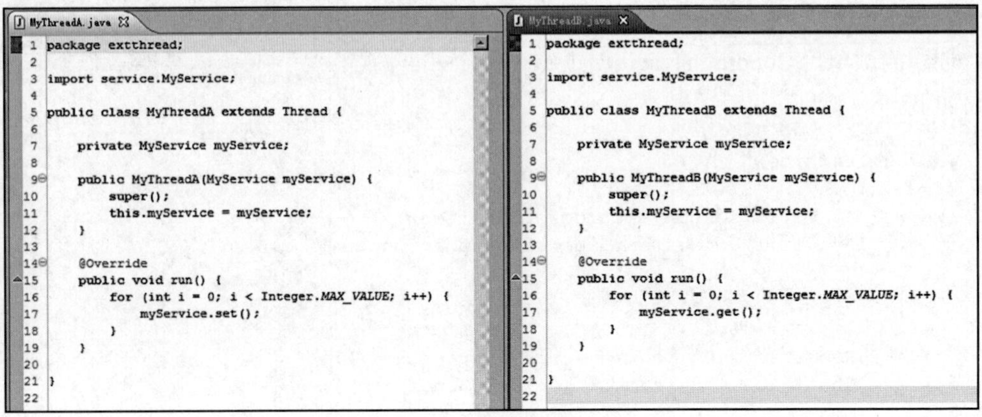

MyThreadA.java

```
package extthread;

import service.MyService;

public class MyThreadA extends Thread {

    private MyService myService;

    public MyThreadA(MyService myService) {
        super();
        this.myService = myService;
    }

    @Override
    public void run() {
        for (int i = 0; i < Integer.MAX_VALUE; i++) {
            myService.set();
        }
    }

}
```

MyThreadB.java

```
package extthread;

import service.MyService;

public class MyThreadB extends Thread {

    private MyService myService;

    public MyThreadB(MyService myService) {
        super();
        this.myService = myService;
    }

    @Override
    public void run() {
        for (int i = 0; i < Integer.MAX_VALUE; i++) {
            myService.get();
        }
    }

}
```

图 4-15　两个线程类

运行 Run.java 类代码如下。

```
package test;

import service.MyService;
```

```
import extthread.MyThreadA;
import extthread.MyThreadB;

public class Run {

public static void main(String[] args) throws InterruptedException {
    MyService myService = new MyService();

    MyThreadA a = new MyThreadA(myService);
    a.start();

    MyThreadB b = new MyThreadB(myService);
    b.start();

}
}
```

程序运行结果如图 4-16 所示。

通过使用 Condition 对象，成功实现生产者与消费者交替打印的效果。

```
Problems  Tasks  Web Browser  Console
<terminated> Run (15) [Java Application] C:\Users\Adm
打印★
打印☆
打印★
打印☆
打印★
打印☆
打印★
打印☆
打印★
打印☆
打印★
打印☆
打印★
打印☆
打印★
打印☆
打印★
打印☆
```

图 4-16 交替运行

## 4.1.9 实现生产者 / 消费者模式多对多交替打印

创建新的项目 ConditionTestManyToMany，将 ConditionTest 项目中的所有源代码复制到新项目中。

更改 MyService.java 类代码如下。

```
package service;

import java.util.concurrent.locks.Condition;
import java.util.concurrent.locks.ReentrantLock;

public class MyService {

private ReentrantLock lock = new ReentrantLock();
private Condition condition = lock.newCondition();
private boolean hasValue = false;

public void set() {
    try {
        lock.lock();
        while (hasValue == true) {
            System.out.println("有可能★★连续");
            condition.await();
        }
        System.out.println("打印★");
        hasValue = true;
        condition.signal();
    } catch (InterruptedException e) {
```

```
            e.printStackTrace();
        } finally {
            lock.unlock();
        }
    }

    public void get() {
        try {
            lock.lock();
            while (hasValue == false) {
                System.out.println("有可能☆☆连续");
                condition.await();
            }
            System.out.println("打印☆");
            hasValue = false;
            condition.signal();
        } catch (InterruptedException e) {
            e.printStackTrace();
        } finally {
            lock.unlock();
        }
    }

}
```

更改 Run.java 代码如下。

```
package test;

import service.MyService;
import extthread.MyThreadA;
import extthread.MyThreadB;

public class Run {

public static void main(String[] args) throws InterruptedException {
    MyService service = new MyService();

    MyThreadA[] threadA = new MyThreadA[10];
    MyThreadB[] threadB = new MyThreadB[10];

    for (int i = 0; i < 10; i++) {
        threadA[i] = new MyThreadA(service);
        threadB[i] = new MyThreadB(service);
        threadA[i].start();
        threadB[i].start();
    }

}
}
```

程序运行后又出现假死，效果如图 4-17 所示。

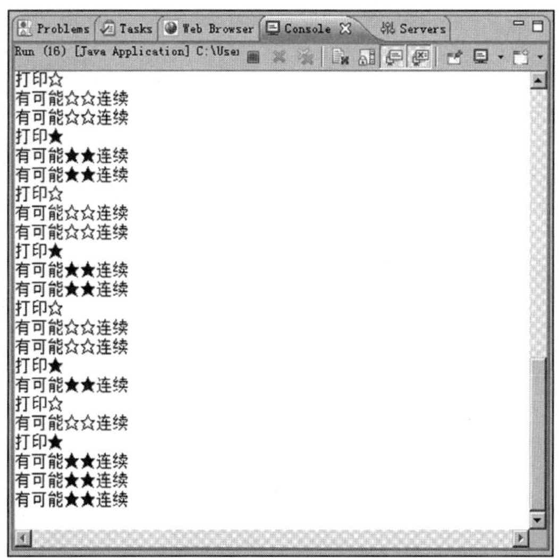


图 4-17 出现假死

根据第 3 章介绍的 notifyAll() 解决方案，可以使用 signalAll() 方法来解决假死问题。将 MyService.java 类中两处 signal() 方法的代码改成 signalAll() 方法后，程序正常运行，效果如图 4-18 所示。

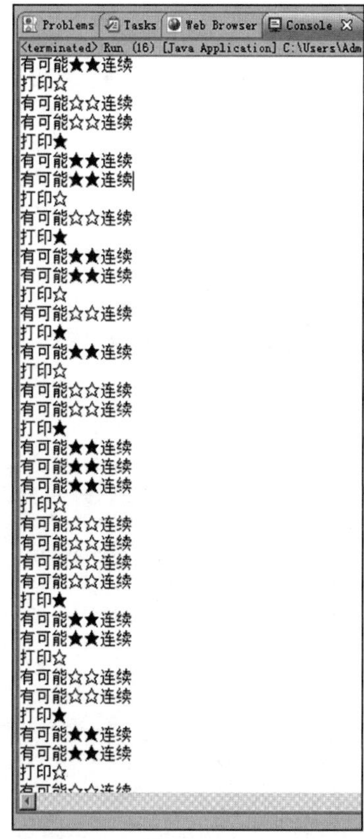


图 4-18 假死的情况被解决

从控制台打印的结果可知，运行后不再出现假死状态，假死问题再次解决。

虽然控制台中“打印★”和“打印☆”是交替输出的，但是“有可能★★连续”和“有可能☆☆连续”不是交替输出的，有时候会出现连续打印的情况，原因是程序只使用了 1 个 Condition 对象，结合 signalAll() 方法来唤醒所有的线程，那么唤醒的线程就有可能是同类，就会出现连续打印“有可能★★连续”或“有可能☆☆连续”的情况了。

连续打印“有可能★★连续”或“有可能☆☆连续”就是唤醒同类最好的证明。

### 4.1.10 公平锁与非公平锁

公平锁采用先到先得的策略，每次获取锁之前都会检查队列里面有没有排队等待的线程，没有才会尝试获取锁，如果有就将当前线程追加到队列中。

非公平锁采用“有机会插队”的策略，一个线程获取锁之前，要先去尝试获取锁，而不是在队列中等待，如果真的获取锁成功，说明线程虽然是后启动的，但先获得了锁，这就是“作弊插队”的效果，如果获取锁没有成功，那么将自身追加到队列中进行等待。

创建 Java 项目 Fair_noFair_test，创建 MyService.java 类，代码如下。

```
package test;

import java.util.concurrent.locks.Lock;
import java.util.concurrent.locks.ReentrantLock;

public class MyService {
    public Lock lock;

    public MyService(boolean fair) {
        lock = new ReentrantLock(fair);
    }

    public void testMethod() {
        try {
            lock.lock();
            System.out.println("testMethod " + Thread.currentThread().getName());
            //此处的500毫秒用于配合main方法中的500毫秒
            //使"array2---"线程有机会在非公平的情况下抢到锁
            Thread.sleep(500);
            lock.unlock();
        } catch (InterruptedException e) {
            e.printStackTrace();
        }
    }

}
```

创建线程类代码如下。

```
package test;

public class MyThread extends Thread {
    private MyService service;

    public MyThread(MyService service) {
        super();
        this.service = service;
    }

    public void run() {
        service.testMethod();
    }
}
```

创建公平锁测试的运行类 Test1_1.java，代码如下。

```
package test;

public class Test1_1 {
    public static void main(String[] args) throws InterruptedException {
        MyService service = new MyService(true);

        MyThread[] array1 = new MyThread[10];
        MyThread[] array2 = new MyThread[10];
        for (int i = 0; i < array1.length; i++) {
            array1[i] = new MyThread(service);
            array1[i].setName("array1+++" + (i + 1));
        }
        for (int i = 0; i < array1.length; i++) {
            array1[i].start();
        }

        for (int i = 0; i < array2.length; i++) {
            array2[i] = new MyThread(service);
            array2[i].setName("array2---" + (i + 1));
        }

        Thread.sleep(500);

        for (int i = 0; i < array2.length; i++) {
            array2[i].start();
        }

    }
}
```

```
testMethod array1+++1
testMethod array1+++2
testMethod array1+++3
testMethod array1+++4
testMethod array1+++5
testMethod array1+++6
testMethod array1+++7
testMethod array1+++8
testMethod array1+++9
testMethod array1+++10
testMethod array2---1
testMethod array2---2
testMethod array2---3
testMethod array2---4
testMethod array2---5
testMethod array2---7
testMethod array2---6
testMethod array2---8
testMethod array2---9
testMethod array2---10
```

图 4-19　运行结果

程序运行结果如图 4-19 所示。

打印的结果是 +++ 在前，--- 在后，说明 --- 没有任何机会抢到锁，这就是公平锁的特点。

创建非公平锁测试的运行类 Test1_2.java，代码如下。

```
package test;

public class Test1_2 {
    public static void main(String[] args) throws InterruptedException {
        MyService service = new MyService(false);

        MyThread[] array1 = new MyThread[10];
        MyThread[] array2 = new MyThread[10];
        for (int i = 0; i < array1.length; i++) {
            array1[i] = new MyThread(service);
            array1[i].setName("array1+++" + (i + 1));
        }
        for (int i = 0; i < array1.length; i++) {
            array1[i].start();
        }

        for (int i = 0; i < array2.length; i++) {
```

```
            array2[i] = new MyThread(service);
            array2[i].setName("array2---" + (i + 1));
        }

        Thread.sleep(500);

        for (int i = 0; i < array2.length; i++) {
            array2[i].start();
        }

    }
}
```

多次运行程序，程序运行结果如图 4-20 所示。

在多次运行程序后，使用非公平锁时有可能在第 2 次打印出 ---，说明后启动的线程先抢到了锁，这就是非公平锁的特点。

A 持有锁后，B 线程不能执行的原理在内部还是执行了 unsafe.park(false, 0L) 代码，A 释放锁后 B 可以运行的原理是当 A 线程执行 unlock() 方法时，在内部执行 unsafe.unpark(bThread)，使 B 线程继续运行。

```
testMethod array1+++1
testMethod array2---1
testMethod array1+++2
testMethod array1+++3
testMethod array1+++4
testMethod array1+++5
testMethod array1+++6
testMethod array1+++7
testMethod array1+++8
testMethod array1+++9
testMethod array1+++10
testMethod array2---2
testMethod array2---4
testMethod array2---3
testMethod array2---5
testMethod array2---6
testMethod array2---7
testMethod array2---8
testMethod array2---9
testMethod array2---10
```

图 4-20 运行结果

## 4.1.11 方法 getHoldCount() 的使用

public int getHoldCount() 方法[⊖]的作用是查询“当前线程”保持此锁定的个数，也就是调用 lock() 方法的次数。

创建测试项目 lockMethodTest1。

创建名称为 test1 的 package 包，创建 MyService.java 类，代码如下。

```
package test1;

import java.util.concurrent.locks.ReentrantLock;

public class MyService {

    private ReentrantLock lock = new ReentrantLock(true);

    public void testMethod1() {
        System.out.println("A " + lock.getHoldCount());
        lock.lock();
        System.out.println("B " + lock.getHoldCount());
        testMethod2();
        System.out.println("F " + lock.getHoldCount());
        lock.unlock();
        System.out.println("G " + lock.getHoldCount());
    }
```

⊖ 因标题篇幅所限，本章部分方法的类型在正文中给出，标题仅给出方法名。

```
    public void testMethod2() {
        System.out.println("C " + lock.getHoldCount());
        lock.lock();
        System.out.println("D " + lock.getHoldCount());
        lock.unlock();
        System.out.println("E " + lock.getHoldCount());
    }
}
```

创建 Test.java 类代码如下。

```
package test1;

public class Test {
    public static void main(String[] args) throws InterruptedException {
        MyService service = new MyService();
        service.testMethod1();
    }
}
```

程序运行结果如下。

```
A 0
B 1
C 1
D 2
E 1
F 1
G 0
```

执行 lock() 方法进行锁重入，导致 count 计数加 1 的效果，执行 unlock() 方法会使 count 呈减 1 的效果。

### 4.1.12　方法 getQueueLength() 的使用

public final int getQueueLength() 方法的作用是返回正等待获取此锁线程的估计数，比如有 5 个线程，1 个线程长时间占有锁，那么在调用 getQueueLength() 方法后的返回值是 4，说明有 4 个线程同时在等待锁的释放。

创建名称为 test2 的 package 包，创建 Service.java 类，代码如下。

```
package test2;

import java.util.concurrent.locks.ReentrantLock;

public class Service {

public ReentrantLock lock = new ReentrantLock();

public void serviceMethod1() {
    try {
        lock.lock();
```

```
            System.out.println("ThreadName=" + Thread.currentThread().getName()
                    + " 进入方法 !");
            Thread.sleep(Integer.MAX_VALUE);
        } catch (InterruptedException e) {
            // TODO Auto-generated catch block
            e.printStackTrace();
        } finally {
            lock.unlock();
        }
    }

}
```

创建 Run.java 类代码如下。

```
package test2;

public class Run {

public static void main(String[] args) throws InterruptedException {
    final Service service = new Service();

    Runnable runnable = new Runnable() {
        @Override
        public void run() {
            service.serviceMethod1();
        }
    };

    Thread[] threadArray = new Thread[10];
    for (int i = 0; i < 10; i++) {
        threadArray[i] = new Thread(runnable);
    }
    for (int i = 0; i < 10; i++) {
        threadArray[i].start();
    }
    Thread.sleep(2000);
    System.out.println(" 有线程数: " + service.lock.getQueueLength() + " 在等待获取锁 !");

}
}
```

程序运行结果如图 4-21 所示。

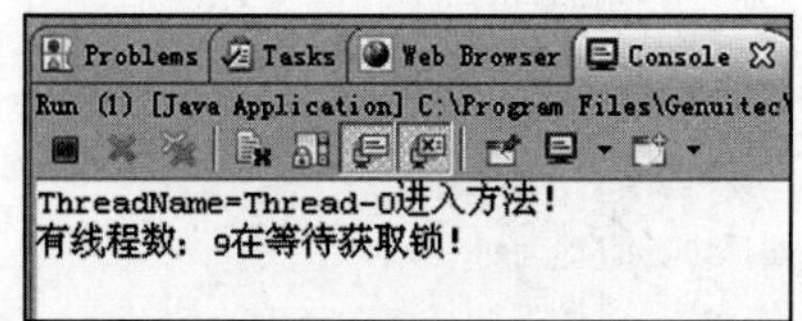


图 4-21　运行结果

### 4.1.13　方法 getWaitQueueLength(Condition condition) 的使用

public int getWaitQueueLength(Condition condition) 方法的作用是返回等待与此锁相关的给定条件 Condition 的线程估计数，比如有 5 个线程，每个线程都执行了同一个 Condition 对象的 await() 方法，则调用 getWaitQueueLength(Condition condition) 方法时返回的 int 值是 5。

创建名称为 test3 的 package 包，创建 Service.java 类，代码如下。

```
package test3;

import java.util.concurrent.locks.Condition;
import java.util.concurrent.locks.ReentrantLock;

public class Service {

private ReentrantLock lock = new ReentrantLock();
private Condition newCondition = lock.newCondition();

public void waitMethod() {
    try {
        lock.lock();
        newCondition.await();
    } catch (InterruptedException e) {
        e.printStackTrace();
    } finally {
        lock.unlock();
    }
}

public void notifyMethod() {
    try {
        lock.lock();
        System.out.println("有 " + lock.getWaitQueueLength(newCondition)
                + " 个线程正在等待 newCondition");
        newCondition.signal();
    } finally {
        lock.unlock();
    }
}

}
```

创建 Run.java 类代码如下。

```
package test3;

public class Run {

public static void main(String[] args) throws InterruptedException {
    final Service service = new Service();
```

```
        Runnable runnable = new Runnable() {
            @Override
            public void run() {
                service.waitMethod();
            }
        };

        Thread[] threadArray = new Thread[10];
        for (int i = 0; i < 10; i++) {
            threadArray[i] = new Thread(runnable);
        }
        for (int i = 0; i < 10; i++) {
            threadArray[i].start();
        }
        Thread.sleep(2000);
        service.notifyMethod();
    }
}
```

程序运行结果如图 4-22 所示。

图 4-22 运行结果

## 4.1.14 方法 hasQueuedThread(Thread thread) 的使用

public final boolean hasQueuedThread(Thread thread) 方法的作用是查询指定的线程是否正在等待获取此锁，也就是判断参数中的线程是否在等待队列中。

创建测试项目 lockMethodTest2。

创建名称为 test1 的 package 包，创建 Service.java 类，代码如下。

```
package test1;

import java.util.concurrent.locks.Condition;
import java.util.concurrent.locks.ReentrantLock;

public class Service {

public ReentrantLock lock = new ReentrantLock();
public Condition newCondition = lock.newCondition();

public void waitMethod() {
    try {
        lock.lock();
        Thread.sleep(Integer.MAX_VALUE);
    } catch (InterruptedException e) {
        e.printStackTrace();
    } finally {
        lock.unlock();
    }
}
}
```

创建 Run.java 类代码如下。

```
package test1;

public class Run {

public static void main(String[] args) throws InterruptedException {
    final Service service = new Service();

    Runnable runnable = new Runnable() {
        @Override
        public void run() {
            service.waitMethod();
        }
    };

    Thread threadA = new Thread(runnable);
    threadA.start();

    Thread.sleep(500);

    Thread threadB = new Thread(runnable);
    threadB.start();

    Thread.sleep(500);
    System.out.println(service.lock.hasQueuedThread(threadA));
    System.out.println(service.lock.hasQueuedThread(threadB));
}
}
```

程序运行结果如图 4-23 所示。

```
false
true
```

图 4-23 运行结果

### 4.1.15 方法 hasQueuedThreads() 的使用

public final boolean hasQueuedThreads() 方法的作用是查询是否有线程正在等待获取此锁，也就是等待队列中是否有等待的线程。

创建测试项目 lockMethodTest2。

创建名称为 test2 的 package 包，创建 Service.java 类，代码如下。

```
package test1;

import java.util.concurrent.locks.Condition;
import java.util.concurrent.locks.ReentrantLock;

public class Service {

public ReentrantLock lock = new ReentrantLock();
public Condition newCondition = lock.newCondition();

public void waitMethod() {
    try {
        lock.lock();
        Thread.sleep(Integer.MAX_VALUE);
```

```
        } catch (InterruptedException e) {
            e.printStackTrace();
        } finally {
            lock.unlock();
        }
    }
}
```

创建 Run.java 类代码如下。

```
package test2;

public class Run {

public static void main(String[] args) throws InterruptedException {
    final Service service = new Service();

    Runnable runnable = new Runnable() {
        @Override
        public void run() {
            service.waitMethod();
        }
    };

    Thread threadA = new Thread(runnable);
    threadA.start();

    Thread.sleep(500);

    Thread threadB = new Thread(runnable);
    threadB.start();

    Thread.sleep(500);
    System.out.println(service.lock.hasQueuedThread(threadA));
    System.out.println(service.lock.hasQueuedThread(threadB));
    System.out.println(service.lock.hasQueuedThreads());
}
}
```

程序运行结果如图 4-24 所示。

```
false
true
true
```

图 4-24 运行结果

### 4.1.16 方法 hasWaiters(Condition condition) 的使用

public boolean hasWaiters(Condition condition) 方法的作用是查询是否有线程正在等待与此锁有关的 condition 对象，也就是是否有线程执行了 condition 对象中的 await() 方法而呈等待状态。public int getWaitQueueLength(Condition condition) 方法的作用是返回有多少个线程执行了 condition 对象中的 await() 方法而呈等待状态。

创建名称为 test3 的 package 包，创建 Service.java 类，代码如下。

```
package test3;

import java.util.concurrent.locks.Condition;
```

```
import java.util.concurrent.locks.ReentrantLock;

public class Service {

private ReentrantLock lock = new ReentrantLock();
private Condition newCondition = lock.newCondition();

public void waitMethod() {
    try {
        lock.lock();
        newCondition.await();
    } catch (InterruptedException e) {
        e.printStackTrace();
    } finally {
        lock.unlock();
    }
}

public void notityMethod() {
    try {
        lock.lock();
        System.out.println("有没有线程正在等待newCondition？ "
                + lock.hasWaiters(newCondition) + " 线程数是多少？ "
                + lock.getWaitQueueLength(newCondition));
        newCondition.signal();
    } finally {
        lock.unlock();
    }
}

}
```

创建Run.java类代码如下。

```
package test3;

public class Run {

public static void main(String[] args) throws InterruptedException {
    final Service service = new Service();

    Runnable runnable = new Runnable() {
        @Override
        public void run() {
            service.waitMethod();
        }
    };

    Thread[] threadArray = new Thread[10];
    for (int i = 0; i < 10; i++) {
        threadArray[i] = new Thread(runnable);
    }
    for (int i = 0; i < 10; i++) {
```

```
            threadArray[i].start();
        }
        Thread.sleep(2000);
        service.notityMethod();
    }
}
```

程序运行结果如图 4-25 所示。

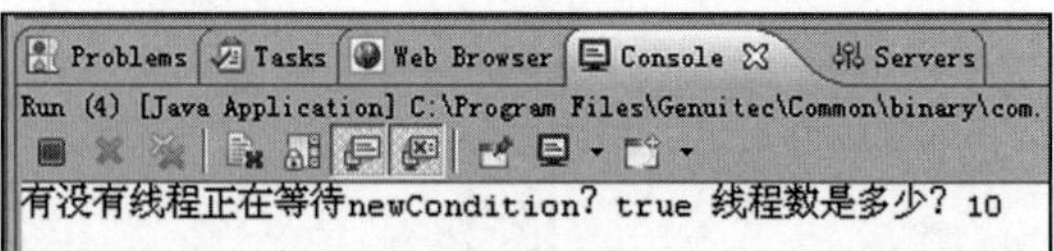


图 4-25 运行结果

### 4.1.17 方法 isFair() 的使用

public final boolean isFair() 方法的作用是判断是不是公平锁。

创建测试项目 lockMethodTest3。

创建名称为 test1 的 package 包，创建 Run.java 类，代码如下。

```
package test1;

import java.util.concurrent.locks.ReentrantLock;

public class Run {
    public static void main(String[] args) throws InterruptedException {
        ReentrantLock lock1 = new ReentrantLock(true);
        System.out.println(lock1.isFair());
        ReentrantLock lock2 = new ReentrantLock(false);
        System.out.println(lock2.isFair());
        ReentrantLock lock3 = new ReentrantLock();
        System.out.println(lock3.isFair());
    }
}
```

程序运行结果如下。

```
true
false
false
```

在默认的情况下，ReentrantLock 类使用的是非公平锁。

### 4.1.18 方法 isHeldByCurrentThread() 的使用

public boolean isHeldByCurrentThread() 方法的作用是查询当前线程是否持有此锁。

创建名称为 test2 的 package 包，创建 Service.java 类，代码如下。

```
package test2;

import java.util.concurrent.locks.ReentrantLock;

public class Service {

    private ReentrantLock lock = new ReentrantLock();
```

```
    public void serviceMethod() {
        try {
            System.out.println(lock.isHeldByCurrentThread());
            lock.lock();
            System.out.println(lock.isHeldByCurrentThread());
        } finally {
            lock.unlock();
        }
    }

}
```

创建 Run.java 类代码如下。

```
package test2;

public class Run {

    public static void main(String[] args) throws InterruptedException {
        final Service service1 = new Service();
        Runnable runnable = new Runnable() {
            @Override
            public void run() {
                service1.serviceMethod();
            }
        };
        Thread thread = new Thread(runnable);
        thread.start();
    }
}
```

程序运行结果如图 4-26 所示。

```
false
true
```

图 4-26　运行结果

### 4.1.19　方法 isLocked() 的使用

public boolean isLocked() 方法的作用是查询此锁定是否由任意线程持有，且没有释放。创建名称为 test3 的 package 包，创建 Service.java 类，代码如下。

```
package test3;

import java.util.concurrent.locks.ReentrantLock;

public class Service {

    private ReentrantLock lock = new ReentrantLock();;

    public void serviceMethod() {
        try {
            System.out.println(lock.isLocked());
            lock.lock();
            System.out.println(lock.isLocked());
        } finally {
```

```
                lock.unlock();
            }
        }

    }
```

创建 Run.java 类代码如下。

```
package test3;

public class Run {

public static void main(String[] args) throws InterruptedException {
    final Service service1 = new Service();
    Runnable runnable = new Runnable() {
        @Override
        public void run() {
            service1.serviceMethod();
        }
    };
    Thread thread = new Thread(runnable);
    thread.start();
}
}
```

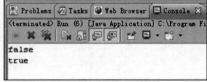

程序运行结果如图 4-27 所示。

```
false
true
```

图 4-27 运行结果

### 4.1.20 方法 lockInterruptibly() 的使用

public void lockInterruptibly() 方法的作用是当某个线程尝试获得锁并且阻塞在 lockInterruptibly() 方法时，该线程可以被中断。

创建测试项目 lockInterruptiblyTest1，创建 MyService.java 类，代码如下。

```
package test;

import java.util.concurrent.locks.ReentrantLock;

public class MyService {
    private ReentrantLock lock = new ReentrantLock();

    public void testMethod() {
        lock.lock();
        System.out.println("begin " + Thread.currentThread().getName() + " " +
            System.currentTimeMillis());
        for (int i = 0; i < Integer.MAX_VALUE / 10; i++) {
            String newString = new String();
            Math.random();
            //为了不让 currentThread() 方法占有过多的 CPU 资源
            //执行 yield() 方法
            Thread.currentThread().yield();
```

```
        }
        System.out.println("  end " + Thread.currentThread().getName() + " " +
            System.currentTimeMillis());
            lock.unlock();
    }
}
```

线程类代码如下。

```
package test;

public class ThreadA extends Thread {
    private MyService service;

    public ThreadA(MyService service) {
        super();
        this.service = service;
    }

    @Override
    public void run() {
        service.testMethod();
    }
}
```

运行 Test.java 类代码如下。

```
package test;

public class Test {
    public static void main(String[] args) throws InterruptedException {
        MyService service = new MyService();
        ThreadA a = new ThreadA(service);
        a.setName("a");
        a.start();

        Thread.sleep(500);

        ThreadA b = new ThreadA(service);
        b.setName("b");
        b.start();

        Thread.sleep(500);

        b.interrupt();

        System.out.println("main 中断 b，但并没有成功！");
    }

}
```

程序运行结果如图 4-28 所示。

前面实验使用的是 Lock() 方法，说明线程 B 被中断了，那么执行 lock() 方法则不出现异常。

如果使用 lockInterruptibly() 方法会是什么结果呢。

创建测试项目 lockInterruptiblyTest2，将项目 lockInterruptiblyTest1 中的所有源代码复制到 lockInterruptiblyTest2 项目中，更改 MyService.java 类中原有代码 lock.lock (); 变为 lock.lockInterruptibly();。程序运行结果如图 4-29 所示。

```
begin a 1520817696774
main中断b，但并没有成功！
  end a 1520817714933
begin b 1520817714933
  end b 1520817732695
```

图 4-28　没有出现异常，A 线程和 B 线程正常结束，按钮变灰

```
begin a 1520818007369
main中断b，但并没有成功！
java.lang.InterruptedException
	at java.util.concurrent.locks.AbstractQueuedSynchronizer.doAcqu
	at java.util.concurrent.locks.AbstractQueuedSynchronizer.acquir
	at java.util.concurrent.locks.ReentrantLock.lockInterruptibly(R
	at test.MyService.testMethod(MyService.java:10)
	at test.ThreadA.run(ThreadA.java:13)
  end a 1520818056388
```

图 4-29　线程 B 被中断后调用 lockInterruptibly() 方法报异常

## 4.1.21　方法 tryLock() 的使用

public boolean tryLock() 方法的作用是嗅探拿锁，如果当前线程发现锁被其他线程持有了，则返回 false，那么程序继续执行后面的代码，而不是呈阻塞等待锁的状态。

创建测试项目 tryLockTest，创建 MyService.java 类，代码如下。

```
package service;

import java.util.concurrent.locks.ReentrantLock;

public class MyService {

public ReentrantLock lock = new ReentrantLock();

public void waitMethod() {
    if (lock.tryLock()) {
        System.out.println(Thread.currentThread().getName() + " 获得锁 ");
    } else {
        System.out.println(Thread.currentThread().getName() + " 没有获得锁 ");
    }
}
}
```

运行类代码如下。

```
package test;

import service.MyService;

public class Run {
```

```
public static void main(String[] args) throws InterruptedException {
    final MyService service = new MyService();

    Runnable runnableRef = new Runnable() {
        @Override
        public void run() {
            service.waitMethod();
        }
    };

    Thread threadA = new Thread(runnableRef);
    threadA.setName("A");
    threadA.start();
    Thread threadB = new Thread(runnableRef);
    threadB.setName("B");
    threadB.start();
}
}
```

程序运行结果如图 4-30 所示。

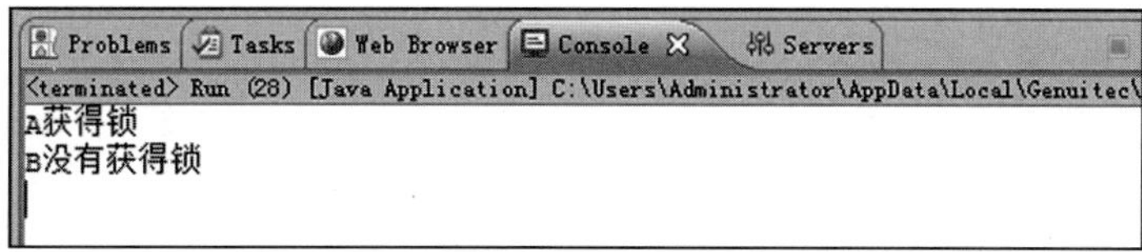


图 4-30　运行结果

### 4.1.22　方法 tryLock(long timeout, TimeUnit unit) 的使用

public boolean tryLock(long timeout, TimeUnit unit) 方法的作用是嗅探拿锁，如果在指定的 timeout 内持有了锁，则返回 true，如果超过时间则返回 false。timeout 参数代表当前线程抢锁的时间。

创建测试项目 tryLock_param，创建 MyService.java 类，代码如下。

```
package service;

import java.util.concurrent.TimeUnit;
import java.util.concurrent.locks.ReentrantLock;

public class MyService {

public ReentrantLock lock = new ReentrantLock();

public void waitMethod() {
    try {
        if (lock.tryLock(3, TimeUnit.SECONDS)) {
            System.out.println("      " + Thread.currentThread().getName()
                    + "获得锁的时间：" + System.currentTimeMillis());
            Thread.sleep(10000);
```

```
            } else {
                System.out.println("        " + Thread.currentThread().getName()
                        + " 没有获得锁 ");
            }
        } catch (InterruptedException e) {
            e.printStackTrace();
        } finally {
            if (lock.isHeldByCurrentThread()) {
                lock.unlock();
            }
        }
    }
}
```

运行 Run2.java 类代码如下。

```
package test;

import service.MyService;

public class Run {

public static void main(String[] args) throws InterruptedException {
    final MyService service = new MyService();

    Runnable runnableRef = new Runnable() {
        @Override
        public void run() {
            System.out.println(Thread.currentThread().getName()
                    + " 调用 waitMethod 时间: " + System.currentTimeMillis());
            service.waitMethod();
        }
    };

    Thread threadA = new Thread(runnableRef);
    threadA.setName("A");
    threadA.start();
    Thread threadB = new Thread(runnableRef);
    threadB.setName("B");
    threadB.start();
}
}
```

程序运行结果如图 4-31 所示。

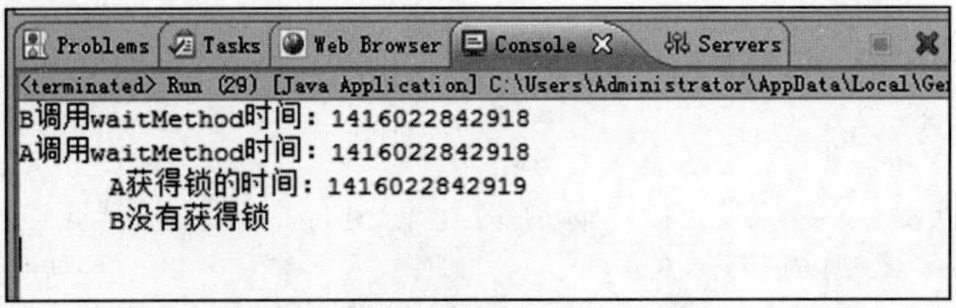

```
Problems  Tasks  Web Browser  Console  Servers
<terminated> Run (29) [Java Application] C:\Users\Administrator\AppData\Local\Ge
B调用waitMethod时间: 1416022842918
A调用waitMethod时间: 1416022842918
        A获得锁的时间: 1416022842919
        B没有获得锁
```

图 4-31　线程 B 超时未获得锁

### 4.1.23　方法 await(long time, TimeUnit unit) 的使用

public boolean await(long time, TimeUnit unit) 方法和 public final native void wait(long timeout) 方法一样，具有自动唤醒功能。

创建测试项目 awaitTest_method1。

创建 MyService.java 类，代码如下。

```
package test;

import java.util.concurrent.TimeUnit;
import java.util.concurrent.locks.Condition;
import java.util.concurrent.locks.Lock;
import java.util.concurrent.locks.ReentrantLock;

public class MyService {
    private Lock lock = new ReentrantLock();
    private Condition condition = lock.newCondition();

    public void testMethod() {
        try {
            lock.lock();
            System.out.println("await begin " + System.currentTimeMillis());
            condition.await(3, TimeUnit.SECONDS);
            System.out.println("await   end " + System.currentTimeMillis());
            lock.unlock();
        } catch (InterruptedException e) {
            e.printStackTrace();
        }
    }

}
```

创建 ThreadA.java 类代码如下。

```
package test;

public class ThreadA extends Thread {
    private MyService service;

    public ThreadA(MyService service) {
        super();
        this.service = service;
    }

    @Override
    public void run() {
        service.testMethod();
    }
}
```

创建 Test.java 类代码如下。

```
package test;

public class Test {
    public static void main(String[] args) throws InterruptedException {
        MyService service = new MyService();
        ThreadA a = new ThreadA(service);
        a.start();
    }
}
```

运行结果如下。

```
await begin 1520819682349
await   end 1520819685350
```

### 4.1.24 方法 awaitNanos(long nanosTimeout) 的使用

public long awaitNanos(long nanosTimeout) 方法和 public final native void wait(long timeout) 方法一样，具有自动唤醒功能。时间单位是纳秒。1000 纳秒等于 1 微秒，1000 微秒等于 1 毫秒，1000 毫秒等于 1 秒。

创建测试项目 awaitTest_method2。

创建 MyService.java 类代码如下。

```
package test;

import java.util.concurrent.locks.Condition;
import java.util.concurrent.locks.Lock;
import java.util.concurrent.locks.ReentrantLock;

public class MyService {
    private Lock lock = new ReentrantLock();
    private Condition condition = lock.newCondition();

    public void testMethod() {
        try {
            lock.lock();
            System.out.println("await begin " + System.currentTimeMillis());
            //5000000000L====5 秒
            condition.awaitNanos(5000000000L);
            System.out.println("await   end " + System.currentTimeMillis());
            lock.unlock();
        } catch (InterruptedException e) {
            e.printStackTrace();
        }
    }

}
```

运行结果如下。

```
await begin 1520819794542
await   end 1520819799542
```

### 4.1.25　方法 awaitUntil(Date deadline) 的使用

public boolean awaitUntil(Date deadline) 方法的作用是在指定的日期结束等待。

创建测试项目 awaitUntilTest，两个线程类代码如图 4-32 所示。

MyThreadA.java

```
package extthread;

import service.Service;

public class MyThreadA extends Thread {

    private Service service;

    public MyThreadA(Service service) {
        super();
        this.service = service;
    }

    @Override
    public void run() {
        service.waitMethod();
    }

}
```

MyThreadB.java

```
package extthread;

import service.Service;

public class MyThreadB extends Thread {

    private Service service;

    public MyThreadB(Service service) {
        super();
        this.service = service;
    }

    @Override
    public void run() {
        service.notifyMethod();
    }

}
```

图 4-32　线程对象代码

Service.java 类代码如下。

```
package service;

import java.util.Calendar;
import java.util.concurrent.locks.Condition;
import java.util.concurrent.locks.ReentrantLock;

public class Service {

private ReentrantLock lock = new ReentrantLock();
private Condition condition = lock.newCondition();

public void waitMethod() {
    try {
        Calendar calendarRef = Calendar.getInstance();
        calendarRef.add(Calendar.SECOND, 10);
        lock.lock();
        System.out
                .println("wait begin timer=" + System.currentTimeMillis());
        condition.awaitUntil(calendarRef.getTime());
        System.out
                .println("wait   end timer=" + System.currentTimeMillis());
    } catch (InterruptedException e) {
        e.printStackTrace();
    } finally {
        lock.unlock();
```

```
        }

    }

    public void notifyMethod() {
        try {
            Calendar calendarRef = Calendar.getInstance();
            calendarRef.add(Calendar.SECOND, 10);
            lock.lock();
            System.out
                    .println("notify begin timer=" + System.currentTimeMillis());
            condition.signalAll();
            System.out
                    .println("notify   end timer=" + System.currentTimeMillis());
        } finally {
            lock.unlock();
        }

    }
}
```

创建运行类 Run1.java 代码如下。

```
package test;

import service.Service;
import extthread.MyThreadA;
import extthread.MyThreadB;

public class Run1 {

public static void main(String[] args) throws InterruptedException {
    Service service = new Service();
    MyThreadA myThreadA = new MyThreadA(service);
    myThreadA.start();
}

}
```

程序运行后的效果如图 4-33 所示。

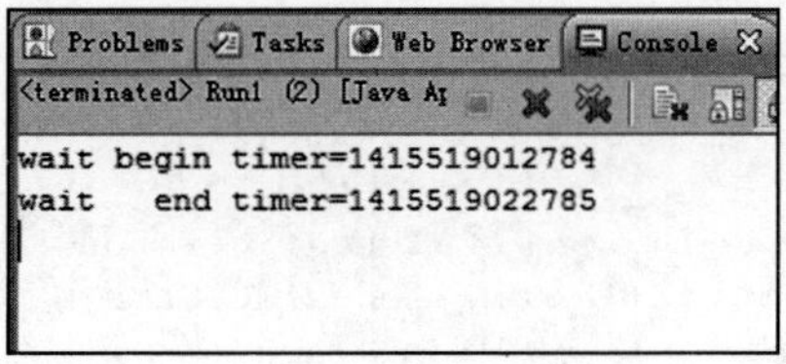

图 4-33　10 秒后自动唤醒自己

创建运行类 Run2.java 代码如下。

```
package test;

import service.Service;
import extthread.MyThreadA;
import extthread.MyThreadB;

public class Run2 {

public static void main(String[] args) throws InterruptedException {
    Service service = new Service();
    MyThreadA myThreadA = new MyThreadA(service);
```

```
        myThreadA.start();

        Thread.sleep(2000);

        MyThreadB myThreadB = new MyThreadB(service);
        myThreadB.start();
    }

    }
```

程序运行后的效果如图 4-34 所示。

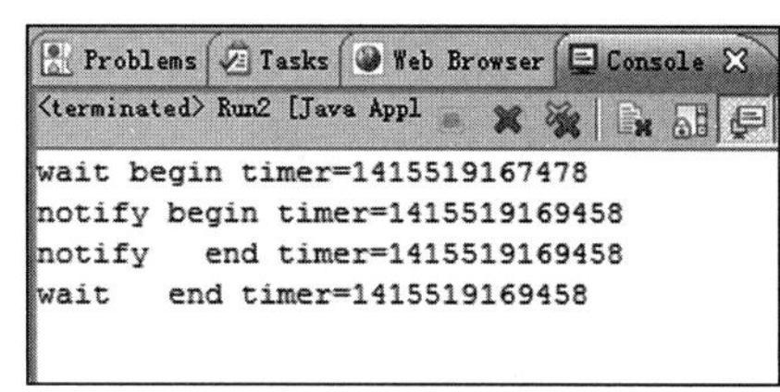


图 4-34 2 秒后被其他线程所唤醒

说明线程在等待时间到达前，可以被其他线程提前唤醒。

## 4.1.26 方法 awaitUninterruptibly() 的使用

public void awaitUninterruptibly() 方法的作用是等待的过程中，不允许被中断。

创建名为 awaitUninterruptiblyTest_1 的项目，创建 Service.java 类代码如下。

```
package service;

import java.util.concurrent.locks.Condition;
import java.util.concurrent.locks.ReentrantLock;

public class Service {

private ReentrantLock lock = new ReentrantLock();
private Condition condition = lock.newCondition();

public void testMethod() {
    try {
        lock.lock();
        System.out.println("wait begin");
        condition.await();
        System.out.println("wait   end");
    } catch (InterruptedException e) {
        e.printStackTrace();
        System.out.println("catch");
    } finally {
        lock.unlock();
    }

}
}
```

线程类 MyThread.java 代码如下。

```
package extthread;

import service.Service;

public class MyThread extends Thread {
```

```
private Service service;

public MyThread(Service service) {
    super();
    this.service = service;
}

@Override
public void run() {
    service.testMethod();
}

}
```

运行类 Run.java 代码如下。

```
package test;

import service.Service;
import extthread.MyThread;

public class Run {

public static void main(String[] args) {
    try {
        Service service = new Service();
        MyThread myThread = new MyThread(service);
        myThread.start();
        Thread.sleep(3000);
        myThread.interrupt();
    } catch (InterruptedException e) {
        e.printStackTrace();
    }
}

}
```

程序运行后出现异常是正常现象，效果如图 4-35 所示。

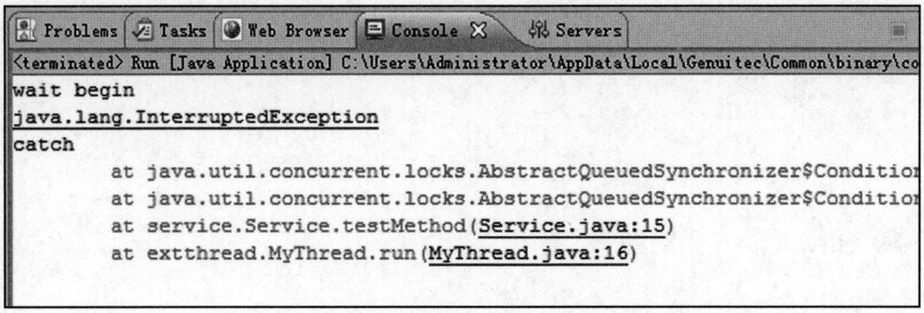

```
Problems  Tasks  Web Browser  Console ✕  Servers
<terminated> Run [Java Application] C:\Users\Administrator\AppData\Local\Genuitec\Common\binary\co
wait begin
java.lang.InterruptedException
catch
        at java.util.concurrent.locks.AbstractQueuedSynchronizer$Conditio
        at java.util.concurrent.locks.AbstractQueuedSynchronizer$Conditio
        at service.Service.testMethod(Service.java:15)
        at extthread.MyThread.run(MyThread.java:16)
```

图 4-35 程序运行出现异常

这说明 await() 方法是可以被中断的。

创建测试项目awaitUninterruptiblyTest_2，将awaitUninterruptiblyTest_1项目中的所有Java类复制到awaitUninterruptiblyTest_2中。

更改Service.java类代码如下。

```
package service;

import java.util.concurrent.locks.Condition;
import java.util.concurrent.locks.ReentrantLock;

public class Service {

private ReentrantLock lock = new ReentrantLock();
private Condition condition = lock.newCondition();

public void testMethod() {
    try {
        lock.lock();
        System.out.println("wait begin");
        condition.awaitUninterruptibly();
        System.out.println("wait   end");
    } finally {
        lock.unlock();
    }

}
}
```

程序运行效果如图4-36所示。

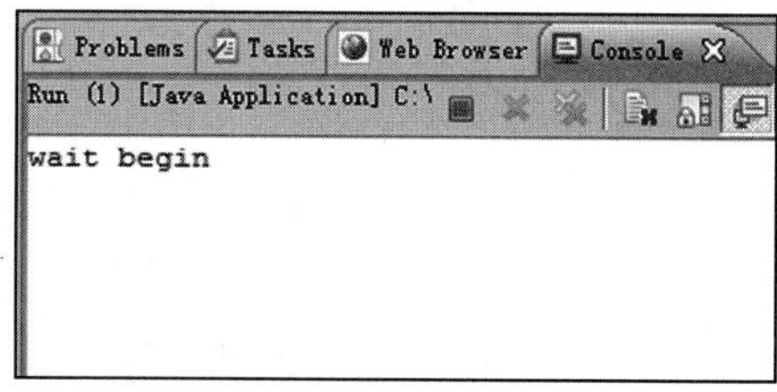

图4-36 正常运行并没有异常发生

## 4.1.27 实现线程按顺序执行业务

创建测试项目condition123。

创建MyService.java类代码如下。

```
package test;

import java.util.concurrent.locks.Condition;
import java.util.concurrent.locks.ReentrantLock;

public class MyService {
    private ReentrantLock lock = new ReentrantLock();
    private Condition condition = lock.newCondition();

    volatile private int nextWhoPrint = 1;

    public void testMethod1() {
        try {
            lock.lock();
            while (nextWhoPrint != 1) {
                condition.await();
```

```
            }
            System.out.println("AAA");
            nextWhoPrint = 2;
            condition.signalAll();
            lock.unlock();
        } catch (InterruptedException e) {
            e.printStackTrace();
        }
    }

    public void testMethod2() {
        try {
            lock.lock();
            while (nextWhoPrint != 2) {
                condition.await();
            }
            System.out.println("    BBB");
            nextWhoPrint = 3;
            condition.signalAll();
            lock.unlock();
        } catch (InterruptedException e) {
            e.printStackTrace();
        }
    }

    public void testMethod3() {
        try {
            lock.lock();
            while (nextWhoPrint != 3) {
                condition.await();
            }
            System.out.println("        CCC");
            nextWhoPrint = 1;
            condition.signalAll();
            lock.unlock();
        } catch (InterruptedException e) {
            e.printStackTrace();
        }
    }

}
```

创建 3 个线程类代码如下。

```
package test;

public class ThreadA extends Thread {
    private MyService service;

    public ThreadA(MyService service) {
        super();
        this.service = service;
```

```
    }

    @Override
    public void run() {
        service.testMethod1();
    }
}

package test;

public class ThreadB extends Thread {
    private MyService service;

    public ThreadB(MyService service) {
        super();
        this.service = service;
    }

    @Override
    public void run() {
        service.testMethod2();
    }
}

package test;

public class ThreadC extends Thread {
    private MyService service;

    public ThreadC(MyService service) {
        super();
        this.service = service;
    }

    @Override
    public void run() {
        service.testMethod3();
    }
}
```

创建运行类 Run.java 代码如下。

```
package test;

public class Test {
    public static void main(String[] args) throws InterruptedException {
        MyService service = new MyService();
        for (int i = 0; i < 5; i++) {
            ThreadA a = new ThreadA(service);
            a.start();
            ThreadB b = new ThreadB(service);
            b.start();
            ThreadC c = new ThreadC(service);
```

```
                c.start();
            }
        }

    }
```

程序运行结果如图 4-37 所示。

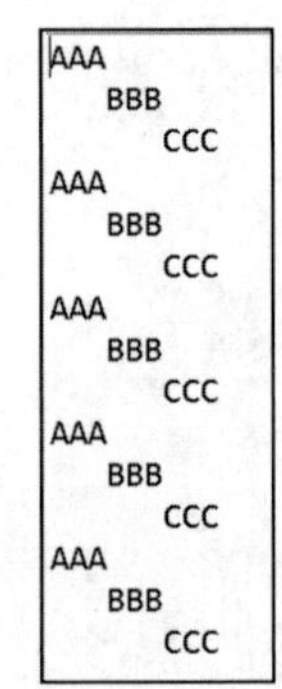

图 4-37 按顺序打印

## 4.2 使用 ReentrantReadWriteLock 类

ReentrantLock 类具有完全互斥排它的特点，同一时间只有一个线程在执行 ReentrantLock.lock() 方法后面的任务，这样做虽然保证了同时写实例变量的线程安全性，但效率是非常低下的。在 JDK 中提供了一种读写锁 ReentrantReadWriteLock 类，可以在同时进行读操作时不需要同步执行，提升运行速度，加快运行效率。这两个类之间没有继承关系。

读写锁表示有两个锁，一个是读操作相关的锁，也叫共享锁，另一个是写操作相关的锁，也叫排它锁。读锁之间不互斥，读锁和写锁互斥，写锁与写锁互斥，说明只要出现写锁，就会出现互斥同步的效果。读操作是指读取实例变量的值，写操作是指向实例变量写入值。

### 4.2.1 类 ReentrantLock 的缺点

ReentrantLock 类与 ReentrantReadWriteLock 类相比主要的缺点是使用 ReentrantLock 对象时，所有的操作都同步，哪怕只对实例变量进行读取操作时也会同步处理，这样会耗费大量的时间，降低运行效率。

创建测试项目 ReentrantLock_end。

创建 MyService.java 类代码如下。

```
package test;

import java.util.concurrent.locks.ReentrantLock;

public class MyService {
    private ReentrantLock lock = new ReentrantLock();
    private String username = "abc";

    public void testMethod1() {
        try {
            lock.lock();
            System.out.println("begin " + Thread.currentThread().getName() + " "
                + System.currentTimeMillis());
            System.out.println("print service " + username);
            Thread.sleep(4000);
```

```
            System.out.println("  end " + Thread.currentThread().getName() + " "
                + System.currentTimeMillis());
            lock.unlock();
        } catch (InterruptedException e) {
            e.printStackTrace();
        }
    }
}
```

创建 ThreadA.java 类代码如下。

```
package test;

public class ThreadA extends Thread {
    private MyService service;

    public ThreadA(MyService service) {
        super();
        this.service = service;
    }

    @Override
    public void run() {
        service.testMethod1();
    }
}
```

创建 Test.java 类代码如下。

```
package test;

public class Test {
    public static void main(String[] args) throws InterruptedException {
        MyService service = new MyService();
        ThreadA a = new ThreadA(service);
        a.start();
        ThreadA b = new ThreadA(service);
        b.start();
    }
}
```

运行结果如下。

```
begin Thread-0 1520824439727
print service abc
    end Thread-0 1520824443728
begin Thread-1 1520824443728
print service abc
    end Thread-1 1520824447728
```

从运行的总时间来看，2 个线程读取实例变量共耗时 8 秒，每个线程占用 4 秒，非常浪费 CPU 资源。而读取实例变量的操作是可以同时进行的，也就是读锁之间可以共享。

## 4.2.2 读读共享

创建 Java 项目 ReadWriteLockBegin1，将 ReentrantLock_end 项目中所有的源代码复制到 ReadWriteLockBegin1 项目中，更改 MyService.java 代码如下。

```
package test;

import java.util.concurrent.locks.ReentrantReadWriteLock;

public class MyService {
    private ReentrantReadWriteLock lock = new ReentrantReadWriteLock();
    private String username = "abc";

    public void testMethod1() {
        try {
            lock.readLock().lock();
            System.out.println("begin " + Thread.currentThread().getName() + " "
                + System.currentTimeMillis());
            System.out.println("print service " + username);
            Thread.sleep(4000);
            System.out.println("  end " + Thread.currentThread().getName() + " "
                + System.currentTimeMillis());
            lock.readLock().unlock();
        } catch (InterruptedException e) {
            e.printStackTrace();
        }
    }
}
```

```
begin Thread-0 1520824602689
print service abc
print service abc
  end Thread-0 1520824606689
  end Thread-1 1520824606689
```

图 4-38 运行结果

程序运行结果如图 4-38 所示。

从控制台打印的时间来看，两个线程几乎是同时进入 lock() 方法后面的代码，总定耗时 4 秒，说明使用 lock.readLock() 方法读锁可以提高程序运行效率，允许多个线程同时执行 lock() 方法后面的代码。

此实验中如果不使用锁也可以实现异步运行的效果，为什么要使用锁呢。这是因为有可能有第三个线程在执行写操作，这时写操作在执行时，这 2 个读操作就不能与写操作同时运行了，只能在写操作结束后，这 2 个读操作才可以同时运行，避免了出现非线程安全，而且提高了运行效率。

## 4.2.3 写写互斥

创建 Java 项目 ReadWriteLockBegin2，将 ReadWriteLockBegin1 中的所有源代码复制到项目 ReadWriteLockBegin2 中。

更改 Service.java 类代码如下。

```
package service;

import java.util.concurrent.locks.ReentrantReadWriteLock;
```

```
public class Service {

    private ReentrantReadWriteLock lock = new ReentrantReadWriteLock();

    public void write() {
        try {
            lock.writeLock().lock();
            System.out.println("获得写锁 " + Thread.currentThread().getName() +
                " " + System.currentTimeMillis());
            Thread.sleep(10000);
        } catch (InterruptedException e) {
            e.printStackTrace();
        } finally {
            lock.writeLock().unlock();
        }
    }

}
```

程序运行结果如图 4-39 所示。

使用写锁 lock.writeLock() 方法的效果就是同一时间只允许一个线程执行 lock() 方法后面的代码。

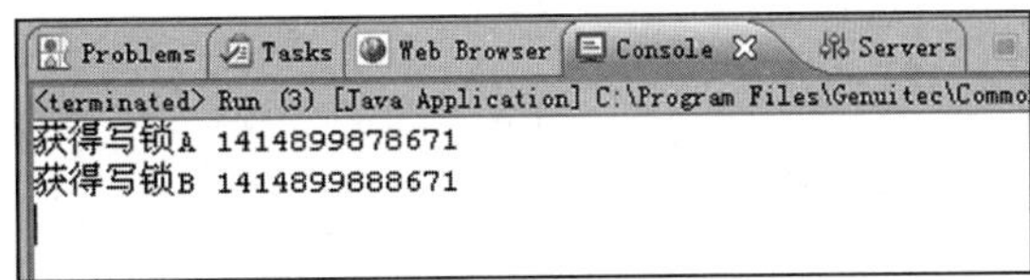


图 4-39　运行结果

## 4.2.4　读写互斥

创建 Java 项目 ReadWriteLockBegin3，将 ReadWriteLockBegin2 中的所有源代码复制到项目 ReadWriteLockBegin3 中。

更改 Service.java 类代码如下。

```
package service;

import java.util.concurrent.locks.ReentrantReadWriteLock;

public class Service {

    private ReentrantReadWriteLock lock = new ReentrantReadWriteLock();

    public void read() {
        try {
            lock.readLock().lock();
            System.out.println("获得读锁 " + Thread.currentThread().getName() +
                " " + System.currentTimeMillis());
            Thread.sleep(10000);
        } catch (InterruptedException e) {
            e.printStackTrace();
        } finally {
            lock.readLock().unlock();
        }
    }
```

```
    public void write() {
        try {
            lock.writeLock().lock();
            System.out.println("获得写锁" + Thread.currentThread().getName() +
                " " + System.currentTimeMillis());
            Thread.sleep(10000);
        } catch (InterruptedException e) {
            e.printStackTrace();
        } finally {
            lock.writeLock().unlock();
        }
    }

}
```

更改运行类Run.java代码如下。

```
package test;

import service.Service;
import extthread.ThreadA;
import extthread.ThreadB;

public class Run {

public static void main(String[] args) throws InterruptedException {

    Service service = new Service();

    ThreadA a = new ThreadA(service);
    a.setName("A");
    a.start();

    Thread.sleep(1000);

    ThreadB b = new ThreadB(service);
    b.setName("B");
    b.start();

}

}
```

```
Problems  Tasks  Web Browser  Console  Servers
<terminated> Run (4) [Java Application] C:\Program Files\Genuitec\Commo
获得读锁A 1414899977328
获得写锁B 1414899987328
```

图4-40 运行结果

程序运行结果如图4-40所示。

此实验说明读写操作是互斥的，只要出现写操作的过程，就是互斥的。

### 4.2.5 写读互斥

创建Java项目ReadWriteLockBegin4，将ReadWriteLockBegin3中的所有源代码复制到项目ReadWriteLockBegin4中。

更改运行类Run.java代码如下。

```
package test;

import service.Service;
import extthread.ThreadA;
import extthread.ThreadB;

public class Run {

public static void main(String[] args) throws InterruptedException {

    Service service = new Service();

    ThreadB b = new ThreadB(service);
    b.setName("B");
    b.start();

    Thread.sleep(1000);

    ThreadA a = new ThreadA(service);
    a.setName("A");
    a.start();

}

}
```

程序运行结果如图 4-41 所示。

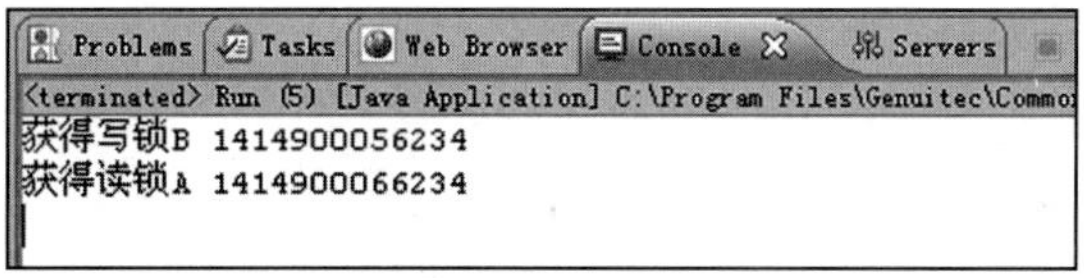

```
Problems  Tasks  Web Browser  Console  Servers
<terminated> Run (5) [Java Application] C:\Program Files\Genuitec\Commo
获得写锁B 1414900056234
获得读锁A 1414900066234
```

图 4-41　运行结果

从控制台打印的结果来看，写读也是互斥的。

读写、写读、写写都是互斥的，而读读是异步的，非互斥的。

## 4.3　本章小结

本章使用 Lock 对象替换 synchronized 关键字，Lock 对象具有的独特功能是 synchronized 所不具备的。在学习并发时，Lock 对象是 synchronized 关键字的进阶，掌握 Lock 对象有助于学习并发包中源代码的实现原理。在并发包中，大量的类使用了 Lock 接口作为同步的处理方式。

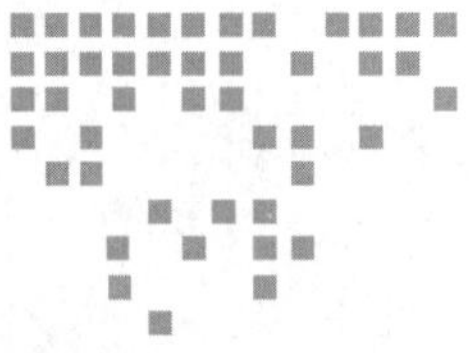

Chapter 5 第 5 章

# 定 时 器

定时 / 计划功能在移动开发领域使用较多，比如 Android 技术，定时功能在 Java 中主要通过 Timer 类实现，因为它在内部还是使用多线程的方式进行处理，所以和线程技术还是有非常大的关联。本章节着重介绍如下技术点：

- ❑ 如何实现指定时间执行任务；
- ❑ 如何实现按指定周期执行任务。

## 5.1 定时器的使用

在 JDK 库中 Timer 类主要负责计划任务的功能，也就是在指定的时间开始执行某一个任务，Timer 类的方法列表如图 5-1 所示。

Timer 类的主要作用就是设置计划任务，封装任务的类却是 TimerTask，该类结构如图 5-2 所示。

因为 TimerTask 是一个抽象类，所以执行计划任务的代码要放入 TimerTask 的子类中。

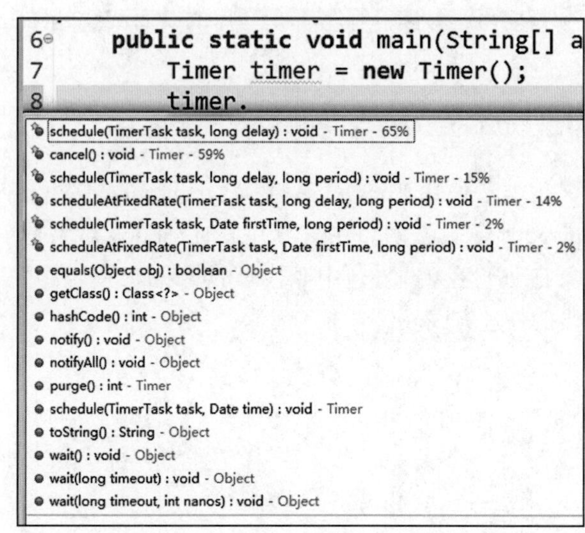


图 5-1 Timer 类的方法列表

### 5.1.1 方法 schedule(TimerTask task, Date time) 的测试

该方法的作用是在指定的日期执行一次某一任务。

java.util
类 TimerTask

java.lang.Object
└ java.util.TimerTask

所有已实现的接口：
Runnable

public abstract class **TimerTask**
extends Object
implements Runnable

由 Timer 安排为一次执行或重复执行的任务。

图 5-2 TimerTask 类相关的信息

#### 1. 执行任务的时间晚于当前时间（在未来执行）的效果

创建测试项目 timerTest1，创建 MyTask.java 类，代码如下。

```
package mytask;

import java.util.TimerTask;

public class MyTask extends TimerTask {
@Override
public void run() {
    System.out.println("任务执行了，时间为：" + System.currentTimeMillis());
}
}
```

运行 Test1.java 类代码如下。

```
package test;

import java.util.Date;
import java.util.Timer;

import mytask.MyTask;

public class Test1 {

public static void main(String[] args) throws InterruptedException {
    long nowTime = System.currentTimeMillis();
    System.out.println("当前时间为：" + nowTime);

    long scheduleTime = (nowTime + 10000);
    System.out.println("计划时间为：" + scheduleTime);

    MyTask task = new MyTask();

    Timer timer = new Timer();
    Thread.sleep(1000);
    timer.schedule(task, new Date(scheduleTime));

    Thread.sleep(Integer.MAX_VALUE);
}

}
```

程序运行后的效果如图 5-3 所示。

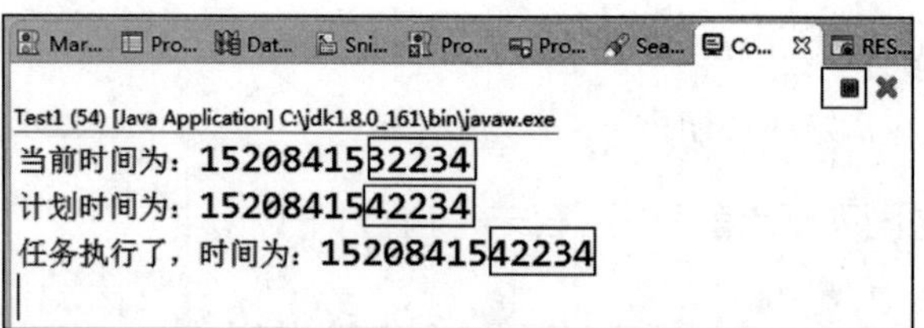


图 5-3　运行结果

10 秒之后任务成功执行。任务虽然执行完了，但进程还未销毁，呈红色状态，说明内部还有非守护线程正在执行，从 jvisualvm.exe 工具中也得到了证实，程序运行 10 秒之后，名称为 Timer-0 的线程还在运行，效果如图 5-4 所示。

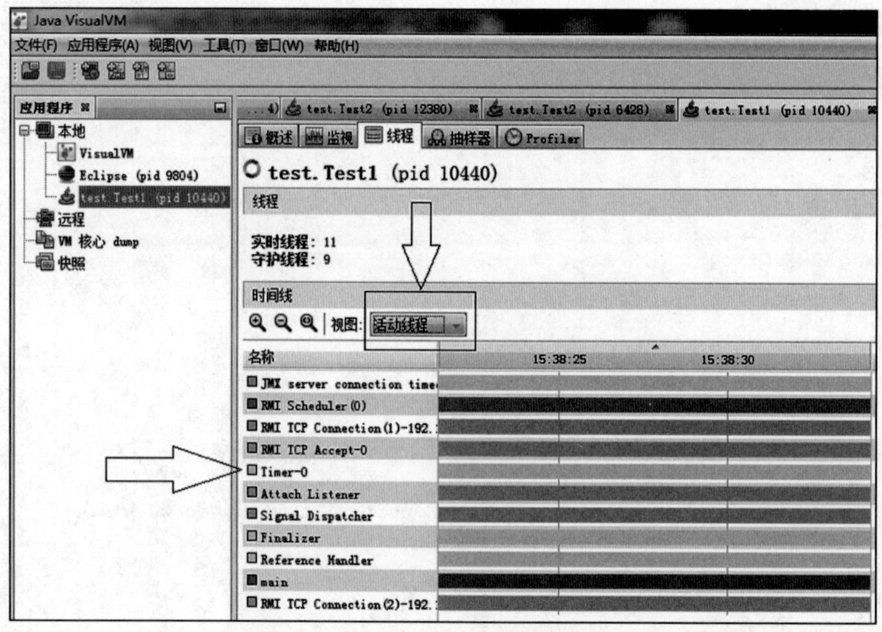


图 5-4　线程 Timer-0 还在继续运行

为什么会出现这样的情况，请看下面的介绍。

### 2. 线程 TimerThread 不销毁的原因

进程不销毁的原因是在创建 Timer 类时启动了 1 个新的非守护线程，JDK 源代码如下。

```
public Timer() {
    this("Timer-" + serialNumber());
}
```

此构造方法调用的是如下的构造方法。

```
private final TimerThread thread = new TimerThread(queue);
public Timer(String name) {
```

```
        thread.setName(name);
        thread.start();
    }
```

查看构造方法可知，创建 1 个 Timer 类时，在内部就启动了 1 个新的线程，用新启动的这个线程去执行计划任务，TimerThread 是线程类，源代码如下。

```
class TimerThread extends Thread {
```

那么这个新启动的线程并不是守护线程，而且一直在运行。一直在运行的原因是新线程内部有一个死循环，TimerThread.java 类中的 mainLoop() 方法代码如下。

```
private void mainLoop() {
    while (true) {
        try {
            TimerTask task;
            boolean taskFired;
            synchronized(queue) {
                while (queue.isEmpty() && newTasksMayBeScheduled)
                    queue.wait();
                if (queue.isEmpty())
                    break;
                long currentTime, executionTime;
                task = queue.getMin();
                synchronized(task.lock) {
                    if (task.state == TimerTask.CANCELLED) {
                        queue.removeMin();
                        continue;
                    }
                    currentTime = System.currentTimeMillis();
                    executionTime = task.nextExecutionTime;
                    if (taskFired = (executionTime<=currentTime)) {
                        if (task.period == 0)  {
                            queue.removeMin();
                            task.state = TimerTask.EXECUTED;
                        } else {
                            queue.rescheduleMin(
                              task.period<0 ? currentTime   - task.period
                                  : executionTime + task.period);
                        }
                    }
                }
                if (!taskFired)
                    queue.wait(executionTime - currentTime);
            }
            if (taskFired)
                task.run();
        } catch(InterruptedException e) {
        }
    }
}
```

private void mainLoop() 方法内部使用 while (true) 死循环一直执行计划任务，并不退出 while (true) 死循环，根据源代码的执行流程，除非是满足 if (queue.isEmpty()) 条件，才执行 break 退出 while(true) 死循环，退出逻辑的核心源代码如下。

```
while (queue.isEmpty() && newTasksMayBeScheduled)
    queue.wait();
if (queue.isEmpty())
    break;
```

上面一段源代码的逻辑如下。

1）使用 while 循环对 queue.isEmpty() && newTasksMayBeScheduled 条件进行判断。

2）当 && 两端运算结果都为 true 时，执行 wait() 方法使当前线程被暂停运行，等待被唤醒。

3）唤醒的时机是执行了 public void schedule(TimerTask task, Date time) 方法，说明要执行新的任务了。

4）唤醒后 while 继续判断 queue.isEmpty() && newTasksMayBeScheduled 条件，如果有新的任务被安排，则 queue.isEmpty() 结果为 false，&& 最终结果是 false，会继续执行下面的 if 语句。

5）if (queue.isEmpty()) 中的 queue.isEmpty() 结果为 true，说明队列为空，那么执行 break 语句退出 while(true) 死循环。

6）执行 public void cancel() 方法会使布尔变量 newTasksMayBeScheduled 的值由 true 变成 false。

7）如果不执行 public void cancel()，变量 newTasksMayBeScheduled 的值就不会是 false，一直呈死循环的状态，进程不销毁就是这个原因，public void cancel() 方法源代码如下。

```
public void cancel() {
    synchronized(queue) {
        thread.newTasksMayBeScheduled = false;
        queue.clear();
        queue.notify();  // In case queue was already empty.
    }
}
```

上面 7 步就是进程不销毁的原因，以及退出死循环 while(true) 的逻辑。

#### 3. 使用 public void cancel() 方法实现 TimerThread 线程销毁

Timer 类中 public void cancel() 方法的作用是终止此计时器，丢弃当前所有已安排的任务。这不会干扰当前正在执行的任务（如果存在）。一旦终止了计时器，那么它的执行线程也会终止，并且无法根据它安排更多的任务。注意，在此计时器调用的计时器任务的 run() 方法内调用此方法，就可以确保正在执行的任务是此计时器所执行的最后一个任务。虽然可以重复调用此方法，但是第二次和后续调用无效。

根据上面的源代码分析可知，当队列中为空，并且 newTasksMayBeScheduled 值是 false

时，退出 while(true) 死循环，导致 TimerThread 线程结束运行并销毁。

创建 Test2.java 类代码如下。

```
package test;

import java.util.Date;
import java.util.Timer;

import mytask.MyTask;

public class Test2 {

public static void main(String[] args) throws InterruptedException {
    long nowTime = System.currentTimeMillis();
    System.out.println("当前时间为: " + nowTime);

    long scheduleTime = (nowTime + 15000);
    System.out.println("计划时间为: " + scheduleTime);

    MyTask task = new MyTask();

    Timer timer = new Timer();
    timer.schedule(task, new Date(scheduleTime));

    Thread.sleep(18000);
    timer.cancel();
    Thread.sleep(Integer.MAX_VALUE);
}

}
```

程序运行 18 秒之后，从 jvisualvm.exe 工具中可以看到名称为 Timer-0 的线程 TimerThread 被销毁了，效果如图 5-5 所示。

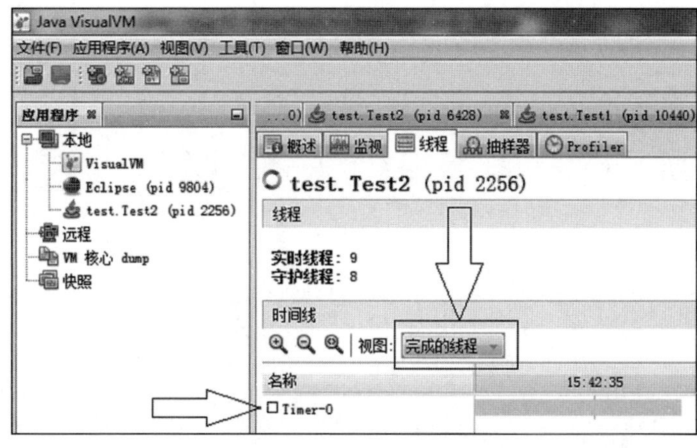


图 5-5 TimerThread 线程销毁了

虽然 TimerThread 线程销毁了，但进程还是呈红色状态，这是因为 main 线程一直在执行 Thread.sleep(Integer.MAX_VALUE) 代码，控制台输出结果如下。

```
当前时间为：1520841820588
计划时间为：1520841835588
任务执行了，时间为：1520841835589
```

### 4. 执行任务的时间早于当前时间（立即运行）的效果

如果执行任务的时间早于当前时间，则立即执行任务。

创建名为 timerTest2 的 Java 项目，创建类 MyTask.java，代码如下。

```
package mytask;

import java.util.TimerTask;

public class MyTask extends TimerTask {
@Override
public void run() {
    System.out.println("任务执行了，时间为：" + System.currentTimeMillis());
}
}
```

示例代码 Test1.java 如下。

```
package test;

import java.util.Date;
import java.util.Timer;

import mytask.MyTask;

public class Test1 {

public static void main(String[] args) {
    long nowTime = System.currentTimeMillis();
    System.out.println("当前时间为：" + nowTime);

    long scheduleTime = (nowTime - 5000);
    System.out.println("计划时间为：" + scheduleTime);

    MyTask task = new MyTask();

    Timer timer = new Timer();
    timer.schedule(task, new Date(scheduleTime));

}

}
```

效果如图 5-6 所示。

```
当前时间为：1520841108806
计划时间为：1520841103806
任务执行了，时间为：1520841108808
```

图 5-6 立即执行任务

### 5. 在定时器中执行多个 TimerTask 任务

可以在定时器中执行多个 TimerTask 任务。

创建类 Test2.java，代码如下。

```
package test;

import java.util.Date;
import java.util.Timer;

import mytask.MyTask;

public class Test2 {

public static void main(String[] args) {
    long nowTime = System.currentTimeMillis();
    System.out.println("当前时间为: " + nowTime);

    long scheduleTime1 = (nowTime + 5000);
    long scheduleTime2 = (nowTime + 8000);
    System.out.println("计划时间 1 为: " + scheduleTime1);
    System.out.println("计划时间 2 为: " + scheduleTime2);

    MyTask task1 = new MyTask();
    MyTask task2 = new MyTask();

    Timer timer = new Timer();
    timer.schedule(task1, new Date(scheduleTime1));
    timer.schedule(task2, new Date(scheduleTime2));

}

}
```

程序运行结果如图 5-7 所示。

```
当前时间为：1520842020683
计划时间1为：1520842025683
计划时间2为：1520842028683
任务执行了，时间为：1520842025684
任务执行了，时间为：1520842028683
```

图 5-7 在 1 个定时器中可以运行多个 TimerTask 任务

### 6. 延时执行 TimerTask 的测试

因为 TimerTask 是以队列的方式一个一个被顺序执行的，所以执行的时间有可能和预期的时间不一致。因为前面的任务有可能消耗的时间较长，所以后面的任务运行的时间也被延后，请看下面的示例。

创建测试用的 Java 项目 taskLater，MyTaskA.java 类代码如下。

```
package mytask;

import java.util.TimerTask;

public class MyTaskA extends TimerTask {
@Override
public void run() {
    try {
        System.out.println("A begin timer=" + System.currentTimeMillis());
```

```
            Thread.sleep(20000);
            System.out.println("A   end timer=" + System.currentTimeMillis());
        } catch (InterruptedException e) {
            e.printStackTrace();
        }
    }
}
```

MyTaskB.java 类代码如下。

```
package mytask;

import java.util.TimerTask;

public class MyTaskB extends TimerTask {
@Override
public void run() {
    System.out.println("B begin timer=" + System.currentTimeMillis());
    System.out.println("B   end timer=" + System.currentTimeMillis());
}
}
```

Test.java 类代码如下。

```
package test;

import java.util.Date;
import java.util.Timer;

import mytask.MyTaskA;
import mytask.MyTaskB;

public class Test {

public static void main(String[] args) {
    long nowTime = System.currentTimeMillis();
    System.out.println("当前时间为: " + nowTime);

    long scheduleTime1 = nowTime;
    long scheduleTime2 = nowTime + 5000;
    System.out.println("计划时间 1 为: " + scheduleTime1);
    System.out.println("计划时间 2 为: " + scheduleTime2);

    MyTaskA task1 = new MyTaskA();
    MyTaskB task2 = new MyTaskB();

    Timer timer = new Timer();
    timer.schedule(task1, new Date(scheduleTime1));
    timer.schedule(task2, new Date(scheduleTime2));

}

}
```

程序运行结果如图 5-8 所示。

在代码中，long scheduleTime2 = nowTime + 5000 原计划是设置任务 1 和任务 2 的运行间隔时间为 5 秒，由于 task1 执行任务需要 20 秒，因此 task1 的结束时间就是 task2 的开始时间，task2 不再以 5 秒作为参考，而是以 20 秒作为参考，究其原理是创建了 1 个 Timer 类导致创建了 1 个 TimerThread 线程，1 个 TimerThread 线程管理 1 个队列，在队列中得按顺序运行任务。

```
计划时间1为：1520842270473
计划时间2为：1520842275473
A begin timer=1520842270474
A   end timer=1520842290474
B begin timer=1520842290474
B   end timer=1520842290474
```

图 5-8　任务 2 的运行时间被延时

### 5.1.2　方法 schedule(TimerTask task, Date firstTime, long period) 的测试

该方法的作用是在指定的日期之后按指定的间隔周期无限循环地执行某一任务。

#### 1. 执行任务的时间晚于当前时间（在未来执行）的效果

创建测试项目 timerTest2_period，创建 MyTask.java 类，代码如下。

```
package mytask;

import java.util.TimerTask;

public class MyTask extends TimerTask {
@Override
public void run() {
    System.out.println("任务执行了，时间为：" + System.currentTimeMillis());
}
}
```

创建 Test1.java 类代码如下。

```
package test;

import java.util.Date;
import java.util.Timer;

import mytask.MyTask;

public class Test1 {

public static void main(String[] args) {
    long nowTime = System.currentTimeMillis();
    System.out.println("当前时间为：" + nowTime);

    long scheduleTime = (nowTime + 10000);
    System.out.println("计划时间为：" + scheduleTime);

    MyTask task = new MyTask();

    Timer timer = new Timer();
```

```
    timer.schedule(task, new Date(scheduleTime), 4000);

}

}
```

当前时间为：1520843078248
计划时间为：1520843088248
任务执行了，时间为：1520843088248
任务执行了，时间为：1520843092249
任务执行了，时间为：1520843096249
任务执行了，时间为：1520843100249
任务执行了，时间为：1520843104249
任务执行了，时间为：1520843108250

图 5-9 运行结果

程序运行结果如图 5-9 所示。

从运行结果来看，每隔 4 秒运行一次 TimerTask 任务，并且是无限期重复执行任务。

### 2. 执行任务的时间早于当前时间（立即运行）的效果

如果计划时间早于当前时间，则立即执行任务。

创建 Test2.java 类代码如下。

```
package test;

import java.util.Date;
import java.util.Timer;

import mytask.MyTask;

public class Test2 {

public static void main(String[] args) {
    long nowTime = System.currentTimeMillis();
    System.out.println("当前时间为：" + nowTime);

    long scheduleTime = (nowTime - 10000);
    System.out.println("计划时间为：" + scheduleTime);
    MyTask task = new MyTask();

    Timer timer = new Timer();
    timer.schedule(task, new Date(scheduleTime), 4000);

}

}
```

当前时间为：1520843444381
计划时间为：1520843434381
任务执行了，时间为：1520843444382
任务执行了，时间为：1520843448382
任务执行了，时间为：1520843452382
任务执行了，时间为：1520843456383
任务执行了，时间为：1520843460383

图 5-10 立即执行任务

运行结果如图 5-10 所示。

控制台打印的结果是程序运行后立即执行任务，并且每隔 4 秒打印一次。

### 3. 延时执行 TimerTask 的测试

创建 Java 项目，名称为 timerTest2_periodLater，创建 MyTaskA.java 类代码如下。

```
package mytask;

import java.util.TimerTask;
```

```
public class MyTaskA extends TimerTask {

@Override
public void run() {
    try {
        System.out.println("A begin timer=" + System.currentTimeMillis());
        Thread.sleep(5000);
        System.out.println("A   end timer=" + System.currentTimeMillis());
    } catch (InterruptedException e) {
        e.printStackTrace();
    }
}

}
```

运行 Test1.java 类代码如下。

```
package test;

import java.util.Date;
import java.util.Timer;

import mytask.MyTaskA;

public class Test1 {

public static void main(String[] args) {
    long nowTime = System.currentTimeMillis();
    System.out.println("当前时间为：" + nowTime);

    System.out.println("计划时间为：" + nowTime);

    MyTaskA task = new MyTaskA();

    Timer timer = new Timer();
    timer.schedule(task, new Date(nowTime), 3000);

}

}
```

使用代码 timer.schedule(task, new Date(nowTime), 3000) 是让每个任务执行的间隔时间为 3 秒，而运行结果却是 5 秒，这是因为在任务中执行了 Thread.sleep(5000) 代码，程序运行结果如图 5-11 所示。

```
当前时间为：1520843735638
计划时间为：1520843735638
A begin timer=1520843735639
A   end timer=1520843740639
A begin timer=1520843740639
A   end timer=1520843745639
A begin timer=1520843745639
A   end timer=1520843750639
A begin timer=1520843750639
A   end timer=1520843755640
```

图 5-11　任务被延时 5 秒而不是 3 秒

### 4. TimerTask 类中的 cancel() 方法

TimerTask 类中的 cancel() 方法的作用是将自身从任务队列中清除，该方法的源代码如下。

```
public boolean cancel() {
    synchronized(lock) {
        boolean result = (state == SCHEDULED);
        state = CANCELLED;
        return result;
    }
}
```

从方法的代码中可以分析出，执行 TimerTask 类中的 cancel() 方法时是将当前 TimerTask 任务的状态改为 CANCELLED。

创建名为 TimerTaskCancelMethod 的项目，MyTaskA.java 类代码如下。

```
package mytask;

import java.util.TimerTask;

public class MyTaskA extends TimerTask {
@Override
public void run() {
    System.out.println("A run timer=" + System.currentTimeMillis());
    this.cancel();
    System.out.println("A 任务自己移除自己 ");
}
}
```

MyTaskB.java 类代码如下。

```
package mytask;

import java.util.TimerTask;

public class MyTaskB extends TimerTask {
@Override
public void run() {
    System.out.println("B run timer=" + System.currentTimeMillis());
}
}
```

创建 Test.java 文件，代码如下。

```
package test;

import java.util.Date;
import java.util.Timer;

import mytask.MyTaskA;
import mytask.MyTaskB;

public class Test {

public static void main(String[] args) {
    long nowTime = System.currentTimeMillis();
```

```
        System.out.println("当前时间为: " + nowTime);

        System.out.println("计划时间为: " + nowTime);

        MyTaskA task1 = new MyTaskA();
        MyTaskB task2 = new MyTaskB();

        Timer timer = new Timer();
        timer.schedule(task1, new Date(nowTime), 4000);
        timer.schedule(task2, new Date(nowTime), 4000);

    }

}
```

程序运行结果如图 5-12 所示。

```
当前时间为: 1520844509939
计划时间为: 1520844509939
A run timer=1520844509940
A任务自己移除自己
B run timer=1520844509940
B run timer=1520844513940
B run timer=1520844517940
B run timer=1520844521940
B run timer=1520844525941
B run timer=1520844529941
B run timer=1520844533941
B run timer=1520844537941
B run timer=1520844541942
B run timer=1520844545942
```

图 5-12 TimerTaskA 仅运行一次后被取消了

TimerTask 类的 cancel() 方法是将自身从任务队列中移除，其他任务不受影响。

#### 5. 类 Timer 中的 cancel() 方法

和 TimerTask 类中的 cancel() 方法清除自身不同，Timer 类中 cancel() 方法的作用是将任务队列中全部的任务清空，源代码如下。

```
public void cancel() {
    synchronized(queue) {
        thread.newTasksMayBeScheduled = false;
        queue.clear();
        queue.notify();
    }
}
```

创建名为 TimerCancelMethod 的项目，MyTaskA.java 类代码如下。

```
package mytask;

import java.util.TimerTask;

public class MyTaskA extends TimerTask {
@Override
public void run() {
    System.out.println("A run timer=" + System.currentTimeMillis());
}
}
```

MyTaskB.java 类代码如下。

```
package mytask;

import java.util.TimerTask;

public class MyTaskB extends TimerTask {
```

```
@Override
public void run() {
    System.out.println("B run timer=" + System.currentTimeMillis());
}
}
```

Test.java 类代码如下。

```
package test;

import java.util.Date;
import java.util.Timer;

import mytask.MyTaskA;
import mytask.MyTaskB;

public class Test {

public static void main(String[] args) throws InterruptedException {
    long nowTime = System.currentTimeMillis();
    System.out.println("当前时间为: " + nowTime);

    System.out.println("计划时间为: " + nowTime);

    MyTaskA task1 = new MyTaskA();
    MyTaskB task2 = new MyTaskB();

    Timer timer = new Timer();
    timer.schedule(task1, new Date(nowTime), 2000);
    timer.schedule(task2, new Date(nowTime),  2000);

    Thread.sleep(10000);

    timer.cancel();      //全部任务都取消

}

}
```

程序运行 10 秒后，进程销毁，控制台输出结果如图 5-13 所示。

全部任务都被清除，并且进程被销毁，按钮由红色变成灰色。

```
当前时间为: 1520844720890
计划时间为: 1520844720890
A run timer=1520844720891
B run timer=1520844720891
B run timer=1520844722891
A run timer=1520844722891
A run timer=1520844724891
B run timer=1520844724891
B run timer=1520844726891
A run timer=1520844726891
A run timer=1520844728891
B run timer=1520844728891
B run timer=1520844730891
```

图 5-13　进程销毁

### 6. 间隔执行任务的算法

当在队列中有 3 个任务 ABC 时，这 3 个任务执行顺序的算法是每次将最后一个任务放入队列头，再执行队列头中任务的 run() 方法，算法效果如下。

1）起始顺序为 ABC。

2）CAB，将 C 放入 AB 之前。

3）BCA，将 B 放入 CA 之前。

创建新的任务类代码如下。

```
package mytask;

import java.util.TimerTask;

public class MyTaskC extends TimerTask {
@Override
public void run() {
    System.out.println("C run timer=" + System.currentTimeMillis());
}
}
```

运行类代码如下。

```
package test;

import java.util.Date;
import java.util.Timer;

import mytask.MyTaskA;
import mytask.MyTaskB;
import mytask.MyTaskC;

public class Test2 {

public static void main(String[] args) throws InterruptedException {
    long nowTime = System.currentTimeMillis();
    System.out.println("当前时间为: " + nowTime);

    System.out.println("计划时间为: " + nowTime);

    MyTaskA task1 = new MyTaskA();
    MyTaskB task2 = new MyTaskB();
    MyTaskC task3 = new MyTaskC();

    Timer timer = new Timer();
    timer.schedule(task1, new Date(nowTime), 2000);
    timer.schedule(task2, new Date(nowTime), 2000);
    timer.schedule(task3, new Date(nowTime), 2000);

    Thread.sleep(Integer.MAX_VALUE);
}

}
```

程序运行结果如下。

```
当前时间为: 1520846683801
计划时间为: 1520846683801
A run timer=1520846683803
```

```
B run timer=1520846683803
C run timer=1520846683803
C run timer=1520846685803
A run timer=1520846685803
B run timer=1520846685803
B run timer=1520846687803
C run timer=1520846687803
A run timer=1520846687803
```

### 7. Timer 类中 cancel() 方法的注意事项

Timer 类中的 cancel() 方法有时并不一定会停止计划任务，而是正常执行。

创建名称为 TimerCancelError 的项目，MyTaskA.java 类代码如下。

```
package mytask;

import java.util.TimerTask;

public class MyTaskA extends TimerTask {

private int i;

public MyTaskA(int i) {
    super();
    this.i = i;
}

@Override
public void run() {
    System.out.println("第" + i + "次没有被 cancel 取消");
}

}
```

创建 Test.java 类代码如下。

```
package test;

import java.util.Date;
import java.util.Timer;

import mytask.MyTaskA;

public class Test {

public static void main(String[] args) throws InterruptedException {
    int i = 0;

    long nowTime = System.currentTimeMillis();
    System.out.println("当前时间为：" + nowTime);
    System.out.println("计划时间为：" + nowTime);

    while (true) {
```

```
            i++;
            Timer timer = new Timer();
            MyTaskA task1 = new MyTaskA(i);
            timer.schedule(task1, new Date(nowTime));
            timer.cancel();
        }
    }

    }
```

当前时间为：1520845565499
计划时间为：1520845565499
第1次没有被cancel取消
第512次没有被cancel取消
第726594次没有被cancel取消

图 5-14 任务并没有停止

程序运行后的部分结果如图 5-14 所示。

因为 Timer 类中的 cancel() 方法有时并没有争抢到队列锁，所以让 TimerTask 类中的任务正常执行。

### 5.1.3 方法 schedule(TimerTask task, long delay) 的测试

该方法的作用是以执行 schedule(TimerTask task, long delay) 方法当前的时间为参考时间，在此时间基础上延迟指定的毫秒数后执行一次 TimerTask 任务。

创建测试用的项目 timerTest3，创建类 Run.java 代码如下。

```
package test;

import java.util.Timer;
import java.util.TimerTask;

public class Run {
static public class MyTask extends TimerTask {
    @Override
    public void run() {
        System.out.println("运行了！时间为：" + System.currentTimeMillis());
    }
}

public static void main(String[] args) {
    MyTask task = new MyTask();
    Timer timer = new Timer();
    System.out.println("当前时间：" + System.currentTimeMillis());
    timer.schedule(task, 7000);
}
}
```

当前时间：1520846850725
运行了！时间为：1520846857725

图 5-15 运行结果

程序运行结果如图 5-15 所示。

任务被延迟 7 秒执行了。

### 5.1.4 方法 schedule(TimerTask task, long delay, long period) 的测试

该方法的作用是以执行 schedule(TimerTask task, long delay, long period) 方法当前的时间为参考时间，在此时间基础上延迟指定的毫秒数，再以某一间隔时间无限次数地执行某一任务。

创建测试用的项目 timerTest4，创建类 Run.java 代码如下。

```
package test;

import java.util.Timer;
import java.util.TimerTask;

public class Run {
static public class MyTask extends TimerTask {
    @Override
    public void run() {
        System.out.println("运行了！时间为：" + System.currentTimeMillis());
    }
}

public static void main(String[] args) {
    MyTask task = new MyTask();
    Timer timer = new Timer();
    System.out.println("当前时间：" + System.currentTimeMillis());
    timer.schedule(task, 3000, 5000);
}
}
```

程序运行结果如图 5-16 所示。

```
当前时间：1520847026272
运行了！时间为：1520847029272
运行了！时间为：1520847034272
运行了！时间为：1520847039272
运行了！时间为：1520847044273
运行了！时间为：1520847049273
```

图 5-16　运行结果

凡是使用方法中带有 period 参数的，都是无限循环执行 TimerTask 中的任务。

### 5.1.5 方法 scheduleAtFixedRate(TimerTask task, Date firstTime, long period) 的测试

schedule 方法和 scheduleAtFixedRate 方法的主要区别在于有没有追赶特性。

#### 1. 测试 schedule 方法任务不延时（Date 类型）

创建项目 timerTest5，创建 Java 类 Test1.java，代码如下。

```
package test;

import java.util.Date;
import java.util.Timer;
import java.util.TimerTask;

public class Test1 {
static class MyTask extends TimerTask {
    public void run() {
        try {
            System.out.println("begin timer=" + System.currentTimeMillis());
            Thread.sleep(1000);
            System.out.println("  end timer=" + System.currentTimeMillis());
        } catch (InterruptedException e) {
            e.printStackTrace();
        }
```

```
        }
    }

    public static void main(String[] args) {
        MyTask task = new MyTask();

        long nowTime = System.currentTimeMillis();

        Timer timer = new Timer();
        timer.schedule(task, new Date(nowTime), 3000);
    }
    }
```

程序运行后打印部分效果如图 5-17 所示。

```
begin timer=1520903502972
  end timer=1520903503973
begin timer=1520903505972
  end timer=1520903506972
begin timer=1520903508972
  end timer=1520903509972
begin timer=1520903511972
  end timer=1520903512972
```

图 5-17 没有延时的运行效果

控制台打印的结果证明，在不延时的情况下，如果执行任务的时间没有被延时，则下一次执行任务的开始时间是上一次任务的开始时间加上 period 时间。

所谓的“不延时”是指执行任务的时间小于 period 间隔时间。

### 2. 测试 schedule 方法任务不延时（Long 类型）

创建 Java 类 Test2.java，代码如下。

```
package test;

import java.util.Timer;
import java.util.TimerTask;

public class Test2 {

static class MyTask extends TimerTask {
    public void run() {
        try {
            System.out.println("begin timer=" + System.currentTimeMillis());
            Thread.sleep(1000);
            System.out.println("  end timer=" + System.currentTimeMillis());
        } catch (InterruptedException e) {
            e.printStackTrace();
        }
    }
}

public static void main(String[] args) {
    MyTask task = new MyTask();
    System.out.println("当前时间: " + System.currentTimeMillis());
    Timer timer = new Timer();
    timer.schedule(task, 3000, 4000);

}

}
```

程序运行结果如图 5-18 所示。

```
当前时间: 1438241834750
begin timer=1438241837750
  end timer=1438241838750
begin timer=1438241841750
  end timer=1438241842750
begin timer=1438241845750
  end timer=1438241846750
begin timer=1438241849750
  end timer=1438241850750
begin timer=1438241853750
```

图 5-18 没有延时的运行结果

控制台打印的结果证明，在不延时的情况下，如果执行任务的时间没有被延时，则第一次执行任务的时间是任务开始时间加上延迟时间，接下来执行任务的时间是上一次任务的开始时间加上 period 时间。

### 3. 测试 schedule 方法任务延时（Date 类型）

创建 Test3.java 类，代码如下。

```
package test;

import java.util.Date;
import java.util.Timer;
import java.util.TimerTask;

public class Test3 {
static class MyTask extends TimerTask {
    public void run() {
        try {
            System.out.println("begin timer=" + System.currentTimeMillis());
            Thread.sleep(5000);
            System.out.println("  end timer=" + System.currentTimeMillis());
        } catch (InterruptedException e) {
            e.printStackTrace();
        }
    }
}

public static void main(String[] args) {
    MyTask task = new MyTask();

    long nowTime = System.currentTimeMillis();

    Timer timer = new Timer();
    timer.schedule(task, new Date(nowTime), 2000);
}
}
```

程序运行结果如图 5-19 所示。

```
begin timer=1520903958857
  end timer=1520903963857
begin timer=1520903963857
  end timer=1520903968857
begin timer=1520903968857
  end timer=1520903973858
```

图 5-19 任务延时的效果

从控制台打印的结果来看，在延时的情况下，如果执行任务的时间被延时，那么下一次任务的执行时间参考的是上一次任务“结束”的时间。

### 4. 测试 schedule 方法任务延时（Long 类型）

创建 Test4.java 类，代码如下。

```
package test;

import java.util.Timer;
```

```
import java.util.TimerTask;

public class Test4 {

static class MyTask extends TimerTask {
    public void run() {
        try {
            System.out.println("begin timer=" + System.currentTimeMillis());
            Thread.sleep(5000);
            System.out.println("  end timer=" + System.currentTimeMillis());
        } catch (InterruptedException e) {
            e.printStackTrace();
        }
    }
}

public static void main(String[] args) {
    MyTask task = new MyTask();
    System.out.println("当前时间: " + System.currentTimeMillis());
    Timer timer = new Timer();
    timer.schedule(task, 3000, 2000);

}

}
```

程序运行结果如图 5-20 所示。

```
当前时间: 1438242120812
begin timer=1438242123812
  end timer=1438242128812
begin timer=1438242128812
  end timer=1438242133812
begin timer=1438242133812
  end timer=1438242138812
begin timer=1438242138812
  end timer=1438242143812
begin timer=1438242143812
```

图 5-20 任务延时结果

从控制台打印的结果来看，在延时的情况下，如果执行任务的时间被延时，那么下一次任务的执行时间参考的是上一次任务“结束”的时间。

### 5. 测试 scheduleAtFixedRate 方法任务不延时（Date 类型）

创建 Test5.java 文件，本示例使用方法 scheduleAtFixedRate 作为测试。

完整代码如下。

```
package test;

import java.util.Date;
import java.util.Timer;
import java.util.TimerTask;

public class Test5 {

static class MyTask extends TimerTask {
    public void run() {
        try {
            System.out.println("begin timer=" + System.currentTimeMillis());
            Thread.sleep(1000);
```

```
                System.out.println("  end timer=" + System.currentTimeMillis());
            } catch (InterruptedException e) {
                e.printStackTrace();
            }
        }
    }

    public static void main(String[] args) {
        MyTask task = new MyTask();

        long nowTime = System.currentTimeMillis();

        Timer timer = new Timer();
        timer.scheduleAtFixedRate(task, new Date(nowTime), 3000);

    }

    }
```

```
begin timer=1520904128657
  end timer=1520904129659
begin timer=1520904131656
  end timer=1520904132656
begin timer=1520904134656
  end timer=1520904135656
begin timer=1520904137656
  end timer=1520904138656
```

图 5-21 没有被延时的运行结果

程序运行结果如图 5-21 所示。

控制台打印的结果证明，在不延时的情况下，如果执行任务的时间没有被延时，则下一次执行任务的时间是上一次任务的开始时间加上 period 时间。

#### 6. 测试 scheduleAtFixedRate 方法任务不延时（Long 类型）

创建 Test6.java 文件，本示例使用方法 scheduleAtFixedRate 作为测试。

完整代码如下。

```
package test;

import java.util.Timer;
import java.util.TimerTask;

public class Test6 {

static class MyTask extends TimerTask {
    public void run() {
        try {
            System.out.println("begin timer=" + System.currentTimeMillis());
            Thread.sleep(1000);
            System.out.println("  end timer=" + System.currentTimeMillis());
        } catch (InterruptedException e) {
            e.printStackTrace();
        }
    }
}

public static void main(String[] args) {
    MyTask task = new MyTask();
```

```
        System.out.println("当前时间：" + System.currentTimeMillis());
        Timer timer = new Timer();
        timer.scheduleAtFixedRate(task, 3000, 4000);

    }

    }
```

程序运行结果如图 5-22 所示。

```
当前时间：1438242357218
begin timer=1438242360218
  end timer=1438242361218
begin timer=1438242364218
  end timer=1438242365218
begin timer=1438242368218
  end timer=1438242369218
begin timer=1438242372218
  end timer=1438242373218
```

图 5-22　没有被延时的运行结果

控制台打印的结果证明，在不延时的情况下，如果执行任务的时间没有被延时，则第一次执行任务的时间是任务开始时间加上延迟时间，接下来执行任务的时间是上一次任务的开始时间加上 period 时间。

### 7. 测试 scheduleAtFixedRate 方法任务延时（Date 类型）

创建 Test7.java 文件，代码如下。

```
package test;

import java.util.Date;
import java.util.Timer;
import java.util.TimerTask;

public class Test7 {

static class MyTask extends TimerTask {
    public void run() {
        try {
            System.out.println("begin timer=" + System.currentTimeMillis());
            Thread.sleep(5000);
            System.out.println("  end timer=" + System.currentTimeMillis());
        } catch (InterruptedException e) {
            e.printStackTrace();
        }
    }
}

public static void main(String[] args) {
    MyTask task = new MyTask();

    long nowTime = System.currentTimeMillis();

    Timer timer = new Timer();
    timer.scheduleAtFixedRate(task, new Date(nowTime), 2000);
}

}
```

程序运行结果如图 5-23 所示。

```
begin timer=1520904377023
  end timer=1520904382023
begin timer=1520904382023
  end timer=1520904387023
begin timer=1520904387023
  end timer=1520904392024
```

图 5-23　任务延时的运行结果

从控制台打印的结果来看，在延时的情况下，如果执行任务的时间被延时，那么下一次任务的执行时间参考的是上一次任务“结束”时间。

### 8. 测试 scheduleAtFixedRate 方法任务延时（Long 类型）

创建 Test8.java 文件，代码如下。

```
package test;

import java.util.Timer;
import java.util.TimerTask;

public class Test8 {

static class MyTask extends TimerTask {
    public void run() {
        try {
            System.out.println("begin timer=" + System.currentTimeMillis());
            Thread.sleep(5000);
            System.out.println("   end timer=" + System.currentTimeMillis());
        } catch (InterruptedException e) {
            e.printStackTrace();
        }
    }
}

public static void main(String[] args) {
    MyTask task = new MyTask();
    System.out.println("当前时间: " + System.currentTimeMillis());
    Timer timer = new Timer();
    timer.scheduleAtFixedRate(task, 3000, 2000);

}

}
```

```
当前时间: 1438242567640
begin timer=1438242570640
  end timer=1438242575640
begin timer=1438242575640
  end timer=1438242580640
begin timer=1438242580640
  end timer=1438242585640
begin timer=1438242585640
```

图 5-24　任务延时的运行结果

程序运行结果如图 5-24 所示。

从控制台打印的结果来看，在延时的情况下，如果执行任务的时间被延时，那么下一次任务的执行时间参考的是上一次任务“结束”的时间。

从上面 8 个运行结果来看，schedule 方法和 scheduleAtFixedRate 方法在运行效果上并没有非常明显的区别，那它们之间到底有什么区别呢，那就是追赶执行性。

### 9. 验证 schedule 方法不具有追赶执行性

创建 Java 类 Test9.java，代码如下。

```
package test;

import java.util.Date;
import java.util.Timer;
```

```
import java.util.TimerTask;

public class Test9 {
static class MyTask extends TimerTask {
    public void run() {
        System.out.println("begin timer=" + System.currentTimeMillis());
        System.out.println("  end timer=" + System.currentTimeMillis());
    }
}

public static void main(String[] args) {
    MyTask task = new MyTask();
    long nowTime = System.currentTimeMillis();
    System.out.println("现在执行时间: " + nowTime);
    long runTime = nowTime - 20000;
    System.out.println("计划执行时间: " + runTime);
    Timer timer = new Timer();
    timer.schedule(task, new Date(runTime), 2000);
}
}
```

程序运行结果如图 5-25 所示。

```
现在执行时间: 1520904922596
计划执行时间: 1520904902596
begin timer=1520904922598
  end timer=1520904922598
begin timer=1520904924598
  end timer=1520904924598
begin timer=1520904926598
  end timer=1520904926598
begin timer=1520904928620
  end timer=1520904928622
begin timer=1520904930620
  end timer=1520904930620
begin timer=1520904932620
  end timer=1520904932620
begin timer=1520904934621
  end timer=1520904934621
```

图 5-25 不追赶

从运行结果来看,"1520904922596"到"1520904902596"的时间所对应的任务被取消掉,不被执行了,这就是任务不追赶。

### 10. 验证 scheduleAtFixedRate 方法具有追赶执行性

创建 Java 类 Test10.java,代码如下。

```
package test;

import java.util.Date;
import java.util.Timer;
import java.util.TimerTask;

public class Test10 {
static class MyTask extends TimerTask {
    public void run() {
        System.out.println("begin timer=" + System.currentTimeMillis());
        System.out.println("  end timer=" + System.currentTimeMillis());
    }
}

public static void main(String[] args) {
    MyTask task = new MyTask();
    long nowTime = System.currentTimeMillis();
    System.out.println("现在执行时间: " + nowTime);
    long runTime = nowTime - 20000;
    System.out.println("计划执行时间: " + runTime);
    Timer timer = new Timer();
    timer.scheduleAtFixedRate(task, new Date(runTime), 2000);
```

```
    }
}
```

程序运行结果如下。

```
现在执行时间：1520905227591
计划执行时间：1520905207591
begin timer=1520905227593
    end timer=1520905227593
begin timer=1520905227593
    end timer=1520905227593
begin timer=1520905227593
    end timer=1520905227593
begin timer=1520905227593
    end timer=1520905227593
begin timer=1520905227593
    end timer=1520905227593
begin timer=1520905227593
    end timer=1520905227593
begin timer=1520905227593
    end timer=1520905227593
begin timer=1520905227593
    end timer=1520905227593
begin timer=1520905227593
    end timer=1520905227593
begin timer=1520905227593
    end timer=1520905227593
begin timer=1520905227593
    end timer=1520905227593
begin timer=1520905229591
    end timer=1520905229591
begin timer=1520905231592
    end timer=1520905231592
begin timer=1520905233591
    end timer=1520905233591
begin timer=1520905235591
    end timer=1520905235591
```

打印时间 "1520905227593" 都是曾经流逝时间的任务追赶，也就是将曾经没有执行的任务追加进行执行，将 20 秒之内执行任务的次数打印完，再每间隔 2 秒执行 1 次任务。

将两个时间段内的时间所对应的任务被“弥补”地执行，也就是在指定时间段内的运行次数必须要运行完整，这就是任务追赶特性。

## 5.2 本章小结

通过本章的学习，读者应该掌握如何在 Java 中使用定时任务的功能，并且可以对这些定时任务使用指定的 API 进行处理。这些示例代码完全可以应用在 Android 技术中，实现类似于轮询，动画等常见的主要功能。

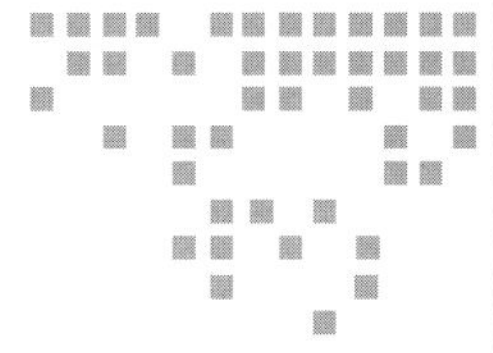

第 6 章 Chapter 6

# 单例模式与多线程

本章的知识点非常重要。在单例模式与多线程技术相结合的过程中，我们能发现很多以前从未考虑过的问题。这些不良的程序设计如果应用在商业项目中将会带来非常大的麻烦。本章的案例也充分说明，线程与某些技术相结合时，我们要考虑的事情会更多。在学习本章的过程中，我们只需要考虑一件事情，那就是：如何使单例模式与多线程结合时是安全、正确的。

## 6.1 单例模式与多线程

在标准的 23 个设计模式中，单例模式在应用中是比较常见的。但多数常规的该模式教学资料并没有结合多线程技术进行介绍，这就造成在使用结合多线程的单例模式时会出现一些意外。这样的代码如果在生产环境中出现异常，有可能造成灾难性的后果。本章将介绍使用单例模式结合多线程技术的相关知识。

### 6.1.1 立即加载 / 饿汉模式

什么是立即加载？立即加载就是使用类的时候已经将对象创建完毕。常见的实现办法就是 new 实例化。立即加载从中文的语境来看，是“着急”“急迫”的含义，所以也被称为“饿汉模式”。

下面来看一下实现代码。

创建名称为 singleton_0 的测试项目，创建类 MyObject.java 的代码如下：

```
package test;

public class MyObject {
    //立即加载方式 == 饿汉模式
    private static MyObject myObject = new MyObject();

    private MyObject() {
    }

    public static MyObject getInstance() {
        return myObject;
    }
}
```

创建线程类 MyThread.java 的代码如下。

```
package extthread;

import test.MyObject;

public class MyThread extends Thread {

    @Override
    public void run() {
        System.out.println(MyObject.getInstance().hashCode());
    }

}
```

创建运行类 Run.java 的代码如下。

```
package test.run;

import extthread.MyThread;

public class Run {

    public static void main(String[] args) {
        MyThread t1 = new MyThread();
        MyThread t2 = new MyThread();
        MyThread t3 = new MyThread();

        t1.start();
        t2.start();
        t3.start();

    }

}
```

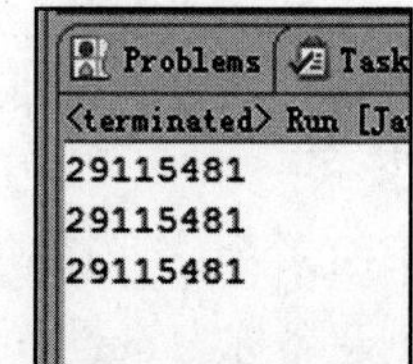


图 6-1　饿汉模式的运行结果

程序运行结果如图 6-1 所示。

控制台打印的 hashCode 是同一个值，说明对象是同一个，也就实现了立即加载型单例模式。

此代码版本为立即加载模式，缺点是不能有其他实例变量，因为 getInstance() 方法没有同步，所以有可能出现非线程安全问题，比如出现如下代码：

```
public class MyObject {
    // 立即加载方式 == 饿汉模式
    private static MyObject myObject = new MyObject();

    private MyObject() {
    }

    private static String username;
    private static String password;

    public static MyObject getInstance() {
        username = "从不同的服务器取出值（有可能不一样），并赋值";
        password = "从不同的服务器取出值（有可能不一样），并赋值";
        // 上面的赋值并没有被同步，所以极易出现非线程安全问题，导致变量值被覆盖
        return myObject;
    }
}
```

解决这个问题请看后面的章节。

### 6.1.2　延迟加载 / 懒汉模式

什么是延迟加载？延迟加载就是调用 get() 方法时，实例才被工厂创建。常见的实现办法就是在 get() 方法中进行 new 实例化。延迟加载从中文的语境来看，是“缓慢”“不急迫”的含义，所以也被称为“懒汉模式”。

#### 1. 延迟加载 / 懒汉模式解析

下面来看一下实现代码。

创建名称为 singleton_1 的测试项目，创建类 MyObject.java 的代码如下：

```
package test;

public class MyObject {

    private static MyObject myObject;

    private MyObject() {
    }

    public static MyObject getInstance() {
        // 延迟加载
        if (myObject != null) {
        } else {
            myObject = new MyObject();
        }
        return myObject;
```

```
    }

}
```

创建线程类 MyThread.java 的代码如下。

```
package extthread;

import test.MyObject;

public class MyThread extends Thread {

    @Override
    public void run() {
        System.out.println(MyObject.getInstance().hashCode());
    }

}
```

创建运行类 Run.java 的代码如下。

```
package test.run;

import extthread.MyThread;

public class Run {

    public static void main(String[] args) {
        MyThread t1 = new MyThread();
        t1.start();
    }

}
```

图 6-2　懒汉模式成功取出一个实例

程序运行后的效果如图 6-2 所示。

此代码虽然取得一个对象的实例，但在多线程环境中会出现取出多个实例的情况，与单例模式的初衷是背离的。

### 2. 延迟加载 / 懒汉模式的缺点

前面 2 个实验虽然使用“立即加载”和“延迟加载”实现了单例模式，但在多线程环境中，“延迟加载”示例中的代码完全是错误的，根本不能保持单例的状态。下面来看一下如何在多线程环境中结合错误的单例模式创建出多个实例的。

创建名称为 singleton_2 的测试项目，创建类 MyObject.java 的代码如下：

```
package test;

public class MyObject {

    private static MyObject myObject;
```

```
    private MyObject() {
    }

    public static MyObject getInstance() {
        try {
            if (myObject != null) {
            } else {
                //模拟在创建对象之前做一些准备工作
                Thread.sleep(3000);
                myObject = new MyObject();
            }
        } catch (InterruptedException e) {
            e.printStackTrace();
        }
        return myObject;
    }

}
```

创建线程类 MyThread.java 的代码如下：

```
package extthread;

import test.MyObject;

public class MyThread extends Thread {

    @Override
    public void run() {
        System.out.println(MyObject.getInstance().hashCode());
    }

}
```

创建运行类 Run.java 的代码如下：

```
package test.run;

import extthread.MyThread;

public class Run {

    public static void main(String[] args) {
        MyThread t1 = new MyThread();
        MyThread t2 = new MyThread();
        MyThread t3 = new MyThread();

        t1.start();
        t2.start();
        t3.start();

    }

}
```

程序运行结果如图 6-3 所示。

```
Problems
<terminated> Ru
7214088
15020296
16130931
```

图 6-3 运行结果

控制台打印出 3 种 hashCode，说明创建出 3 个对象，并不是单例的，这就是“错误的单例模式”，如何解决呢？下面先看一下解决方案。

### 3. 延迟加载 / 懒汉模式的解决方案

（1）声明 synchronized 关键字

既然多个线程可以同时进入 getInstance() 方法，我们只需要对 getInstance() 方法声明 synchronized 关键字即可。

创建名称为 singleton_2_1 的测试项目，创建类 MyObject.java 的代码如下：

```
package test;

public class MyObject {

    private static MyObject myObject;

    private MyObject() {
    }

    // 设置同步方法效率太低
    // 整个方法被上锁
    synchronized public static MyObject getInstance() {
        try {
            if (myObject != null) {
            } else {
                // 模拟在创建对象之前做一些准备工作
                Thread.sleep(3000);
                myObject = new MyObject();
            }
        } catch (InterruptedException e) {
            e.printStackTrace();
        }
        return myObject;
    }

}
```

创建线程类 MyThread.java 的代码如下：

```
package extthread;

import test.MyObject;

public class MyThread extends Thread {

    @Override
    public void run() {
        System.out.println(MyObject.getInstance().hashCode());
```

```
    }

}
```

创建运行类 Run.java 的代码如下：

```
package test.run;

import extthread.MyThread;

public class Run {

    public static void main(String[] args) {
        MyThread t1 = new MyThread();
        MyThread t2 = new MyThread();
        MyThread t3 = new MyThread();

        t1.start();
        t2.start();
        t3.start();

    }

}
```

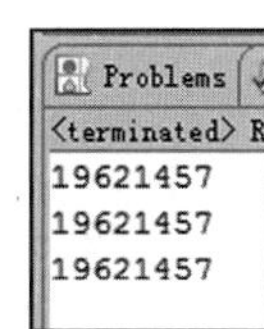


图 6-4　运行结果

程序运行结果如图 6-4 所示。

此方法在加入同步 synchronized 关键字后得到相同实例的对象，但运行效率非常低。下一个线程想要取得对象，必须等上一个线程释放完锁之后，才可以执行。那换成同步代码块可以解决吗？

（2）尝试同步代码块

创建名称为 singleton_2_2 的测试项目，创建类 MyObject.java 的代码如下：

```
package test;

public class MyObject {

    private static MyObject myObject;

    private MyObject() {
    }

    public static MyObject getInstance() {
        try {
            // 此种写法等同于
            // synchronized public static MyObject getInstance(),
            // 效率一样很低，全部代码同步运行
            synchronized (MyObject.class) {
                if (myObject != null) {
                } else {
                    // 模拟在创建对象之前做一些准备工作
```

```
                    Thread.sleep(3000);

                    myObject = new MyObject();
                }
            }
        } catch (InterruptedException e) {
            e.printStackTrace();
        }
        return myObject;
    }

}
```

创建线程类 MyThread.java 的代码如下：

```
package extthread;

import test.MyObject;

public class MyThread extends Thread {

    @Override
    public void run() {
        System.out.println(MyObject.getInstance().hashCode());
    }

}
```

创建运行类 Run.java 的代码如下：

```
package test.run;

import test.MyObject;
import extthread.MyThread;

public class Run {

    public static void main(String[] args) {
        MyThread t1 = new MyThread();
        MyThread t2 = new MyThread();
        MyThread t3 = new MyThread();

        t1.start();
        t2.start();
        t3.start();

        // 此版本代码虽然是正确的
        // 但 public static MyObject getInstance() 方法
        // 中的全部代码都是同步的，这样做也有损效率
    }

}
```

程序运行结果如图 6-5 所示。

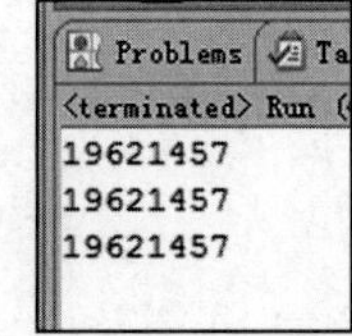


图 6-5 运行结果

此方法在加入同步 synchronized 语句块后得到相同实例的对象，但运行效率也非常低，和 synchronized 同步方法一样是同步运行的。下面继续更改代码，尝试解决这个问题。

（3）针对某些重要的代码进行单独的同步

同步代码块可以仅针对某些重要的代码进行单独的同步，这可以大幅提升效率。

创建名称为 singleton_3 的测试项目，创建类 MyObject.java 的代码如下：

```
package test;

public class MyObject {

    private static MyObject myObject;

    private MyObject() {
    }

    public static MyObject getInstance() {
        try {
            if (myObject != null) {
            } else {
                // 模拟在创建对象之前做一些准备工作
                Thread.sleep(3000);
                // 使用 synchronized (MyObject.class)
                // 虽然部分代码被上锁
                // 但还是有非线程安全问题
                // 多次创建 MyObject 类的对象，结果并不是单例
                synchronized (MyObject.class) {
                    myObject = new MyObject();
                }
            }
        } catch (InterruptedException e) {
            e.printStackTrace();
        }
        return myObject;
    }

}
```

创建线程类 MyThread.java 的代码如下：

```
package extthread;

import test.MyObject;

public class MyThread extends Thread {

    @Override
    public void run() {
        System.out.println(MyObject.getInstance().hashCode());
    }

}
```

创建运行类 Run.java 的代码如下：

```
package test.run;

import extthread.MyThread;

public class Run {

    public static void main(String[] args) {
        MyThread t1 = new MyThread();
        MyThread t2 = new MyThread();
        MyThread t3 = new MyThread();

        t1.start();
        t2.start();
        t3.start();

    }

}
```

图 6-6 运行结果

程序运行结果如图 6-6 所示。

此方法使同步 synchronized 语句块只对实例化对象的关键代码进行同步。从语句的结构上讲，运行效率的确得到了提升，但遇到多线程情况还是无法得到同一个实例对象。到底如何解决懒汉模式下的多线程情况呢？

（4）使用 DCL 双检查锁机制

下面使用 DCL 双检查锁机制来实现多线程环境中的延迟加载单例模式。

创建名称为 singleton_5 的测试项目，创建类 MyObject.java 的代码如下：

```
package test;

public class MyObject {
    private volatile static MyObject myObject;

    private MyObject() {
    }

    public static MyObject getInstance() {
        try {
            if (myObject != null) {
            } else {
                //模拟在创建对象之前做一些准备工作
                Thread.sleep(3000);
                synchronized (MyObject.class) {
                    if (myObject == null) {
                        myObject = new MyObject();
                    }
                }
            }
        } catch (InterruptedException e) {
```

```
                e.printStackTrace();
            }
            return myObject;
        }
        // 此版本的代码称为：
        // 双重检查 Double-Check Locking

    }
```

使用 volatile 修改变量 myObject，使该变量在多个线程间可见，另外禁止 myObject = new MyObject() 代码重排序。myObject = new MyObject() 代码包含 3 个步骤。

1）memory = allocate();　　// 分配对象的内存空间

2）ctorInstance(memory);　 // 初始化对象

3）myObject = memory;　　 // 设置 instance 指向刚分配的内存地址

JIT 编译器有可能将这三个步骤重排序成。

1）memory = allocate();　　// 分配对象的内存空间

2）myObject = memory;　　 // 设置 instance 指向刚分配的内存地址

3）ctorInstance(memory);　 // 初始化对象

这时，构造方法虽然还没有执行，但 myObject 对象已具有内存地址，即值不是 null。当访问 myObject 对象中的值时，是当前声明数据类型的默认值，此知识点在后面的章节中有讲解。

创建线程类 MyThread.java 的代码如下：

```
package extthread;

import test.MyObject;

public class MyThread extends Thread {

    @Override
    public void run() {
        System.out.println(MyObject.getInstance().hashCode());
    }

}
```

创建运行类 Run.java 的代码如下：

```
package test.run;

import extthread.MyThread;

public class Run {

    public static void main(String[] args) {


        MyThread t1 = new MyThread();
```

```
        MyThread t2 = new MyThread();
        MyThread t3 = new MyThread();

        t1.start();
        t2.start();
        t3.start();

    }

}
```

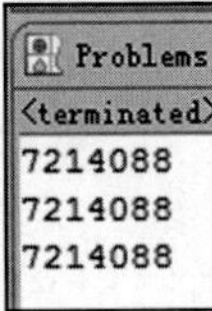


图 6-7 运行结果

程序运行结果如图 6-7 所示。

可见，使用 DCL 双检查锁成功解决了懒汉模式下的多线程问题。DCL 也是大多数多线程结合单例模式使用的解决方案。

（5）双检查锁 DCL 使用 volatile 的必要性

前面介绍了 myObject = new MyObject() 代码中的 3 个步骤会发生重排序，导致取得实例变量的值不是构造方法初始化后的值。下面开始验证。

创建名称为 dcl_and_volatile 的测试项目，创建产生单例对象的业务类，代码如下：

```
package test1;

import java.util.Random;

public class OneInstanceService {

    public int i_am_has_state = 0;

    private static OneInstanceService test;

    private OneInstanceService() {
        i_am_has_state = new Random().nextInt(200) + 1;
    }

    public static OneInstanceService getTest1() {
        if (test == null) {
            synchronized (OneInstanceService.class) {
                if (test == null) {
                    test = new OneInstanceService();
                }
            }
        }
        return test;
    }

    public static void reset() {
        test = null;
    }
}
```

创建运行类的代码如下：

```
package test1;

import java.util.concurrent.CountDownLatch;

public class Test1 {
    public static void main(String[] args) throws InterruptedException {
        for (;;) {
            CountDownLatch latch = new CountDownLatch(1);
            CountDownLatch end = new CountDownLatch(100);
            for (int i = 0; i < 100; i++) {
                Thread t1 = new Thread() {
                    @Override
                    public void run() {
                        try {
                            latch.await();
                            OneInstanceService one = OneInstanceService.getTest1();
                            if (one.i_am_has_state == 0) {
                                System.out.println("one.i_am_has_state == 0
                                    进程结束");
                                System.exit(0);
                            }
                            end.countDown();
                        } catch (InterruptedException e) {
                            e.printStackTrace();
                        }
                    }
                };
                t1.start();
            }
            latch.countDown();
            end.await();
            OneInstanceService.reset();
        }
    }
}
```

程序在运行时添加 VM 参数 -server 会更容易获得预期的结果，运行后在控制台会出现如下信息：

```
one.i_am_has_state == 0 进程结束
```

说明 myObject = new MyObject() 的确发生了重排序。

更改代码：

```
package test2;

import java.util.Random;

public class OneInstanceService {

    public int i_am_has_state = 0;

    // 添加 volatile 关键字来禁止重排序
```

```
    volatile private static OneInstanceService test;

    private OneInstanceService() {
        i_am_has_state = new Random().nextInt(200) + 1;
    }

    public static OneInstanceService getTest1() {
        if (test == null) {
            synchronized (OneInstanceService.class) {
                if (test == null) {
                    test = new OneInstanceService();
                }
            }
        }
        return test;
    }

    public static void reset() {
        test = null;
    }
}
```

程序运行后不再打印任何信息，说明禁止重排序后，实例变量i_am_has_state永远不是0了。也就是，步骤A开辟空间B来执行构造方法C，在赋值代码中插入屏障，防止B跑到C的后面，这样执行顺序永远是ABC，而且使用volatile还保证了变量的值在多个线程间可见。

### 6.1.3 使用静态内置类实现单例模式

DCL可以解决多线程单例模式的非线程安全问题。我们还可以使用其他办法达到同样的效果。

创建名称为singleton_7的测试项目，创建类MyObject.java的代码如下：

```
package test;

public class MyObject {

    //内部类方式
    private static class MyObjectHandler {
        private static MyObject myObject = new MyObject();
    }

    private MyObject() {
    }

    public static MyObject getInstance() {
        return MyObjectHandler.myObject;
    }

}
```

创建线程类 MyThread.java 的代码如下：

```
package extthread;

import test.MyObject;

public class MyThread extends Thread {

    @Override
    public void run() {
        System.out.println(MyObject.getInstance().hashCode());
    }

}
```

创建运行类 Run.java 的代码如下：

```
package run;

import extthread.MyThread;

public class Run {

    public static void main(String[] args) {
        MyThread t1 = new MyThread();
        MyThread t2 = new MyThread();
        MyThread t3 = new MyThread();

        t1.start();
        t2.start();
        t3.start();

    }

}
```

程序运行后的效果如图 6-8 所示。

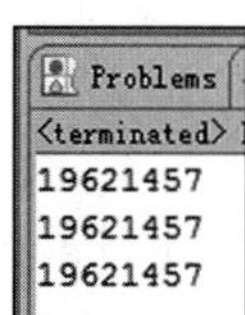


图 6-8　运行结果

### 6.1.4　序列化与反序列化的单例模式实现

如果将单例对象进行序列化，使用默认的反序列行为取出的对象是多例的。

创建名称为 singleton_7_1 的测试项目，创建实体类的代码如下：

```
package entity;

public class Userinfo {

}
```

创建类 MyObject.java 的代码如下：

```
package test1;

import java.io.Serializable;

import entity.Userinfo;

public class MyObject implements Serializable {

    private static final long serialVersionUID = 888L;

    public static Userinfo userinfo = new Userinfo();

    private static MyObject myObject = new MyObject();

    private MyObject() {
    }

    public static MyObject getInstance() {
        return myObject;
    }

    //protected Object readResolve() throws ObjectStreamException {
    //System.out.println("调用了 readResolve 方法!");
    //return MyObject.myObject;
    //}

}
```

方法 protected Object readResolve() 的作用是反序列化时不创建新的 MyObject 对象，而是复用原有的 MyObject 对象。

创建业务类 SaveAndRead.java 的代码如下：

```
package test1;

import java.io.File;
import java.io.FileInputStream;
import java.io.FileNotFoundException;
import java.io.FileOutputStream;
import java.io.IOException;
import java.io.ObjectInputStream;
import java.io.ObjectOutputStream;

public class SaveAndRead {
    public static void main(String[] args) {
        try {
            MyObject myObject = MyObject.getInstance();
            System.out.println("序列化-myObject=" + myObject.hashCode() + "
                userinfo=" + myObject.userinfo.hashCode());
            FileOutputStream fosRef = new FileOutputStream(new File("myObject-
                File.txt"));
            ObjectOutputStream oosRef = new ObjectOutputStream(fosRef);
            oosRef.writeObject(myObject);
```

```
            oosRef.close();
            fosRef.close();
        } catch (FileNotFoundException e) {
            e.printStackTrace();
        } catch (IOException e) {
            e.printStackTrace();
        }

        try {
            FileInputStream fisRef = new FileInputStream(new File("myObject-
                File.txt"));
            ObjectInputStream iosRef = new ObjectInputStream(fisRef);
            MyObject myObject = (MyObject) iosRef.readObject();
            iosRef.close();
            fisRef.close();
            System.out.println("序列化-myObject=" + myObject.hashCode() + "
                userinfo=" + myObject.userinfo.hashCode());
        } catch (FileNotFoundException e) {
            e.printStackTrace();
        } catch (IOException e) {
            e.printStackTrace();
        } catch (ClassNotFoundException e) {
            e.printStackTrace();
        }

    }

}
```

程序运行结果如图 6-9 所示。

从打印结果可以分析出，在反序列化时创建了新的 MyObject 对象，但 Userinfo 对象得到复用，因为 hashcode 是同一个 19621457。为了实现 MyObject 在内存中一直呈单例效果，我们可在反序列化中使用 readResolve() 方法，对原有的 MyObject 对象进行复用：

```
protected Object readResolve() throws ObjectStreamException {
    System.out.println("调用了 readResolve 方法!");
    return MyObject.myObject;
}
```

程序运行结果如图 6-10 所示。

```
序列化-myObject=29115481 userinfo=19621457
序列化-myObject=4121220 userinfo=19621457
```

图 6-9　运行结果

```
序列化-myObject=29115481 userinfo=19621457
调用了readResolve方法!
序列化-myObject=29115481 userinfo=19621457
```

图 6-10　运行结果

方法 protected Object readResolve() 的作用是在反序列化时不创建新的 MyObject 对象，而是复用 JVM 内存中原有的 MyObject 单例对象，即 Userinfo 对象被复用，这就实现了对 MyObject 序列化与反序列化时保持单例性。

注意：如果将序列化和反序列化操作分别放入 2 个 class，反序列化时会产生新的 MyObject 对象。放在 2 个 class 类中分别执行其实相当于创建了 2 个 JVM 虚拟机，每个虚拟机里有 1 个 MyObject 对象。我们想要实现的是在 1 个 JVM 虚拟机中进行序列化与反序列化时保持 MyObject 单例性，而不是创建 2 个 JVM 虚拟机。

### 6.1.5 使用 static 代码块实现单例模式

静态代码块中的代码在使用类的时候就已经执行，所以我们可以应用静态代码块的这个特性实现单例模式。

创建名称为 singleton_8 的测试项目，创建类 MyObject.java 的代码如下：

```
package test;


public class MyObject {

    private static MyObject instance = null;

    private MyObject() {
    }

    static {
        instance = new MyObject();
    }

    public static MyObject getInstance() {
        return instance;
    }

}
```

创建线程类 MyThread.java 的代码如下：

```
package extthread;

import test.MyObject;

public class MyThread extends Thread {

    @Override
    public void run() {
        for (int i = 0; i < 5; i++) {
            System.out.println(MyObject.getInstance().hashCode());
        }
    }
}
```

创建运行类 Run.java 的代码如下：

```
package test.run;

import extthread.MyThread;

public class Run {

    public static void main(String[] args) {
        MyThread t1 = new MyThread();
        MyThread t2 = new MyThread();
        MyThread t3 = new MyThread();

        t1.start();
        t2.start();
        t3.start();

    }

}
```

程序运行结果如图 6-11 所示。

```
Problems
<terminated>
19621457
19621457
19621457
19621457
19621457
19621457
19621457
19621457
19621457
19621457
19621457
19621457
19621457
19621457
19621457
```

图 6-11 运行结果

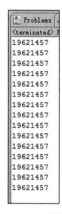

### 6.1.6 使用 enum 枚举数据类型实现单例模式

枚举 enum 和静态代码块的特性相似。在使用枚举类时，构造方法会被自动调用。我们也可以应用这个特性实现单例模式。

创建名称为 singleton_9 的测试项目，创建类 MyObject.java 的代码如下：

```
package test;

import java.sql.Connection;
import java.sql.DriverManager;
import java.sql.SQLException;

public enum MyObject {
    connectionFactory;

    private Connection connection;

    private MyObject() {
        try {
            System.out.println("调用了 MyObject 的构造");
            String url = "jdbc:sqlserver://localhost:1079;databaseName=ghydb";
            String username = "sa";
            String password = "";
            String driverName = "com.microsoft.sqlserver.jdbc.SQLServerDriver";
            Class.forName(driverName);
            connection = DriverManager.getConnection(url, username, password);
        } catch (ClassNotFoundException e) {
            e.printStackTrace();
        } catch (SQLException e) {
            e.printStackTrace();
```

```
        }
    }

    public Connection getConnection() {
        return connection;
    }
}
```

创建线程类 MyThread.java 的代码如下：

```
package extthread;

import test.MyObject;

public class MyThread extends Thread {

    @Override
    public void run() {
        for (int i = 0; i < 5; i++) {
            System.out.println(MyObject.connectionFactory.getConnection()
                .hashCode());
        }
    }
}
```

创建运行类 Run.java 的代码如下：

```
package test.run;

import test.MyObject;
import extthread.MyThread;

public class Run {

    public static void main(String[] args) {
        MyThread t1 = new MyThread();
        MyThread t2 = new MyThread();
        MyThread t3 = new MyThread();

        t1.start();
        t2.start();
        t3.start();

    }
}
```

程序运行结果如图 6-12 所示。

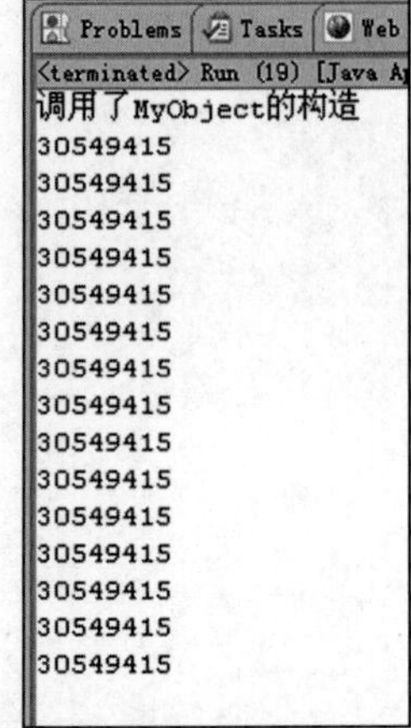

图 6-12 运行结果

### 6.1.7 完善使用 enum 枚举实现单例模式

将项目 singleton_9 中的所有源代码复制到 singleton_10 项目中，更改类 MyObject.java 的代码如下：

```
package test;

import java.sql.Connection;
import java.sql.DriverManager;
import java.sql.SQLException;

public class MyObject {

    public enum MyEnumSingleton {
        connectionFactory;

        private Connection connection;

        private MyEnumSingleton() {
            try {
                System.out.println("创建 MyObject 对象");
                String url = "jdbc:sqlserver://localhost:1079;databaseName=y2";
                String username = "sa";
                String password = "";
                String driverName = "com.microsoft.sqlserver.jdbc.SQLServerDriver";
                Class.forName(driverName);
                connection = DriverManager.getConnection(url, username,
                    password);
            } catch (ClassNotFoundException e) {
                e.printStackTrace();
            } catch (SQLException e) {
                e.printStackTrace();
            }
        }

        public Connection getConnection() {
            return connection;
        }
    }

    public static Connection getConnection() {
        return MyEnumSingleton.connectionFactory.getConnection();
    }

}
```

更改 MyThread.java 类的代码如下：

```
package extthread;

import test.MyObject;

public class MyThread extends Thread {

    @Override
    public void run() {
        for (int i = 0; i < 5; i++) {
```

```
            System.out.println(MyObject.getConnection().hashCode());
        }
    }
}
```

程序运行结果如图 6-13 所示。

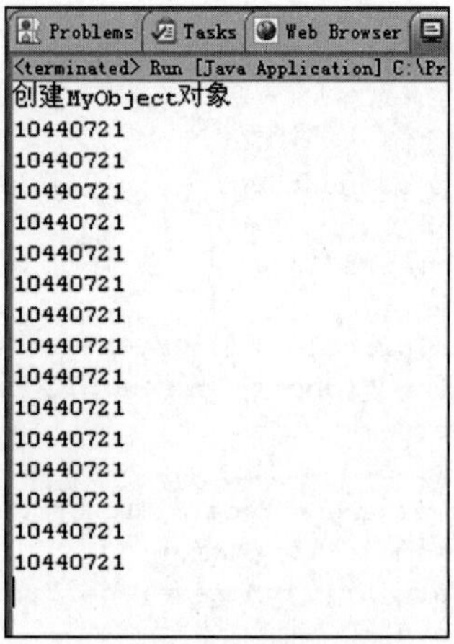
Problems
Tasks
Web Browser
<terminated> Run [Java Application] C:\Pr
创建MyObject对象
10440721
10440721
10440721
10440721
10440721
10440721
10440721
10440721
10440721
10440721
10440721
10440721
10440721
10440721
10440721

图 6-13 运行结果

## 6.2 本章小结

本章使用若干 Demo 案例来阐述单例模式与多线程结合时遇到的问题与解决方法，介绍了不同单例模式的使用。相信学完本章后，你能从容面对单例模式下多线程环境中的情况。

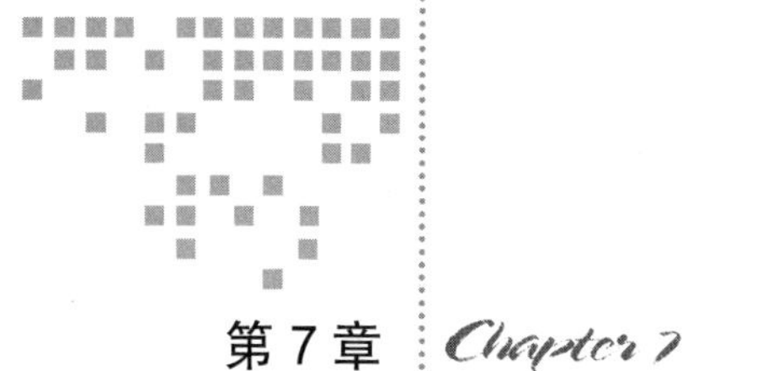

第 7 章 Chapter 7

# 拾遗增补

本章对前面遗漏的知识点进行补充，丰富多线程案例。在开发应用中，这些案例能起到推波助澜的作用。

本章应该掌握如下知识点：

- 线程组的使用；
- 线程状态是如何切换的；
- SimpleDataFormat 类与多线程的解决办法；
- 如何对异常线程进行处理。

## 7.1 线程的状态

线程在不同的运行时期存在不同的状态，状态信息存在于 State 枚举类中，如图 7-1 所示。

java.lang
枚举 Thread.State

java.lang.Object
└ java.lang.Enum<Thread.State>
  └ java.lang.Thread.State

所有已实现的接口：
Serializable, Comparable<Thread.State>

正在封闭类：
Thread

图 7-1 State 枚举类

状态解释如图 7-2 所示。

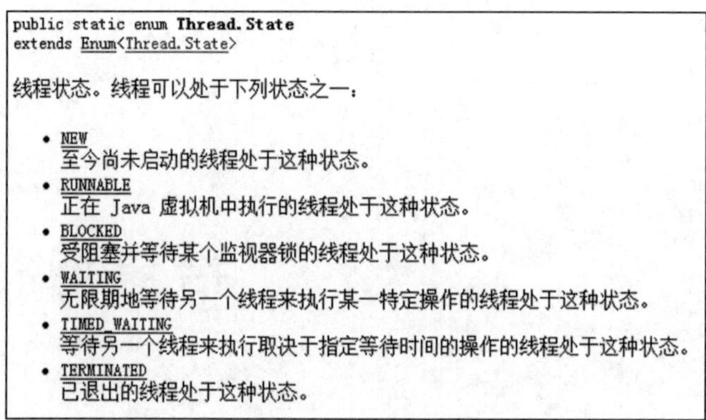

public static enum **Thread.State**
extends Enum<Thread.State>

线程状态。线程可以处于下列状态之一：

- NEW
  至今尚未启动的线程处于这种状态。
- RUNNABLE
  正在 Java 虚拟机中执行的线程处于这种状态。
- BLOCKED
  受阻塞并等待某个监视器锁的线程处于这种状态。
- WAITING
  无限期地等待另一个线程来执行某一特定操作的线程处于这种状态。
- TIMED_WAITING
  等待另一个线程来执行取决于指定等待时间的操作的线程处于这种状态。
- TERMINATED
  已退出的线程处于这种状态。

图 7-2　状态解释

调用与线程有关的方法是造成线程状态改变的主要原因，因果关系如图 7-3 所示。

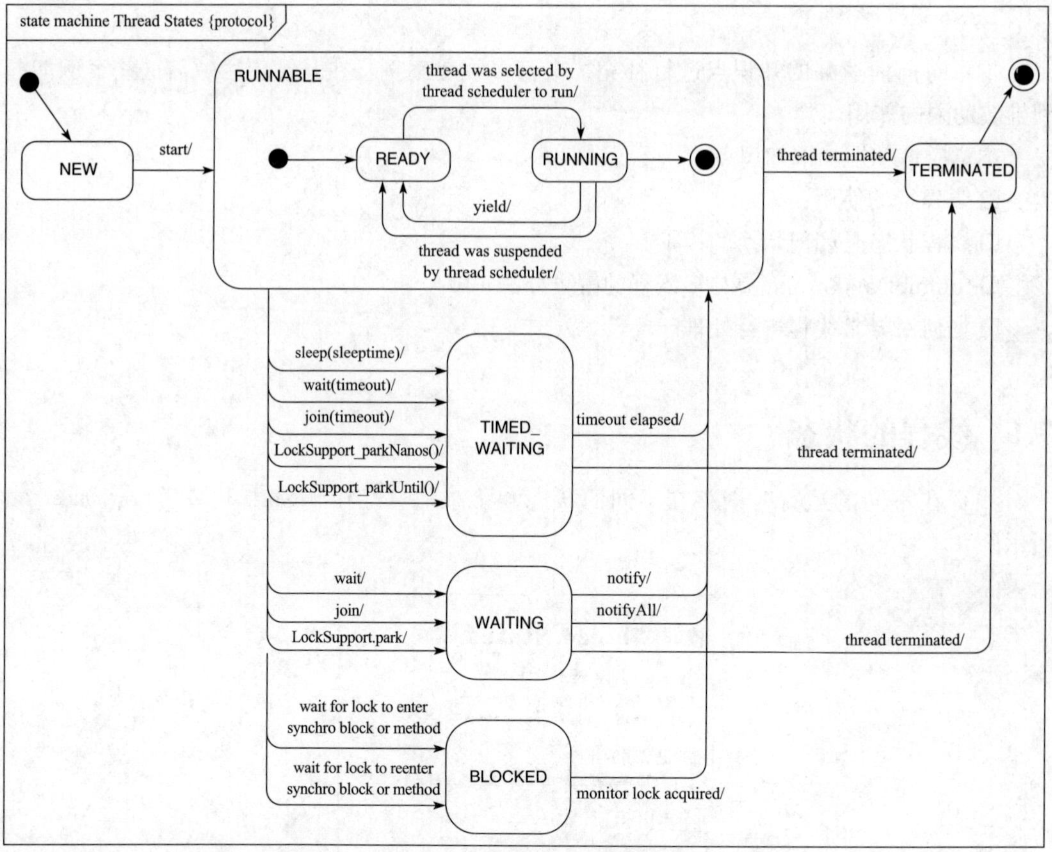

图 7-3　方法与状态示意图

从图 7-3 中可知，在调用与线程有关的方法后，线程会进入不同的状态。这些状态之间有些是双向切换，比如 WAITING 和 RUNNING 状态之间可以循环地进行切换，而有些是单向切换，比如线程销毁（TERMINATED 状态）后并不能自动进入 RUNNING 状态。

下面对 6 种线程状态用程序代码的方式进行验证。

### 7.1.1　验证 NEW、RUNNABLE 和 TERMINATED

了解线程的状态有助于程序员监控线程对象所处的情况，比如哪些线程从未启动，哪些线程正在执行，哪些线程正在阻塞，哪些线程正在等待，哪些线程已经销毁，等等。

首先验证的是 NEW、RUNNABLE 及 TERMINATED 状态。NEW 状态是线程实例化后还未执行 start() 方法，RUNNABLE 状态是线程进入运行状态，TERMINATED 是线程已被销毁。

创建名称为 stateTest1 的项目，创建类 MyThread.java 的代码如下：

```
package extthread;

public class MyThread extends Thread {
public MyThread() {
    System.out.println("构造方法中的状态 Thread.currentThread().getState()=" +
        Thread.currentThread().getState());
    System.out.println("构造方法中的状态 this.getState()=" + this.getState());
}
@Override
public void run() {
    System.out.println("run方法中的状态：" + Thread.currentThread().getState());
}
}
```

创建类 Run.java 的代码如下：

```
package test;

import extthread.MyThread;

public class Run {

// NEW,
// RUNNABLE,
// TERMINATED,

// BLOCKED,
// WAITING,
// TIMED_WAITING,

public static void main(String[] args) {
    try {
        MyThread t = new MyThread();
        System.out.println("main方法中的状态1：" + t.getState());
```

```
            Thread.sleep(1000);
            t.start();
            Thread.sleep(1000);
            System.out.println("main 方法中的状态 2: " + t.getState());
        } catch (InterruptedException e) {
            // TODO Auto-generated catch block
            e.printStackTrace();
        }

    }

}
```

程序运行结果如图 7-4 所示。

```
构造方法中的状态 Thread.currentThread().getState()=RUNNABLE
构造方法中的状态 this.getState()=NEW
main方法中的状态1：NEW
run方法中的状态：RUNNABLE
main方法中的状态2：TERMINATED
```

图 7-4 运行结果

注意：构造方法中打印的日志其实是 main 主线程的状态：RUNNABLE。

### 7.1.2 验证 TIMED_WAITING

状态 TIMED_WAITING 代表线程执行了 Thread.sleep() 方法，呈等待状态，等待时间达到后继续向下运行。

创建名称为 stateTest2 的项目，创建类 MyThread.java 的代码如下：

```
package extthread;

public class MyThread extends Thread {

@Override
public void run() {
    try {
        System.out.println("begin sleep");
        Thread.sleep(10000);
        System.out.println("  end sleep");
    } catch (InterruptedException e) {
        e.printStackTrace();
    }
}

}
```

创建类 Run.java 的代码如下：

```
package test;

import extthread.MyThread;
```

```
public class Run {

// NEW,
// RUNNABLE,
// TERMINATED,

// BLOCKED,
// WAITING,
// TIMED_WAITING,

public static void main(String[] args) {
    try {
        MyThread t = new MyThread();
        t.start();
        Thread.sleep(1000);
        System.out.println("main 方法中的状态: " + t.getState());
    } catch (InterruptedException e) {
        // TODO Auto-generated catch block
        e.printStackTrace();
    }

}

}
```

```
Problems  Tasks  Web Browser  Con
<terminated> Run (1) [Java Application] C:\Us
begin sleep
main方法中的状态: TIMED_WAITING
  end sleep
```

图 7-5　运行结果

程序运行结果如图 7-5 所示。

执行 sleep() 方法后，线程的状态是 TIMED_WAITING。

### 7.1.3　验证 BLOCKED

BLOCKED 状态出现在某一个线程在等待锁的时候。

创建名称为 stateTest3 的项目，创建业务对象 MyService.java 的代码如下：

```
package service;

public class MyService {

synchronized static public void serviceMethod() {
    try {
        System.out.println(Thread.currentThread().getName() + " 进入业务方法!");
        Thread.sleep(10000);
    } catch (InterruptedException e) {
        e.printStackTrace();
    }
}

}
```

创建类 MyThread1.java 的代码如下：

```
package extthread;
```

```
import service.MyService;

public class MyThread1 extends Thread {

@Override
public void run() {
    MyService.serviceMethod();
}

}
```

创建类 MyThread2.java 的代码如下：

```
package extthread;

import service.MyService;

public class MyThread2 extends Thread {

@Override
public void run() {
    MyService.serviceMethod();
}

}
```

创建类 Run.java 的代码如下：

```
package test;

import extthread.MyThread1;
import extthread.MyThread2;

public class Run {

    // NEW,
    // RUNNABLE,
    // TERMINATED,
    // BLOCKED,
    // WAITING,
    // TIMED_WAITING,

    public static void main(String[] args) throws InterruptedException {
        MyThread1 t1 = new MyThread1();
        t1.setName("a");
        t1.start();
        Thread.sleep(1000);
        MyThread2 t2 = new MyThread2();
        t2.setName("b");
        t2.start();
        Thread.sleep(1000);
        System.out.println("main方法中的t2状态: " + t2.getState());
    }
}
```

程序运行结果如图 7-6 所示。

从控制台打印结果来看，t2 线程一直在等待 t1 释放锁，所以 t2 当时的状态是 BLOCKED。

```
a进入了业务方法!
main方法中的t2状态: BLOCKED
b进入了业务方法!
```

图 7-6 运行结果

### 7.1.4 验证 WAITING

WAITING 是线程执行了 Object.wait() 方法后所处在的状态。

创建名称为 stateTest4 的项目，创建类 Lock.java 的代码如下：

```
package service;

public class Lock {

public static final Byte lock = new Byte("0");

}
```

创建类 MyThread.java 的代码如下：

```
package extthread;

import service.Lock;

public class MyThread extends Thread {

@Override
public void run() {
    try {
        synchronized (Lock.lock) {
            Lock.lock.wait();
        }
    } catch (InterruptedException e) {
        e.printStackTrace();
    }
}

}
```

创建类 Run.java 的代码如下：

```
package test;

import extthread.MyThread;

public class Run {

// NEW,
// RUNNABLE,
// TERMINATED,
// BLOCKED,
// WAITING,
```

```
    //TIMED_WAITING,

    public static void main(String[] args) {
        try {
            MyThread t = new MyThread();
            t.start();
            Thread.sleep(1000);
            System.out.println("main 方法中的 t 状态: " + t.getState());
        } catch (InterruptedException e) {
            // TODO Auto-generated catch block
            e.printStackTrace();
        }

    }
}
```

程序运行结果如图 7-7 所示。

执行 wait() 方法后线程的状态就是 WAITING。

图 7-7 运行结果

# 7.2 线程组

为了方便对某些具有相同功能的线程进行管理，我们可以把线程归属到某一个线程组。线程组中可以有线程对象、线程，类似于树的形式，效果如图 7-8 所示。

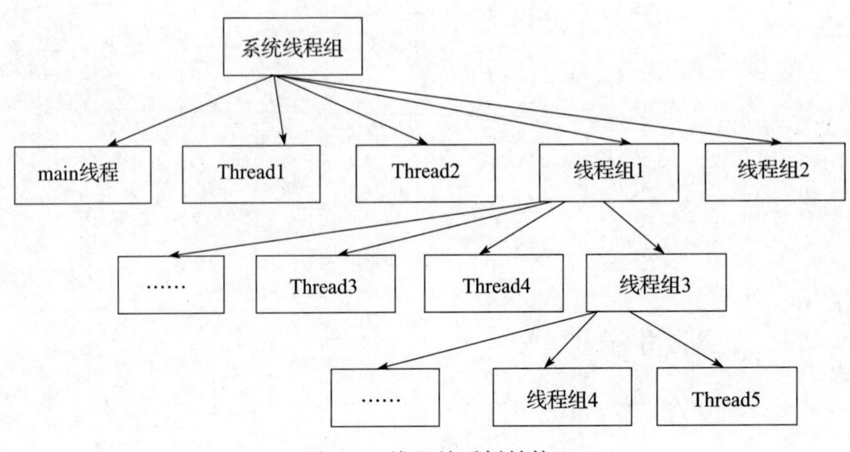


图 7-8 线程关系树结构

线程组的作用是可以批量地管理线程或线程对象，有效地对线程或线程对象进行组织。

## 7.2.1 线程对象关联线程组：一级关联

所谓的一级关系就是父对象中有子对象，但并不创建子孙对象，这种情况经常出现在开发中。下面举例说明。

创建名称为 groupAddThread 的项目，创建两个线程类，如图 7-9 所示。

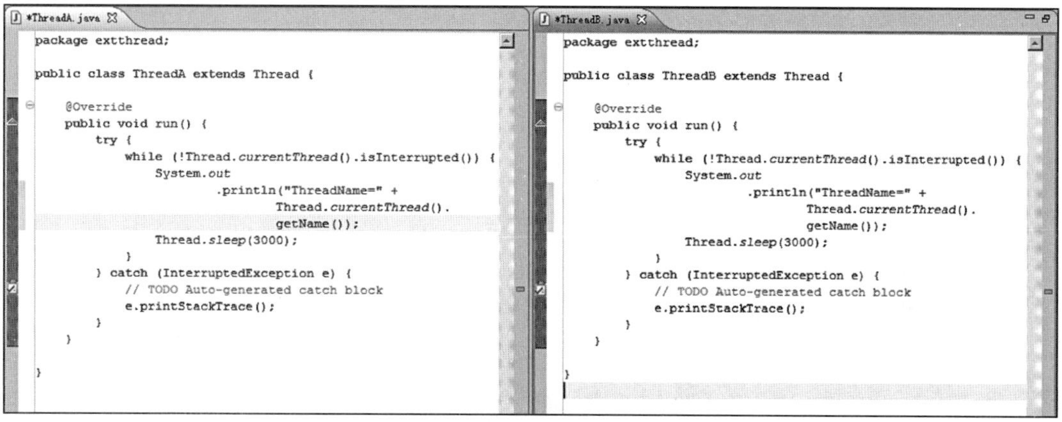

```
package extthread;

public class ThreadA extends Thread {

    @Override
    public void run() {
        try {
            while (!Thread.currentThread().isInterrupted()) {
                System.out
                        .println("ThreadName=" +
                                Thread.currentThread().
                                getName());
                Thread.sleep(3000);
            }
        } catch (InterruptedException e) {
            // TODO Auto-generated catch block
            e.printStackTrace();
        }
    }

}
```

```
package extthread;

public class ThreadB extends Thread {

    @Override
    public void run() {
        try {
            while (!Thread.currentThread().isInterrupted()) {
                System.out
                        .println("ThreadName=" +
                                Thread.currentThread().
                                getName());
                Thread.sleep(3000);
            }
        } catch (InterruptedException e) {
            // TODO Auto-generated catch block
            e.printStackTrace();
        }
    }

}
```

图 7-9　两个线程类创建代码

创建运行类 Run.java 的代码如下：

```
package test;

import extthread.ThreadA;
import extthread.ThreadB;

public class Run {

public static void main(String[] args) {
    ThreadA aRunnable = new ThreadA();
    ThreadB bRunnable = new ThreadB();

    ThreadGroup group = new ThreadGroup("高洪岩的线程组");

    Thread aThread = new Thread(group, aRunnable);
    Thread bThread = new Thread(group, bRunnable);
    aThread.start();
    bThread.start();

    System.out.println("活动的线程数为：" + group.activeCount());
    System.out.println("线程组的名称为：" + group.getName());

}
}
```

在代码中将 aThread 和 bThread 对象与线程组 group 关联，然后对 aThread 和 bThread 对象执行 start() 方法，之后执行 ThreadA 和 ThreadB 中的 run() 方法。

程序运行结果如图 7-10 所示。

```
<terminated> Run (1) [Java Application] C:\Users\Administrator\AppData\L
活动的线程数为：2
ThreadName=Thread-3
ThreadName=Thread-2
线程组的名称为：高洪岩的线程组
ThreadName=Thread-3
ThreadName=Thread-2
ThreadName=Thread-3
ThreadName=Thread-2
ThreadName=Thread-3
ThreadName=Thread-2
```

图 7-10 运行结果

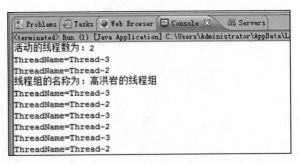

控制台打印出线程组中的 2 个线程，以及线程组的名称。另外，2 个线程一直运行，并且每隔 3 秒打印日志。

### 7.2.2 线程对象关联线程组：多级关联

所谓的多级关联就是父对象中有子对象，子对象中再创建子对象，也就是出现了子孙对象。但是，此种写法在开发中不常见。设计非常复杂的线程树结构不利于线程对象的管理，但 JDK 支持多级关联的线程树结构。其实现多级关联的关键是 ThreadGroup 类的构造方法：

```
public ThreadGroup(ThreadGroup parent, String name)
```

下面创建名称为 groupAddThreadMoreLevel 的项目，创建运行类 Run.java 的代码如下：

```
package test.run;

public class Run {

public static void main(String[] args) {

    //在main组中添加线程组A，然后在线程组A组添加线程对象Z
    //方法activeGroupCount()和activeCount()的值不是固定的
    //而是系统中环境的一个快照
    ThreadGroup mainGroup = Thread.currentThread().getThreadGroup();
                                              //取得main主线程所在的线程组
    ThreadGroup group = new ThreadGroup(mainGroup, "A");
    Runnable runnable = new Runnable() {
        @Override
        public void run() {
            try {
                System.out.println("runMethod!");
                Thread.sleep(10000);    //线程必须在运行状态才可以受线程组管理
            } catch (InterruptedException e) {
                //TODO Auto-generated catch block
                e.printStackTrace();
            }
```

```
        }
    };

    Thread newThread = new Thread(group, runnable);
    newThread.setName("Z");
    newThread.start();
    // 线程必须是程序启动后才归到线程组 A 中，因为在调用 start() 方法时会调用
    // group.add(this);
    // ///
    ThreadGroup[] listGroup = new ThreadGroup[Thread.currentThread()
            .getThreadGroup().activeGroupCount()];
    Thread.currentThread().getThreadGroup().enumerate(listGroup);
    System.out.println("main 线程中有多少个子线程组: " + listGroup.length + " 名字为: "
            + listGroup[0].getName());
    Thread[] listThread = new Thread[listGroup[0].activeCount()];
    listGroup[0].enumerate(listThread);
    System.out.println(listThread[0].getName());

}

}
```

程序运行结果如图 7-11 所示。

图 7-11 运行结果

本程序代码的结构是在 main 组中创建一个新组，然后在该新组中添加了线程，并取得相关信息。

## 7.2.3 线程组自动归属特性

自动归属就是自动归到当前线程组中。

创建名称为 autoAddGroup 的项目，创建运行类 Run.java 的代码如下：

```
package test.run;

public class Run {
public static void main(String[] args) {
    // 方法 activeGroupCount() 取得当前线程组对象中的子线程组数量
    // 方法 enumerate() 的作用是将线程组中的子线程组以复制的形式
    // 复制到 ThreadGroup[] 数组对象中
    System.out.println("A 处线程: " + Thread.currentThread().getName()
            + " 所属的线程组名为: "
            + Thread.currentThread().getThreadGroup().getName() + " "
            + " 中有线程组数量: "
            + Thread.currentThread().getThreadGroup().activeGroupCount());
    ThreadGroup group = new ThreadGroup("新的组");      // 自动加到 main 组中
    System.out.println("B 处线程: " + Thread.currentThread().getName()
            + " 所属的线程组名为: "
            + Thread.currentThread().getThreadGroup().getName() + " "
            + " 中有线程组数量: "
```

```
            + Thread.currentThread().getThreadGroup().activeGroupCount());
    ThreadGroup[] threadGroup = new ThreadGroup[Thread.currentThread()
            .getThreadGroup().activeGroupCount()];
    Thread.currentThread().getThreadGroup().enumerate(threadGroup);
        for (int i = 0; i < threadGroup.length; i++) {
            System.out.println(" 第一个线程组名称为: " + threadGroup[i].getName());
        }
    }
}
```

程序运行结果如图 7-12 所示。

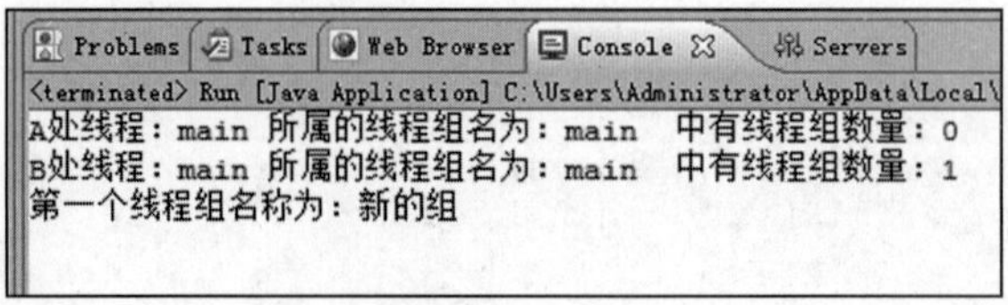

```
Problems  Tasks  Web Browser  Console  Servers
<terminated> Run [Java Application] C:\Users\Administrator\AppData\Local\
A处线程：main 所属的线程组名为：main  中有线程组数量：0
B处线程：main 所属的线程组名为：main  中有线程组数量：1
第一个线程组名称为：新的组
```

图 7-12 运行结果

本实验要证明的是，在实例化 1 个 ThreadGroup 线程组 x 时，如果不指定所属的线程组，线程组 x 会自动归到当前线程对象所属的线程组中，也就是隐式地在线程组中添加了一个子线程组，所以控制台打印的线程组数量值由 0 变成了 1。

### 7.2.4 获取根线程组

创建名称为 getGroupParent 的项目，创建运行类 Run.java 的代码如下：

```
package test.run;

public class Run {

public static void main(String[] args) {
    System.out.println(" 线程: " + Thread.currentThread().getName()
            + " 所在的线程组名为: "
            + Thread.currentThread().getThreadGroup().getName());
    System.out
            .println("main 线程所在的线程组的父线程组的名称是: "
                    + Thread.currentThread().getThreadGroup().getParent()
                            .getName());
    System.out.println("main 线程所在的线程组的父线程组的父线程组的名称是: "
            + Thread.currentThread().getThreadGroup().getParent()
                    .getParent().getName());
}

}
```

程序运行结果如图 7-13 所示。

```
<terminated> Run [Java Application] C:\Users\Administrator\AppData\Local\Genuite
线程：main 所在的线程组名为：main
main线程所在的线程组的父线程组的名称是：system
Exception in thread "main" java.lang.NullPointerException
        at test.run.Run.main(Run.java:15)
```

图 7-13　运行结果

说明 JVM 的根线程组就是 system，再取父线程组则出现空异常。

### 7.2.5　线程组内加线程组

创建名称为 mainGroup 的项目，创建类 Run.java 的代码如下：

```
package test.run;

public class Run {

public static void main(String[] args) {

    System.out.println("线程组名称："
            + Thread.currentThread().getThreadGroup().getName());
    System.out.println("线程组中活动的线程数量："
            + Thread.currentThread().getThreadGroup().activeCount());
    System.out.println("线程组中线程组的数量-加之前："
            + Thread.currentThread().getThreadGroup().activeGroupCount());
    ThreadGroup newGroup = new ThreadGroup(Thread.currentThread()
            .getThreadGroup(), "newGroup");
    System.out.println("线程组中线程组的数量-加之后："
            + Thread.currentThread().getThreadGroup().activeGroupCount());
    System.out
            .println("父线程组名称："
                    + Thread.currentThread().getThreadGroup().getParent()
                            .getName());
}

}
```

程序运行结果如图 7-14 所示。

本实验显式地在线程组中添加了一个子线程组。

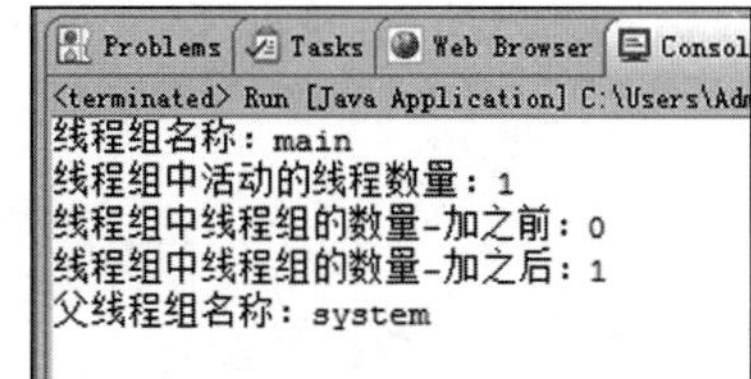
```
<terminated> Run [Java Application] C:\Users\Adm
线程组名称：main
线程组中活动的线程数量：1
线程组中线程组的数量-加之前：0
线程组中线程组的数量-加之后：1
父线程组名称：system
```

图 7-14　运行结果

### 7.2.6　组内的线程批量停止

使用线程组 ThreadGroup 的优点是可以批量处理本组内线程对象，比如可以批量中断组中的线程。

创建名称为 groupInnerStop 的项目，创建 MyThread.java 类的代码如下：

```
package mythread;

public class MyThread extends Thread {
```

```
    public MyThread(ThreadGroup group, String name) {
        super(group, name);
    }

    @Override
    public void run() {
        System.out.println("ThreadName=" + Thread.currentThread().getName()
                + "准备开始死循环：)");
        while (!this.isInterrupted()) {
        }
        System.out.println("ThreadName=" + Thread.currentThread().getName()
                + "结束：)");
    }

}
```

创建类 Run.java 的代码如下：

```
package test.run;

import mythread.MyThread;

public class Run {

public static void main(String[] args) {
    try {
        ThreadGroup group = new ThreadGroup("我的线程组");

        for (int i = 0; i < 5; i++) {
            MyThread thread = new MyThread(group, "线程" + (i + 1));
            thread.start();
        }
        Thread.sleep(5000);
        group.interrupt();
        System.out.println("调用了 interrupt() 方法");
    } catch (InterruptedException e) {
        System.out.println("停了停了！");
        e.printStackTrace();
    }

}

}
```

程序运行结果如图 7-15 所示。

通过将线程归属到线程组，我们可以实现当调用线程组 ThreadGroup 的 interrupt() 方法时中断该组中所有正在运行的线程。

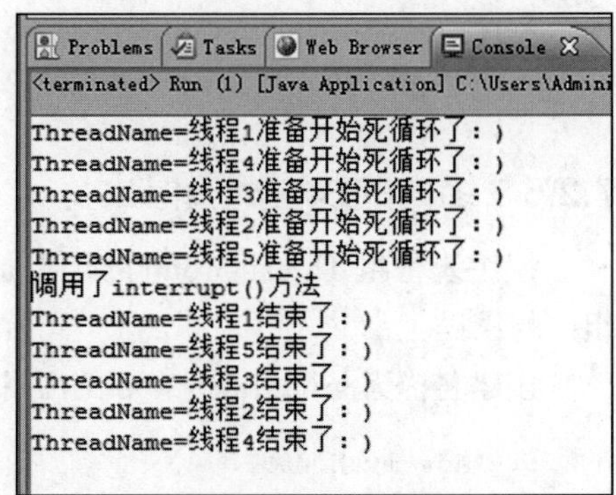


图 7-15　运行结果

## 7.2.7　递归取得与非递归取得组内对象

创建名称为 groupRecurseTest 的项目，创建类 Run.java 的代码如下：

```
package test.run;

public class Run {

public static void main(String[] args) {

    ThreadGroup mainGroup = Thread.currentThread().getThreadGroup();
    ThreadGroup groupA = new ThreadGroup(mainGroup, "A");
    Runnable runnable = new Runnable() {
        @Override
        public void run() {
            try {
                System.out.println("runMethod!");
                Thread.sleep(10000);
            } catch (InterruptedException e) {
                e.printStackTrace();
            }
        }
    };
    ThreadGroup groupB = new ThreadGroup(groupA, "B");

    // 分配空间，但不一定全部用完
    ThreadGroup[] listGroup1 = new ThreadGroup[Thread.currentThread()
            .getThreadGroup().activeGroupCount()];
    // 传入 true 时递归取得子组及子孙组
    Thread.currentThread().getThreadGroup().enumerate(listGroup1, true);
    for (int i = 0; i < listGroup1.length; i++) {
        if (listGroup1[i] != null) {
            System.out.println(listGroup1[i].getName());
        }
    }
    ThreadGroup[] listGroup2 = new ThreadGroup[Thread.currentThread()
            .getThreadGroup().activeGroupCount()];
    Thread.currentThread().getThreadGroup().enumerate(listGroup2, false);
    for (int i = 0; i < listGroup2.length; i++) {
        if (listGroup2[i] != null) {
            System.out.println(listGroup2[i].getName());
        }
    }

}

}
```

类 ThreadGroup 的 activeGroupCount() 方法取得子孙组的数量。

程序运行结果如图 7-16 所示。

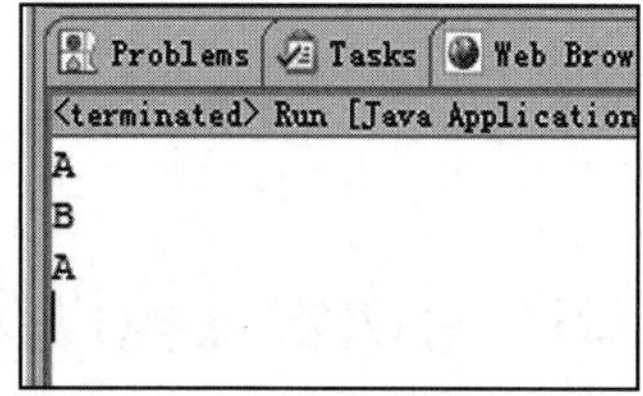


图 7-16 运行结果

## 7.3 Thread.activeCount() 方法的使用

public static int activeCount() 方法的作用是返回当前线程所在的线程组中活动线程的数目。

创建测试用的代码如下：

```
package test5;

public class Test1 {
public static void main(String[] args) throws InterruptedException {
    System.out.println(Thread.activeCount());
}
}
```

程序运行结果如下：

```
1
```

可知，当前线程所在的线程组中只有 1 个活动线程。

## 7.4 Thread.enumerate(Thread tarray[]) 方法的使用

public static int enumerate(Thread tarray[]) 方法的作用是将当前线程所在的线程组及其子组中每一个活动线程复制到指定的数组中。该方法只调用当前线程所在的线程组的 enumerate 方法，且带有数组参数。

创建测试用的代码如下：

```
package test7;

public class Test1 {
public static void main(String[] args) {
    Thread[] threadArray = new Thread[Thread.currentThread().activeCount()];
    Thread.enumerate(threadArray);
    for (int i = 0; i < threadArray.length; i++) {
        System.out.println(threadArray[i].getName());
    }
}
}
```

程序运行结果如下：

```
main
```

可知，当前线程所在的线程组中只有 1 个活动线程 main。

## 7.5 再次验证线程执行有序性

本实验再次验证线程执行有序性。

创建名称为 threadRunSyn 的 Java 项目，创建 MyService.java 业务类的代码如下：

```
package test;

public class MyService {
private ThreadLocal<Integer> printCountLocal = new ThreadLocal<>();
private static int currentPrintPosition = 0;
private static int finalPrintPosition = 0;

synchronized public void printMethod(String eachThreadPrintChar, Integer each-
    ThreadPrintPosition) {
    printCountLocal.set(0);
    while (printCountLocal.get() < 3) {
        if (currentPrintPosition == 3) {
            currentPrintPosition = 0;
        }
        while (eachThreadPrintPosition - 1 % 3 != currentPrintPosition) {
            try {
                this.wait();
            } catch (InterruptedException e) {
                e.printStackTrace();
            }
        }
        finalPrintPosition++;
        System.out.println(Thread.currentThread().getName() + " " + eachThread-
            PrintChar + " "
                + "currentPrintPosition=" + currentPrintPosition + " printCount-
                    Local.get()="
                + (printCountLocal.get() + 1) + " finalPrintPosition=" + (final-
                    PrintPosition));
        currentPrintPosition++;
        printCountLocal.set(printCountLocal.get() + 1);
        this.notifyAll();
    }
}
}
```

创建 MyThread.java 线程类的代码如下：

```
package test;

public class MyThread extends Thread {

private MyService service;
private String eachThreadPrintChar;
private Integer eachThreadPrintPosition;

public MyThread(MyService service, String eachThreadPrintChar, Integer each-
    ThreadPrintPosition) {
    super();
    this.service = service;
    this.eachThreadPrintChar = eachThreadPrintChar;
    this.eachThreadPrintPosition = eachThreadPrintPosition;
```

```
}

@Override
public void run() {
    service.printMethod(eachThreadPrintChar, eachThreadPrintPosition);
}
}
```

创建 Test.java 运行类的代码如下：

```
package test;

public class Test {

public static void main(String[] args) {
    MyService service = new MyService();

    MyThread a = new MyThread(service, "A", 1);
    a.setName(" 线程 1");
    a.start();
    MyThread b = new MyThread(service, "B", 2);
    b.setName(" 线程 2");
    b.start();
    MyThread c = new MyThread(service, "C", 3);
    c.setName(" 线程 3");
    c.start();
}

}
```

程序运行结果如图 7-17 所示。

```
线程1 A currentPrintPosition=0 printCountLocal.get()=1 finalPrintPosition=1
线程2 B currentPrintPosition=1 printCountLocal.get()=1 finalPrintPosition=2
线程3 C currentPrintPosition=2 printCountLocal.get()=1 finalPrintPosition=3
线程1 A currentPrintPosition=0 printCountLocal.get()=2 finalPrintPosition=4
线程2 B currentPrintPosition=1 printCountLocal.get()=2 finalPrintPosition=5
线程3 C currentPrintPosition=2 printCountLocal.get()=2 finalPrintPosition=6
线程1 A currentPrintPosition=0 printCountLocal.get()=3 finalPrintPosition=7
线程2 B currentPrintPosition=1 printCountLocal.get()=3 finalPrintPosition=8
线程3 C currentPrintPosition=2 printCountLocal.get()=3 finalPrintPosition=9
```

图 7-17　打印 3 批 ABC

## 7.6　类 SimpleDateFormat 非线程安全

类 SimpleDateFormat 的作用是对日期进行解析与格式化，但在使用时如果不想使用 0 进行填充，比如 2000-01-02 只想转换成 2000-1-2，我们需要在代码上进行处理，示例代码如下：

```
public static void main(String[] args) throws InterruptedException, ParseException {
    String dateString1 = "2000-1-1";
    String dateString2 = "2000-11-18";
    SimpleDateFormat format1 = new SimpleDateFormat("yyyy-M-d");
    SimpleDateFormat format2 = new SimpleDateFormat("yyyy-MM-dd");
```

```
    System.out.println(format1.format(format1.parse(dateString1)));

    System.out.println(format2.format(format2.parse(dateString1)));
    System.out.println();

    System.out.println(format1.format(format1.parse(dateString2)));

    System.out.println(format2.format(format2.parse(dateString2)));
}
```

打印结果如下：

```
2000-1-1
2000-01-01

2000-11-18
2000-11-18
```

但 SimpleDateFormat 在多线程环境中使用类容易造成数据转换及处理不准确，因为类 SimpleDateFormat 并不是线程安全的。

### 7.6.1 出现异常

本示例将展示使用类 SimpleDateFormat 在多线程环境中处理日期时得到错误结果，这也是在多线程环境中开发经常遇到的问题。

创建名称为 formatError 的项目，类 MyThread.java 的代码如下：

```
package extthread;

import java.text.ParseException;
import java.text.SimpleDateFormat;
import java.util.Date;

public class MyThread extends Thread {

private SimpleDateFormat sdf;
private String dateString;

public MyThread(SimpleDateFormat sdf, String dateString) {
    super();
    this.sdf = sdf;
    this.dateString = dateString;
}

@Override
public void run() {
    try {
        Date dateRef = sdf.parse(dateString);
        String newDateString = sdf.format(dateRef).toString();
        if (!newDateString.equals(dateString)) {
            System.out.println("ThreadName=" + this.getName()
```

```
                        + "报错了 日期字符串: " + dateString + " 转换成的日期为: "
                        + newDateString);
            }
        } catch (ParseException e) {
            e.printStackTrace();
        }

    }

}
```

运行类 Test.java 的代码如下：

```
package test.run;

import java.text.SimpleDateFormat;

import extthread.MyThread;

public class Test {

public static void main(String[] args) {

    SimpleDateFormat sdf = new SimpleDateFormat("yyyy-MM-dd");

    String[] dateStringArray = new String[] { "2000-01-01", "2000-01-02",
            "2000-01-03", "2000-01-04", "2000-01-05", "2000-01-06",
            "2000-01-07", "2000-01-08", "2000-01-09", "2000-01-10" };

    MyThread[] threadArray = new MyThread[10];
    for (int i = 0; i < 10; i++) {
        threadArray[i] = new MyThread(sdf, dateStringArray[i]);
    }
    for (int i = 0; i < 10; i++) {
        threadArray[i].start();
    }

}
}
```

程序运行结果如图 7-18 所示。

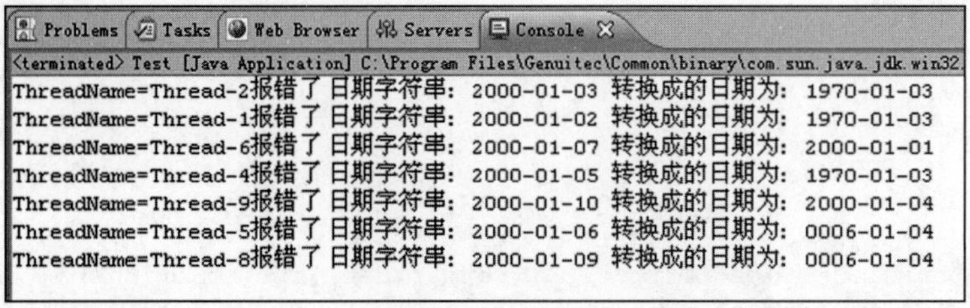

```
Problems  Tasks  Web Browser  Servers  Console
<terminated> Test [Java Application] C:\Program Files\Genuitec\Common\binary\com.sun.java.jdk.win32
ThreadName=Thread-2报错了 日期字符串: 2000-01-03 转换成的日期为: 1970-01-03
ThreadName=Thread-1报错了 日期字符串: 2000-01-02 转换成的日期为: 1970-01-03
ThreadName=Thread-6报错了 日期字符串: 2000-01-07 转换成的日期为: 2000-01-01
ThreadName=Thread-4报错了 日期字符串: 2000-01-05 转换成的日期为: 1970-01-03
ThreadName=Thread-9报错了 日期字符串: 2000-01-10 转换成的日期为: 2000-01-04
ThreadName=Thread-5报错了 日期字符串: 2000-01-06 转换成的日期为: 0006-01-04
ThreadName=Thread-8报错了 日期字符串: 2000-01-09 转换成的日期为: 0006-01-04
```

图 7-18　运行结果

从打印结果来看，使用单例的类 SimpleDateFormat 在多线程环境中处理日期极易出现转换错误的情况。

### 7.6.2 解决方法 1

创建名称为 formatOK1 的项目，类 MyThread.java 的代码如下：

```
package extthread;

import java.text.ParseException;
import java.text.SimpleDateFormat;
import java.util.Date;

import tools.DateTools;

public class MyThread extends Thread {

private SimpleDateFormat sdf;
private String dateString;

public MyThread(SimpleDateFormat sdf, String dateString) {
    super();
    this.sdf = sdf;
    this.dateString = dateString;
}

@Override
public void run() {
    try {
        Date dateRef = DateTools.parse("yyyy-MM-dd", dateString);
        String newDateString = DateTools.format("yyyy-MM-dd", dateRef)
                .toString();
        if (!newDateString.equals(dateString)) {
            System.out.println("ThreadName=" + this.getName()
                    + "报错了 日期字符串：" + dateString + " 转换成的日期为："
                    + newDateString);
        }
    } catch (ParseException e) {
        e.printStackTrace();
    }

}

}
```

类 DateTools.java 的代码如下：

```
package tools;

import java.text.ParseException;
import java.text.SimpleDateFormat;
import java.util.Date;
```

```
public class DateTools {

public static Date parse(String formatPattern, String dateString)
        throws ParseException {
    return new SimpleDateFormat(formatPattern).parse(dateString);
}
public static String format(String formatPattern, Date date) {
    return new
        SimpleDateFormat(formatPattern).format(date).toString();
}

}
```

运行类 Test.java 代码与前面章节的一样。

程序运行后的效果如图 7-19 所示。

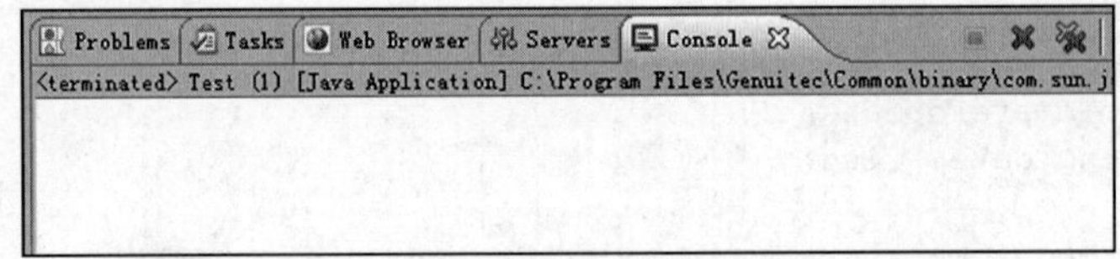


图 7-19 运行结果

控制台中没有异常信息输出。该解决方法的原理其实就是创建了多个类 SimpleDate-Format 的实例。

### 7.6.3 解决方法 2

前面章节介绍过类 ThreadLocal 能使线程绑定到指定的对象，使用该类也可以解决多线程环境中类 SimpleDateFormat 处理日期时出现错误的问题。

创建名称为 formatOK2 的项目，类 MyThread.java 的代码如下：

```
package extthread;

import java.text.ParseException;
import java.text.SimpleDateFormat;
import java.util.Date;

import tools.DateTools;

public class MyThread extends Thread {

private SimpleDateFormat sdf;
private String dateString;

public MyThread(SimpleDateFormat sdf, String dateString) {
    super();
    this.sdf = sdf;
    this.dateString = dateString;
}
```

```
    @Override
    public void run() {
        try {
            Date dateRef = DateTools.getSimpleDateFormat("yyyy-MM-dd").parse(
                    dateString);
            String newDateString = DateTools.getSimpleDateFormat("yyyy-MM-dd")
                    .format(dateRef).toString();
            if (!newDateString.equals(dateString)) {
                System.out.println("ThreadName=" + this.getName()
                        + "报错了 日期字符串: " + dateString + " 转换成的日期为: "
                        + newDateString);
            }
        } catch (ParseException e) {
            e.printStackTrace();
        }
    }

}
```

类 DateTools.java 代码如下：

```
package tools;

import java.text.SimpleDateFormat;

public class DateTools {

private static ThreadLocal<SimpleDateFormat> tl = new ThreadLocal<SimpleDateFormat>();

public static SimpleDateFormat getSimpleDateFormat(String datePattern) {
    SimpleDateFormat sdf = null;
    sdf = tl.get();
    if (sdf == null) {
        sdf = new SimpleDateFormat(datePattern);
        tl.set(sdf);
    }
    return sdf;
}

}
```

运行类 Test.java 的代码与前面章节的一样。

程序运行结果如图 7-20 所示。

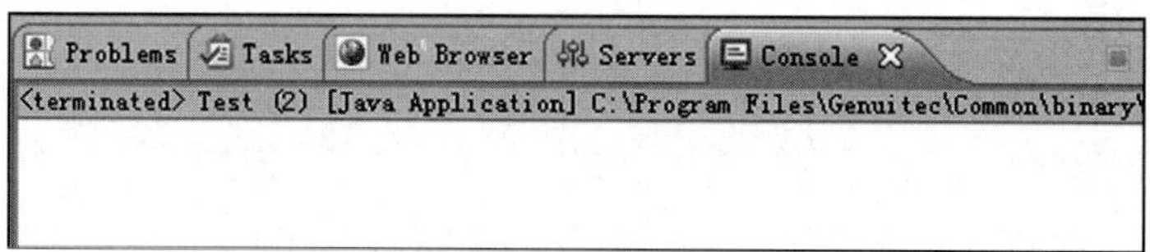


图 7-20　运行结果

控制台没有异常信息输出，说明类ThreadLocal也能解决类SimpleDateFormat非线程安全问题。

## 7.7 线程中出现异常的处理

当单线程中出现异常时，我们可在该线程run()方法的catch语句中进行处理。当有多个线程中出现异常时，我们就得在每一个线程run()方法的catch语句中进行处理，这样会造成代码严重冗余。我们可以使用setDefaultUncaughtExceptionHandler()和setUncaughtExceptionHandler()方法来集中处理线程的异常。

### 7.7.1 线程出现异常的默认行为

创建项目threadCreateException，创建线程类MyThread.java的代码如下：

```
package extthread;

public class MyThread extends Thread {
@Override
public void run() {
    String username = null;
    System.out.println(username.hashCode());
}

}
```

创建Main1.java文件的代码如下：

```
package controller;

import extthread.MyThread;

public class Main1 {

public static void main(String[] args) {
    MyThread t = new MyThread();
    t.start();
}

}
```

程序运行结果如图7-21所示。

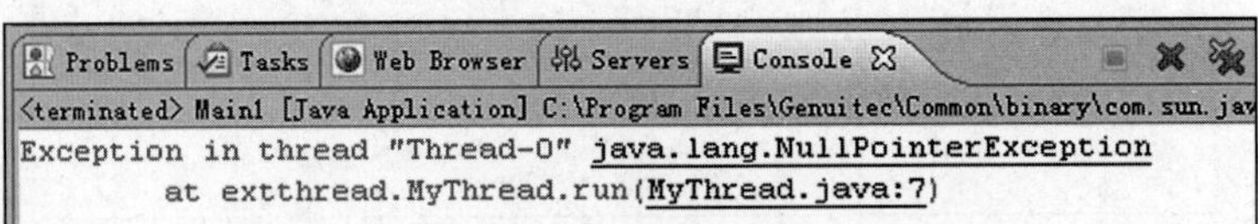


图7-21 运行结果

程序运行后，控制台输出空指针异常。在 Java 的多线程技术中，我们可以对多线程中的异常进行“捕捉”（使用的是 UncaughtExceptionHandler 接口），从而对异常进行有效处理。

当线程出现异常而终止时，JVM 虚拟机捕获到此情况，并自动调用 UncaughtExceptionHandler 接口中的 void uncaughtException(Thread t, Throwable e) 方法来处理异常，使对多个线程的异常处理更加集中。

## 7.7.2　使用 setUncaughtExceptionHandler() 方法进行异常处理

创建 Main2.java 文件的代码如下：

```
package controller;

import java.lang.Thread.UncaughtExceptionHandler;

import extthread.MyThread;

public class Main2 {

public static void main(String[] args) {
    MyThread t1 = new MyThread();
    t1.setName(" 线程 t1");
    t1.setUncaughtExceptionHandler(new UncaughtExceptionHandler() {
        @Override
        public void uncaughtException(Thread t, Throwable e) {
            System.out.println(" 线程 :" + t.getName() + " 出现了异常: ");
            e.printStackTrace();
        }
    });
    t1.start();

    MyThread t2 = new MyThread();
    t2.setName(" 线程 t2");
    t2.start();
}
}
```

程序运行结果如图 7-22 所示。

```
Problems  Tasks  Web Browser  Servers  Console
<terminated> Main2 [Java Application] C:\Program Files\Genuitec\Common\binary\com
Exception in thread "线程t2" 线程:线程t1 出现了异常:
java.lang.NullPointerException
        at extthread.MyThread.run(MyThread.java:7)
java.lang.NullPointerException
        at extthread.MyThread.run(MyThread.java:7)
```

图 7-22　运行结果

setUncaughtExceptionHandler() 方法的作用是对指定的线程对象设置默认的异常处理器。在 Thread 类中，我们还可以使用 setDefaultUncaughtExceptionHandler() 方法对所有线程对象设置异常处理器。

### 7.7.3 使用 setDefaultUncaughtExceptionHandler() 方法进行异常处理

创建 Main3.java 文件的代码如下：

```
package controller;

import java.lang.Thread.UncaughtExceptionHandler;

import extthread.MyThread;

public class Main3 {

public static void main(String[] args) {
    MyThread
            .setDefaultUncaughtExceptionHandler(new UncaughtExceptionHandler() {
                @Override
                public void uncaughtException(Thread t, Throwable e) {
                    System.out.println(" 线程 :" + t.getName() + " 出现了异常: ");
                    e.printStackTrace();

                }
            });

    MyThread t1 = new MyThread();
    t1.setName(" 线程 t1");
    t1.start();

    MyThread t2 = new MyThread();
    t2.setName(" 线程 t2");
    t2.start();
}
}
```

程序运行结果如图 7-23 所示。

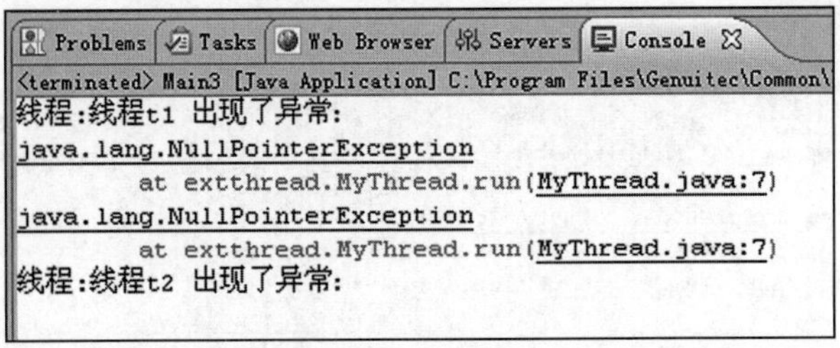

```
Problems  Tasks  Web Browser  Servers  Console
<terminated> Main3 [Java Application] C:\Program Files\Genuitec\Common\
线程:线程t1 出现了异常:
java.lang.NullPointerException
	at extthread.MyThread.run(MyThread.java:7)
java.lang.NullPointerException
	at extthread.MyThread.run(MyThread.java:7)
线程:线程t2 出现了异常:
```

图 7-23 运行结果

# 7.8 线程组内处理异常

创建项目 threadGroup_1，类 MyThread.java 的代码如下：

```
package extthread;

public class MyThread extends Thread {

private String num;

public MyThread(ThreadGroup group, String name, String num) {
    super(group, name);
    this.num = num;
}

@Override
public void run() {
    int numInt = Integer.parseInt(num);
    while (true) {
        System.out.println(" 死循环中: " + Thread.currentThread().getName());
    }

}

}
```

类 Run.java 的代码如下：

```
package test.run;

import extthread.MyThread;

public class Run {

public static void main(String[] args) {
    ThreadGroup group = new ThreadGroup(" 我的线程组 ");
    MyThread[] myThread = new MyThread[10];
    for (int i = 0; i < myThread.length; i++) {
        myThread[i] = new MyThread(group, " 线程 " + (i + 1), "1");
        myThread[i].start();
    }
    MyThread newT = new MyThread(group, " 报错线程 ", "a");
    newT.start();
}

}
```

程序运行后其中一个线程出现了异常，而其他线程一直以死循环的方式持续打印结果，如图 7-24 所示。

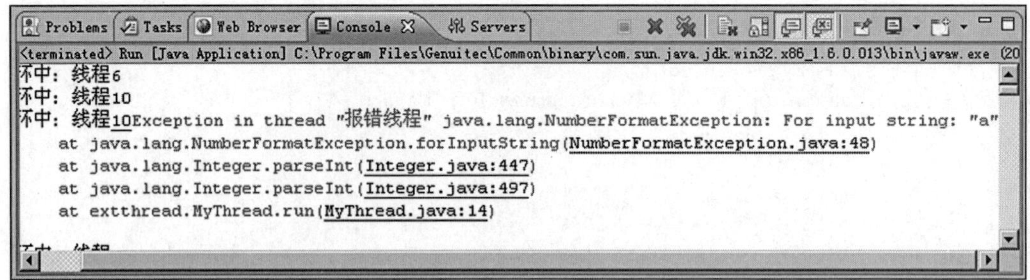


图 7-24 打印结果

红色按钮变成灰色需要用鼠标强制停止，因为 while(true) 死循环是无限输出的。

从运行结果来看，默认的情况下线程组中的一个线程出现异常后不会影响其他线程的运行。

如何实现线程组内一个线程出现异常后全部线程都停止呢？

创建项目 threadGroup_2，创建新的线程组 MyThreadGroup.java 类，代码如下：

```
package extthreadgroup;

public class MyThreadGroup extends ThreadGroup {

public MyThreadGroup(String name) {
    super(name);
}

@Override
public void uncaughtException(Thread t, Throwable e) {
    super.uncaughtException(t, e);
    this.interrupt();
}

}
```

注意，使用 this 关键字停止线程。this 代表的是线程组！

public void uncaughtException(Thread t, Throwable e) 方法的 t 参数是出现异常的线程对象。

类 MyThread.java 的代码如下：

```
package extthread;

public class MyThread extends Thread {

private String num;

public MyThread(ThreadGroup group, String name, String num) {
    super(group, name);
    this.num = num;
}
```

```
    @Override
    public void run() {
        int numInt = Integer.parseInt(num);
        while (this.isInterrupted() == false) {
            System.out.println(" 死循环中：" + Thread.currentThread().getName());
        }
    }

}
```

需要注意的是，使用自定义 java.lang.ThreadGroup 线程组，并且重写 uncaughtException() 方法处理组内线程中断行为时，每个线程对象中的 run() 方法内部不要有异常 catch 语句。如果有 catch 语句，public void uncaughtException(Thread t, Throwable e) 方法不执行。

类 Run.java 的代码如下：

```
package test.run;

import extthread.MyThread;
import extthreadgroup.MyThreadGroup;

public class Run {

    public static void main(String[] args) {
        MyThreadGroup group = new MyThreadGroup(" 我的线程组 ");
        MyThread[] myThread = new MyThread[10];
        for (int i = 0; i < myThread.length; i++) {
            myThread[i] = new MyThread(group, " 线程 " + (i + 1), "1");
            myThread[i].start();
        }
        MyThread newT = new MyThread(group, " 报错线程 ", "a");
        newT.start();
    }

}
```

程序运行后其中一个线程出现异常，其他线程全部停止，如图 7-25 所示。

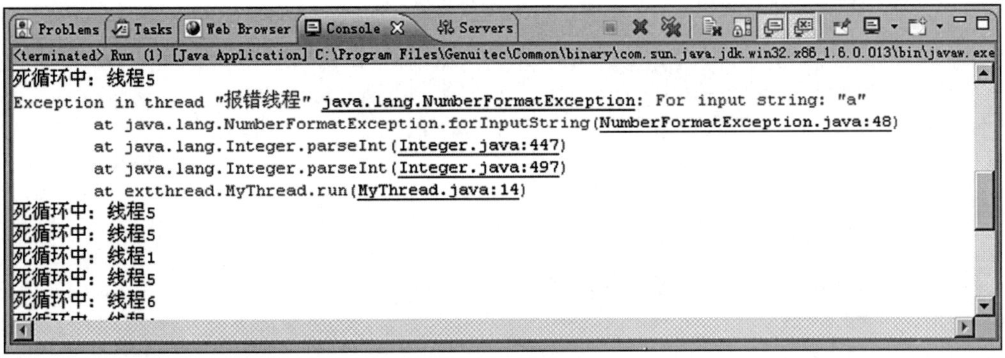

```
Problems  Tasks  Web Browser  Console  Servers
<terminated> Run (1) [Java Application] C:\Program Files\Genuitec\Common\binary\com.sun.java.jdk.win32.x86_1.6.0.013\bin\javaw.exe
死循环中：线程5
Exception in thread "报错线程" java.lang.NumberFormatException: For input string: "a"
        at java.lang.NumberFormatException.forInputString(NumberFormatException.java:48)
        at java.lang.Integer.parseInt(Integer.java:447)
        at java.lang.Integer.parseInt(Integer.java:497)
        at extthread.MyThread.run(MyThread.java:14)
死循环中：线程5
死循环中：线程5
死循环中：线程1
死循环中：线程5
死循环中：线程6
```

图 7-25　打印结果

## 7.9 线程异常处理的优先性

前面介绍了若干个线程异常处理方式，这些处理方式如果一起运行，会出现什么运行结果呢？

创建测试用的项目 threadExceptionMove，类 MyThread.java 的代码如下：

```
package extthread;

public class MyThread extends Thread {

private String num = "a";

public MyThread() {
    super();
}

public MyThread(ThreadGroup group, String name) {
    super(group, name);
}

@Override
public void run() {
    int numInt = Integer.parseInt(num);
    System.out.println("在线程中打印: " + (numInt + 1));
}

}
```

类 MyThreadGroup.java 的代码如下：

```
package extthreadgroup;

public class MyThreadGroup extends ThreadGroup {

public MyThreadGroup(String name) {
    super(name);
}

@Override
public void uncaughtException(Thread t, Throwable e) {
    super.uncaughtException(t, e);
    System.out.println("线程组的异常处理");
    e.printStackTrace();
}

}
```

类 ObjectUncaughtExceptionHandler.java 的代码如下：

```
package test.extUncaughtExceptionHandler;

import java.lang.Thread.UncaughtExceptionHandler;
```

```
public class ObjectUncaughtExceptionHandler implements UncaughtExceptionHandler {

@Override
public void uncaughtException(Thread t, Throwable e) {
    System.out.println("对象的异常处理");
    e.printStackTrace();
}

}
```

类 StateUncaughtExceptionHandler.java 的代码如下：

```
package test.extUncaughtExceptionHandler;

import java.lang.Thread.UncaughtExceptionHandler;

public class StateUncaughtExceptionHandler implements UncaughtExceptionHandler {

@Override
public void uncaughtException(Thread t, Throwable e) {
    System.out.println("静态的异常处理");
    e.printStackTrace();
}

}
```

创建运行类 Run1.java，代码如下：

```
package test;

import test.extUncaughtExceptionHandler.ObjectUncaughtExceptionHandler;
import test.extUncaughtExceptionHandler.StateUncaughtExceptionHandler;
import extthread.MyThread;

public class Run1 {

public static void main(String[] args) {
    MyThread myThread = new MyThread();
    // 对象
    myThread
            .setUncaughtExceptionHandler(new ObjectUncaughtExceptionHandler());
    // 类
    MyThread
            .setDefaultUncaughtExceptionHandler(new StateUncaughtExceptionHandler());
    myThread.start();

}
}
```

程序运行结果如图 7-26 所示。

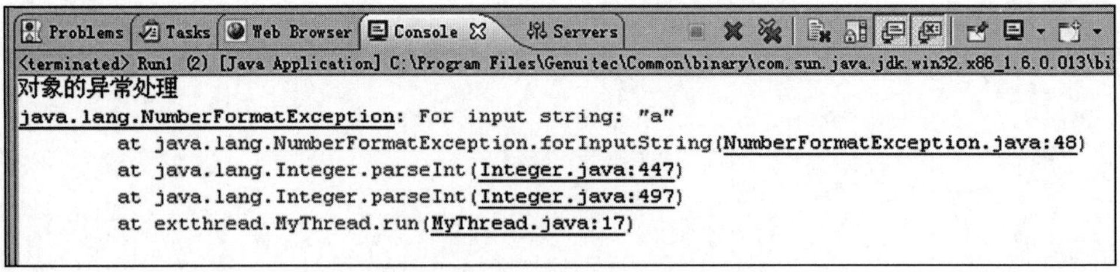
Problems Tasks Web Browser Console Servers
<terminated> Run1 (2) [Java Application] C:\Program Files\Genuitec\Common\binary\com.sun.java.jdk.win32.x86_1.6.0.013\bi
对象的异常处理
java.lang.NumberFormatException: For input string: "a"
at java.lang.NumberFormatException.forInputString(NumberFormatException.java:48)
at java.lang.Integer.parseInt(Integer.java:447)
at java.lang.Integer.parseInt(Integer.java:497)
at extthread.MyThread.run(MyThread.java:17)

图 7-26　对象异常处理程序运行结果

更改 Run1.java 代码：

```
public class Run1 {

public static void main(String[] args) {
    MyThread myThread = new MyThread();
    // 对象
    // smyThread
    // .setUncaughtExceptionHandler(new ObjectUncaughtExceptionHandler());
    // 类
    MyThread
            .setDefaultUncaughtExceptionHandler(new StateUncaughtExceptionHandler());
    myThread.start();
}
}
```

运行结果如图 7-27 所示。

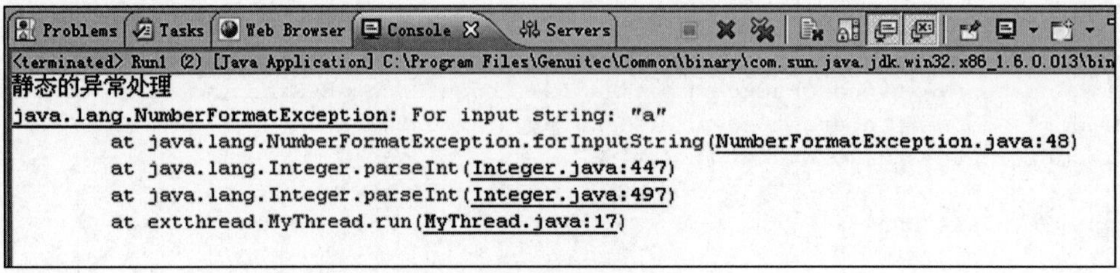
Problems Tasks Web Browser Console Servers
<terminated> Run1 (2) [Java Application] C:\Program Files\Genuitec\Common\binary\com.sun.java.jdk.win32.x86_1.6.0.013\bin
静态的异常处理
java.lang.NumberFormatException: For input string: "a"
at java.lang.NumberFormatException.forInputString(NumberFormatException.java:48)
at java.lang.Integer.parseInt(Integer.java:447)
at java.lang.Integer.parseInt(Integer.java:497)
at extthread.MyThread.run(MyThread.java:17)

图 7-27　运行结果

再继续实验，创建类 Run2.java，代码如下：

```
package test;

import test.extUncaughtExceptionHandler.ObjectUncaughtExceptionHandler;
import test.extUncaughtExceptionHandler.StateUncaughtExceptionHandler;
import extthread.MyThread;
import extthreadgroup.MyThreadGroup;

public class Run2 {

public static void main(String[] args) {
    MyThreadGroup group = new MyThreadGroup(" 我的线程组 ");
```

```
    MyThread myThread = new MyThread(group, " 我的线程 ");
    // 对象
    myThread
            .setUncaughtExceptionHandler(new ObjectUncaughtExceptionHandler());
    // 类
    MyThread
            .setDefaultUncaughtExceptionHandler(new StateUncaughtExceptionHandler());
    myThread.start();

}
}
```

程序运行结果如图 7-28 所示。

```
<terminated> Run2 [Java Application] C:\Program Files\Genuitec\Common\binary\com.sun.java.jdk.win32.x86_1.6.0.013\bin\j
对象的异常处理
java.lang.NumberFormatException: For input string: "a"
        at java.lang.NumberFormatException.forInputString(NumberFormatException.java:48)
        at java.lang.Integer.parseInt(Integer.java:447)
        at java.lang.Integer.parseInt(Integer.java:497)
        at extthread.MyThread.run(MyThread.java:17)
```

图 7-28 运行结果

更改 Run2.java 代码：

```
package test;

import test.extUncaughtExceptionHandler.ObjectUncaughtExceptionHandler;
import test.extUncaughtExceptionHandler.StateUncaughtExceptionHandler;
import extthread.MyThread;
import extthreadgroup.MyThreadGroup;

public class Run2 {

public static void main(String[] args) {
    MyThreadGroup group = new MyThreadGroup(" 我的线程组 ");
    MyThread myThread = new MyThread(group, " 我的线程 ");
    // 对象
    // myThread
    // .setUncaughtExceptionHandler(new ObjectUncaughtExceptionHandler());
    // 类
    MyThread
            .setDefaultUncaughtExceptionHandler(new StateUncaughtExceptionHandler());
    myThread.start();

}
}
```

程序运行结果如图 7-29 所示。

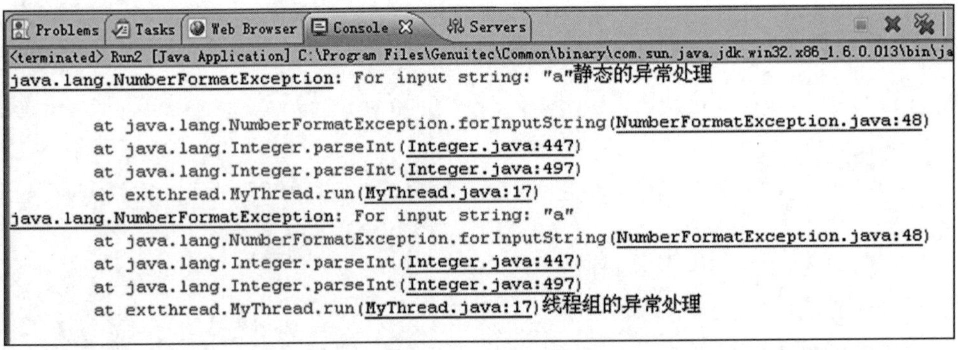

```
Problems  Tasks  Web Browser  Console  Servers
<terminated> Run2 [Java Application] C:\Program Files\Genuitec\Common\binary\com.sun.java.jdk.win32.x86_1.6.0.013\bin\ja
java.lang.NumberFormatException: For input string: "a"静态的异常处理

        at java.lang.NumberFormatException.forInputString(NumberFormatException.java:48)
        at java.lang.Integer.parseInt(Integer.java:447)
        at java.lang.Integer.parseInt(Integer.java:497)
        at extthread.MyThread.run(MyThread.java:17)
java.lang.NumberFormatException: For input string: "a"
        at java.lang.NumberFormatException.forInputString(NumberFormatException.java:48)
        at java.lang.Integer.parseInt(Integer.java:447)
        at java.lang.Integer.parseInt(Integer.java:497)
        at extthread.MyThread.run(MyThread.java:17)线程组的异常处理
```

图 7-29　运行结果

本示例想要打印“静态的异常处理”信息，必须在 public void uncaughtException(Thread t, Throwable e) 方法中加上 super.uncaughtException(t, e); 代码。

继续更改 Run2.java 代码：

```
public class Run2 {

public static void main(String[] args) {
    MyThreadGroup group = new MyThreadGroup(" 我的线程组 ");
    MyThread myThread = new MyThread(group, " 我的线程 ");
    // 对象
    // myThread
    // .setUncaughtExceptionHandler(new ObjectUncaughtExceptionHandler());
    // 类
    // MyThread
    // .setDefaultUncaughtExceptionHandler(new
    // StateUncaughtExceptionHandler());
    myThread.start();

}
}
```

程序运行后的结果如图 7-30 所示。

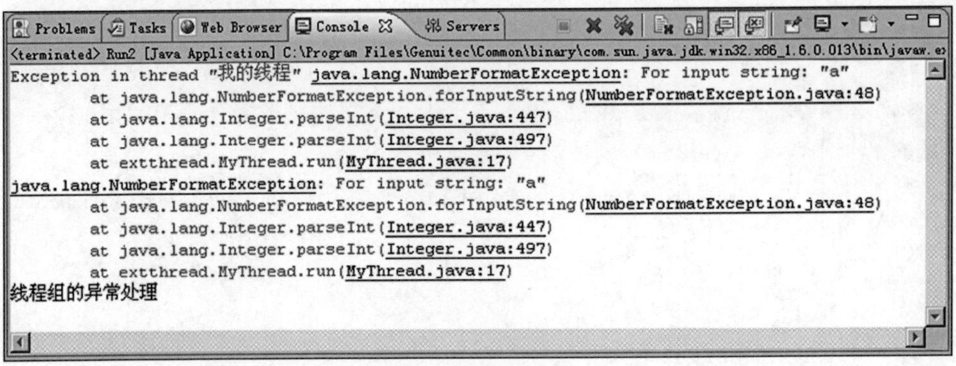

```
Problems  Tasks  Web Browser  Console  Servers
<terminated> Run2 [Java Application] C:\Program Files\Genuitec\Common\binary\com.sun.java.jdk.win32.x86_1.6.0.013\bin\javaw.ex
Exception in thread "我的线程" java.lang.NumberFormatException: For input string: "a"
        at java.lang.NumberFormatException.forInputString(NumberFormatException.java:48)
        at java.lang.Integer.parseInt(Integer.java:447)
        at java.lang.Integer.parseInt(Integer.java:497)
        at extthread.MyThread.run(MyThread.java:17)
java.lang.NumberFormatException: For input string: "a"
        at java.lang.NumberFormatException.forInputString(NumberFormatException.java:48)
        at java.lang.Integer.parseInt(Integer.java:447)
        at java.lang.Integer.parseInt(Integer.java:497)
        at extthread.MyThread.run(MyThread.java:17)
线程组的异常处理
```

图 7-30　运行结果

前面实验得出的最主要结论就是如果调用 setUncaughtExceptionHandler() 方法，则其设置的异常处理器优先运行，其他异常处理器不再运行。

## 7.10　本章小结

本章弥补了前面几个章节遗漏的技术空白点，这些示例是对多线程技术学习的补充，有助于理解多线程技术的细节，比如理解线程的状态后，我们可以对不同状态下线程正在做的事情了如指掌；学习了线程组后，我们可以对线程更有效的规划。

Chapter 8 第8章

# 并发集合框架

JDK 提供了丰富的集合框架工具。这些工具可以有效地对数据进行处理。本书虽然是介绍并发相关的技术，但为了讲解集合框架的完整性，也一并介绍了 List、Set、Map、Queue 等常用接口，目的是让读者对 JDK 的集合框架的了解更加全面。

## 8.1 集合框架结构

Java 语言中的集合框架父接口是 Iterable，从这个接口向下一一继承就可以得到完整的 Java 集合框架结构。集合框架的继承与实现关系相当复杂，简化的集合框架接口结构如图 8-1 所示。

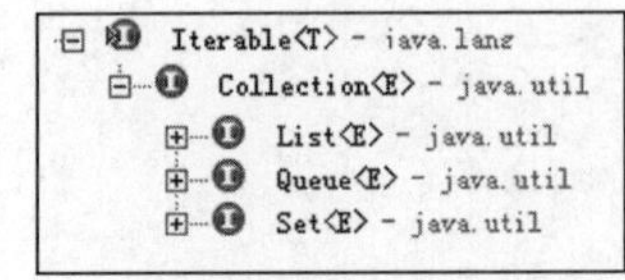


图 8-1 简化的集合框架接口结构

可以发现，出现 3 个继承分支（List、Set、Queue）的结构是接口 Collection，它是集合框架主要功能的抽象。另一个接口是 Iterable，下面我们具体来了解一下吧。

### 8.1.1 接口 Iterable

接口 Iterable 的主要作用是迭代循环，接口结构声明如图 8-2 所示。

接口 Iterable 结构非常简洁，其中包含方法 iterator()，通过此方法返回 Iterator 对象，以进行循环处理。

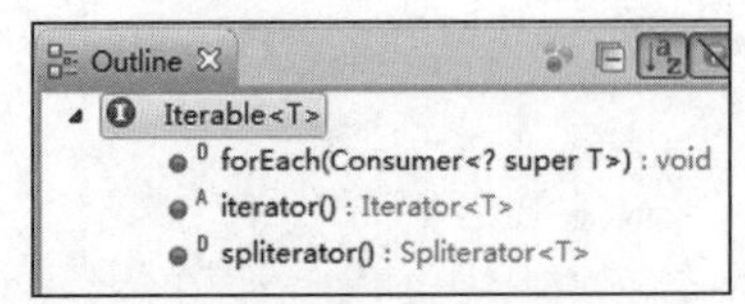


图 8-2 接口 Iterable 结构声明

### 8.1.2 接口 Collection

接口 Collection 提供了集合框架最主要、最常用的操作，接口结构声明如图 8-3 所示。

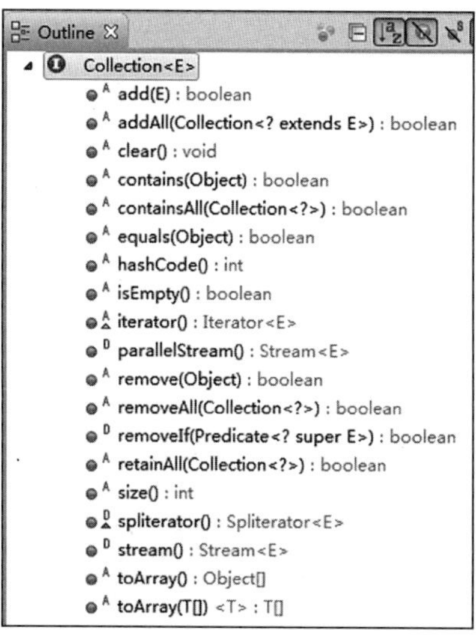

图 8-3　接口 Collection 结构声明

接口内部提供的方法主要是针对数据的增删改查操作。

### 8.1.3　接口 List

接口 List 对接口 Collection 进行了扩展，允许根据索引位置操作数据，并且允许内容重复，接口 List 结构声明如图 8-4 所示。

接口 List 最常用的非并发实现类是 ArrayList，它是非线程安全的，可以对数据以链表的形式进行组织，使数据呈现有序的效果。由于本书主要介绍的是并发集合，而 ArrayList 并不属于此类，且限于篇幅，因此针对 ArrayList 类的学习，请查看源代码中名称为 ArrayListTest1 的 Java 项目。

类 ArrayList 并不是线程安全的，如果想使用线程安全的链表则可以使用 Vector 类。其结构如图 8-5 所示。

类 Vector 是线程安全的，所以在多线程并发操作数据时可以无误地处理集合中的数据。关于该类的使用，请参考源代码中名称为 VectorTest1 的 Java 项目。

图 8-4　接口 List 结构声明

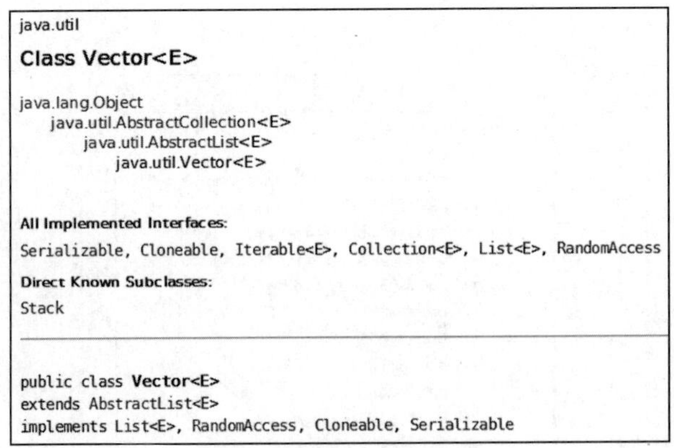
java.util

**Class Vector<E>**

java.lang.Object
java.util.AbstractCollection<E>
java.util.AbstractList<E>
java.util.Vector<E>

**All Implemented Interfaces:**

Serializable, Cloneable, Iterable<E>, Collection<E>, List<E>, RandomAccess

**Direct Known Subclasses:**

Stack

public class **Vector<E>**
extends AbstractList<E>
implements List<E>, RandomAccess, Cloneable, Serializable

图 8-5 类 Vector 结构

需要说明一下，多个线程分别调用类 Vector 的 iterator() 方法返回 Iterator 对象，再调用 remove() 时会出现 ConcurrentModificationException 异常，也就是说并不支持 Iterator 并发删除，所以该类在功能上还是有缺陷的。

类 Vector 有一个子类 Stack.java，它可以实现后进先出（LIFO）的对象堆栈。其结构声明如图 8-6 所示。

关于该类的使用，请参考名称为 StackTest1 的项目。

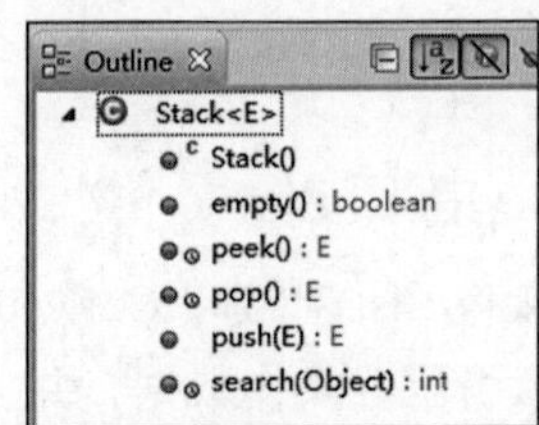


图 8-6 类 Stack 类结构声明

## 8.1.4 接口 Set

接口 Set 也是对接口 Collection 进行了扩展，特点是不允许内容重复，排序方式为自然排序。其防止元素重复的原理是元素需要重写 hashCode() 和 equals() 方法，结构声明如图 8-7 所示。

接口 Set 最常用的非并发实现类是 HashSet。关于该类的学习，请查看源代码中名称为 HashSet 的 Java 项目。

HashSet 默认以无序的方式组织元素，LinkedHashSet 类可以有序地组织元素，此类的使用示例源代码在 LinkedHashSetTest1 的 Java 项目中。

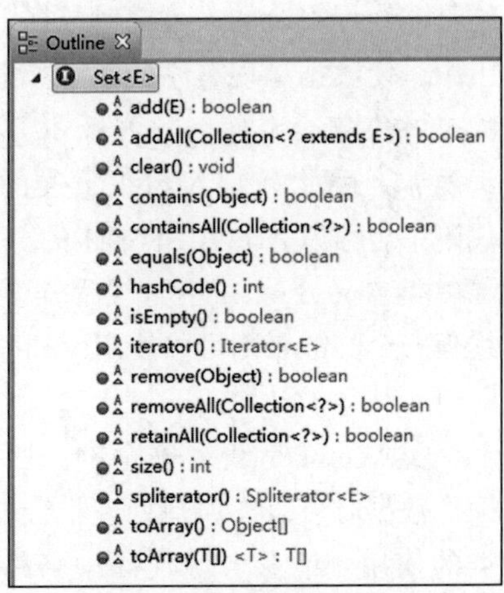


图 8-7 接口 Set 结构声明

接口 Set 还有另外一个实现类，即 TreeSet。它不仅实现了接口 Set，还实现了接口 SortedSet 和 NavigableSet。接口 SortedSet 的父接口为 Set，接口 SortedSet 和接口 NavigableSet 在功能上得到了扩展，比如可以获取接口 Set 中内容的子集，支持获取表头与表尾的数据等。该类的实验代码在名称为 TreeSetTest1 的项目中。

### 8.1.5　接口 Queue

接口 Queue 对接口 Collection 进行了扩展。它可以方便地操作列头，结构声明如图 8-8 所示。

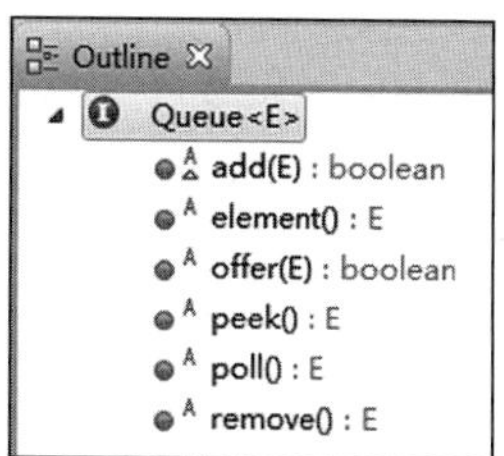


图 8-8　接口 Queue 结构声明

接口 Queue 的非并发实现类有 PriorityQueue，它是一个基于优先级的无界优先级队列。关于该类的使用，请参见源代码中的 PriorityQueue-Test1 项目。

### 8.1.6　接口 Deque

接口 Queue 支持对表头的操作，而接口 Deque 不仅支持对表头的操作，而且支持对表尾的操作，所以 Deque 的全称为 Double Ended Queue（双端队列）。

接口 Queue 和 Deque 之间有继承关系，如图 8-9 所示。

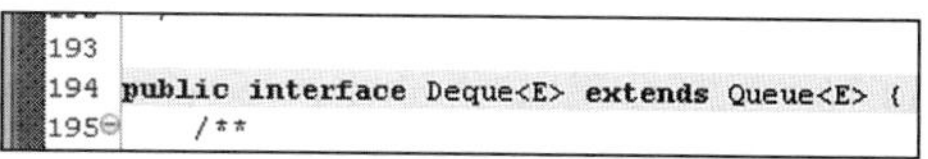


图 8-9　接口 Deque 和 Queue 的关系

接口 Deque 中的方法声明如图 8-10 所示。

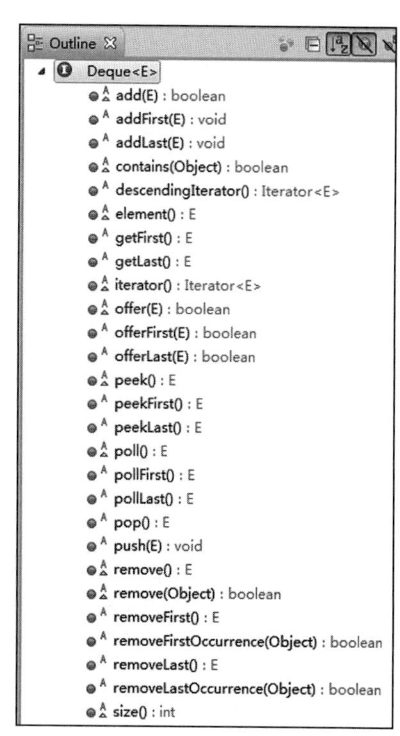


图 8-10　接口 Deque 中的方法声明

接口 Deque 的非并发实现类有 ArrayDeque 和 LinkedList。它们之间有一些区别：如果只想从队列两端获取数据，则使用 ArrayDeque；如果想从队列两端获取数据的同时还可以根据索引的位置操作数据，则使用 LinkedList。

关于这两个类的学习，请查看源代码中名称为 ArrayDequeTest1、LinkedListTest1 的 Java 项目。

## 8.2　非阻塞队列

非阻塞队列的特色是队列里面没有数据时，返回异常或 null。

在 JDK 的并发包中，常见的非阻塞队列有：ConcurrentHashMap、ConcurrentSkipListMap、ConcurrentSkipListSet、ConcurrentLinkedQueue、ConcurrentLinkedDeque、CopyOnWrite-ArrayList、CopyOnWriteArraySet。本节将介绍这 7 个非阻塞队列的特点与使用。

### 8.2.1 类 ConcurrentHashMap 的使用

类 ConcurrentHashMap 是支持并发操作的 Map 对象。

#### 1. 验证 HashMap 不是线程安全的

创建名称为 ConcurrentHashMap 的项目，创建类 MyService1.java 的代码如下：

```
package test1;

import java.util.HashMap;

public class MyService1 {
public HashMap map = new HashMap();

public void testMethod() {
    for (int i = 0; i < 50000; i++) {
        map.put(Thread.currentThread().getName() + " " + (i + 1), Thread.current
            Thread().getName() + " " + (i + 1));
        System.out.println(Thread.currentThread().getName() + " " + (i + 1));
    }
}
}
```

创建类 Thread1A.java 的代码如下：

```
package test1;

public class Thread1A extends Thread {
private MyService1 service;

public Thread1A(MyService1 service) {
    super();
    this.service = service;
}

public void run() {
    service.testMethod();
}
}
```

创建类 Thread1B.java 的代码如下：

```
package test1;

public class Thread1B extends Thread {
private MyService1 service;

public Thread1B(MyService1 service) {
    super();
    this.service = service;
}

public void run() {
```

```
        service.testMethod();
    }
    }
```

创建类 Test1_1.java 的代码如下：

```
package test1;

public class Test1_1 {

public static void main(String[] args) throws InterruptedException {
    MyService1 service = new MyService1();

    Thread1A a = new Thread1A(service);
    a.start();

}
}
```

程序运行结果如图 8-11 所示。

```
Thread-0 49993
Thread-0 49994
Thread-0 49995
Thread-0 49996
Thread-0 49997
Thread-0 49998
Thread-0 49999
Thread-0 50000
```

图 8-11 运行结果

运行结果为 50000 个数据，且是正确的，也就是单线程操作 HashMap 时是没有错误的。那多线程呢？

创建类 Test1_2.java 的代码如下：

```
package test1;

public class Test1_2 {

public static void main(String[] args) throws InterruptedException {
    MyService1 service = new MyService1();

    Thread1A a = new Thread1A(service);
    Thread1B b = new Thread1B(service);

    a.start();
    b.start();
}
}
```

程序运行后出现非线程安全，打印的部分结果如下所示：

```
Thread-1 17109
Thread-1 17110
Thread-1 17111
Thread-1 17112
Thread-1 17113
Thread-1 17114
Exception in thread "Thread-1" java.lang.ClassCastException: java.util.HashMap$Node
    cannot be cast to java.util.HashMap$TreeNode
at java.util.HashMap$TreeNode.moveRootToFront(HashMap.java:1832)
at java.util.HashMap$TreeNode.treeify(HashMap.java:1949)
at java.util.HashMap.treeifyBin(HashMap.java:772)
```

```
at java.util.HashMap.putVal(HashMap.java:644)
at java.util.HashMap.put(HashMap.java:612)
at test1.MyService1.testMethod(MyService1.java:10)
at test1.Thread1B.run(Thread1B.java:13)
```

程序运行后有很小的概率出现异常，说明 HashMap 不能被多个线程操作，也就证明了 HashMap 是线程不安全的。

### 2. 验证 Hashtable 是线程安全的

上面的实验论证了 HashMap 不适合在多线程的情况下使用。如果想在多线程环境中使用 key-value 的数据结构，可以使用 Hashtable 类。

创建类 MyService2.java 的代码如下：

```
package test2;

import java.util.Hashtable;

public class MyService1 {
public Hashtable table = new Hashtable();

public void testMethod() {
    for (int i = 0; i < 50000; i++) {
        table.put(Thread.currentThread().getName() + " " + (i + 1),
                Thread.currentThread().getName() + " " + (i + 1));
        System.out.println(Thread.currentThread().getName() + " " + (i + 1));
    }
}
}
```

创建类 Test2.java 的代码如下：

```
package test2;

public class Test2 {

public static void main(String[] args) throws InterruptedException {
    MyService2 service = new MyService2();

    Thread2A a = new Thread2A(service);
    Thread2B b = new Thread2B(service);

    a.start();
    b.start();

}
}
```

程序运行结果如图 8-12 所示。

程序运行正确，每个线程添加 50000 个元素，说明 Hashtable 类在多线程环境中执行 put 操作不会出错，是线程安全的类。

```
Thread-1 49995
Thread-1 49996
Thread-1 49997
Thread-1 49998
Thread-1 49999
Thread-1 50000
```

图 8-12 运行结果

但是，多个线程分别调用该类的 iterator() 方法返回 Iterator 对象，并调用 next() 方法取得元素，再执行 remove() 方法时会出现 ConcurrentModificationException 异常，也就是说 Hashtable 并不支持 Iterator 并发删除。

### 3. 验证 Hashtable 不支持并发 remove 删除操作

创建类 MyService4.java 的代码如下：

```
package test4;

import java.util.Hashtable;
import java.util.Iterator;

public class MyService4 {

public Hashtable table = new Hashtable();

public MyService4() {
    for (int i = 0; i < 100000; i++) {
        table.put(Thread.currentThread().getName() + i + 1, "abc");
    }
}

public void testMethod() {
    Iterator iterator = table.keySet().iterator();
    while (iterator.hasNext()) {
        Object object = iterator.next();
        iterator.remove();
        System.out.println(table.size() + " " + Thread.currentThread().getName());
    }
}

}
```

创建类 Test4.java 的代码如下：

```
package test4;

public class Test4 {
public static void main(String[] args) throws InterruptedException {
    MyService4 myService = new MyService4();
    Thread4A a = new Thread4A(myService);
    Thread4B b = new Thread4B(myService);
    a.start();
    b.start();
}
}
```

程序运行结果如图 8-13 所示。

```
99971 Thread-0
99970 Thread-0java.util.ConcurrentModificationException
```

图 8-13　运行结果

程序运行后出现异常，说明 Hashtable 在获得 Iterator 对象后，不允许多个线程同时执行 remove 删除操作，否则出现 java.util.ConcurrentModificationException 异常。

根据上面的测试可以分析出，Hashtable 类支持多线程环境下的 put 添加操作，却不支持 remove 删除操作，但 ConcurrentHashMap 支持这两个操作。

### 4. 验证 ConcurrentHashMap 线程安全特性

类 ConcurrentHashMap 是 JDK 并发包中提供的支持并发操作的 Map 对象。其继承与实现信息如图 8-14 所示。

```
public class ConcurrentHashMap<K,V> extends AbstractMap<K,V>
    implements ConcurrentMap<K,V>, Serializable {
    private static final long serialVersionUID = 7249069246763182397L;
```

图 8-14　类 ConcurrentHashMap 继承与实现信息

创建类 MyService3.java 的代码如下：

```
package test3;

import java.util.concurrent.ConcurrentHashMap;

public class MyService3 {
public ConcurrentHashMap map = new ConcurrentHashMap();;

public void testMethod() {
    for (int i = 0; i < 50000; i++) {
        map.put(Thread.currentThread().getName() + " " + (i + 1), Thread.current-
            Thread().getName() + " " + (i + 1));
        System.out.println(Thread.currentThread().getName() + " " + (i + 1));
    }
}
}
```

创建类 Test3.java 的代码如下：

```
package test3;

public class Test3 {

public static void main(String[] args) {
    MyService3 service = new MyService3();

    Thread3A a = new Thread3A(service);
    Thread3B b = new Thread3B(service);

    a.start();
    b.start();
}
}
```

```
Thread-1 49993
Thread-1 49994
Thread-1 49995
Thread-1 49996
Thread-1 49997
Thread-1 49998
Thread-1 49999
Thread-1 50000
```

图 8-15　运行结果

程序运行结果如图 8-15 所示。

此运行结果说明类 ConcurrentHashMap 支持在多线程环境中执行 put 操作。

### 5. 验证 ConcurrentHashMap 支持并发 remove 删除操作

创建类 MyService5.java 的代码如下：

```
package test5;

import java.util.Iterator;
import java.util.concurrent.ConcurrentHashMap;

public class MyService5 {

public ConcurrentHashMap map = new ConcurrentHashMap();;

public MyService5() {
    for (int i = 0; i < 100000; i++) {
        map.put(Thread.currentThread().getName() + i + 1, "abc");
    }
}

public void testMethod() {
    Iterator iterator = map.keySet().iterator();
    while (iterator.hasNext()) {
        Object object = iterator.next();
        iterator.remove();
        System.out.println(map.size() + " " + Thread.currentThread().getName());
    }
}
}
```

创建类 Test5.java 代码如下：

```
package test5;

public class Test5 {
public static void main(String[] args) throws InterruptedException {
    MyService5 myService = new MyService5();
    Thread5A a = new Thread5A(myService);
    Thread5B b = new Thread5B(myService);
    a.start();
    b.start();
    // 成功但不支持排序
    // LinkedHashMap 虽然能支持顺序性，但又不支持并发
}
}
```

程序运行结果如图 8-16 所示。

```
2 Thread-1
1 Thread-1
3 Thread-0
1 Thread-0
0 Thread-0
0 Thread-1
```

图 8-16 运行结果

运行结果是成功的，说明类 ConcurrentHashMap 在功能上比 Hashtable 更完善，支持并发情况下的 put 和 remove 操作。

类 ConcurrentHashMap 不支持排序，类 LinkedHashMap 支持 key

排序，但不支持并发。那么，如果出现这种既要求并发安全，又要求排序的情况，我们就可以使用类 ConcurrentSkipListMap。

### 8.2.2 类 ConcurrentSkipListMap 的使用

类 ConcurrentSkipListMap 支持排序。

创建名称为 ConcurrentSkipListMap 的项目，创建类 Userinfo.java 的代码如下：

```
package test1;

public class Userinfo implements Comparable<Userinfo> {

private int id;
private String username;

public Userinfo(int id, String username) {
    super();
    this.id = id;
    this.username = username;
}

public int getId() {
    return id;
}

public void setId(int id) {
    this.id = id;
}

public String getUsername() {
    return username;
}

public void setUsername(String username) {
    this.username = username;
}

@Override
public int compareTo(Userinfo o) {
    if (this.getId() > o.getId()) {
        return 1;
    } else {
        return -1;
    }
}

}
```

创建类 MyService.java 的代码如下：

```
package test1;
```

```
import java.util.Map.Entry;
import java.util.concurrent.ConcurrentSkipListMap;

public class MyService {
public ConcurrentSkipListMap<Userinfo, String> map = new ConcurrentSkipList-
    Map<>();

public MyService() {
    Userinfo userinfo1 = new Userinfo(1, "userinfo1");
    Userinfo userinfo3 = new Userinfo(3, "userinfo3");
    Userinfo userinfo5 = new Userinfo(5, "userinfo5");
    Userinfo userinfo2 = new Userinfo(2, "userinfo2");
    Userinfo userinfo4 = new Userinfo(4, "userinfo4");

    map.put(userinfo1, "u1");
    map.put(userinfo3, "u3");
    map.put(userinfo5, "u5");
    map.put(userinfo2, "u2");
    map.put(userinfo4, "u4");
}

public void testMethod() {
    Entry<Userinfo, String> entry = map.pollFirstEntry();
    System.out.println("map.size()=" + map.size());
    Userinfo userinfo = entry.getKey();
    System.out.println(
            userinfo.getId() + " " + userinfo.getUsername() + " " + map.get
                (userinfo) + " " + entry.getValue());
}
}
```

创建类 MyThread.java 的代码如下：

```
package test1;

public class MyThread extends Thread {
private MyService service;

public MyThread(MyService service) {
    super();
    this.service = service;
}

public void run() {
    service.testMethod();
}
}
```

创建类 Test.java 的代码如下：

```
package test1;

public class Test {
```

```
    public static void main(String[] args) throws InterruptedException {
        MyService service = new MyService();
        MyThread a1 = new MyThread(service);
        MyThread a2 = new MyThread(service);
        MyThread a3 = new MyThread(service);
        MyThread a4 = new MyThread(service);
        MyThread a5 = new MyThread(service);

        a1.start();
        Thread.sleep(1000);
        a2.start();
        Thread.sleep(1000);
        a3.start();
        Thread.sleep(1000);
        a4.start();
        Thread.sleep(1000);
        a5.start();
    }
}
```

程序运行结果如图 8-17 所示。

控制台打印出 null 值是使用 pollFirstEntry() 方法将当前的 Entry 对象从类 ConcurrentSkipListMap 中删除造成的。

```
map.size()=4
1 userinfo1 null u1
map.size()=3
2 userinfo2 null u2
map.size()=2
3 userinfo3 null u3
map.size()=1
4 userinfo4 null u4
map.size()=0
5 userinfo5 null u5
```

图 8-17 运行结果

### 8.2.3 类 ConcurrentSkipListSet 的使用

类 ConcurrentSkipListSet 支持排序且不允许元素重复。

创建名称为 ConcurrentSkipListSet 的项目，创建类 Userinfo.java 的代码如下：

```
package test1;

public class Userinfo implements Comparable<Userinfo> {

private int id;
private String username;

public Userinfo() {
    super();
}

public Userinfo(int id, String username) {
    super();
    this.id = id;
    this.username = username;
}

public int getId() {
    return id;
}

public void setId(int id) {
```

```
        this.id = id;
    }

    public String getUsername() {
        return username;
    }

    public void setUsername(String username) {
        this.username = username;
    }

    @Override
    public int compareTo(Userinfo u) {
        if (this.getId() < u.getId()) {
            return -1;
        }
        if (this.getId() > u.getId()) {
            return 1;
        }
        return 0;
    }

    @Override
    public int hashCode() {
        final int prime = 31;
        int result = 1;
        result = prime * result + id;
        result = prime * result
                + ((username == null) ? 0 : username.hashCode());
        return result;
    }

    @Override
    public boolean equals(Object obj) {
        if (this == obj)
            return true;
        if (obj == null)
            return false;
        if (getClass() != obj.getClass())
            return false;
        Userinfo other = (Userinfo) obj;
        if (id != other.id)
            return false;
        if (username == null) {
            if (other.username != null)
                return false;
        } else if (!username.equals(other.username))
            return false;
        return true;
    }

    }
```

创建类 MyService.java 的代码如下：

```
package test1;

import java.util.concurrent.ConcurrentSkipListSet;

public class MyService {

public ConcurrentSkipListSet set = new ConcurrentSkipListSet();

public MyService() {
    Userinfo userinfo1 = new Userinfo(1, "username1");
    Userinfo userinfo3 = new Userinfo(3, "username3");
    Userinfo userinfo5 = new Userinfo(5, "username5");
    Userinfo userinfo41 = new Userinfo(4, "username4");
    Userinfo userinfo42 = new Userinfo(4, "username4");
    Userinfo userinfo2 = new Userinfo(2, "username2");
    set.add(userinfo1);
    set.add(userinfo3);
    set.add(userinfo5);
    set.add(userinfo41);
    set.add(userinfo42);
    set.add(userinfo2);
}
}
```

创建类 MyThread.java 的代码如下：

```
package test1;

public class MyThread extends Thread {

private MyService service;

public MyThread(MyService service) {
    super();
    this.service = service;
}

public void run() {
    Userinfo userinfo = (Userinfo) service.set.pollFirst();
    System.out.println(userinfo.getId() + " " + userinfo.getUsername());
}

}
```

创建类 Test.java 的代码如下：

```
package test1;

public class Test {
public static void main(String[] args) throws InterruptedException {
    MyService service = new MyService();
```

```
        MyThread a1 = new MyThread(service);
        MyThread a2 = new MyThread(service);
        MyThread a3 = new MyThread(service);
        MyThread a4 = new MyThread(service);
        MyThread a5 = new MyThread(service);

        a1.start();
        Thread.sleep(1000);
        a2.start();
        Thread.sleep(1000);
        a3.start();
        Thread.sleep(1000);
        a4.start();
        Thread.sleep(1000);
        a5.start();
    }
}
```

程序运行结果如图 8-18 所示。

从运行结果来看，排序成功，并且不支持数据重复。

```
1 username1
2 username2
3 username3
4 username4
5 username5
```

图 8-18　运行结果

## 8.2.4　类 ConcurrentLinkedQueue 的使用

类 ConcurrentLinkedQueue 提供了并发环境下的队列操作。

创建名称为 ConcurrentLinkedQueue 的项目，创建类 MyService1.java 的代码如下：

```
package myservice;

import java.util.concurrent.ConcurrentLinkedQueue;

public class MyService1 {
public ConcurrentLinkedQueue queue = new ConcurrentLinkedQueue();
}
```

创建类 ThreadA.java 的代码如下：

```
package test1;

import myservice.MyService1;

public class ThreadA extends Thread {

private MyService1 service;

public ThreadA(MyService1 service) {
    super();
    this.service = service;
}

@Override
public void run() {
```

```
        for (int i = 0; i < 50; i++) {
            service.queue.add("threadA" + (i + 1));
        }
    }

}
```

创建类 ThreadB.java 的代码如下：

```
package test1;

import myservice.MyService1;

public class ThreadB extends Thread {

private MyService1 service;

public ThreadB(MyService1 service) {
    super();
    this.service = service;
}

@Override
public void run() {
    for (int i = 0; i < 50; i++) {
        service.queue.add("threadB" + (i + 1));
    }
}

}
```

创建类 Test1.java 的代码如下：

```
package test1;

import myservice.MyService1;

public class Test1 {

public static void main(String[] args) {
    try {
        MyService1 service = new MyService1();
        ThreadA a = new ThreadA(service);
        ThreadB b = new ThreadB(service);

        a.start();
        b.start();
        a.join();
        b.join();

        System.out.println(service.queue.size());

    } catch (InterruptedException e) {
```

```
            e.printStackTrace();
        }

    }

}
```

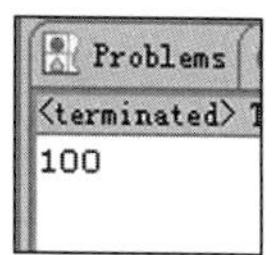

图 8-19　支持在并发环境下添加元素

程序运行结果如图 8-19 所示。

方法 poll() 没有获得数据时返回 null，获得数据时则移除表头，并将表头进行返回。

方法 element() 没有获得数据时出现 NoSuchElementException 异常，获得数据时则不移除表头，并将表头进行返回。

方法 peek() 没有获得数据时返回 null，获得数据时则不移除表头，并将表头进行返回。

创建类 Test2_1.java 的代码如下：

```
package test2;

import myservice.MyService1;

public class Test2_1 {
public static void main(String[] args) {
    MyService1 service = new MyService1();
    System.out.println(service.queue.poll());
}
}
```

程序运行结果如下：

```
null
```

创建类 Test2_2.java 的代码如下：

```
package test2;

import myservice.MyService1;

public class Test2_2 {

public static void main(String[] args) {
    MyService1 service = new MyService1();
    service.queue.add("a");
    service.queue.add("b");
    service.queue.add("c");
    System.out.println(service.queue.poll());
}

}
```

程序运行结果如下：

```
begin size=3
a
    end size=2
```

创建类 Test3_1.java 的代码如下：

```
package test2;

import java.util.concurrent.ConcurrentLinkedQueue;

public class Test3_1 {
public static void main(String[] args) {
    ConcurrentLinkedQueue queue = new ConcurrentLinkedQueue();
    System.out.println(queue.element());
}
}
```

程序运行结果如下：

```
Exception in thread "main" java.util.NoSuchElementException
at java.util.AbstractQueue.element(AbstractQueue.java:136)
at test2.Test3_1.main(Test3_1.java:8)
```

出现没有元素的异常。

创建类 Test3_2.java 的代码如下：

```
package test2;

import java.util.concurrent.ConcurrentLinkedQueue;

public class Test3_2 {

public static void main(String[] args) {
    ConcurrentLinkedQueue queue = new ConcurrentLinkedQueue();
    queue.add("a");
    queue.add("b");
    queue.add("c");
    System.out.println("begin size=" + queue.size());
    System.out.println(queue.element());
    System.out.println("  end size=" + queue.size());
}

}
```

程序运行结果如下：

```
begin size=3
a
    end size=3
```

可见，打印出队列中元素的个数为 3。

创建类 Test4_1.java 的代码如下：

```
package test2;

import java.util.concurrent.ConcurrentLinkedQueue;
```

```
public class Test4_1 {
public static void main(String[] args) {
    ConcurrentLinkedQueue queue = new ConcurrentLinkedQueue();
    System.out.println(queue.peek());
}
}
```

程序运行结果如下：

```
null
```

可见，队列中没有元素。

创建类 Test4_2.java 的代码如下：

```
package test2;

import java.util.concurrent.ConcurrentLinkedQueue;

public class Test4_2 {

public static void main(String[] args) {
    ConcurrentLinkedQueue queue = new ConcurrentLinkedQueue();
    queue.add("a");
    queue.add("b");
    queue.add("c");
    System.out.println("begin size=" + queue.size());
    System.out.println(queue.peek());
    System.out.println("  end size=" + queue.size());
}

}
```

程序运行结果如下：

```
begin size=3
a
    end size=3
```

### 8.2.5 类 ConcurrentLinkedDeque 的使用

类 ConcurrentLinkedQueue 仅支持对列头进行操作，类 ConcurrentLinkedDeque 支持对列头和列尾双向进行操作。

创建名称为 ConcurrentLinkedDeque 的项目，创建类 MyService.java 的代码如下：

```
package myservice;

import java.util.concurrent.ConcurrentLinkedDeque;

public class MyService {
public ConcurrentLinkedDeque queue = new ConcurrentLinkedDeque();

public MyService() {
```

```
        for (int i = 0; i < 4; i++) {
            queue.add("string" + (i + 1));
        }
    }

}
```

创建类 ThreadA.java 的代码如下：

```
package extthread;

import myservice.MyService;

public class ThreadA extends Thread {

private MyService service;

public ThreadA(MyService service) {
    super();
    this.service = service;
}

@Override
public void run() {
    System.out.println("value=" + service.queue.pollFirst() + " queue.size()=" +
        service.queue.size());
}

}
```

创建类 ThreadB.java 的代码如下：

```
package extthread;

import myservice.MyService;

public class ThreadB extends Thread {

private MyService service;

public ThreadB(MyService service) {
    super();
    this.service = service;
}

@Override
public void run() {
    System.out.println("value=" + service.queue.pollLast() + " queue.size()=" +
        service.queue.size());
}

}
```

创建类 Test.java 的代码如下：

```
package test1;

import extthread.ThreadA;
import extthread.ThreadB;
import myservice.MyService;

public class Test {
public static void main(String[] args) throws InterruptedException {
    MyService service = new MyService();
    ThreadA aFirst = new ThreadA(service);
    ThreadA bFirst = new ThreadA(service);
    ThreadB aLast = new ThreadB(service);
    ThreadB bLast = new ThreadB(service);

    aFirst.start();
    Thread.sleep(1000);
    aLast.start();
    Thread.sleep(1000);

    bFirst.start();
    Thread.sleep(1000);
    bLast.start();
}

}
```

程序运行结果如下：

```
value=string1 queue.size()=3
value=string4 queue.size()=2
value=string2 queue.size()=1
value=string3 queue.size()=0
```

可见，数据成功从列头和列尾弹出，最后队列中的元素数个数为 0。

### 8.2.6　类 CopyOnWriteArrayList 的使用

前面介绍过，ArrayList 为非线程安全的。如果想在并发环境下实现线程安全，我们可以使用类 CopyOnWriteArrayList。

创建名称为 CopyOnWriteArrayList 的项目，创建类 MyService.java 的代码如下：

```
package test;

import java.util.concurrent.CopyOnWriteArrayList;

public class MyService {
public static CopyOnWriteArrayList list = new CopyOnWriteArrayList();
}
```

创建类 MyThread.java 的代码如下：

```
package test;

public class MyThread extends Thread {

private MyService service;

public MyThread(MyService service) {
    super();
    this.service = service;
}

@Override
public void run() {
    for (int i = 0; i < 100; i++) {
        service.list.add("anyString");
    }
}
}
```

创建类 Test.java 的代码如下：

```
package test;

public class Test {
public static void main(String[] args) throws InterruptedException {
    MyService service = new MyService();

    MyThread[] aArray = new MyThread[100];
    for (int i = 0; i < aArray.length; i++) {
        aArray[i] = new MyThread(service);
    }
    for (int i = 0; i < aArray.length; i++) {
        aArray[i].start();
    }
    Thread.sleep(3000);
    System.out.println(service.list.size());
    System.out.println(" 可以随机取得值: " + service.list.get(5));
}
}
```

程序运行结果如下：

```
10000
可以随机取得值: anyString
```

## 8.2.7 类 CopyOnWriteArraySet 的使用

与类 CopyOnWriteArrayList 配套的还有一个类——CopyOnWriteArraySet，它也可以解决多线程环境下 HashSet 不安全的问题。

创建名称为 CopyOnWriteArraySet 的项目，创建类 MyService.java 的代码如下：

```
package test;
```

```
import java.util.concurrent.CopyOnWriteArraySet;

public class MyService {
public static CopyOnWriteArraySet set = new CopyOnWriteArraySet();
}
```

创建类 MyThread.java 的代码如下：

```
package test;

public class MyThread extends Thread {
private MyService service;

public MyThread(MyService service) {
    super();
    this.service = service;
}

@Override
public void run() {
    for (int i = 0; i < 100; i++) {
        service.set.add(Thread.currentThread().getName() + "anyString" + (i + 1));
    }
}
}
```

创建类 Test.java 的代码如下：

```
package test;

public class Test {

public static void main(String[] args) throws InterruptedException {
    MyService service = new MyService();

    MyThread[] aArray = new MyThread[100];
    for (int i = 0; i < aArray.length; i++) {
        aArray[i] = new MyThread(service);
    }
    for (int i = 0; i < aArray.length; i++) {
        aArray[i].start();
    }
    Thread.sleep(3000);
    System.out.println(service.set.size());
}

}
```

程序运行结果如下：

```
10000
```

运行结果说明 100 个线程中，每个线程向队列添加 100 个元素，最终元素个数是正确的，呈线程安全的效果。

类 ConcurrentSkipListSet 是线程安全的有序集合，类 CopyOnWriteArraySet 是线程安全的无序集合。我们可以将类 CopyOnWriteArraySet 理解成线程安全的 HashSet。

# 8.3 阻塞队列

JDK 提供的若干集合具有阻塞特性。所谓的阻塞队列 BlockingQueue，其实就是如果 BlockQueue 是空的，从 BlockingQueue 中取数据的操作将会被阻塞，进入等待状态，直到 BlockingQueue 中添加了元素才会被唤醒。同样，如果 BlockingQueue 是满的，也就是没有空余空间，试图往队列中存放元素的操作也会被阻塞，进入等待状态，直到 BlockingQueue 有剩余空间时才会被唤醒。

接口 BlockingQueue 的父接口是 Queue，如图 8-20 所示。

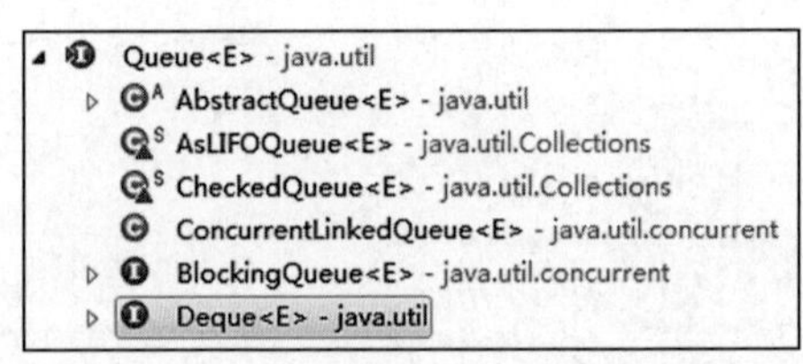


图 8-20 接口 BlockingQueue 继承信息

从图 8-20 中可以发现，接口 Queue 有 2 个主要子接口，分别是 BlockingQueue 和 Deque。后面将介绍与此接口有关的实现类的使用。

## 8.3.1 类 ArrayBlockingQueue 与公平 / 非公平锁的使用

类 ArrayBlockingQueue 提供了一种有界阻塞队列，其继承信息如图 8-21 所示。

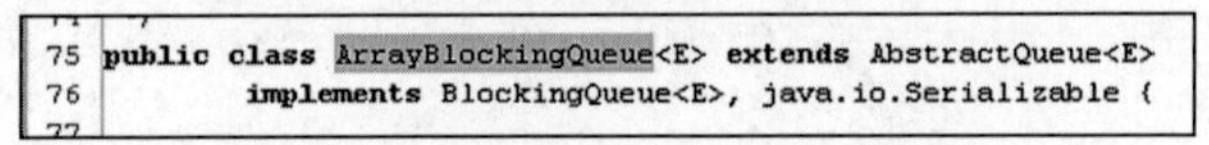


图 8-21 类 ArrayBlockingQueue 继承信息

其中，BlockingQueue 阻塞队列接口结构如图 8-22 所示。

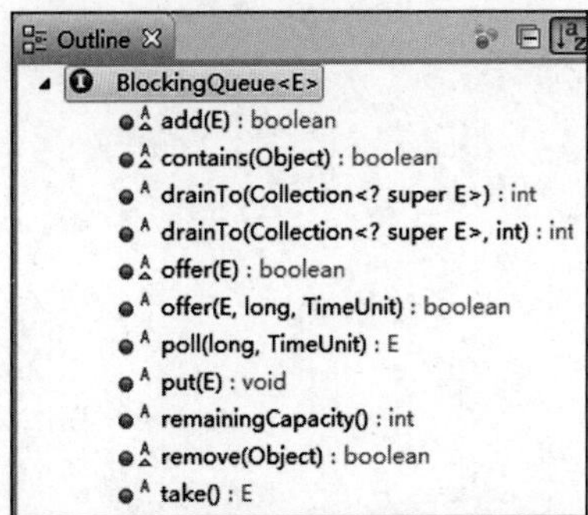


图 8-22 BlockingQueue 阻塞队列接口结构

创建名称为 ArrayBlockingQueueTest1 的项目，创建类 put.java 的代码如下：

```
package test;

import java.util.concurrent.ArrayBlockingQueue;

public class put {

public static void main(String[] args) {
    try {
        ArrayBlockingQueue queue = new ArrayBlockingQueue(3);
        queue.put("a1");
        queue.put("a2");
        queue.put("a3");
        System.out.println(queue.size());
        System.out.println(System.currentTimeMillis());
        queue.put("a4");
        System.out.println(System.currentTimeMillis());
    } catch (InterruptedException e) {
        // TODO Auto-generated catch block
        e.printStackTrace();
    }
}
}
```

图 8-23 运行结果

程序运行结果如图 8-23 所示。

出现阻塞的原因是 new ArrayBlockingQueue(3) 只创建了容纳 3 个元素的集合，当添加到第 4 个元素时，put() 方法就呈阻塞状态，需等待有空余空间时再继续添加。

方法 put() 用于存放数据，如果没有空余的空间来存放数据，则呈阻塞状态。

方法 take() 用于获取元素时，如果没有元素可获取，也会呈阻塞状态。

创建类 take.java 的代码如下：

```
package test;

import java.util.concurrent.ArrayBlockingQueue;

public class take {

public static void main(String[] args) {
    try {
        ArrayBlockingQueue queue = new ArrayBlockingQueue(3);
        System.out.println("begin " + System.currentTimeMillis());
        System.out.println(queue.take());
        System.out.println("  end " + System.currentTimeMillis());
    } catch (InterruptedException e) {
        e.printStackTrace();
    }

}
}
```

程序运行结果如图 8-24 所示。

结果呈阻塞状态的原因是队列中没有数据，所以 take() 方法呈阻塞状态。

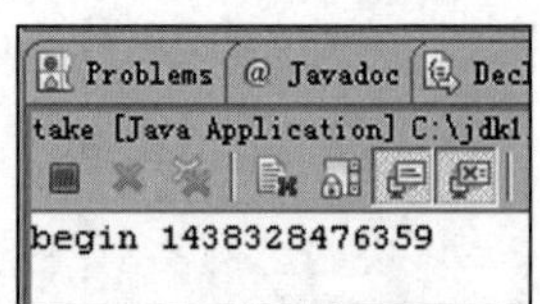

图 8-24 运行结果

由于篇幅有限，关于完整的方法功能演示，请参见源代码中名称为 ArrayBlockingQueueTest1 的项目。

继续看在 ArrayBlockingQueue 类中使用公平 / 非公平锁的效果。

创建测试项目 ArrayBlockingQueue_testEnd，创建服务类的代码如下：

```
package test;

import java.util.concurrent.ArrayBlockingQueue;

public class MyService {
public ArrayBlockingQueue queue;

public MyService(boolean fair) {
    queue = new ArrayBlockingQueue(10, fair);
}

public void take() {
    try {
        System.out.println(Thread.currentThread().getName() + " take");
        String takeString = "" + queue.take();
        System.out.println(Thread.currentThread().getName() + " take value=" +
            takeString);
    } catch (InterruptedException e) {
        e.printStackTrace();
    }
}

}
```

创建线程类的代码如下：

```
package test;

public class TakeThread extends Thread {
private MyService service;

public TakeThread(MyService service) {
    super();
    this.service = service;
}

public void run() {
    service.take();
}
}
```

创建非公平锁测试类的代码如下：

```
package test;

public class Test1_1 {
public static void main(String[] args) throws InterruptedException {
    MyService service = new MyService(false);

    TakeThread[] array1 = new TakeThread[10];
    TakeThread[] array2 = new TakeThread[10];
    for (int i = 0; i < array1.length; i++) {
        array1[i] = new TakeThread(service);
        array1[i].setName("+++");
    }
    for (int i = 0; i < array1.length; i++) {
        array1[i].start();
    }
    for (int i = 0; i < array2.length; i++) {
        array2[i] = new TakeThread(service);
        array2[i].setName("---");
    }
    Thread.sleep(300);
    service.queue.put("abc");
    service.queue.put("abc");
    service.queue.put("abc");
    service.queue.put("abc");
    service.queue.put("abc");
    service.queue.put("abc");
    service.queue.put("abc");
    service.queue.put("abc");
    service.queue.put("abc");
    service.queue.put("abc");
    for (int i = 0; i < array2.length; i++) {
        array2[i].start();
    }
}
}
```

程序运行结果如下：

```
+++ take
+++ take
+++ take
+++ take
+++ take
+++ take
+++ take
+++ take
+++ take
+++ take
--- take
--- take
--- take value=abc
```

```
--- take value=abc
+++ take value=abc
+++ take value=abc
+++ take value=abc
--- take
--- take value=abc
+++ take value=abc
+++ take value=abc
--- take
--- take
--- take
--- take
--- take
--- take
+++ take value=abc
--- take
+++ take value=abc
```

输出结果说明后启动的线程有机会优先抢到锁，这证明线程的执行顺序是随机的。

下面再来看看公平锁测试类代码，将参数 false 改成 true：

```
MyService service = new MyService(true);
```

程序运行结果如下：

```
+++ take
+++ take
+++ take
+++ take
+++ take
+++ take
+++ take
+++ take
+++ take
+++ take
+++ take value=abc
+++ take value=abc
+++ take value=abc
+++ take value=abc
+++ take value=abc
+++ take value=abc
+++ take value=abc
+++ take value=abc
+++ take value=abc
+++ take value=abc
--- take
--- take
--- take
--- take
--- take
--- take
--- take
--- take
```

```
--- take
--- take
```

因为是公平锁，所以获取数据时全部都是 +++ 线程，--- 线程被放入队列，并没有插队执行。

### 8.3.2　类 PriorityBlockingQueue 的使用

类 PriorityBlockingQueue 支持在并发情况下使用优先级队列，其继承信息如图 8-25 所示。

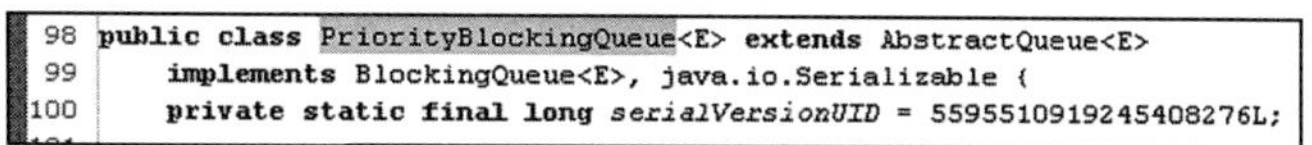

```
public class PriorityBlockingQueue<E> extends AbstractQueue<E>
    implements BlockingQueue<E>, java.io.Serializable {
    private static final long serialVersionUID = 5595510919245408276L;
```

图 8-25　类 PriorityBlockingQueue 的继承信息

创建名称为 PriorityBlockingQueueTest 的项目，创建类 Userinfo.java 的代码如下：

```
package entity;

public class Userinfo implements Comparable<Userinfo> {

private int id;

public Userinfo() {
    super();
}

public Userinfo(int id) {
    super();
    this.id = id;
}

public int getId() {
    return id;
}

public void setId(int id) {
    this.id = id;
}

@Override
public int compareTo(Userinfo o) {
    if (this.id < o.getId()) {
        return -1;
    }
    if (this.id > o.getId()) {
        return 1;
    }
    return 0;
```

```
    }

    }
```

创建类 Test1.java 的代码如下：

```
package test;

import java.util.concurrent.PriorityBlockingQueue;

import entity.Userinfo;

public class Test1 {
public static void main(String[] args) {
    PriorityBlockingQueue<Userinfo> queue = new PriorityBlockingQueue<Userinfo>();
    queue.add(new Userinfo(12));
    queue.add(new Userinfo(13478));
    queue.add(new Userinfo(1569));
    queue.add(new Userinfo(1346));
    queue.add(new Userinfo(1762));
    queue.add(new Userinfo(1876876));

    System.out.println(queue.poll().getId());
    System.out.println(queue.poll().getId());
    System.out.println(queue.poll().getId());
    System.out.println(queue.poll().getId());
    System.out.println(queue.poll().getId());
    System.out.println(queue.poll().getId());
    System.out.println(queue.poll());

}

}
```

程序运行结果如图 8-26 所示。

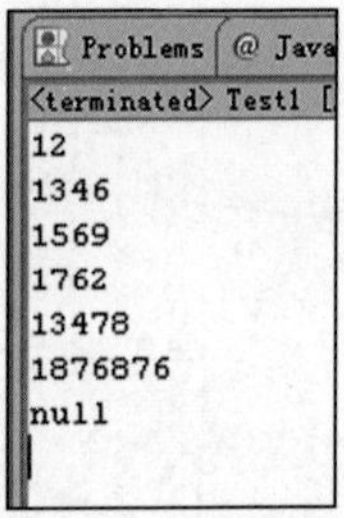

```
Problems  @ Java
<terminated> Test1 [
12
1346
1569
1762
13478
1876876
null
```

图 8-26　成功排序打印

创建类 Test2.java 的代码如下：

```
package test;

import java.util.concurrent.PriorityBlockingQueue;
import entity.Userinfo;

public class Test2 {
public static void main(String[] args) {
    try {
        PriorityBlockingQueue<Userinfo> queue = new PriorityBlockingQueue<Userinfo>();
        System.out.println("begin");
        System.out.println(queue.take());
        System.out.println("  end");
    } catch (InterruptedException e) {
        e.printStackTrace();
    }
```

```
    }

    }
```

程序运行结果如图 8-27 所示。

队列 PriorityBlockingQueue 中没有数据，所以出现阻塞。

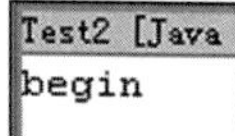

图 8-27　出现阻塞

### 8.3.3　类 LinkedBlockingQueue 的使用

类 LinkedBlockingQueue 和类 ArrayBlockingQueue 在功能上大体一样，都是有界的，都有阻塞特性。两者在使用上最明显的区别就是类 ArrayBlockingQueue 比类 LinkedBlockingQueue 运行效率快得多。关于类 LinkedBlockingQueue 更加具体的 API 功能演示，请查看源代码中的 LinkedBlockingQueueTest1 项目。

### 8.3.4　类 LinkedBlockingDeque 的使用

类 LinkedBlockingQueue 和类 LinkedBlockingDeque 在功能上有差异，类 LinkedBlockingQueue 只支持对列头的操作，类 LinkedBlockingDeque 提供对双端节点的操作，两者都具有阻塞特性。关于类 LinkedBlockingDeque 更加具体的 API 功能演示，请查看源代码中的 LinkedBlockingDequeTest1 项目。

### 8.3.5　类 SynchronousQueue 的使用

类 SynchronousQueue 为同步队列，它是“一种阻塞队列，每个插入操作都必须等待另一个线程的对应移除操作完成。同步队列没有任何内部容量，甚至连一个队列的容量都没有。同步队列上不能执行 peek 操作，因为仅在试图要移除元素时，该元素才存在；除非另一个线程试图移除某个元素，否则也不能（使用任何方法）插入元素。同步队列上也不能执行迭代操作，因为其中没有元素可用于迭代。”

以上文字摘自 JDK 中文帮助文档。

类 SynchronousQueue 经常在多个线程之间传输数据时使用。

创建名称为 SynchronousQueueTest1 的项目，创建类 MyService.java 的代码如下：

```
package service;

import java.util.concurrent.SynchronousQueue;

public class MyService {

public static SynchronousQueue queue = new SynchronousQueue();

public void putMethod() {
    try {
        String putString = "anyString" + Math.random();
        System.out.println(" put=" + putString);
```

```
            queue.put(putString);
        } catch (InterruptedException e) {
            e.printStackTrace();
        }
    }

    public void takeMethod() {
        try {
            System.out.println("take=" + queue.take());
        } catch (InterruptedException e) {
            e.printStackTrace();
        }
    }
}
```

创建类 ThreadPut.java 的代码如下：

```
package extthread;

import service.MyService;

public class ThreadPut extends Thread {

private MyService service;

public ThreadPut(MyService service) {
    super();
    this.service = service;
}

@Override
public void run() {
    for (int i = 0; i < 10; i++) {
        service.putMethod();
    }
}
}
```

创建类 ThreadTake.java 的代码如下：

```
package extthread;

import service.MyService;

public class ThreadTake extends Thread {

private MyService service;

public ThreadTake(MyService service) {
    super();
    this.service = service;
}

@Override
```

```
public void run() {
    for (int i = 0; i < 10; i++) {
        service.takeMethod();
    }
}
}
```

创建类 Test1.java 的代码如下：

```
package test;

import java.util.concurrent.SynchronousQueue;

public class Test1 {

public static void main(String[] args) {
    try {
        SynchronousQueue queue = new SynchronousQueue();
        System.out.println("step1");
        queue.put("anyString");
        System.out.println("step2");
        System.out.println(queue.take());
        System.out.println("step3");
    } catch (InterruptedException e) {
        e.printStackTrace();
    }
}

}
```

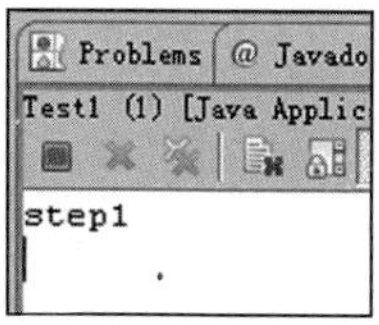

Problems　@ Javado
Test1 (1) [Java Applic
step1

图 8-28　阻塞了

程序运行结果如图 8-28 所示。

结果呈阻塞状态的原因是数据并没有被其他线程移走，所以程序不能继续向下运行。

创建类 Test2.java 的代码如下：

```
package test;

import service.MyService;
import extthread.ThreadPut;
import extthread.ThreadTake;

public class Test2 {

public static void main(String[] args) throws InterruptedException {
    MyService service = new MyService();

    ThreadPut threadPut = new ThreadPut(service);
    ThreadTake threadTake = new ThreadTake(service);

    threadTake.start();
    Thread.sleep(2000);

    threadPut.start();
```

```
    }

}
```

程序运行结果如图 8-29 所示。

```
 put=anyString0.3530550444590701
take=anyString0.3530550444590701
 put=anyString0.6353832977175975
take=anyString0.6353832977175975
 put=anyString0.9008682971514572
take=anyString0.9008682971514572
 put=anyString0.9747861989807773
take=anyString0.9747861989807773
 put=anyString0.9756930136000809
take=anyString0.9756930136000809
 put=anyString0.6708089775046417
take=anyString0.6708089775046417
 put=anyString0.9416945166664107
take=anyString0.9416945166664107
 put=anyString0.5999442422522446
take=anyString0.5999442422522446
 put=anyString0.2021813158678225
take=anyString0.2021813158678225
 put=anyString0.821705080433836
take=anyString0.821705080433836
```

图 8-29 成功传输数据

### 8.3.6 类 DelayQueue 的使用

类 DelayQueue 提供一种延时执行任务的队列。

创建名称为 DelayQueueTest1 的项目，创建类 Userinfo.java 的代码如下：

```
package test;

import java.util.concurrent.Delayed;
import java.util.concurrent.TimeUnit;

public class Userinfo implements Delayed {

private String username;
private long runNanoTime;

public Userinfo(String username, long secondTime) {
    this.username = username;
    long dalayNanoTime = TimeUnit.SECONDS.toNanos(secondTime);
    runNanoTime = System.nanoTime() + dalayNanoTime;
}

public String getUsername() {
    return username;
}

//compareTo() 方法决定了 Userinfo 在队列中的顺序，如果 getDelay() 方法返回延时的
//时间到了，就将队列的列头中的任务取出并执行，即 getDelay() 方法返回小
//的值对应的 Userinfo 要放在队列的前面，放在前面要返回 -1
@Override
public int compareTo(Delayed o) {
    Userinfo other = (Userinfo) o;
    if (this.runNanoTime > other.runNanoTime) {
        return 1;
    } else {
        return -1;
    }
}

@Override
public long getDelay(TimeUnit unit) {
    return runNanoTime - System.nanoTime();
}

}
```

创建类 Test1.java 的代码如下：

```
package test;

import java.util.concurrent.DelayQueue;

public class Test1 {
public static void main(String[] args) throws InterruptedException {
    Userinfo userinfo5 = new Userinfo("中国 5", 5);
    Userinfo userinfo4 = new Userinfo("中国 4", 4);
    Userinfo userinfo3 = new Userinfo("中国 3", 3);
    Userinfo userinfo2 = new Userinfo("中国 2", 2);
    Userinfo userinfo1 = new Userinfo("中国 1", 1);

    DelayQueue<Userinfo> queue = new DelayQueue<>();
    queue.add(userinfo5);
    queue.add(userinfo4);
    queue.add(userinfo3);
    queue.add(userinfo2);
    queue.add(userinfo1);

    System.out.println(queue.take().getUsername() + " " + System.currentTimeMillis());
    System.out.println(queue.take().getUsername() + " " + System.currentTimeMillis());
    System.out.println(queue.take().getUsername() + " " + System.currentTimeMillis());
    System.out.println(queue.take().getUsername() + " " + System.currentTimeMillis());
    System.out.println(queue.take().getUsername() + " " + System.currentTimeMillis());

}
}
```

程序运行结果如下：

```
中国 1 1522375536331
中国 2 1522375537331
中国 3 1522375538331
中国 4 1522375539331
中国 5 1522375540331
```

可见，任务被成功延迟运行。

## 8.3.7 类 LinkedTransferQueue 的使用

类 LinkedTransferQueue 的功能与类 SynchronousQueue 有些类似，但其具有嗅探功能，也就是可以尝试性地添加一些数据。

### 1. 方法 take() 的测试

类 LinkedTransferQueue 中的 take() 方法也具有阻塞特性。

创建名称为 LinkedTransferQueue_1 的项目，创建类 MyServiceA.java 的代码如下：

```
package test1;

import java.util.concurrent.LinkedTransferQueue;
```

```
import java.util.concurrent.TransferQueue;

public class MyServiceA {
public TransferQueue queue = new LinkedTransferQueue();
}
```

创建类 ThreadA.java 的代码如下：

```
package test1;

public class ThreadA extends Thread {

private MyServiceA service;

public ThreadA(MyServiceA service) {
    super();
    this.service = service;
}

@Override
public void run() {
    try {
        System.out.println(Thread.currentThread().getName() + " begin "
                + System.currentTimeMillis());
        System.out.println("取得的值: " + service.queue.take());
        System.out.println(Thread.currentThread().getName() + "   end "
                + System.currentTimeMillis());
    } catch (InterruptedException e) {
        e.printStackTrace();
    }
}

}
```

创建类 Test1.java 的代码如下：

```
package test1;

public class Test1 {
public static void main(String[] args) {
    MyServiceA service = new MyServiceA();
    ThreadA a = new ThreadA(service);
    a.start();
}
}
```

程序运行结果呈阻塞状态，因为没有数据可供获取，如图 8-30 所示。

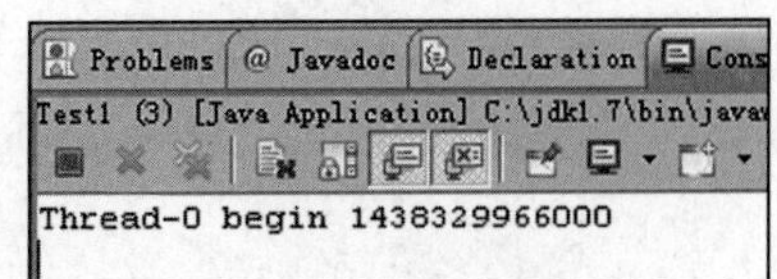


图 8-30　阻塞了

### 2. 方法 transfer(e) 的使用：测试 1

方法 transfer(e) 的作用包含两种。

1）如果当前存在一个正等待获取值的消费者线

程，则立即传输数据。

2）如果不存在，将元素插入队列的尾部，并且进入阻塞状态，直到有消费者线程取走该元素。

创建项目 LinkedTransferQueue_2，先来介绍第 2 个作用。

创建类 MyServiceB.java 的代码如下：

```
package test2;

import java.util.concurrent.LinkedTransferQueue;
import java.util.concurrent.TransferQueue;

public class MyServiceB {
public TransferQueue queue = new LinkedTransferQueue();
}
```

创建类 ThreadB2.java 的代码如下：

```
package test2;

public class ThreadB2 extends Thread {

private MyServiceB service;

public ThreadB2(MyServiceB service) {
    super();
    this.service = service;
}

@Override
public void run() {
    try {
        System.out.println(Thread.currentThread().getName() + " beginB "
                + System.currentTimeMillis());
        service.queue.transfer("我从 ThreadB2 来");
        System.out.println(Thread.currentThread().getName() + "   endB "
                + System.currentTimeMillis());
    } catch (InterruptedException e) {
        e.printStackTrace();
    }
}

}
```

创建类 Test2.java 的代码如下：

```
package test2;

public class Test2 {

public static void main(String[] args) {
    try {
```

```
            MyServiceB service = new MyServiceB();

            ThreadB2 b = new ThreadB2(service);
            b.setName("b");
            b.start();

            Thread.sleep(3000);

            System.out.println("队列中的元素个数为: " + service.queue.size());
        } catch (InterruptedException e) {
            e.printStackTrace();
        }
    }

}
```

```
b beginB 1438926503390
队列中的元素个数为: 1
```

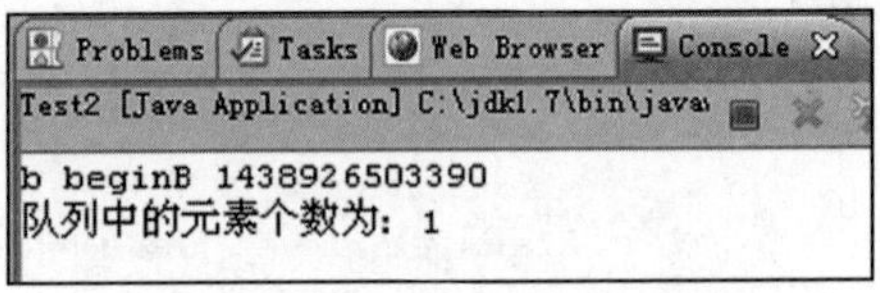

图 8-31 队列中有 1 个数据但没有消费者来取

程序运行结果如图 8-31 所示。

### 3. 方法 transfer(e) 的使用：测试 2

继续测试第 1 种情况，即如果当前存在一个正等待获取值的消费者线程，则把数据立即传输过去。

创建测试用的项目 LinkedTransferQueue_3，创建类 MyServiceB.java 的代码如下：

```
package test2;

import java.util.concurrent.LinkedTransferQueue;
import java.util.concurrent.TransferQueue;

public class MyServiceB {
public TransferQueue queue = new LinkedTransferQueue();
}
```

创建类 ThreadB1.java 的代码如下：

```
package test2;

public class ThreadB1 extends Thread {

private MyServiceB service;

public ThreadB1(MyServiceB service) {
    super();
    this.service = service;
}

@Override
public void run() {
    try {
        System.out.println(Thread.currentThread().getName() + " beginA "
                + System.currentTimeMillis());
        System.out.println("取得的值: " + service.queue.take());
```

```
            System.out.println(Thread.currentThread().getName() + "    endA "
                    + System.currentTimeMillis());
        } catch (InterruptedException e) {
            e.printStackTrace();
        }
    }

}
```

创建类 ThreadB2.java 的代码如下：

```
package test2;

public class ThreadB2 extends Thread {

private MyServiceB service;

public ThreadB2(MyServiceB service) {
    super();
    this.service = service;
}

@Override
public void run() {
    try {
        System.out.println(Thread.currentThread().getName() + " beginB "
                + System.currentTimeMillis());
        service.queue.transfer(" 我从 ThreadB2 来 ");
        System.out.println(Thread.currentThread().getName() + "    endB "
                + System.currentTimeMillis());
    } catch (InterruptedException e) {
        e.printStackTrace();
    }
}

}
```

创建类 Test2.java 的代码如下：

```
package test2;

public class Test2 {

public static void main(String[] args) {
    try {
        MyServiceB service = new MyServiceB();

        ThreadB1 a = new ThreadB1(service);
        a.setName("a");
        ThreadB2 b = new ThreadB2(service);
        b.setName("b");

        a.start();
```

```
            Thread.sleep(4000);
            b.start();

        } catch (InterruptedException e) {
            e.printStackTrace();
        }
    }

}
```

程序运行结果如图 8-32 所示。

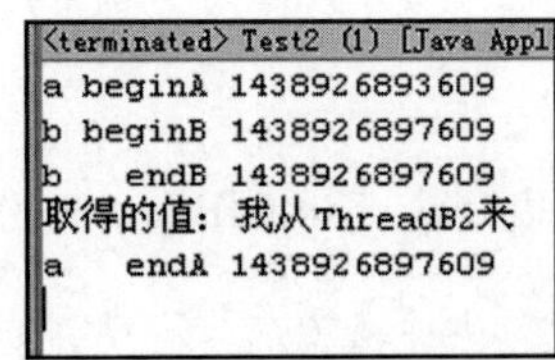


图 8-32 消费者先出现后传输数据

### 4. 方法 tryTransfer(e) 的使用

方法 tryTransfer(e) 的作用包含两种。

1）如果当前存在一个正在等待获取的消费者线程，tryTransfer(e) 方法会立即传输数据。

2）如果不存在，则返回 false，并且数据不放入队列中，执行结果是不阻塞的。

第 1 个作用已经在前面介绍过，下面介绍第 2 个作用。

创建测试用的项目 LinkedTransferQueue_4，创建类 MyServiceB.java 的代码如下：

```
package test2;

import java.util.concurrent.LinkedTransferQueue;
import java.util.concurrent.TransferQueue;

public class MyServiceB {
public TransferQueue queue = new LinkedTransferQueue();
}
```

创建类 ThreadB1.java 的代码如下：

```
package test2;

public class ThreadB1 extends Thread {

private MyServiceB service;

public ThreadB1(MyServiceB service) {
    super();
    this.service = service;
}

@Override
public void run() {
    System.out.println(Thread.currentThread().getName() + " beginA "
            + System.currentTimeMillis());
    System.out.println("tryTransfer(e) 返回值为: "
            + service.queue.tryTransfer("我是数据"));
    System.out.println(Thread.currentThread().getName() + "   endA "
            + System.currentTimeMillis());
```

```
}

}
```

创建类 Test2.java 的代码如下：

```
package test2;

public class Test2 {

public static void main(String[] args) {
    try {
        MyServiceB service = new MyServiceB();

        ThreadB1 a = new ThreadB1(service);
        a.setName("a");

        a.start();
        Thread.sleep(4000);
        System.out.println(" 队列大小为：" + service.queue.size());

    } catch (InterruptedException e) {
        e.printStackTrace();
    }
}

}
```

```
a beginA 1438927381406
tryTransfer(e) 返回值为: false
a    endA 1438927381406
队列大小为: 0
```

图 8-33　运行结果

程序运行结果如图 8-33 所示。

### 5. 方法 tryTransfer(E e, long timeout, TimeUnit unit) 的使用

方法 tryTransfer(E e, long timeout, TimeUnit unit) 的作用包含两种：

1）如果当前存在一个正在等待获取数据的消费者线程，则立即将数据传输给它；

2）如果在指定时间内元素没有被消费者线程获取，则返回 false。

第 1 个作用在前面已经介绍过，下面介绍第 2 个作用。

创建测试用的项目 LinkedTransferQueue_5，创建类 MyServiceB.java 的代码如下：

```
package test2;

import java.util.concurrent.LinkedTransferQueue;

public class MyServiceB {
public LinkedTransferQueue queue = new LinkedTransferQueue();
}
```

创建类 ThreadB1.java 的代码如下：

```
package test2;

import java.util.concurrent.TimeUnit;
```

```
public class ThreadB1 extends Thread {

private MyServiceB service;

public ThreadB1(MyServiceB service) {
    super();
    this.service = service;
}

@Override
public void run() {
    try {
        System.out.println(Thread.currentThread().getName() + " beginA " +
            System.currentTimeMillis());
        System.out.println("返回值为: " + service.queue.tryTransfer("我是元素",
            5, TimeUnit.SECONDS));
        System.out.println(Thread.currentThread().getName() + "   endA " +
            System.currentTimeMillis());
    } catch (InterruptedException e) {
        e.printStackTrace();
    }
}

}
```

创建类 Test2.java 的代码如下：

```
package test2;

public class Test2 {
public static void main(String[] args) {
    MyServiceB service = new MyServiceB();
    ThreadB1 a = new ThreadB1(service);
    a.setName("a");
    a.start();
}
}
```

程序运行结果如下：

```
a beginA 1522377019342
```

返回值为：false

```
a   endA 1522377024345
```

#### 6. 方法 boolean hasWaitingConsumer() 和 int getWaitingConsumerCount() 的测试

方法 boolean hasWaitingConsumer() 的作用是判断有没有消费者线程在等待数据，方法 int getWaitingConsumerCount() 的作用是获得在等待数据的消费者线程的数量。

创建测试用的项目 LinkedTransferQueue_6，创建类 MyServiceC.java 的代码如下：

```
package test3;

import java.util.concurrent.LinkedTransferQueue;
import java.util.concurrent.TransferQueue;

public class MyServiceC {
public TransferQueue queue = new LinkedTransferQueue();
}
```

创建类 ThreadC.java 的代码如下：

```
package test3;

public class ThreadC extends Thread {

private MyServiceC service;

public ThreadC(MyServiceC service) {
    super();
    this.service = service;
}

@Override
public void run() {
    try {
        System.out.println(Thread.currentThread().getName() + " 取得的值: "
                + service.queue.take());
    } catch (InterruptedException e) {
        e.printStackTrace();
    }
}

}
```

创建类 Test3.java 的代码如下：

```
package test3;

public class Test3 {

public static void main(String[] args) throws InterruptedException {
    MyServiceC service = new MyServiceC();

    for (int i = 0; i < 10; i++) {
        ThreadC a = new ThreadC(service);
        a.setName("a");
        a.start();
    }
    Thread.sleep(1000);
    System.out
            .println("有没有线程正在等待数据？ " + service.queue.hasWaitingConsumer());
    System.out.println("有 " + service.queue.getWaitingConsumerCount()
            + " 个线程正在等待数据 ");
```

```
    }
}
```

程序运行结果显示有 10 个消费者线程在等待数据，如图 8-34 所示。

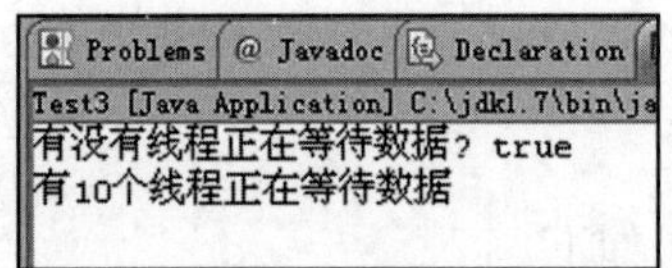


图 8-34 获取有多少个消费者线程在等待数据

## 8.4 本章小结

本章主要介绍了 Java 并发包中的集合框架。在 Java 语言中，集合是非常重要的知识点，而并发集合框架在集合原来功能的基础上进行再次强化，完全支持多线程环境下的数据处理，大大提高了开发效率，有效保证了数据的存储结构。

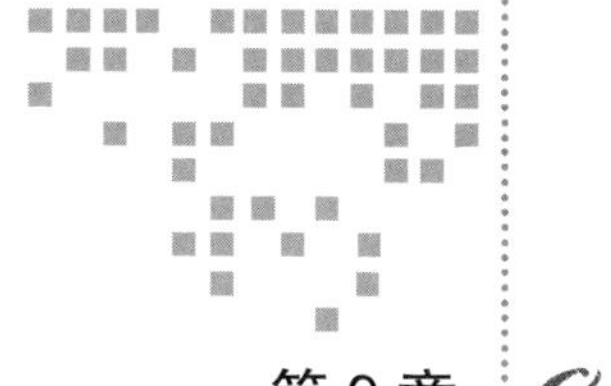

第 9 章 Chapter 9

# 线程池类 ThreadPoolExecutor 的使用

在开发服务器端软件项目时，软件经常需要处理执行时间很短而数目巨大的请求，如果为每一个请求创建一个新的线程，则会导致性能上的瓶颈。因为 JVM 需要频繁地处理线程对象的创建和销毁，如果请求的执行时间很短，则有可能花在创建和销毁线程对象上的时间大于真正执行任务的时间，所以系统性能会大幅降低。

JDK 5 及以上版本提供了对线程池的支持，主要用于支持高并发的访问处理，并且复用线程对象。线程池核心原理是创建一个“线程池”(ThreadPool)，在池中对线程对象进行管理，包括创建与销毁，使用池时只需要执行具体的任务即可，线程对象的处理都在池中被封装了。

线程池类 ThreadPoolExecutor 实现了 Executor 接口，该接口是学习线程池的重点，因为掌握了该接口中的方法也就大致掌握了 ThreadPoolExecutor 类的主要功能了。

## 9.1 Executor 接口介绍

在介绍线程池之前，要先了解一下接口 java.util.concurrent.Executor，与线程池有关的大部分类都要实现此接口，该接口的声明如图 9-1 所示。

此接口的结构非常简洁，仅有一个方法，如图 9-2 所示。

但 Executor 是接口，并不能直接使用，所以还需要实现类，图 9-3 中所示的内容就是完整的 Executor 接口相关的类继承结构。

图 9-3 相当重要，它概括了 Executor 祖先接口下的全部实现类与继承关系，学习线程池技术时此结构图是要反复查看的。

ExecutorService 接口是 Executor 的子接口，在内部添加了比较多的方法，其内部结构如图 9-4 所示。

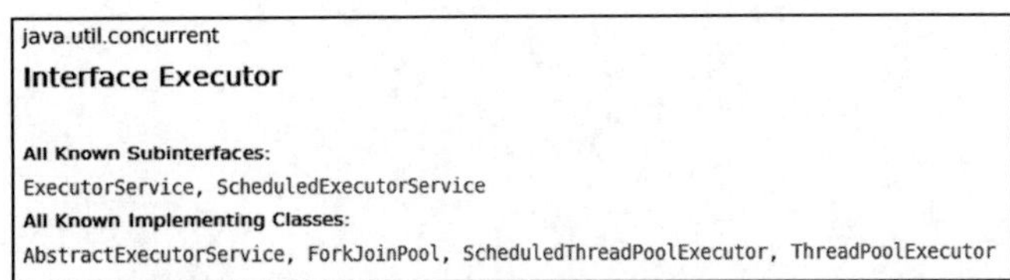


图 9-1 Executor 接口的声明

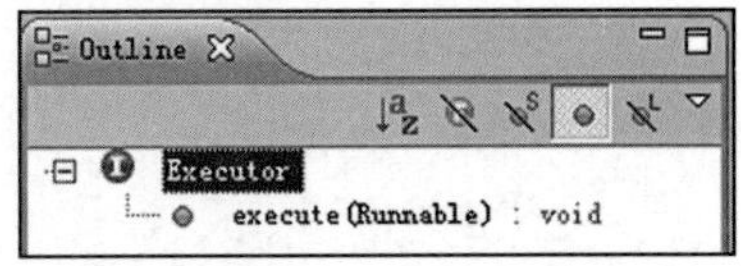


图 9-2 仅有 1 个 execute() 方法

图 9-3 Executor 接口的完整实现与类继承结构

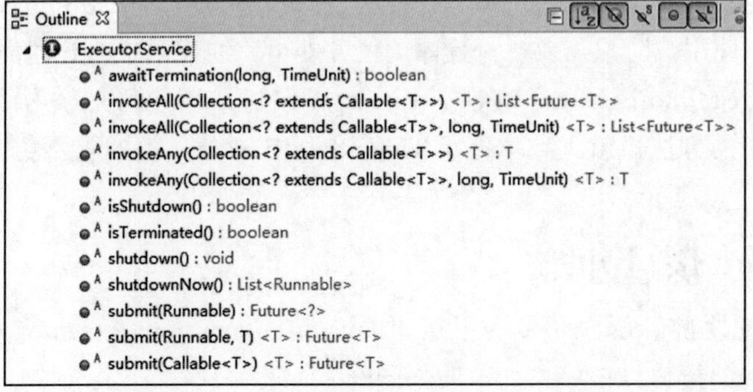


图 9-4 ExecutorService 接口的内部结构

虽然 ExecutorService 接口添加了若干个方法的定义，但还是不能实例化，那么就要看看它的唯一子实现类 AbstractExecutorService，AbstractExecutorService 类中的方法列表如图 9-5 所示。

根据 AbstractExecutorService 类的名称来看，它是 abstract（抽象）的，查看源代码也的确是抽象类，具体如下：

```
public abstract class AbstractExecutorService implements ExecutorService {
```

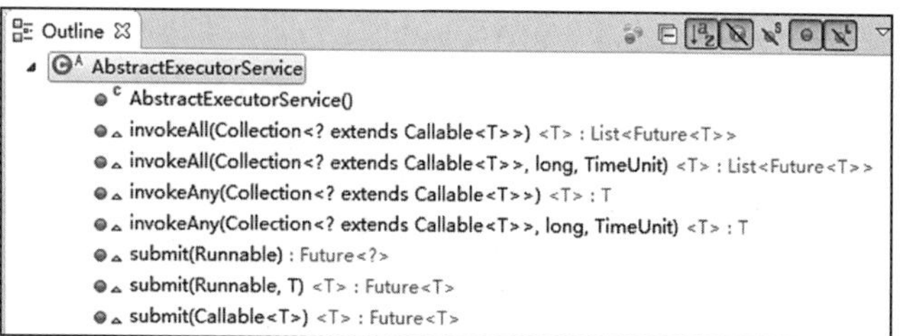


图 9-5　AbstractExecutorService 类中的方法列表

所以 AbstractExecutorService 类同样是不能实例化的。

再来看一下 AbstractExecutorService 类的子类 ThreadPoolExecutor 的源代码，具体如下：

```
public class ThreadPoolExecutor extends AbstractExecutorService {
```

通过查看源代码发现，ThreadPoolExecutor 类并不是抽象的，所以可以进行实例化，进而可使用 ThreadPoolExecutor 类中方法所提供的功能。

ThreadPoolExecutor 类的方法列表如图 9-6 所示。

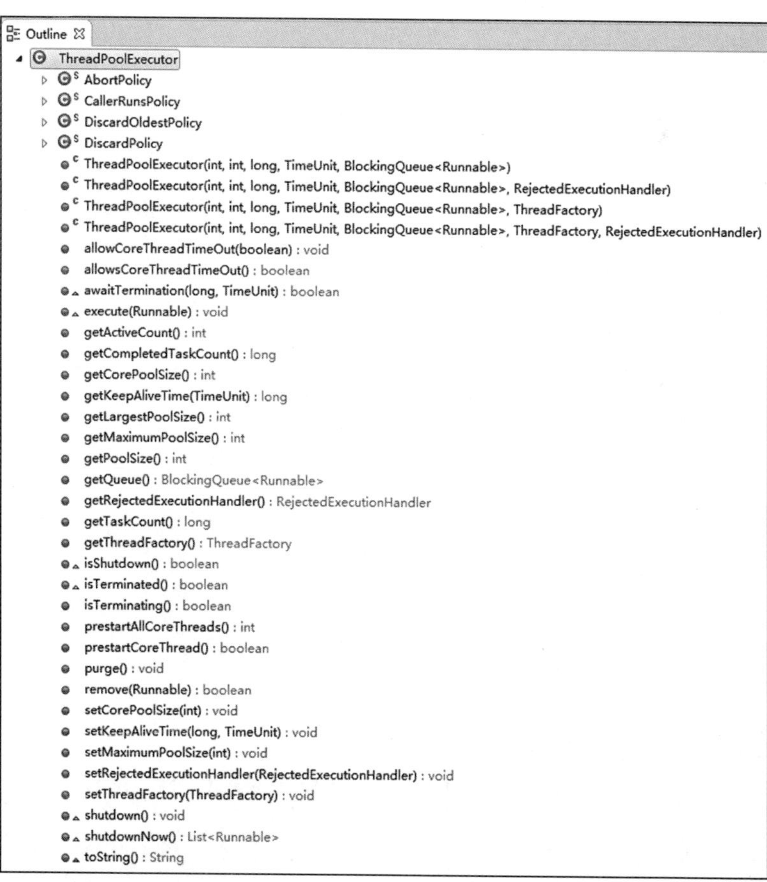


图 9-6　ThreadPoolExecutor 类的方法列表

图 9-6 所提供的信息是 ThreadPoolExecutor 类中的方法列表，并未显示从父类继承而又没有重写的方法。为了查看 ThreadPoolExecutor 对象能调用的全部方法的列表，需声明一个变量，然后通过 IDE 提供的自动完成功能查看全部能调用的方法列表，如图 9-7 所示。

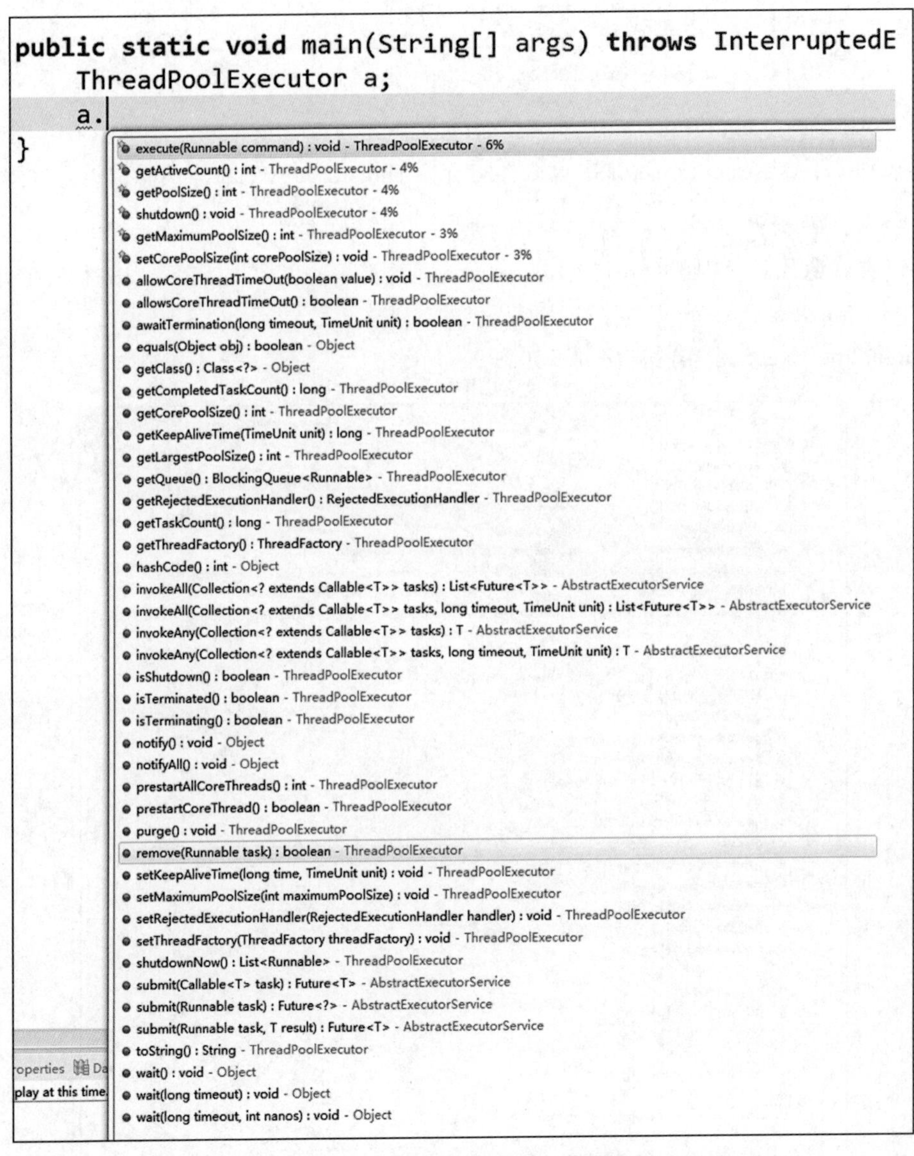


图 9-7 ThreadPoolExecutor 类的对象所能调用的全部方法列表

后面的内容均是介绍这些方法的使用，从而我们可以对线程池所提供的功能了解得更加全面。

## 9.2　使用 Executors 工厂类创建线程池

Executor 接口仅仅是一种规范、一种声明、一种定义，并没有实现任何的功能，所以大多数的情况下，需要使用接口的实现类来完成指定的功能，比如 ThreadPoolExecutor 类就是 Executor 的实现类，但 ThreadPoolExecutor 类在使用上并不是那么方便，在实例化时需要传入多个参数，还要考虑线程的并发数等与线程池运行效率有关的参数，所以官方建议使用 Executors 工厂类来创建线程池对象，该类对创建 ThreadPoolExecutor 线程池进行封装，直接调用即可。

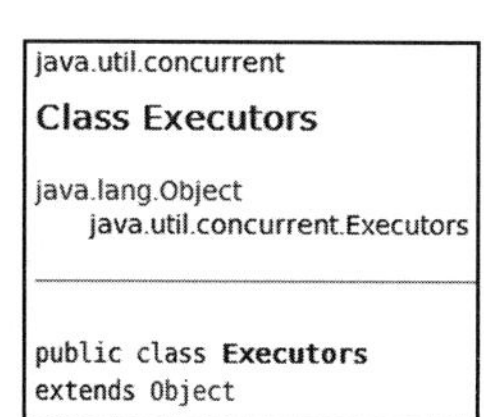


图 9-8　Executors 类的结构

先来看一下 Executors 工厂类的结构，如图 9-8 所示。

Executors 类中的方法如图 9-9 所示。

```
equals(Object obj) : boolean - Object
getClass() : Class<?> - Object
hashCode() : int - Object
notify() : void - Object
notifyAll() : void - Object
toString() : String - Object
wait() : void - Object
wait(long timeout) : void - Object
wait(long timeout, int nanos) : void - Object
callable(PrivilegedAction<?> action) : Callable<Object> - Executors
callable(PrivilegedExceptionAction<?> action) : Callable<Object> - Executors
callable(Runnable task) : Callable<Object> - Executors
callable(Runnable task, T result) : Callable<T> - Executors
defaultThreadFactory() : ThreadFactory - Executors
newCachedThreadPool() : ExecutorService - Executors
newCachedThreadPool(ThreadFactory threadFactory) : ExecutorService - Executors
newFixedThreadPool(int nThreads) : ExecutorService - Executors
newFixedThreadPool(int nThreads, ThreadFactory threadFactory) : ExecutorService - Executors
newScheduledThreadPool(int corePoolSize) : ScheduledExecutorService - Executors
newScheduledThreadPool(int corePoolSize, ThreadFactory threadFactory) : ScheduledExecutorService - Executors
newSingleThreadExecutor() : ExecutorService - Executors
newSingleThreadExecutor(ThreadFactory threadFactory) : ExecutorService - Executors
newSingleThreadScheduledExecutor() : ScheduledExecutorService - Executors
newSingleThreadScheduledExecutor(ThreadFactory threadFactory) : ScheduledExecutorService - Executors
newWorkStealingPool() : ExecutorService - Executors
newWorkStealingPool(int parallelism) : ExecutorService - Executors
privilegedCallable(Callable<T> callable) : Callable<T> - Executors
privilegedCallableUsingCurrentClassLoader(Callable<T> callable) : Callable<T> - Executors
privilegedThreadFactory() : ThreadFactory - Executors
unconfigurableExecutorService(ExecutorService executor) : ExecutorService - Executors
unconfigurableScheduledExecutorService(ScheduledExecutorService executor) : ScheduledExecutorService - Executors
```

图 9-9　Executors 类中的方法

下面的章节将实验几个比较常用的 API。

### 9.2.1　使用 newCachedThreadPool() 方法创建无界线程池

使用 Executors 类的 newCachedThreadPool() 方法创建无界线程池，可以进行线程自动回收。所谓“无界线程池”就是池中存放线程个数是理论上的最大值，即 Integer.MAX_VALUE。

创建实验用的项目 Executors_1，Run1.java 类代码如下：

```
package test.run;

import java.util.concurrent.ExecutorService;
import java.util.concurrent.Executors;

public class Run1 {

public static void main(String[] args) {

    ExecutorService executorService = Executors.newCachedThreadPool();
    executorService.execute(new Runnable() {
        @Override
        public void run() {
            try {
                System.out.println("Runnable1 begin "
                        + System.currentTimeMillis());
                Thread.sleep(1000);
                System.out.println("A");
                System.out.println("Runnable1   end "
                        + System.currentTimeMillis());
            } catch (InterruptedException e) {
                // TODO Auto-generated catch block
                e.printStackTrace();
            }
        }
    });
    executorService.execute(new Runnable() {
        @Override
        public void run() {
            try {
                System.out.println("Runnable2 begin "
                        + System.currentTimeMillis());
                Thread.sleep(1000);
                System.out.println("B");
                System.out.println("Runnable2   end "
                        + System.currentTimeMillis());
            } catch (InterruptedException e) {
                // TODO Auto-generated catch block
                e.printStackTrace();
            }
        }
    });

}
}
```

```
Runnable1 begin 1418699600968
Runnable2 begin 1418699600968
A
Runnable1   end 1418699601968
B
Runnable2   end 1418699601968
```

图 9-10 打印了 A 和 B

程序运行效果如图 9-10 所示。

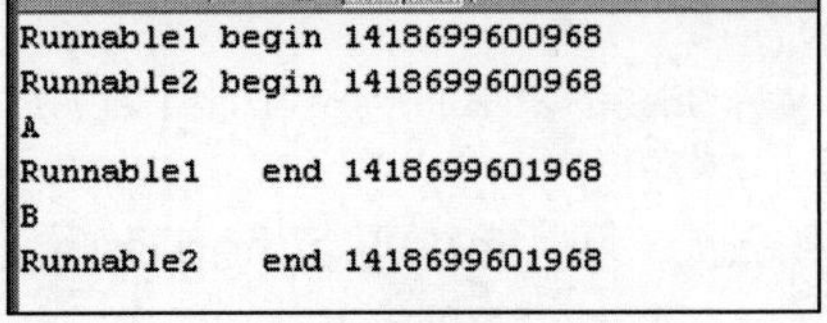

从打印的时间来看，A 和 B 几乎是在相同的

时间开始打印的，也就是创建了 2 个线程，而且 2 个线程之间是异步运行的。

继续实验，创建新的类 Run2.java，代码如下：

```
package test.run;

import java.util.concurrent.ExecutorService;
import java.util.concurrent.Executors;

public class Run2 {

public static void main(String[] args) {

    ExecutorService executorService = Executors.newCachedThreadPool();
    for (int i = 0; i < 5; i++) {
        executorService.execute(new Runnable() {
            @Override
            public void run() {
                System.out.println("run!");
            }
        });
    }

}
}
```

程序运行结果如图 9-11 所示。

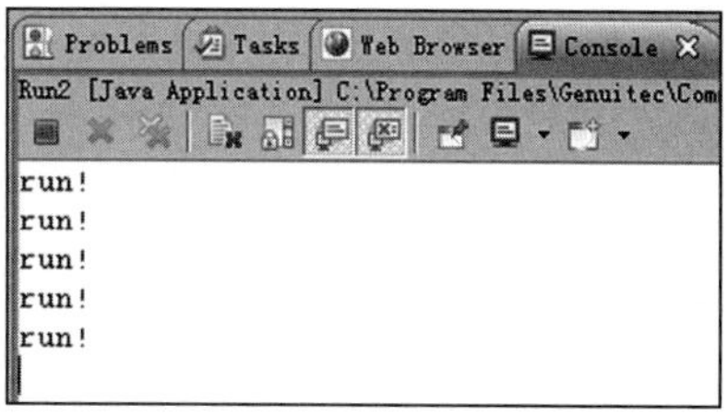

```
run!
run!
run!
run!
run!
```

图 9-11　循环创建 Runnable 对象

由图 9-11 可知，循环打印也成功了。

### 9.2.2　验证 newCachedThreadPool() 方法创建线程池和线程复用特性

前面的实验没有验证 newCachedThreadPool() 方法创建的是线程池，在下面的测试中将会进行验证。

创建项目 Executors_2，MyRunnable.java 类代码如下：

```
package myrunnable;

public class MyRunnable implements Runnable {

private String username;

public MyRunnable(String username) {
    super();
    this.username = username;
}

@Override
public void run() {
    try {
        System.out.println(Thread.currentThread().getName() + " username="
                + username + " begin " + System.currentTimeMillis());
```

```
            Thread.sleep(2000);
            System.out.println(Thread.currentThread().getName() + " username="
                    + username + "   end " + System.currentTimeMillis());
        } catch (InterruptedException e) {
            e.printStackTrace();
        }
    }
}
```

运行类 Run.java 代码如下：

```
package test.run;

import java.util.concurrent.ExecutorService;
import java.util.concurrent.Executors;

import myrunnable.MyRunnable;

public class Run {

public static void main(String[] args) {

    ExecutorService executorService = Executors.newCachedThreadPool();
    for (int i = 0; i < 10; i++) {
        executorService.execute(new MyRunnable(("" + (i + 1))));
    }

}
}
```

程序运行效果如图 9-12 所示。

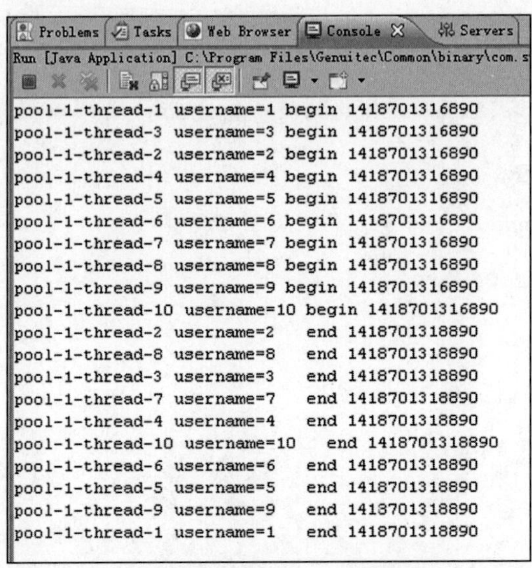


图 9-12　池中创建了 10 个线程

由图 9-12 可知，线程池对象创建是完全成功的，但还没有达到池中线程对象可以复用的效果，下面的实验要实现这样的效果。

创建新的项目 Executors_2_1，创建 MyRunnable.java 类代码如下：

```
package myrunnable;

public class MyRunnable implements Runnable {

private String username;

public MyRunnable(String username) {
    super();
    this.username = username;
}

@Override
public void run() {
    System.out.println(Thread.currentThread().getName() + " username="
            + username + " begin " + System.currentTimeMillis());
    System.out.println(Thread.currentThread().getName() + " username="
            + username + "   end " + System.currentTimeMillis());
}
}
```

运行类 Run.java 代码如下：

```
package test.run;

import java.util.concurrent.ExecutorService;
import java.util.concurrent.Executors;

import myrunnable.MyRunnable;

public class Run {

public static void main(String[] args) throws InterruptedException {

    ExecutorService executorService = Executors.newCachedThreadPool();
    for (int i = 0; i < 5; i++) {
        executorService.execute(new MyRunnable(("" + (i + 1))));
    }
    Thread.sleep(1000);
    System.out.println("");
    System.out.println("");
    for (int i = 0; i < 5; i++) {
        executorService.execute(new MyRunnable(("" + (i + 1))));
    }

}
}
```

程序运行结果如图 9-13 所示。

由图 9-13 可知，线程池中线程对象只有处于闲置状态时，才可以被复用。

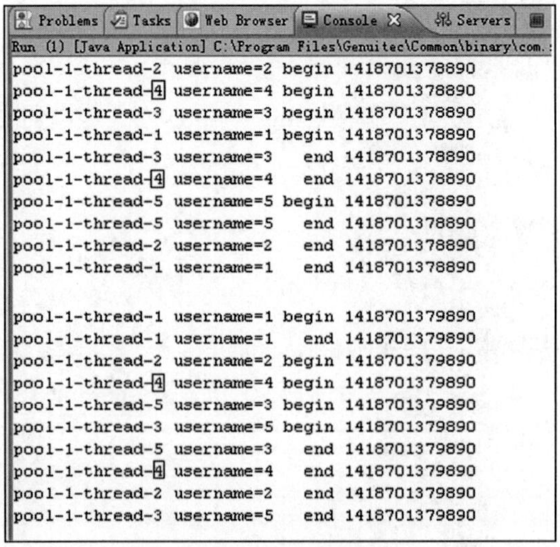

```
Problems  Tasks  Web Browser  Console  Servers
Run (1) [Java Application] C:\Program Files\Genuitec\Common\binary\com.
pool-1-thread-2 username=2 begin 1418701378890
pool-1-thread-4 username=4 begin 1418701378890
pool-1-thread-3 username=3 begin 1418701378890
pool-1-thread-1 username=1 begin 1418701378890
pool-1-thread-3 username=3   end 1418701378890
pool-1-thread-4 username=4   end 1418701378890
pool-1-thread-5 username=5 begin 1418701378890
pool-1-thread-5 username=5   end 1418701378890
pool-1-thread-2 username=2   end 1418701378890
pool-1-thread-1 username=1   end 1418701378890

pool-1-thread-1 username=1 begin 1418701379890
pool-1-thread-1 username=1   end 1418701379890
pool-1-thread-2 username=2 begin 1418701379890
pool-1-thread-4 username=4 begin 1418701379890
pool-1-thread-5 username=3 begin 1418701379890
pool-1-thread-3 username=5 begin 1418701379890
pool-1-thread-5 username=3   end 1418701379890
pool-1-thread-4 username=4   end 1418701379890
pool-1-thread-2 username=2   end 1418701379890
pool-1-thread-3 username=5   end 1418701379890
```

图 9-13 复用线程对象了

### 9.2.3 使用 newCachedThreadPool (ThreadFactory) 方法定制线程工厂

无界线程池中创建线程类的过程是可以定制的，我们可使用 newCachedThreadPool(ThreadFactory) 方法来解决这个问题。

创建项目 newCachedThreadPoolFactory，创建 MyThreadFactory.java 线程工厂类代码如下：

```
package mythreadfactory;

import java.util.concurrent.ThreadFactory;

public class MyThreadFactory implements ThreadFactory {

public Thread newThread(Runnable r) {
    Thread thread = new Thread(r);
    thread.setName("定制池中的线程对象的名称" + Math.random());
    return thread;
}
}
```

运行类 Run.java 代码如下：

```
package test;

import java.util.concurrent.ExecutorService;
import java.util.concurrent.Executors;
import mythreadfactory.MyThreadFactory;

public class Run {
public static void main(String[] args) {
    MyThreadFactory threadFactory = new MyThreadFactory();
    ExecutorService executorService = Executors
            .newCachedThreadPool(threadFactory);
```

```
        executorService.execute(new Runnable() {
            public void run() {
                System.out.println("我在运行" + System.currentTimeMillis() + " "
                        + Thread.currentThread().getName());
            }
        });
    }
}
```

程序运行结果如图 9-14 所示。

```
我在运行1431935423937 定制池中的线程对象的名称0.3657112342080461
```

图 9-14　运行结果

通过使用自定义的 ThreadFactory 接口实现类，实现了线程对象的定制性。

ThreadPoolExecutor、ThreadFactory 和 Thread 之间的关系是 ThreadPoolExecutor 类使用 ThreadFactory 方法来创建 Thread 对象。

内部源代码如下：

```
public static ExecutorService newCachedThreadPool() {
    return new ThreadPoolExecutor(0, Integer.MAX_VALUE,
                                  60L, TimeUnit.SECONDS,
                                  new SynchronousQueue<Runnable>());
}
```

在源代码中使用了默认线程工厂，源代码如下：

```
public ThreadPoolExecutor(int corePoolSize,
                          int maximumPoolSize,
                          long keepAliveTime,
                          TimeUnit unit,
                          BlockingQueue<Runnable> workQueue) {
    this(corePoolSize, maximumPoolSize, keepAliveTime, unit, workQueue,
         Executors.defaultThreadFactory(), defaultHandler);
}
```

Executors.defaultThreadFactory() 方法源代码如下：

```
public static ThreadFactory defaultThreadFactory() {
    return new DefaultThreadFactory();
}
```

DefaultThreadFactory 类实现关系如下：

```
static class DefaultThreadFactory implements ThreadFactory
```

从以上源代码分析中可得知，使用无参数的 public static ExecutorService newCachedThreadPool() 方法创建线程池时，在内部隐式地使用了 DefaultThreadFactory 类。

### 9.2.4　使用 newCachedThreadPool() 方法创建无界线程池的缺点

如果在高并发的情况下，使用 newCachedThreadPool() 方法创建无界线程池极易造成内存占用率大幅升高，导致内存溢出或者系统运行效率严重下降。

创建测试用的项目 newCachedThreadPool_NO，创建测试类代码如下：

```
package test;

import java.util.concurrent.ExecutorService;
import java.util.concurrent.Executors;

public class Test1 {
public static void main(String[] args) throws InterruptedException {
    ExecutorService es = Executors.newCachedThreadPool();
    for (int i = 0; i < 200000; i++) {
        es.execute(new Runnable() {
            @Override
            public void run() {
                try {
                    System.out.println("runnable1 begin " + Thread.currentThread().
                        getName() + " "
                            + System.currentTimeMillis());
                    Thread.sleep(1000 * 60 * 5);
                } catch (InterruptedException e) {
                    e.printStackTrace();
                }
            }
        });
    }
}
}
```

程序运行后在“任务管理器”中查看“可用内存”极速下降，系统运行效率大幅降低，超大的内存空间都被 Thread 类对象占用了，无界线程池对线程的数量并没有控制，这时可以尝试使用有界线程池来限制线程池占用内存的最大空间。

### 9.2.5 使用 newFixedThreadPool(int) 方法创建有界线程池

newFixedThreadPool(int) 方法创建的是有界线程池，也就是池中的线程个数可以指定最大数量。

创建项目 Executors_3，MyRunnable.java 类代码如下：

```
package myrunnable;

public class MyRunnable implements Runnable {

private String username;

public MyRunnable(String username) {
    super();
    this.username = username;
}
```

```
@Override
public void run() {
    try {
        System.out.println(Thread.currentThread().getName() + " username="
                + username + " begin " + System.currentTimeMillis());
        Thread.sleep(2000);
        System.out.println(Thread.currentThread().getName() + " username="
                + username + "   end " + System.currentTimeMillis());
    } catch (InterruptedException e) {
        e.printStackTrace();
    }
}
}
```

运行类 Run.java 代码如下：

```
package test.run;

import java.util.concurrent.ExecutorService;
import java.util.concurrent.Executors;

import myrunnable.MyRunnable;

public class Run {

public static void main(String[] args) {

    ExecutorService executorService = Executors.newFixedThreadPool(3);
    for (int i = 0; i < 3; i++) {
        executorService.execute(new MyRunnable(("" + (i + 1))));
    }
    for (int i = 0; i < 3; i++) {
        executorService.execute(new MyRunnable(("" + (i + 1))));
    }

}
}
```

程序运行效果如图 9-15 所示。

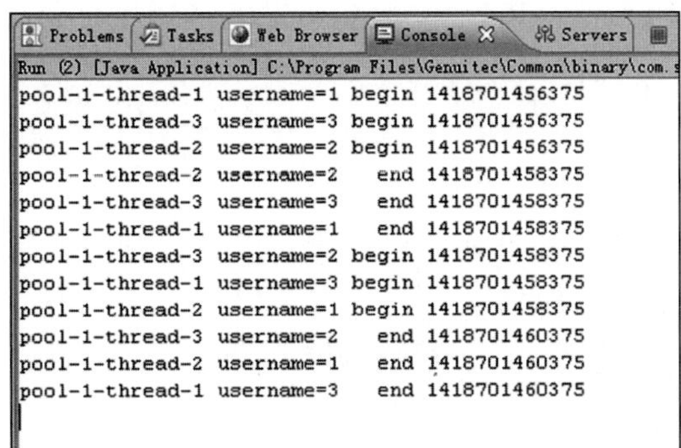

```
pool-1-thread-1 username=1 begin 1418701456375
pool-1-thread-3 username=3 begin 1418701456375
pool-1-thread-2 username=2 begin 1418701456375
pool-1-thread-2 username=2   end 1418701458375
pool-1-thread-3 username=3   end 1418701458375
pool-1-thread-1 username=1   end 1418701458375
pool-1-thread-3 username=2 begin 1418701458375
pool-1-thread-1 username=3 begin 1418701458375
pool-1-thread-2 username=1 begin 1418701458375
pool-1-thread-3 username=2   end 1418701460375
pool-1-thread-2 username=1   end 1418701460375
pool-1-thread-1 username=3   end 1418701460375
```

图 9-15　最多只有 3 个线程在运行

由图 9-15 可知，使用有界线程池后线程池中的最多线程个数是可控的。

### 9.2.6 使用 newSingleThreadExecutor() 方法创建单一线程池

使用 newSingleThreadExecutor() 方法可以创建单一线程池，单一线程池可以实现以队列的方式来执行任务。

创建项目 Executors_4，MyRunnable.java 类代码如下：

```
package myrunnable;

public class MyRunnable implements Runnable {

private String username;

public MyRunnable(String username) {
    super();
    this.username = username;
}

@Override
public void run() {
    try {
        System.out.println(Thread.currentThread().getName() + " username="
                + username + " begin " + System.currentTimeMillis());
        Thread.sleep(2000);
        System.out.println(Thread.currentThread().getName() + " username="
                + username + "   end " + System.currentTimeMillis());
    } catch (InterruptedException e) {
        e.printStackTrace();
    }
}
}
```

运行类 Run.java 代码如下：

```
package test.run;

import java.util.concurrent.ExecutorService;
import java.util.concurrent.Executors;

import myrunnable.MyRunnable;

public class Run {
public static void main(String[] args) {
    ExecutorService executorService = Executors.newSingleThreadExecutor();
    for (int i = 0; i < 3; i++) {
        executorService.execute(new MyRunnable(("" + (i + 1))));
    }
}
}
```

程序运行效果如图 9-16 所示。

```
Problems  Tasks  Web Browser  Console  Servers
Run (3) [Java Application] C:\Program Files\Genuitec\Common\binary\com.s
pool-1-thread-1 username=1 begin 1418701503781
pool-1-thread-1 username=1   end 1418701505781
pool-1-thread-1 username=2 begin 1418701505781
pool-1-thread-1 username=2   end 1418701507781
pool-1-thread-1 username=3 begin 1418701507781
pool-1-thread-1 username=3   end 1418701509781
```

图 9-16　最多只有 1 个线程在运行

## 9.3　ThreadPoolExecutor 类的使用

ThreadPoolExecutor 类可以非常方便地创建线程池对象，而不需要程序员设计大量的 new 实例化 Thread 相关的代码。

前面章节使用 Executors 类中的 newXXXThreadExecutor() 方法可以快速地创建线程池，但创建的细节未知，因为已经被封装处理，查看源代码发现在调用 newSingleThreadExecutor() 方法时，其内部其实实例化了 1 个 ThreadPoolExecutor 类的实例，源代码如下：

```
public static ExecutorService newSingleThreadExecutor() {
    return new FinalizableDelegatedExecutorService
        (new ThreadPoolExecutor(1, 1,
                                0L, TimeUnit.MILLISECONDS,
                                new LinkedBlockingQueue<Runnable>()));
}
```

后面章节将细化研究 ThreadPoolExecutor 类构造方法参数的意义与使用，但在研究之前先要学习队列 LinkedBlockingQueue 和 SynchronousQueue 的基本使用，因为使用 ThreadPoolExecutor 类时会传入这 2 个队列。同时，我们也需要了解下 ArrayBlockingQueue 队列。

### 9.3.1　队列 LinkedBlockingQueue、ArrayBlockingQueue 和 SynchronousQueue 的基本使用

创建测试用的项目 CollectionTest。

（1）LinkedBlockingQueue 队列的使用

首先来看一下 LinkedBlockingQueue 队列的使用，创建测试用的类代码如下：

```
package test;

import java.util.concurrent.LinkedBlockingQueue;

public class Test1 {

public static void main(String[] args) {
    LinkedBlockingQueue q = new LinkedBlockingQueue<>();
    q.add("我是线程 1");
    q.add("我是线程 2");
```

```
        q.add(" 我是线程 3");

        System.out.println(q.poll() + " " + q.size());
        System.out.println(q.poll() + " " + q.size());
        System.out.println(q.poll() + " " + q.size());
    }

}
```

LinkedBlockingQueue 队列最简单的使用就像 ArrayList 一样，使用 add() 存数据，而使用 poll() 方法取数据，程序运行结果如下：

```
我是线程 1 2
我是线程 2 1
我是线程 3 0
```

从上面的运行结果可以发现，LinkedBlockingQueue 队列的容量好像是可以扩充的，但其实并不是这样，因为在构造方法时传入了 Integer 的最大值，源代码如下：

```
public LinkedBlockingQueue() {
    this(Integer.MAX_VALUE);
}
```

所以从本质上讲，LinkedBlockingQueue 队列是有界的，来看一下验证其有界的实验，代码如下：

```
package test;

import java.util.concurrent.LinkedBlockingQueue;

public class Test1_1 {
public static void main(String[] args) {
    LinkedBlockingQueue q = new LinkedBlockingQueue(2);
    q.add(" 我是线程 1");
    q.add(" 我是线程 2");
    q.add(" 我是线程 3");
}
}
```

程序运行后出现异常如下：

```
Exception in thread "main" java.lang.IllegalStateException: Queue full
at java.util.AbstractQueue.add(AbstractQueue.java:98)
at test.Test1_1.main(Test1_1.java:10)
```

不能超过最大容量 2。

（2）ArrayBlockingQueue 队列的使用

ArrayBlockingQueue 队列在实例化时必须传入初始容量，并且容量不可以扩充，超出初始容量就出现异常，我们使用 poll() 方法取数据。先来看看出现异常的情况，示例代码如下：

```
package test;

import java.util.concurrent.ArrayBlockingQueue;

public class Test3 {
public static void main(String[] args) {
    ArrayBlockingQueue q = new ArrayBlockingQueue(3);
    q.add("我是线程 1");
    q.add("我是线程 2");
    q.add("我是线程 3");
    //ArrayBlockingQueue 容量不能扩容
    q.add("我是线程 4");  //出现异常
}
}
```

程序运行后出现异常如下：

```
Exception in thread "main" java.lang.IllegalStateException: Queue full
at java.util.AbstractQueue.add(AbstractQueue.java:98)
at java.util.concurrent.ArrayBlockingQueue.add(ArrayBlockingQueue.java:312)
at test.Test3.main(Test3.java:12)
```

正常使用的示例代码如下：

```
package test;

import java.util.concurrent.ArrayBlockingQueue;

public class Test4 {
public static void main(String[] args) {
    ArrayBlockingQueue q = new ArrayBlockingQueue(5);
    q.add("我是线程 1");
    q.add("我是线程 2");
    q.add("我是线程 3");
    q.add("我是线程 4");

    System.out.println(q.poll() + " " + q.size());
    System.out.println(q.poll() + " " + q.size());
    System.out.println(q.poll() + " " + q.size());
    System.out.println(q.poll() + " " + q.size());
}
}
```

程序运行效果如下：

```
我是线程 1 3
我是线程 2 2
我是线程 3 1
我是线程 4 0
```

（3）SynchronousQueue 队列的使用

再来看看 SynchronousQueue 队列，该队列并不存储任何的数据，通过该队列可以在 2

个线程之间直接传送数据，创建测试类代码如下：

```
package test;

import java.util.concurrent.SynchronousQueue;

public class Test2 {

private static SynchronousQueue q = new SynchronousQueue();

public static void main(String[] args) throws InterruptedException {

    Thread put = new Thread() {
        public void run() {
            try {
                for (int i = 0; i < 5; i++) {
                    String putString = " 我是线程 " + Math.random();
                    q.put(putString);
                    System.out.println(" putString=" + putString);
                    Thread.sleep(1000);
                }
            } catch (InterruptedException e) {
                e.printStackTrace();
            }
        };
    };
    put.start();
    Thread get = new Thread() {
        public void run() {
            try {
                for (int i = 0; i < 5; i++) {
                    String takeString = "" + q.take();
                    System.out.println("takeString=" + takeString);
                    Thread.sleep(1000);
                }
            } catch (InterruptedException e) {
                e.printStackTrace();
            }
        };
    };
    get.start();
}

}
```

程序运行结果如下：

```
putString= 我是线程 0.8724191741946408
takeString= 我是线程 0.8724191741946408
    putString= 我是线程 0.8940539287265726
takeString= 我是线程 0.8940539287265726
takeString= 我是线程 0.6034158392662986
    putString= 我是线程 0.6034158392662986
```

```
    putString= 我是线程 0.3389584736709159
takeString= 我是线程 0.3389584736709159
    putString= 我是线程 0.9781607723011851
takeString= 我是线程 0.9781607723011851
```

通过对这 3 个队列进行实验，可以分析出如下特点。

1）LinkedBlockingQueue 和 ArrayBlockingQueue 可以存储多个数据，容量是有界限的。

2）SynchronousQueue 不可以存储多个数据，没有容量的概念。

### 9.3.2　构造方法参数详解

ThreadPoolExecutor 类最常使用的构造方法如下：

```
public ThreadPoolExecutor(int corePoolSize,
                          int maximumPoolSize,
                          long keepAliveTime,
                          TimeUnit unit,
                      BlockingQueue<Runnable> workQueue)
```

参数解释如下。

- corePoolSize：池中至少要保留的线程数，该属性就是定义 corePool 核心池的大小。
- maximumPoolSize：池中允许的最大线程数，maximumPoolSize 包含 corePoolSize。
- keepAliveTime：当线程数量大于 corePoolSize 值时，在没有超过指定的时间内是不能从线程池中将空闲线程删除的，如果超过此时间单位，则删除空闲线程。“能删除的空闲线程”范围是 maximumPoolSize~corePoolSize，也就是 corePool 之外的线程。
- unit：keepAliveTime 参数的时间单位。
- workQueue：执行前用于保持任务的队列。此队列仅保持由 execute 方法提交的 Runnable 任务。

注意，所谓的空闲线程就是没有执行任务的线程，不管这个线程在哪里，只要不执行任务，它就是空闲的。

为了更好地理解这些参数在使用上的一些关系，下面对它们进行详细的讲解。

- A 代表 execute(runnable) 要执行的 task 任务的数量，如图 9-17 所示。

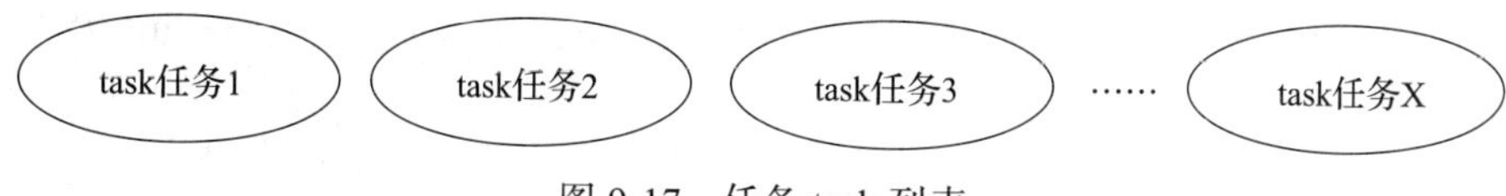


图 9-17　任务 task 列表

- B 代表 corePoolSize，如图 9-18 所示。
- C 代表 maximumPoolSize，如图 9-19 所示。
- D 代表 A–B（假设 A>B）的值。

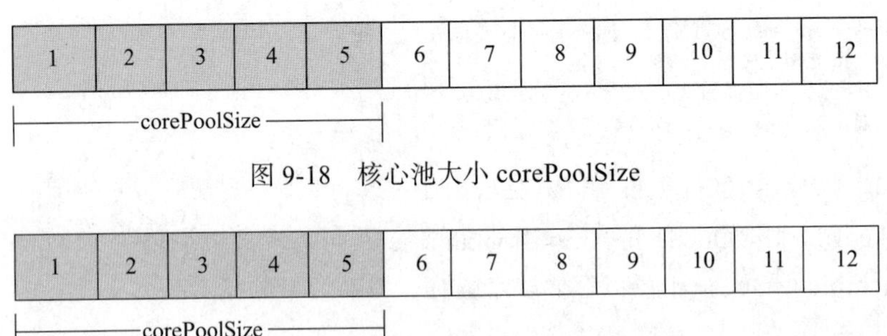


图 9-18　核心池大小 corePoolSize

1 2 3 4 5 6 7 8 9 10 11 12

corePoolSize

maximumPoolSize

图 9-19　最大池的大小 maximumPoolSize

构造方法中 5 个参数之间都有关联关系，但从使用的效果来讲，不同类型的队列能影响 ThreadPool 线程池执行的行为，所以后面的分析过程就以 LinkedBlockingQueue 和 SynchronousQueue 为主线，总结如下。

（1）使用无参 new LinkedBlockingQueue() 队列的情况。

注意，使用无参 new LinkedBlockingQueue() 队列的特点就是只使用核心池中的线程执行任务。

（1.1）如果 A ≤ B，立即在 corePool 核心池中创建线程并运行任务，这些任务并不会放入 LinkedBlockingQueue 中，构造方法参数 maximumPoolSize、keepAliveTime 和 unit 将被忽略。

（1.2）如果 A>B&&A ≤ C，构造方法参数 maximumPoolSize、keepAliveTime 和 unit 将被忽略，并把 D 放入 LinkedBlockingQueue 中等待被核心池中的线程执行。

（1.3）如果 A>C，构造方法参数 maximumPoolSize、keepAliveTime 和 unit 将被忽略，并把 D 放入 LinkedBlockingQueue 中等待被核心池中的线程执行。

（2）使用 SynchronousQueue 队列的情况。

（2.1）如果 A ≤ B，立即在 corePool 核心池中创建线程并运行任务，这些任务并不放入 SynchronousQueue 中，构造方法参数 maximumPoolSize、keepAliveTime 和 unit 将被忽略。

（2.2）如果 A>B&&A ≤ C，则构造方法参数 maximumPoolSize、keepAliveTime 和 unit 有效，并且马上创建最多 C 个线程运行这些任务，而不把 D 放入 SynchronousQueue 队列中，D 执行完任务后在指定 keepAliveTime 时间发生超时时，将 D 进行清除，如果 D 在 keepAliveTime 时间之后未完成任务，则在 D 完成任务后进行清除。

（2.3）如果 A>C，则最多处理 C 个任务，其他任务（不包括核心池中的任务）不再处理并抛出异常。

（3）使用 new LinkedBlockingQueue(xxxxx) 队列有参的情况。其中，参数 xxxxx 代表队列的最大存储长度。

注意，使用有参 new LinkedBlockingQueue(xxxxx) 队列的执行特点是核心池中的线程和 maximumPoolSize-corePoolSize 线程有可能一起执行任务，也就是最多执行任务的线程数量就是 maximumPoolSize。另外在使用有参 new LinkedBlockingQueue(xxxxx) 队列时，执行的流程是先判断 corePoolSize 大小够不够，如果不够则向 new LinkedBlockingQueue(xxxxx) 队列中存储，如果 new LinkedBlockingQueue(xxxxx) 队列中放不下，则将剩余的任务尝试向 C-B 中存放，如果 C-B 放不下就报异常。

（3.1）如果 A ≤ B，立即在 corePool 核心池中创建线程并运行任务，这些任务并不放入 new LinkedBlockingQueue(xxxxx) 队列中，构造方法参数 maximumPoolSize、keepAliveTime 和 unit 将被忽略，此实验已经被多次验证，不再重复验证。

（3.2）如果 A>B 且 (A-B) ≤ xxxxx，立即在 corePool 核心池中创建线程并运行任务，构造方法参数 maximumPoolSize、keepAliveTime 和 unit 被忽略，并把 (A-B) 放入 LinkedBlocking-Queue(xxxxx) 队列中等待被核心池中的线程执行。

（3.3）如果 A>B、(A-B)>xxxxx，并且 (A-B-xxxxx) ≤ (C-B)，立即在 corePool 核心池中创建线程并运行任务，构造方法参数 maximumPoolSize、keepAliveTime 和 unit 有效，并且马上创建 (A-B-xxxxx) 个线程运行这些任务，(A-B-xxxxx) 执行完任务后在指定 keepAliveTime 时间发生超时时，将 (A-B-xxxxx) 进行清除，如果 (A-B-xxxxx) 在 keepAliveTime 时间之后未完成任务，则在 (A-B-xxxxx) 完成任务后进行清除。

（3.4）如果 A>B、(A-B)>xxxxx，并且 (A-B-xxxxx)>(C-B)，立即在 corePool 核心池中创建线程并运行任务，构造方法参数 maximumPoolSize、keepAliveTime 和 unit 有效，马上创建 (C-B) 个线程运行这些任务，(C-B) 个任务执行完任务后在指定 keepAliveTime 时间发生超时时，将 (C-B) 进行清除，如果 (C-B) 在 keepAliveTime 时间之后未完成任务，则在 (C-B) 完成任务后进行清除，(A-B-xxxxx)-(C-B) 多出来的任务被拒绝执行并出现异常。

下面将对前面分析出来的结论进行验证。

### 1. 构造方法前 2 个参数与 getCorePoolSize() 和 getMaximumPoolSize() 方法

创建实验用的项目，名称为 ThreadPoolExecutor_1，创建 Run1.java 类代码如下：

```
package test.run;

import java.util.concurrent.LinkedBlockingQueue;
import java.util.concurrent.SynchronousQueue;
import java.util.concurrent.ThreadPoolExecutor;
import java.util.concurrent.TimeUnit;

public class Run1 {
//获取基本属性 corePoolSize 和 maximumPoolSize
public static void main(String[] args) {
    ThreadPoolExecutor executor = new ThreadPoolExecutor(7, 8, 5, TimeUnit.
        SECONDS, new LinkedBlockingQueue());
```

```
        System.out.println(executor.getCorePoolSize());
        System.out.println(executor.getMaximumPoolSize());
        System.out.println("");
        executor = new ThreadPoolExecutor(7, 8, 5, TimeUnit.SECONDS, new Synchronous
            Queue<Runnable>());
        System.out.println(executor.getCorePoolSize());
        System.out.println(executor.getMaximumPoolSize());
    }

}
```

从代码中可以分析出，线程池中保存的 core 线程数是 7，最大为 8，程序运行结果如图 9-20 所示。

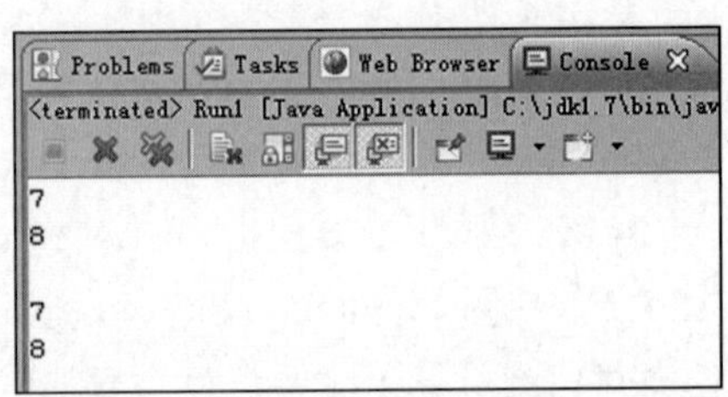


图 9-20 运行结果

### 2. 验证（1.1）和（2.1）的情况

先来测试一下（1.1）使用 LinkedBlockingQueue 的情况，测试代码如下：

```
package test.run;

import java.util.concurrent.LinkedBlockingQueue;
import java.util.concurrent.ThreadPoolExecutor;
import java.util.concurrent.TimeUnit;

public class Run2_1 {
//线程数量小于等于 corePoolSize
//keepAliveTime 大于 5 时也不清除空闲线程
//因为空闲线程在 corePool 中
//corePool 中的线程是不能删除的
//所以 keepAliveTime 参数无效
public static void main(String[] args) throws InterruptedException {
    Runnable runnable = new Runnable() {
        @Override
        public void run() {
            try {
                System.out.println(Thread.currentThread().getName() + " run!"
                    + System.currentTimeMillis());
                Thread.sleep(1000);
            } catch (InterruptedException e) {
                e.printStackTrace();
            }
        }
    };
    ThreadPoolExecutor executor = new ThreadPoolExecutor(7, 8, 5, TimeUnit.SECONDS,
            new LinkedBlockingQueue());
    executor.execute(runnable); //1
    executor.execute(runnable); //2
    executor.execute(runnable); //3
    executor.execute(runnable); //4
    executor.execute(runnable); //5
```

```
        executor.execute(runnable); // 6
        executor.execute(runnable); // 7
        Thread.sleep(300);
        System.out.println("A executor.getCorePoolSize()=" + executor.getCorePoolSize());
        System.out.println("A executor.getMaximumPoolSize()=" + executor.getMaximum
            PoolSize());
        System.out.println("A executor.getPoolSize()=" + executor.getPoolSize());
        System.out.println("A executor.getQueue().size()=" + executor.getQueue().
            size());
        Thread.sleep(10000);
        System.out.println("10 秒后打印结果 ");
        System.out.println("B executor.getCorePoolSize()=" + executor.getCorePoolSize());
        System.out.println("B executor.getMaximumPoolSize()=" + executor.getMaximum
            PoolSize());
        System.out.println("B executor.getPoolSize()=" + executor.getPoolSize());
        System.out.println("B executor.getQueue().size()=" + executor.getQueue().
            size());
    }
// 按钮呈红色，因为池中还有线程在等待任务
}
```

可以将下面4个方法做一个比喻，便于理解：

```
// 车中可载人的标准人数
System.out.println(pool.getCorePoolSize());
// 车中可载人的最大人数
System.out.println(pool.getMaximumPoolSize());
// 车中正在载的人数
System.out.println(pool.getPoolSize());
// 站在地面上等待被送的人数
System.out.println(pool.getQueue().size());
```

程序运行结果如下：

```
pool-1-thread-2 run!1521600166292
pool-1-thread-7 run!1521600166292
pool-1-thread-6 run!1521600166292
pool-1-thread-4 run!1521600166292
pool-1-thread-5 run!1521600166292
pool-1-thread-3 run!1521600166292
pool-1-thread-1 run!1521600166292
A executor.getCorePoolSize()=7
A executor.getMaximumPoolSize()=8
A executor.getPoolSize()=7
A executor.getQueue().size()=0
10 秒后打印结果
B executor.getCorePoolSize()=7
B executor.getMaximumPoolSize()=8
B executor.getPoolSize()=7
B executor.getQueue().size()=0
```

由于线程数量小于等于7，打印信息 "B executor.getCorePoolSize()=7" 说明 corePool 核

心池中的线程超过 5 秒，不清除。

7 个线程对象成功运行，说明线程池成功工作了。

从运行结果来看，完全符合（1.1）的情况。

再来测试一下（2.1）使用 SynchronousQueue 的情况。

测试代码如下：

```
package test.run;

import java.util.concurrent.SynchronousQueue;
import java.util.concurrent.ThreadPoolExecutor;
import java.util.concurrent.TimeUnit;

public class Run2_2 {
// 队列使用 SynchronousQueue 类
// 并且线程数量小于等于 corePoolSize
// 所以 keepAliveTime 大于 5 时也不清除空闲线程
// 说明只要线程数量小于等于 corePoolSize 就不清除空闲线程，而且和使用队列无关
public static void main(String[] args) throws InterruptedException {
    Runnable runnable = new Runnable() {
        @Override
        public void run() {
            try {
                System.out.println(Thread.currentThread().getName() + " run!" +
                    System.currentTimeMillis());
                Thread.sleep(1000);
            } catch (InterruptedException e) {
                e.printStackTrace();
            }
        }
    };
    ThreadPoolExecutor executor = new ThreadPoolExecutor(7, 8, 5, TimeUnit.SECONDS,
            new SynchronousQueue<Runnable>());
    executor.execute(runnable); // 1
    executor.execute(runnable); // 2
    executor.execute(runnable); // 3
    executor.execute(runnable); // 4
    executor.execute(runnable); // 5
    executor.execute(runnable); // 6
    executor.execute(runnable); // 7
    Thread.sleep(300);
    System.out.println("A executor.getCorePoolSize()=" + executor.getCorePoolSize());
    System.out.println("A executor.getMaximumPoolSize()=" + executor.getMaximum
        PoolSize());
    System.out.println("A executor.getPoolSize()=" + executor.getPoolSize());
    System.out.println("A executor.getQueue().size()=" + executor.getQueue().size());
    Thread.sleep(10000);
    System.out.println("10 秒后打印结果 ");
    System.out.println("B executor.getCorePoolSize()=" + executor.getCorePoolSize());
    System.out.println("B executor.getMaximumPoolSize()=" + executor.getMaximum
        PoolSize());
```

```
        System.out.println("B executor.getPoolSize()=" + executor.getPoolSize());
        System.out.println("B executor.getQueue().size()=" + executor.getQueue().size());

}
//按钮呈红色，因为池中还有线程在等待任务
}
```

程序运行结果如下：

```
pool-1-thread-2 run!1521600959043
pool-1-thread-5 run!1521600959043
pool-1-thread-1 run!1521600959043
pool-1-thread-4 run!1521600959043
pool-1-thread-3 run!1521600959043
pool-1-thread-7 run!1521600959043
pool-1-thread-6 run!1521600959043
A executor.getCorePoolSize()=7
A executor.getMaximumPoolSize()=8
A executor.getPoolSize()=7
A executor.getQueue().size()=0
10 秒后打印结果
B executor.getCorePoolSize()=7
B executor.getMaximumPoolSize()=8
B executor.getPoolSize()=7
B executor.getQueue().size()=0
```

7 个线程对象成功运行了，说明线程池成功工作了。

从运行结果来看，完全符合（2.1）的情况。

### 3. 验证（1.2）的情况

创建测试用的代码如下：

```
package test.run;

import java.util.concurrent.LinkedBlockingQueue;
import java.util.concurrent.ThreadPoolExecutor;
import java.util.concurrent.TimeUnit;

public class Run3_1 {
//队列使用 LinkedBlockingQueue 类，也就是如果
//线程数量大于 corePoolSize 并且小于等于 maximumPoolSize 时
//将 maximumPoolSize-corePoolSize 的任务放入队列中
//同一时间最多只能有 7 个线程在运行
//如果使用 LinkedBlockingQueue 类则 maximumPoolSize 参数作用将忽略
//因为任务都放入 LinkedBlockingQueue 队列中了
public static void main(String[] args) throws InterruptedException {
    Runnable runnable = new Runnable() {
        @Override
        public void run() {
            try {
                System.out.println(Thread.currentThread().getName() + " run!"
                    + System.currentTimeMillis());
```

```
                Thread.sleep(1000);
            } catch (InterruptedException e) {
                e.printStackTrace();
            }
        }
    };
    ThreadPoolExecutor executor = new ThreadPoolExecutor(7, 8, 5, TimeUnit.SECONDS,
        new LinkedBlockingQueue());
    executor.execute(runnable); //1
    executor.execute(runnable); //2
    executor.execute(runnable); //3
    executor.execute(runnable); //4
    executor.execute(runnable); //5
    executor.execute(runnable); //6
    executor.execute(runnable); //7
    executor.execute(runnable); //8
    Thread.sleep(300);
    System.out.println("A executor.getCorePoolSize()=" + executor.getCorePool
        Size());
    System.out.println("A executor.getMaximumPoolSize()=" + executor.getMaximum
        PoolSize());
    System.out.println("A executor.getPoolSize()=" + executor.getPoolSize());
    System.out.println("A executor.getQueue().size()=" + executor.getQueue().
        size());
    Thread.sleep(10000);
    System.out.println("10 秒后打印结果 ");
    System.out.println("B executor.getCorePoolSize()=" + executor.getCorePool
        Size());
    System.out.println("B executor.getMaximumPoolSize()=" + executor.getMaximum
        PoolSize());
    System.out.println("B executor.getPoolSize()=" + executor.getPoolSize());
    System.out.println("B executor.getQueue().size()=" + executor.getQueue().
        size());
}

// 按钮呈红色，因为池中还有线程在等待任务
LinkedBlockingQueue abc;
}
```

程序运行结果如下：

```
pool-1-thread-1 run!1521601457885
pool-1-thread-7 run!1521601457885
pool-1-thread-6 run!1521601457885
pool-1-thread-2 run!1521601457885
pool-1-thread-3 run!1521601457885
pool-1-thread-4 run!1521601457885
pool-1-thread-5 run!1521601457885
A executor.getCorePoolSize()=7
A executor.getMaximumPoolSize()=8
A executor.getPoolSize()=7
A executor.getQueue().size()=1
pool-1-thread-1 run!1521601458885
```

```
10 秒后打印结果
B executor.getCorePoolSize()=7
B executor.getMaximumPoolSize()=8
B executor.getPoolSize()=7
B executor.getQueue().size()=0
```

8 个线程成功运行。

从运行结果来看，完全符合（1.2）的情况。

BlockingQueue 只是一个接口，常用的实现类有 LinkedBlockingQueue 和 ArrayBlockingQueue。用 LinkedBlockingQueue 的好处在于没有大小限制，优点是队列容量非常大，而线程池中运行的线程数也永远不会超过 corePoolSize 值，因为其他多余的线程被放入 LinkedBlockingQueue 队列中，keepAliveTime 参数也就没有意义了。

### 4. 验证（2.2）的情况

创建测试用的代码如下：

```
package test.run;

import java.util.concurrent.SynchronousQueue;
import java.util.concurrent.ThreadPoolExecutor;
import java.util.concurrent.TimeUnit;

public class Run3_2 {
// 队列使用 SynchronousQueue 类
// 并且线程数量大于 corePoolSize 时
// 将其余的任务也放入池中，总数量为 8
// 并没有超过 maximumPoolSize 值
// 由于运行的线程数为 8，因此数量上大于 corePoolSize 为 7 的值
// 所以 keepAliveTime>5 时清除空闲线程
public static void main(String[] args) throws InterruptedException {
    Runnable runnable = new Runnable() {
        @Override
        public void run() {
            try {
                System.out.println(Thread.currentThread().getName() + " run!"
                    + System.currentTimeMillis());
                Thread.sleep(1000);
            } catch (InterruptedException e) {
                e.printStackTrace();
            }
        }
    };
    ThreadPoolExecutor executor = new ThreadPoolExecutor(7, 8, 5, TimeUnit.SECONDS,
            new SynchronousQueue<Runnable>());
    executor.execute(runnable); // 1
    executor.execute(runnable); // 2
    executor.execute(runnable); // 3
    executor.execute(runnable); // 4
    executor.execute(runnable); // 5
    executor.execute(runnable); // 6
```

```
        executor.execute(runnable); // 7
        executor.execute(runnable); // 8
        Thread.sleep(300);
        System.out.println("A executor.getCorePoolSize()=" + executor.getCorePool
            Size());
        System.out.println("A executor.getMaximumPoolSize()=" + executor.getMaximum
            PoolSize());
        System.out.println("A executor.getPoolSize()=" + executor.getPoolSize());
        System.out.println("A executor.getQueue().size()=" + executor.getQueue().
            size());
        Thread.sleep(10000);
        System.out.println("10秒后打印结果");
        System.out.println("B executor.getCorePoolSize()=" + executor.getCorePool
            Size());
        System.out.println("B executor.getMaximumPoolSize()=" + executor.getMaximum
            PoolSize());
        System.out.println("B executor.getPoolSize()=" + executor.getPoolSize());
        System.out.println("B executor.getQueue().size()=" + executor.getQueue().
            size());
    }
    // 按钮呈红色，因为池中还有线程在等待任务
    // 删除的是大于 corePoolSize 的多余线程
}
```

程序运行结果如下：

```
pool-1-thread-2 run!1521602895104
pool-1-thread-1 run!1521602895104
pool-1-thread-4 run!1521602895104
pool-1-thread-3 run!1521602895104
pool-1-thread-5 run!1521602895105
pool-1-thread-7 run!1521602895104
pool-1-thread-6 run!1521602895104
pool-1-thread-8 run!1521602895105
A executor.getCorePoolSize()=7
A executor.getMaximumPoolSize()=8
A executor.getPoolSize()=8
A executor.getQueue().size()=0
10秒后打印结果
B executor.getCorePoolSize()=7
B executor.getMaximumPoolSize()=8
B executor.getPoolSize()=7
B executor.getQueue().size()=0
```

8 个线程成功运行。

从运行结果来看，完全符合（2.2）的情况。

继续测试一下“如果 D 在 keepAliveTime 时间之后未完成任务，则在 D 完成任务后进行清除”的情况，创建测试代码如下：

```
package test1;

import java.util.concurrent.SynchronousQueue;
```

```
import java.util.concurrent.ThreadPoolExecutor;
import java.util.concurrent.TimeUnit;

public class Run3_3 {
public static void main(String[] args) throws InterruptedException {
    Runnable runnable = new Runnable() {
        @Override
        public void run() {
            try {
                System.out.println(Thread.currentThread().getName() + " run!"
                    + System.currentTimeMillis());
                    Thread.sleep(15000);
            } catch (InterruptedException e) {
                e.printStackTrace();
            }
        }
    };
    ThreadPoolExecutor executor = new ThreadPoolExecutor(7, 8, 5, TimeUnit.
        SECONDS,
            new SynchronousQueue<Runnable>());
    executor.execute(runnable); // 1
    executor.execute(runnable); // 2
    executor.execute(runnable); // 3
    executor.execute(runnable); // 4
    executor.execute(runnable); // 5
    executor.execute(runnable); // 6
    executor.execute(runnable); // 7
    executor.execute(runnable); // 8
    Thread.sleep(1000);
    System.out.println("A executor.getCorePoolSize()=" + executor.getCorePool
        Size());
    System.out.println("A executor.getMaximumPoolSize()=" + executor.getMaximum
        PoolSize());
    System.out.println("A executor.getPoolSize()=" + executor.getPoolSize());
    System.out.println("A executor.getQueue().size()=" + executor.getQueue().
        size());
    Thread.sleep(10000);
    System.out.println("10 秒后打印结果 ");
    System.out.println("B executor.getCorePoolSize()=" + executor.getCorePool
        Size());
    System.out.println("B executor.getMaximumPoolSize()=" + executor.getMaximum
        PoolSize());
    System.out.println("B executor.getPoolSize()=" + executor.getPoolSize());
    System.out.println("B executor.getQueue().size()=" + executor.getQueue().
        size());
    Thread.sleep(10000);
    System.out.println("20 秒后打印结果 ");
    System.out.println("C executor.getCorePoolSize()=" + executor.getCorePool
        Size());
    System.out.println("C executor.getMaximumPoolSize()=" + executor.getMaximum
        PoolSize());
    System.out.println("C executor.getPoolSize()=" + executor.getPoolSize());
    System.out.println("C executor.getQueue().size()=" + executor.getQueue().
```

```
            size());
    }
    }
```

程序运行结果如下：

```
pool-1-thread-1 run!1521615450564
pool-1-thread-3 run!1521615450564
pool-1-thread-2 run!1521615450564
pool-1-thread-4 run!1521615450564
pool-1-thread-7 run!1521615450564
pool-1-thread-5 run!1521615450564
pool-1-thread-6 run!1521615450564
pool-1-thread-8 run!1521615450564
A executor.getCorePoolSize()=7
A executor.getMaximumPoolSize()=8
A executor.getPoolSize()=8
A executor.getQueue().size()=0
10 秒后打印结果
B executor.getCorePoolSize()=7
B executor.getMaximumPoolSize()=8
B executor.getPoolSize()=8
B executor.getQueue().size()=0
20 秒后打印结果
C executor.getCorePoolSize()=7
C executor.getMaximumPoolSize()=8
C executor.getPoolSize()=7
C executor.getQueue().size()=0
```

说明“如果 D 在 keepAliveTime 时间之后未完成任务，则在 D 完成任务后进行清除”测试成功，任务虽然发生超时，但不能被清除，执行完任务后会立即被清除。

**5. 验证（1.3）的情况**

创建测试用的代码如下：

```
package test.run;

import java.util.concurrent.LinkedBlockingQueue;
import java.util.concurrent.ThreadPoolExecutor;
import java.util.concurrent.TimeUnit;

public class Run4_1 {
// 队列使用 LinkedBlockingQueue 类
// 并且线程数量大于 corePoolSize 时将其余的任务放入队列中
// 同一时间最多只能有 7 个线程在运行
// 所以 keepAliveTime 大于 5 时也不清除空闲线程
public static void main(String[] args) throws InterruptedException {
    Runnable runnable = new Runnable() {
        @Override
        public void run() {
            try {
                System.out.println(Thread.currentThread().getName() + " run!"
```

```
                    + System.currentTimeMillis());
                Thread.sleep(1000);
            } catch (InterruptedException e) {
                e.printStackTrace();
            }
        }
    };
    ThreadPoolExecutor executor = new ThreadPoolExecutor(7, 8, 5, TimeUnit.
        SECONDS, new LinkedBlockingQueue());
    executor.execute(runnable); // 1
    executor.execute(runnable); // 2
    executor.execute(runnable); // 3
    executor.execute(runnable); // 4
    executor.execute(runnable); // 5
    executor.execute(runnable); // 6
    executor.execute(runnable); // 7
    executor.execute(runnable); // 8
    executor.execute(runnable); // 9
    Thread.sleep(300);
    System.out.println("A executor.getCorePoolSize()=" + executor.getCorePool
        Size());
    System.out.println("A executor.getMaximumPoolSize()=" + executor.getMaximum
        PoolSize());
    System.out.println("A executor.getPoolSize()=" + executor.getPoolSize());
    System.out.println("A executor.getQueue().size()=" + executor.getQueue().
        size());
    Thread.sleep(10000);
    System.out.println("10 秒后打印结果 ");
    System.out.println("B executor.getCorePoolSize()=" + executor.getCorePool
        Size());
    System.out.println("B executor.getMaximumPoolSize()=" + executor.getMaximum
        PoolSize());
    System.out.println("B executor.getPoolSize()=" + executor.getPoolSize());
    System.out.println("B executor.getQueue().size()=" + executor.getQueue().
        size());
}
// 通过此实验可以得知，如果使用 LinkedBlockingQueue 作为任务队列
// 则不管线程数大于 corePoolSize 还是大于 maximumPoolSize
// 都将多余的任务放入队列中
// 程序都可以正确无误地运行，并且不会出现异常
// 此时按钮呈红色，因为池中还有线程在等待任务
}
```

程序运行结果如下：

```
pool-1-thread-1 run!1521603202871
pool-1-thread-2 run!1521603202871
pool-1-thread-5 run!1521603202871
pool-1-thread-3 run!1521603202871
pool-1-thread-4 run!1521603202871
pool-1-thread-7 run!1521603202871
pool-1-thread-6 run!1521603202871
A executor.getCorePoolSize()=7
```

```
A executor.getMaximumPoolSize()=8
A executor.getPoolSize()=7
A executor.getQueue().size()=2
pool-1-thread-1 run!1521603203871
pool-1-thread-2 run!1521603203871
10 秒后打印结果
B executor.getCorePoolSize()=7
B executor.getMaximumPoolSize()=8
B executor.getPoolSize()=7
B executor.getQueue().size()=0
```

从运行结果来看，完全符合（1.3）的情况。

### 6. 验证（2.3）的情况

创建 Run4_3.java 类代码如下：

```
package test.run;

import java.util.concurrent.SynchronousQueue;
import java.util.concurrent.ThreadPoolExecutor;
import java.util.concurrent.TimeUnit;

public class Run4_3 {
// 队列使用 SynchronousQueue 类
// 线程数量大于 corePoolSize
// 并且线程数量大于 maximumPoolSize
// 所以出现异常
public static void main(String[] args) throws InterruptedException {
    Runnable runnable = new Runnable() {
        @Override
        public void run() {
            try {
                System.out.println(Thread.currentThread().getName() + " run!"
                    + System.currentTimeMillis());
                Thread.sleep(1000);
            } catch (InterruptedException e) {
                e.printStackTrace();
            }
        }
    };
    ThreadPoolExecutor executor = new ThreadPoolExecutor(7, 8, 5, TimeUnit.
        SECONDS,
            new SynchronousQueue<Runnable>());
    executor.execute(runnable); // 1
    executor.execute(runnable); // 2
    executor.execute(runnable); // 3
    executor.execute(runnable); // 4
    executor.execute(runnable); // 5
    executor.execute(runnable); // 6
    executor.execute(runnable); // 7
    executor.execute(runnable); // 8
    executor.execute(runnable); // 9
```

```
        Thread.sleep(300);
        System.out.println("A executor.getCorePoolSize()=" + executor.getCorePool
            Size());
        System.out.println("A executor.getMaximumPoolSize()=" + executor.getMaximum
            PoolSize());
        System.out.println("A executor.getPoolSize()=" + executor.getPoolSize());
        System.out.println("A executor.getQueue().size()=" + executor.getQueue().
            size());
        Thread.sleep(10000);
        System.out.println("10秒后打印结果");
        System.out.println("B executor.getCorePoolSize()=" + executor.getCorePool
            Size());
        System.out.println("B executor.getMaximumPoolSize()=" + executor.getMaximum
            PoolSize());
        System.out.println("B executor.getPoolSize()=" + executor.getPoolSize());
        System.out.println("B executor.getQueue().size()=" + executor.getQueue().
            size());
    }
// 按钮会变灰
}
```

程序运行结果如下：

```
pool-1-thread-4 run!1521603652829
pool-1-thread-5 run!1521603652829
pool-1-thread-3 run!1521603652829
pool-1-thread-1 run!1521603652829
pool-1-thread-2 run!1521603652829
pool-1-thread-7 run!1521603652829
pool-1-thread-6 run!1521603652829
pool-1-thread-8 run!1521603652829
Exception in thread "main" java.util.concurrent.RejectedExecutionException: Task
    test.run.Run4_3$1@232204a1 rejected from java.util.concurrent.ThreadPoolEx
    ecutor@4aa298b7[Running, pool size = 8, active threads = 8, queued tasks = 0,
    completed tasks = 0]
at java.util.concurrent.ThreadPoolExecutor$AbortPolicy.rejectedExecution(Thread
    PoolExecutor.java:2063)
at java.util.concurrent.ThreadPoolExecutor.reject(ThreadPoolExecutor.java:830)
at java.util.concurrent.ThreadPoolExecutor.execute(ThreadPoolExecutor.java:1379)
at test.run.Run4_3.main(Run4_3.java:34)
```

运行了8个任务，其他的任务都没有运行，从运行结果来看，完全符合（2.3）的情况。

### 7. 验证（3.2）的情况

创建RunX_1.java类，代码如下：

```
package test2;

import java.util.concurrent.LinkedBlockingQueue;
import java.util.concurrent.ThreadPoolExecutor;
import java.util.concurrent.TimeUnit;

public class RunX_1 {
```

```
public static void main(String[] args) throws InterruptedException {
    Runnable runnable = new Runnable() {
        @Override
        public void run() {
            try {
                System.out.println(Thread.currentThread().getName() + " run!"
                    + System.currentTimeMillis());
                Thread.sleep(1000);
            } catch (InterruptedException e) {
                e.printStackTrace();
            }
        }
    };
    ThreadPoolExecutor executor = new ThreadPoolExecutor(3, 6, 5, TimeUnit.
        SECONDS, new LinkedBlockingQueue(2));
    executor.execute(runnable); //1
    executor.execute(runnable); //2
    executor.execute(runnable); //3
    executor.execute(runnable); //4
    Thread.sleep(300);
    System.out.println("A executor.getCorePoolSize()=" + executor.getCorePool
        Size());
    System.out.println("A executor.getMaximumPoolSize()=" + executor.getMaximum
        PoolSize());
    System.out.println("A executor.getPoolSize()=" + executor.getPoolSize());
    System.out.println("A executor.getQueue().size()=" + executor.getQueue().
        size());
    Thread.sleep(800);
    System.out.println("800 后打印结果 ");
    System.out.println("B executor.getCorePoolSize()=" + executor.getCorePool
        Size());
    System.out.println("B executor.getMaximumPoolSize()=" + executor.getMaximum
        PoolSize());
    System.out.println("B executor.getPoolSize()=" + executor.getPoolSize());
    System.out.println("B executor.getQueue().size()=" + executor.getQueue().
        size());
    Thread.sleep(1000);
    System.out.println("1000 后打印结果 ");
    System.out.println("C executor.getCorePoolSize()=" + executor.getCorePool
        Size());
    System.out.println("C executor.getMaximumPoolSize()=" + executor.getMaximum
        PoolSize());
    System.out.println("C executor.getPoolSize()=" + executor.getPoolSize());
    System.out.println("C executor.getQueue().size()=" + executor.getQueue().
        size());
}
// 按钮呈红色，因为池中还有线程在等待任务
}
```

程序运行结果如下：

```
pool-1-thread-1 run!1521694343516
pool-1-thread-2 run!1521694343516
```

```
pool-1-thread-3 run!1521694343516
A executor.getCorePoolSize()=3
A executor.getMaximumPoolSize()=6
A executor.getPoolSize()=3
A executor.getQueue().size()=1
pool-1-thread-1 run!1521694344516
800 后打印结果
B executor.getCorePoolSize()=3
B executor.getMaximumPoolSize()=6
B executor.getPoolSize()=3
B executor.getQueue().size()=0
1000 后打印结果
C executor.getCorePoolSize()=3
C executor.getMaximumPoolSize()=6
C executor.getPoolSize()=3
C executor.getQueue().size()=0
```

从运行结果来看，完全符合（3.2）的情况。

### 8. 验证（3.3）的情况

创建 RunX_2.java 类，代码如下：

```
package test2;

import java.util.concurrent.LinkedBlockingQueue;
import java.util.concurrent.ThreadPoolExecutor;
import java.util.concurrent.TimeUnit;

public class RunX_2 {
public static void main(String[] args) throws InterruptedException {
    Runnable runnable = new Runnable() {
        @Override
        public void run() {
            try {
                System.out.println(Thread.currentThread().getName() + " run!"
                    + System.currentTimeMillis());
                Thread.sleep(1000);
            } catch (InterruptedException e) {
                e.printStackTrace();
            }
        }
    };
    ThreadPoolExecutor executor = new ThreadPoolExecutor(3, 6, 5, TimeUnit.
        SECONDS, new LinkedBlockingQueue(2));
    // 使用 core 队列中的线程
    executor.execute(runnable); // 1
    executor.execute(runnable); // 2
    executor.execute(runnable); // 3

    // 使用第三方队列的线程
    executor.execute(runnable); // 1
    executor.execute(runnable); // 2
```

```
        //C-B
        executor.execute(runnable); //1
        executor.execute(runnable); //2
        executor.execute(runnable); //3

        Thread.sleep(300);
        System.out.println("A executor.getCorePoolSize()=" + executor.getCorePool
            Size());
        System.out.println("A executor.getMaximumPoolSize()=" + executor.getMaximum
            PoolSize());
        System.out.println("A executor.getPoolSize()=" + executor.getPoolSize());
        System.out.println("A executor.getQueue().size()=" + executor.getQueue().
            size());
        Thread.sleep(800);
        System.out.println("800 后打印结果 ");
        System.out.println("B executor.getCorePoolSize()=" + executor.getCorePool
            Size());
        System.out.println("B executor.getMaximumPoolSize()=" + executor.getMaximum
            PoolSize());
        System.out.println("B executor.getPoolSize()=" + executor.getPoolSize());
        System.out.println("B executor.getQueue().size()=" + executor.getQueue().
            size());
        Thread.sleep(1000);
        System.out.println("1000 后打印结果 ");
        System.out.println("C executor.getCorePoolSize()=" + executor.getCorePool
            Size());
        System.out.println("C executor.getMaximumPoolSize()=" + executor.getMaximum
            PoolSize());
        System.out.println("C executor.getPoolSize()=" + executor.getPoolSize());
        System.out.println("C executor.getQueue().size()=" + executor.getQueue().
            size());
        Thread.sleep(10000);          //下面打印是验证销毁了 C-B
        System.out.println("10000 后打印结果 ");
        System.out.println("D executor.getCorePoolSize()=" + executor.getCorePool
            Size());
        System.out.println("D executor.getMaximumPoolSize()=" + executor.getMaximum
            PoolSize());
        System.out.println("D executor.getPoolSize()=" + executor.getPoolSize());
        System.out.println("D executor.getQueue().size()=" + executor.getQueue().
            size());
    }
    //按钮呈红色，因为池中还有线程在等待任务
    }
```

程序运行结果如下：

```
pool-1-thread-2 run!1521694454399
pool-1-thread-5 run!1521694454400
pool-1-thread-3 run!1521694454399
pool-1-thread-4 run!1521694454399
pool-1-thread-1 run!1521694454399
pool-1-thread-6 run!1521694454400
A executor.getCorePoolSize()=3
```

```
A executor.getMaximumPoolSize()=6
A executor.getPoolSize()=6
A executor.getQueue().size()=2
pool-1-thread-5 run!1521694455400
pool-1-thread-6 run!1521694455401
800 后打印结果
B executor.getCorePoolSize()=3
B executor.getMaximumPoolSize()=6
B executor.getPoolSize()=6
B executor.getQueue().size()=0
1000 后打印结果
C executor.getCorePoolSize()=3
C executor.getMaximumPoolSize()=6
C executor.getPoolSize()=6
C executor.getQueue().size()=0
10000 后打印结果
D executor.getCorePoolSize()=3
D executor.getMaximumPoolSize()=6
D executor.getPoolSize()=3
D executor.getQueue().size()=0
```

从运行结果来看，完全符合（3.3）的情况。

### 9. 验证（3.4）的情况

创建 RunX_3.java 类，代码如下：

```
package test2;

import java.util.concurrent.LinkedBlockingQueue;
import java.util.concurrent.ThreadPoolExecutor;
import java.util.concurrent.TimeUnit;

public class RunX_3 {
public static void main(String[] args) throws InterruptedException {
    Runnable runnable = new Runnable() {
        @Override
        public void run() {
            try {
                System.out.println(Thread.currentThread().getName() + " run!"
                    + System.currentTimeMillis());
                Thread.sleep(1000);
            } catch (InterruptedException e) {
                e.printStackTrace();
            }
        }
    };
    ThreadPoolExecutor executor = new ThreadPoolExecutor(3, 6, 5, TimeUnit.
        SECONDS, new LinkedBlockingQueue(2));
    // 使用 core 线程
    executor.execute(runnable); //1
    executor.execute(runnable); //2
    executor.execute(runnable); //3
```

```
    //使用第三方队列中的线程
    executor.execute(runnable); //1
    executor.execute(runnable); //2

    //C-B
    executor.execute(runnable); //1
    executor.execute(runnable); //2
    executor.execute(runnable); //3
    executor.execute(runnable); //4

    Thread.sleep(300);
    System.out.println("A executor.getCorePoolSize()=" + executor.getCorePool
        Size());
    System.out.println("A executor.getMaximumPoolSize()=" + executor.getMaximum
        PoolSize());
    System.out.println("A executor.getPoolSize()=" + executor.getPoolSize());
    System.out.println("A executor.getQueue().size()=" + executor.getQueue().
        size());
    Thread.sleep(800);
    System.out.println("800 后打印结果 ");
    System.out.println("B executor.getCorePoolSize()=" + executor.getCorePool
        Size());
    System.out.println("B executor.getMaximumPoolSize()=" + executor.getMaximum
        PoolSize());
    System.out.println("B executor.getPoolSize()=" + executor.getPoolSize());
    System.out.println("B executor.getQueue().size()=" + executor.getQueue().
        size());
    Thread.sleep(1000);
    System.out.println("1000 后打印结果 ");
    System.out.println("C executor.getCorePoolSize()=" + executor.getCorePool
        Size());
    System.out.println("C executor.getMaximumPoolSize()=" + executor.getMaximum
        PoolSize());
    System.out.println("C executor.getPoolSize()=" + executor.getPoolSize());
    System.out.println("C executor.getQueue().size()=" + executor.getQueue().
        size());
    Thread.sleep(10000);          //下面打印是验证销毁了 C-B
    System.out.println("10000 后打印结果 ");
    System.out.println("D executor.getCorePoolSize()=" + executor.getCorePool
        Size());
    System.out.println("D executor.getMaximumPoolSize()=" + executor.getMaximum
        PoolSize());
    System.out.println("D executor.getPoolSize()=" + executor.getPoolSize());
    System.out.println("D executor.getQueue().size()=" + executor.getQueue().
        size());
}
//按钮呈红色，因为池中还有线程在等待任务
}
```

程序运行结果如下：

```
pool-1-thread-1 run!1521694591214
pool-1-thread-2 run!1521694591214
```

```
pool-1-thread-4 run!1521694591215
pool-1-thread-6 run!1521694591215
pool-1-thread-3 run!1521694591214
pool-1-thread-5 run!1521694591215
Exception in thread "main" java.util.concurrent.RejectedExecutionException:
    Task test2.RunX_3$1@42a57993 rejected from java.util.concurrent.ThreadPool
    Executor@75b84c92[Running, pool size = 6, active threads = 6, queued tasks =
    2, completed tasks = 0]
at java.util.concurrent.ThreadPoolExecutor$AbortPolicy.rejectedExecution(Thread
    PoolExecutor.java:2063)
at java.util.concurrent.ThreadPoolExecutor.reject(ThreadPoolExecutor.java:830)
at java.util.concurrent.ThreadPoolExecutor.execute(ThreadPoolExecutor.
    java:1379)
at test2.RunX_3.main(RunX_3.java:34)
pool-1-thread-2 run!1521694592215
pool-1-thread-4 run!1521694592216
```

从运行结果来看，完全符合（3.4）的情况。

### 10. 线程池执行流程分析

前面章节已经介绍过线程池在执行任务时的流程分析，在使用有参 new LinkedBlocking-Queue(xxxxx) 队列时，执行的流程是先判断 corePoolSize 大小够不够，如果不够向 new LinkedBlockingQueue(xxxxx) 队列中存储，如果 new LinkedBlockingQueue(xxxxx) 队列中放不下，则将剩余的任务尝试向 C–B 中存放，如果 C–B 放不下就报异常。

下面就对这个结论进行验证。

创建实现类代码如下：

```
package order;

public class MyRunnable implements Runnable {
private String username;

public MyRunnable(String username) {
    super();
    this.username = username;
}

public String getUsername() {
    return username;
}

public void setUsername(String username) {
    this.username = username;
}

@Override
public void run() {
    try {
        System.out.println(username + " begin " + System.currentTimeMillis());
        Thread.sleep(10000);
```

```
        } catch (InterruptedException e) {
            e.printStackTrace();
        }
    }

}
```

创建测试类，代码如下：

```
package order;

import java.util.concurrent.LinkedBlockingQueue;
import java.util.concurrent.RejectedExecutionHandler;
import java.util.concurrent.ThreadPoolExecutor;
import java.util.concurrent.TimeUnit;

public class RunX_END {
public static void main(String[] args) throws InterruptedException {
    MyRunnable r1 = new MyRunnable("R1");
    MyRunnable r2 = new MyRunnable("R2");
    MyRunnable r3 = new MyRunnable("R3");
    MyRunnable r4 = new MyRunnable("R4");
    MyRunnable r5 = new MyRunnable("R5");
    MyRunnable r6 = new MyRunnable("R6");
    MyRunnable r7 = new MyRunnable("R7");
    MyRunnable r8 = new MyRunnable("R8");
    MyRunnable r9 = new MyRunnable("R9");

    ThreadPoolExecutor executor = new ThreadPoolExecutor(3, 6, 5, TimeUnit.
        SECONDS, new LinkedBlockingQueue(2));
    executor.setRejectedExecutionHandler(new RejectedExecutionHandler() {
        @Override
        public void rejectedExecution(Runnable r, ThreadPoolExecutor executor) {
            System.out.println("     " + ((MyRunnable) r).getUsername() + "被
                拒绝执行");
        }
    });

    //core 核心中的任务
    executor.execute(r1);          //1
    Thread.sleep(1000);
    executor.execute(r2);          //2
    Thread.sleep(1000);
    executor.execute(r3);          //3
    Thread.sleep(1000);

    //队列中的任务
    executor.execute(r4);          //1
    Thread.sleep(1000);
    executor.execute(r5);          //2

    //C-B
    executor.execute(r6);          //1
```

```
        Thread.sleep(1000);
        executor.execute(r7);        // 2
        Thread.sleep(1000);
        executor.execute(r8);        // 3
        Thread.sleep(1000);
        executor.execute(r9);        // 4 (拒绝执行)
    }
}
```

程序运行结果如下：

```
R1 begin 1521694799441
R2 begin 1521694800441
R3 begin 1521694801441
R6 begin 1521694803441
R7 begin 1521694804441
R8 begin 1521694805441
    R9 被拒绝执行
R4 begin 1521694809441
R5 begin 1521694810442
```

### 11. 参数 keepAliveTime 非 0 的实验

构造方法参数 keepAliveTime 的意义是使用 SynchronousQueue 队列，当线程数量大于 corePoolSize 值时，在没有超过指定的时间内是不从线程池中将空闲线程删除的，如果超过此时间则删除，如果 keepAliveTime 值为 0 则任务执行完毕后立即从队列中删除。

先来看看非 0 时的情况，测试代码如下：

```
package test.run;

import java.util.concurrent.SynchronousQueue;
import java.util.concurrent.ThreadPoolExecutor;
import java.util.concurrent.TimeUnit;

public class Run5_1 {
// 队列使用 SynchronousQueue 类，线程数量大于等于 corePoolSize
// 并且线程数量小于等于 maximumPoolSize
// 此时 keepAliveTime 值为非 0 的作用是在指定的时间后删除空闲线程
public static void main(String[] args) throws InterruptedException {
    Runnable runnable = new Runnable() {
        @Override
        public void run() {
            try {
                System.out.println(Thread.currentThread().getName() + " run!"
                    + System.currentTimeMillis());
                Thread.sleep(1000);
            } catch (InterruptedException e) {
                e.printStackTrace();
            }
        }
    };
    ThreadPoolExecutor executor = new ThreadPoolExecutor(7, 10, 5L, TimeUnit.
```

```
            SECONDS,
                new SynchronousQueue<Runnable>());
        executor.execute(runnable); //1
        executor.execute(runnable); //2
        executor.execute(runnable); //3
        executor.execute(runnable); //4
        executor.execute(runnable); //5
        executor.execute(runnable); //6
        executor.execute(runnable); //7
        executor.execute(runnable); //8
        executor.execute(runnable); //9
        Thread.sleep(300);
        System.out.println("A executor.getCorePoolSize()=" + executor.getCorePool
            Size());
        System.out.println("A executor.getMaximumPoolSize()=" + executor.getMaximum
            PoolSize());
        System.out.println("A executor.getPoolSize()=" + executor.getPoolSize());
        System.out.println("A executor.getQueue().size()=" + executor.getQueue().
            size());
        Thread.sleep(2000);
        System.out.println("2 秒后打印结果 ");
        System.out.println("B executor.getCorePoolSize()=" + executor.getCorePool
            Size());
        System.out.println("B executor.getMaximumPoolSize()=" + executor.getMaximum
            PoolSize());
        System.out.println("B executor.getPoolSize()=" + executor.getPoolSize());
        System.out.println("B executor.getQueue().size()=" + executor.getQueue().
            size());
        Thread.sleep(6000);
        System.out.println("6 秒后打印结果 ");
        System.out.println("C executor.getCorePoolSize()=" + executor.getCorePool
            Size());
        System.out.println("C executor.getMaximumPoolSize()=" + executor.getMaximum
            PoolSize());
        System.out.println("C executor.getPoolSize()=" + executor.getPoolSize());
        System.out.println("C executor.getQueue().size()=" + executor.getQueue().
            size());

    }
}
```

程序运行结果如下：

```
pool-1-thread-1 run!1521604110852
pool-1-thread-5 run!1521604110852
pool-1-thread-2 run!1521604110852
pool-1-thread-4 run!1521604110852
pool-1-thread-3 run!1521604110852
pool-1-thread-7 run!1521604110852
pool-1-thread-6 run!1521604110852
pool-1-thread-8 run!1521604110852
pool-1-thread-9 run!1521604110852
```

```
A executor.getCorePoolSize()=7
A executor.getMaximumPoolSize()=10
A executor.getPoolSize()=9
A executor.getQueue().size()=0
2 秒后打印结果
B executor.getCorePoolSize()=7
B executor.getMaximumPoolSize()=10
B executor.getPoolSize()=9
B executor.getQueue().size()=0
6 秒后打印结果
C executor.getCorePoolSize()=7
C executor.getMaximumPoolSize()=10
C executor.getPoolSize()=7
C executor.getQueue().size()=0
```

控制台输出 "B executor.getPoolSize()=9" 信息说明任务执行完毕后，时间还未到 timeout 时间，则线程并未删除，但是随后打印 "C executor.getPoolSize()=7" 说明 timeout 时间已过，删除多余的空闲线程。

### 12. 参数 keepAliveTime 为 0 的实验

如果为 timeout 传入 0 时，则线程执行完任务后立即删除。

创建测试代码如下：

```
package test.run;

import java.util.concurrent.SynchronousQueue;
import java.util.concurrent.ThreadPoolExecutor;
import java.util.concurrent.TimeUnit;

public class Run5_2 {
// 队列使用 SynchronousQueue 类，线程数量大于等于 corePoolSize
// 并且线程数量小于等于 maximumPoolSize
// 此时 keepAliveTime 值为 0 时的作用是线程执行完毕后立即清除
public static void main(String[] args) throws InterruptedException {
    Runnable runnable = new Runnable() {
        @Override
        public void run() {
            try {
                System.out.println(Thread.currentThread().getName() + " run!"
                    + System.currentTimeMillis());
                Thread.sleep(1000);
            } catch (InterruptedException e) {
                e.printStackTrace();
            }
        }
    };
    ThreadPoolExecutor executor = new ThreadPoolExecutor(7, 10, 0L, TimeUnit.
        SECONDS,
            new SynchronousQueue<Runnable>());
    executor.execute(runnable); // 1
```

```
        executor.execute(runnable); // 2
        executor.execute(runnable); // 3
        executor.execute(runnable); // 4
        executor.execute(runnable); // 5
        executor.execute(runnable); // 6
        executor.execute(runnable); // 7
        executor.execute(runnable); // 8
        executor.execute(runnable); // 9
        Thread.sleep(300);
        System.out.println("A executor.getCorePoolSize()=" + executor.getCorePool
            Size());
        System.out.println("A executor.getMaximumPoolSize()=" + executor.getMaximum
            PoolSize());
        System.out.println("A executor.getPoolSize()=" + executor.getPoolSize());
        System.out.println("A executor.getQueue().size()=" + executor.getQueue().
            size());
        Thread.sleep(2000);
        System.out.println("2 秒后打印结果 ");
        System.out.println("B executor.getCorePoolSize()=" + executor.getCorePool
            Size());
        System.out.println("B executor.getMaximumPoolSize()=" + executor.getMaximum
            PoolSize());
        System.out.println("B executor.getPoolSize()=" + executor.getPoolSize());
        System.out.println("B executor.getQueue().size()=" + executor.getQueue().
            size());

    }
}
```

程序运行效果如下：

```
pool-1-thread-1 run!1521604289763
pool-1-thread-5 run!1521604289763
pool-1-thread-7 run!1521604289763
pool-1-thread-6 run!1521604289763
pool-1-thread-2 run!1521604289763
pool-1-thread-4 run!1521604289763
pool-1-thread-3 run!1521604289763
pool-1-thread-9 run!1521604289763
pool-1-thread-8 run!1521604289763
A executor.getCorePoolSize()=7
A executor.getMaximumPoolSize()=10
A executor.getPoolSize()=9
A executor.getQueue().size()=0
2 秒后打印结果
B executor.getCorePoolSize()=7
B executor.getMaximumPoolSize()=10
B executor.getPoolSize()=7
B executor.getQueue().size()=0
```

打印信息 "B executor.getPoolSize()=7" 由 9 变成 7，这是因为超时时间设置为 0L，线程执行完毕后立即将空闲的线程从非 corePool 中删除，而 corePool 的数量还是保持 7。

### 9.3.3　方法 shutdown() 和 shutdownNow()

public void shutdown() 方法的作用是使当前未执行完的任务继续执行，而队列中未执行的任务会继续执行，不删除队列中的任务，不再允许添加新的任务，同时 shutdown() 方法不会阻塞。

public List<Runnable> shutdownNow() 方法的作用是使当前未执行完的任务继续执行，而队列中未执行的任务不再执行，删除队列中的任务，不再允许添加新的任务，同时 shutdownNow() 方法不会阻塞。

创建测试用的项目 ThreadPoolExecutor_2，MyRunnable1.java 类代码如下：

```
package myrunnable;

public class MyRunnable1 implements Runnable {
public void run() {
    try {
        System.out.println("begin " + Thread.currentThread().getName()
                + " " + System.currentTimeMillis());
        Thread.sleep(4000);
        System.out.println("  end " + Thread.currentThread().getName()
                + " " + System.currentTimeMillis());
    } catch (InterruptedException e) {
        e.printStackTrace();
    }
}
}
```

Test1.java 类代码如下：

```
package test;

import java.util.concurrent.LinkedBlockingDeque;
import java.util.concurrent.ThreadPoolExecutor;
import java.util.concurrent.TimeUnit;

import myrunnable.MyRunnable1;

public class Test1 {
public static void main(String[] args) throws InterruptedException {
    MyRunnable1 myRunnable = new MyRunnable1();
    ThreadPoolExecutor pool = new ThreadPoolExecutor(7, 10, 0L,
            TimeUnit.SECONDS, new LinkedBlockingDeque<Runnable>());
    System.out.println("main end!");
}
}
```

程序运行结果如图 9-21 所示。

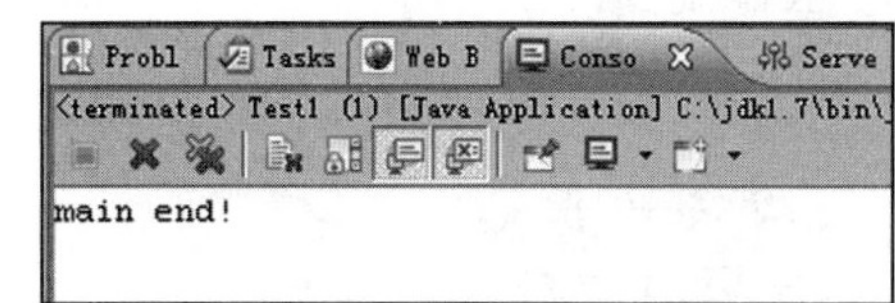


图 9-21　无任务执行的进程结束

线程池中没有任何的任务执行，继续实验。

Test2.java 类代码如下：

```
package test;

import java.util.concurrent.LinkedBlockingDeque;
import java.util.concurrent.ThreadPoolExecutor;
import java.util.concurrent.TimeUnit;

import myrunnable.MyRunnable1;

public class Test2 {
public static void main(String[] args) throws InterruptedException {
    MyRunnable1 myRunnable = new MyRunnable1();
    ThreadPoolExecutor pool = new ThreadPoolExecutor(7, 10, 0L,
            TimeUnit.SECONDS, new LinkedBlockingDeque<Runnable>());
    pool.execute(myRunnable);
    System.out.println("main end!");
}
}
```

程序运行结果如图 9-22 所示。

图 9-22 任务执行完成后，线程池继续等待新的任务

Test3.java 类代码如下：

```
package test;

import java.util.concurrent.LinkedBlockingDeque;
import java.util.concurrent.ThreadPoolExecutor;
import java.util.concurrent.TimeUnit;

import myrunnable.MyRunnable1;

public class Test3 {
public static void main(String[] args) throws InterruptedException {
    MyRunnable1 myRunnable = new MyRunnable1();
    ThreadPoolExecutor pool = new ThreadPoolExecutor(7, 10, 0L,
            TimeUnit.SECONDS, new LinkedBlockingDeque<Runnable>());
    pool.execute(myRunnable);
    pool.shutdown();
    System.out.println("main end!");
}
}
```

程序运行结果如图 9-23 所示。

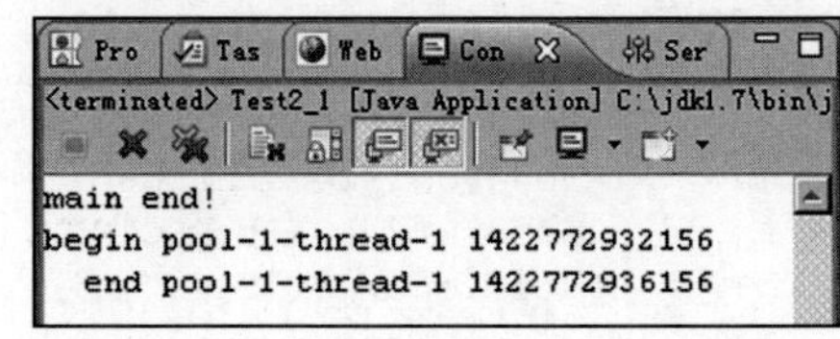


图 9-23 任务执行完成后，进程结束

程序运行的效果是 main 线程输出 "main end!" 后 main 线程立即销毁，线程池在 4 秒之后销毁，进程结束。

Test4.java 类代码如下：

```
package test;

import java.util.concurrent.LinkedBlockingDeque;
import java.util.concurrent.ThreadPoolExecutor;
```

```
import java.util.concurrent.TimeUnit;

import myrunnable.MyRunnable1;

public class Test4 {
public static void main(String[] args) throws InterruptedException {
    MyRunnable1 myRunnable = new MyRunnable1();
    ThreadPoolExecutor pool = new ThreadPoolExecutor(2, 99999, 9999L,
            TimeUnit.SECONDS, new LinkedBlockingDeque<Runnable>());
    pool.execute(myRunnable);
    pool.execute(myRunnable);
    pool.execute(myRunnable);
    pool.execute(myRunnable);
    Thread.sleep(1000);
    pool.shutdown();
    pool.execute(myRunnable);
    System.out.println("main end!");
}
}
```

程序运行结果如下：

```
begin pool-1-thread-1 1422773023000
begin pool-1-thread-2 1422773023000
Exception in thread "main" java.util.concurrent.RejectedExecutionException:
    Task myrunnable.MyRunnable1@1be16f5 rejected from java.util.concurrent.Thread
    PoolExecutor@d56b37[Shutting down, pool size = 2, active threads = 2, queued
    tasks = 2, completed tasks = 0]
at java.util.concurrent.ThreadPoolExecutor$AbortPolicy.rejectedExecution(Thread
    PoolExecutor.java:2048)
at java.util.concurrent.ThreadPoolExecutor.reject(ThreadPoolExecutor.java:821)
at java.util.concurrent.ThreadPoolExecutor.execute(ThreadPoolExecutor.
    java:1372)
at test.Test4.main(Test4.java:20)
    end pool-1-thread-2 1422773027000
    end pool-1-thread-1 1422773027000
begin pool-1-thread-2 1422773027000
begin pool-1-thread-1 1422773027000
    end pool-1-thread-2 1422773031000
    end pool-1-thread-1 1422773031000
```

从运行结果可知，程序执行了 4 个任务，最后一个任务抛出异常，因为执行了 shutdown() 方法后不能添加新的任务，这个实验也证明执行 shutdown() 方法后未将队列中的任务删除，直到全部任务运行结束。

下面继续学习 shutdownNow() 方法。

创建测试用的项目 ThreadPoolExecutor_2_shutdownNow，MyRunnable1.java 类代码如下：

```
package myrunnable;

public class MyRunnable1 implements Runnable {
```

```
public void run() {
    System.out.println("begin " + Thread.currentThread().getName() + " " + System.
        currentTimeMillis());
    for (int i = 0; i < Integer.MAX_VALUE / 50; i++) {
        String newString = new String();
        Math.random();
        Math.random();
        Math.random();
        Math.random();
        Math.random();
        Math.random();
    }
    System.out.println("  end " + Thread.currentThread().getName() + " " +
        System.currentTimeMillis());
}
}
```

Test1.java 类代码如下：

```
package test;

import java.util.concurrent.LinkedBlockingDeque;
import java.util.concurrent.ThreadPoolExecutor;
import java.util.concurrent.TimeUnit;

import myrunnable.MyRunnable1;

public class Test1 {
public static void main(String[] args) throws InterruptedException {
    MyRunnable1 myRunnable = new MyRunnable1();
    ThreadPoolExecutor pool = new ThreadPoolExecutor(2, 99999, 9999L, TimeUnit.
        SECONDS,
            new LinkedBlockingDeque<Runnable>());
    pool.execute(myRunnable);
    pool.execute(myRunnable);
    pool.execute(myRunnable);
    pool.execute(myRunnable);
    Thread.sleep(1000);
    pool.shutdownNow();
    System.out.println("main end!");
}
}
```

```
begin pool-1-thread-2 1521617723449
begin pool-1-thread-1 1521617723449
main end!
  end pool-1-thread-2 1521617769062
  end pool-1-thread-1 1521617769079
```

图 9-24 运行结果

程序运行结果如图 9-24 所示。

控制台信息代表 2 个任务被成功执行，其余 2 个任务被取消运行，并且进程销毁。

创建测试类代码如下：

```
package test;

import java.util.concurrent.LinkedBlockingDeque;
import java.util.concurrent.ThreadPoolExecutor;
import java.util.concurrent.TimeUnit;
```

```
import myrunnable.MyRunnable1;

public class Test2 {
public static void main(String[] args) throws InterruptedException {
    MyRunnable1 myRunnable = new MyRunnable1();
    ThreadPoolExecutor pool = new ThreadPoolExecutor(2, 99999, 9999L, TimeUnit.
        SECONDS,
            new LinkedBlockingDeque<Runnable>());
    pool.execute(myRunnable);
    pool.execute(myRunnable);
    pool.execute(myRunnable);
    pool.execute(myRunnable);
    Thread.sleep(1000);
    pool.shutdownNow();
    pool.execute(myRunnable);
    System.out.println("main end!");
}
}
```

程序运行结果如下：

```
begin pool-1-thread-2 1521617931242
begin pool-1-thread-1 1521617931242
Exception in thread "main" java.util.concurrent.RejectedExecutionException:
    Task myrunnable.MyRunnable1@5c647e05 rejected from java.util.concurrent.Thread
    PoolExecutor@33909752[Shutting down, pool size = 2, active threads = 2, queued
    tasks = 0, completed tasks = 0]
at java.util.concurrent.ThreadPoolExecutor$AbortPolicy.rejectedExecution(Thread
    PoolExecutor.java:2063)
at java.util.concurrent.ThreadPoolExecutor.reject(ThreadPoolExecutor.java:830)
at java.util.concurrent.ThreadPoolExecutor.execute(ThreadPoolExecutor.
    java:1379)
at test.Test2.main(Test2.java:20)
    end pool-1-thread-1 1521617978242
    end pool-1-thread-2 1521617978260
```

控制台信息代表 2 个任务被成功执行，其余 2 个任务被取消运行，而最后一个任务则拒绝执行，抛出异常，进程最后会被销毁。

### 9.3.4 方法 List<Runnable> shutdownNow() 返回值的作用

在调用 List<Runnable> shutdownNow() 方法后，队列中的任务被取消运行，shutdownNow() 方法的返回值是 List<Runnable>，List 对象存储的是还未运行的任务，也就是被取消掉的任务，为了验证存储的是未运行的任务，创建实验用的项目 test27，MyRunnable.java 类代码如下：

```
package myrunnable;

public class MyRunnableA implements Runnable {

private String username;
```

```
    public MyRunnableA(String username) {
        super();
        this.username = username;
    }

    public String getUsername() {
        return username;
    }

    @Override
    public void run() {
        for (int i = 0; i < Integer.MAX_VALUE / 500; i++) {
            String newString1 = new String();
            String newString5 = new String();
            String newString6 = new String();
            String newString7 = new String();
            Math.random();
            Math.random();
            Math.random();
        }
        System.out.println(Thread.currentThread().getName() + " 任务完成!");
    }

}
```

Test.java 类代码如下：

```
package test;

import java.util.List;
import java.util.concurrent.LinkedBlockingDeque;
import java.util.concurrent.ThreadPoolExecutor;
import java.util.concurrent.TimeUnit;

import myrunnable.MyRunnableA;

public class Test {

    public static void main(String[] args) {
        try {
            MyRunnableA a1 = new MyRunnableA("A1");
            MyRunnableA a2 = new MyRunnableA("A2");
            MyRunnableA a3 = new MyRunnableA("A3");
            MyRunnableA a4 = new MyRunnableA("A4");

            ThreadPoolExecutor pool = new ThreadPoolExecutor(2, 10, 30,
                    TimeUnit.SECONDS, new LinkedBlockingDeque<Runnable>());
            pool.execute(a1);
            pool.execute(a2);
            pool.execute(a3);
            pool.execute(a4);

            Thread.sleep(1000);
```

```
            List<Runnable> list = pool.shutdownNow();

            for (int i = 0; i < list.size(); i++) {
                MyRunnableA myRunnableA = (MyRunnableA) list.get(i);
                System.out.println(myRunnableA.getUsername() + " 任务被取消！");
            }

            System.out.println("main end!");
        } catch (InterruptedException e) {
            e.printStackTrace();
        }
    }

}
```

```
<terminated> Test (7) [Java Applicati
A3 任务被取消!
A4 任务被取消!
main end!
pool-1-thread-1 任务完成!
pool-1-thread-2 任务完成!
```

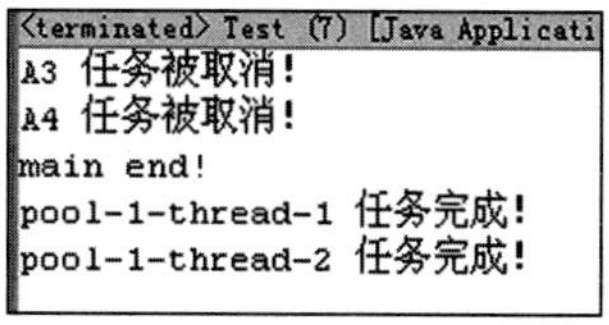

图 9-25　有两个任务被取消了

程序运行结果如图 9-25 所示。

### 9.3.5　方法 shutdown() 和 shutdownNow() 与中断

如果正在执行的任务中使用 if (Thread.currentThread().isInterrupted() == true) 和 throw new InterruptedException() 判断任务是否中断，那么在调用 shutdown() 后任务并不会被中断而是继续运行，当调用 shutdownNow() 方法后会将任务立即中断。

创建实验用的项目 test26，MyRunnableA.java 类代码如下：

```
package myrunnable;

public class MyRunnableA implements Runnable {

private String username;

public MyRunnableA(String username) {
    super();
    this.username = username;
}

public String getUsername() {
    return username;
}

@Override
public void run() {
    try {
        while (true) {
            if (Thread.currentThread().isInterrupted() == true) {
                throw new InterruptedException();
            }
        }
    } catch (InterruptedException e) {
        e.printStackTrace();
        System.out.println("---任务名称：" + username + "被中断！");
    }
```

```
    }

}
```

类 Test1.java 代码如下：

```
package test;

import java.util.concurrent.LinkedBlockingDeque;
import java.util.concurrent.ThreadPoolExecutor;
import java.util.concurrent.TimeUnit;

import myrunnable.MyRunnableA;

public class Test1 {
public static void main(String[] args) {
    try {
        MyRunnableA a1 = new MyRunnableA("A1");
        ThreadPoolExecutor pool = new ThreadPoolExecutor(2, 10, 30, TimeUnit.
            SECONDS,
                new LinkedBlockingDeque<Runnable>());
        pool.execute(a1);
        Thread.sleep(2000);
        pool.shutdown();
        System.out.println("main end!");
    } catch (InterruptedException e) {
        e.printStackTrace();
    }
}
}
```

程序运行后，线程池中的任务并未中断，而是会继续运行。

创建测试类代码如下：

```
package test;

import java.util.concurrent.LinkedBlockingDeque;
import java.util.concurrent.ThreadPoolExecutor;
import java.util.concurrent.TimeUnit;

import myrunnable.MyRunnableA;

public class Test2 {
public static void main(String[] args) {
    try {
        MyRunnableA a1 = new MyRunnableA("A1");
        ThreadPoolExecutor pool = new ThreadPoolExecutor(2, 10, 30, TimeUnit.
            SECONDS,
                new LinkedBlockingDeque<Runnable>());
        pool.execute(a1);
        Thread.sleep(2000);
        pool.shutdownNow();
```

```
            System.out.println("main end!");
        } catch (InterruptedException e) {
            e.printStackTrace();
        }
    }
}
```

程序运行结果如下：

```
main end!
---任务名称：A1 被中断！
java.lang.InterruptedException
at myrunnable.MyRunnableA.run(MyRunnableA.java:21)
at java.util.concurrent.ThreadPoolExecutor.runWorker(ThreadPoolExecutor.
    java:1149)
at java.util.concurrent.ThreadPoolExecutor$Worker.run(ThreadPoolExecutor.
    java:624)
at java.lang.Thread.run(Thread.java:748)
```

## 9.3.6　方法 isShutdown()

public boolean isShutdown() 方法的作用是判断线程池是否已经关闭。

创建测试用的项目 ThreadPoolExecutor_3，Run1.java 类代码如下：

```
package test.run;

import java.util.concurrent.LinkedBlockingDeque;
import java.util.concurrent.ThreadPoolExecutor;
import java.util.concurrent.TimeUnit;

public class Run1 {
public static void main(String[] args) throws InterruptedException {
    Runnable runnable = new Runnable() {
        @Override
        public void run() {
            try {
                System.out.println(" 打印了！begin "
                        + Thread.currentThread().getName());
                Thread.sleep(1000);
                System.out.println(" 打印了！      end "
                        + Thread.currentThread().getName());
            } catch (InterruptedException e) {
                // TODO Auto-generated catch block
                e.printStackTrace();
            }
        }
    };

    ThreadPoolExecutor executor = new ThreadPoolExecutor(2, 2,
            Integer.MAX_VALUE, TimeUnit.SECONDS,
            new LinkedBlockingDeque<Runnable>());
    executor.execute(runnable);
```

```
        System.out.println("A=" + executor.isShutdown());
        executor.shutdown();
        System.out.println("B=" + executor.isShutdown());
    }

    }
```

程序运行结果如图 9-26 所示。

由运行结果可知，只要调用了 shutdown() 方法，isShutdown() 方法的返回值就是 true。

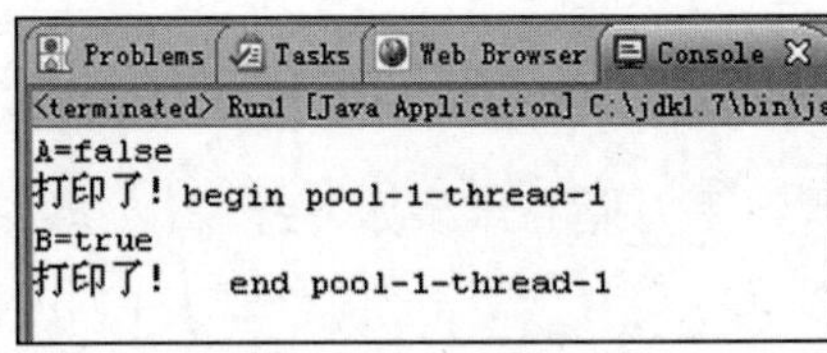


图 9-26　运行结果

## 9.3.7　方法 isTerminating() 和 isTerminated()

public boolean isTerminating() 方法：如果此执行程序处于在 shutdown 或 shutdownNow 之后且正在终止但尚未完全终止的过程中，也就是还有任务在执行，则返回 true。此方法可以比喻成门是否正在关闭。

public boolean isTerminated() 方法：如果关闭后所有任务都已完成，则返回 true。此方法可以比喻成门是否已经关闭。

shutdown() 或 shutdownNow() 方法的功能是发出一个关闭线程池的命令，isShutdown() 方法用于判断关闭线程池的命令发出或未发出。isTerminating() 方法代表线程池是否正在关闭中，而 isTerminated() 方法判断线程池是否已经关闭了。

创建测试用的项目 ThreadPoolExecutor_4，创建 MyRunnable.java 类代码如下：

```
package myrunnable;

public class MyRunnable implements Runnable {

@Override
public void run() {
    try {
        System.out.println(Thread.currentThread().getName() + " begin "
                + System.currentTimeMillis());
        Thread.sleep(2000);
        System.out.println(Thread.currentThread().getName() + "   end "
                + System.currentTimeMillis());
    } catch (InterruptedException e) {
        e.printStackTrace();
    }
}
}
```

Test.java 类代码如下：

```
package test;

import java.util.concurrent.LinkedBlockingDeque;
import java.util.concurrent.ThreadPoolExecutor;
```

```
import java.util.concurrent.TimeUnit;

import myrunnable.MyRunnable;

public class Test {

public static void main(String[] args) throws InterruptedException {
    MyRunnable runnable = new MyRunnable();
    ThreadPoolExecutor pool = new ThreadPoolExecutor(2, 99999, 99999,
            TimeUnit.SECONDS, new LinkedBlockingDeque<Runnable>());
    pool.execute(runnable);
    pool.execute(runnable);
    pool.execute(runnable);
    pool.execute(runnable);
    System.out.println(pool.isTerminating() + " " + pool.isTerminated());
    pool.shutdown();
    Thread.sleep(1000);
    System.out.println(pool.isTerminating() + " " + pool.isTerminated());
    Thread.sleep(1000);
    System.out.println(pool.isTerminating() + " " + pool.isTerminated());
    Thread.sleep(1000);
    System.out.println(pool.isTerminating() + " " + pool.isTerminated());
    Thread.sleep(1000);
    System.out.println(pool.isTerminating() + " " + pool.isTerminated());
    Thread.sleep(1000);
    System.out.println(pool.isTerminating() + " " + pool.isTerminated());
}
}
```

程序运行结果如图 9-27 所示。

```
<terminated> Test (24) [Java Application] C:\jdk1.7\b
false false
pool-1-thread-1 begin 1433993022609
pool-1-thread-2 begin 1433993022609
true false
pool-1-thread-1   end 1433993024609
pool-1-thread-1 begin 1433993024609
true false
pool-1-thread-2   end 1433993024609
pool-1-thread-2 begin 1433993024609
true false
pool-1-thread-1   end 1433993026609
true false
pool-1-thread-2   end 1433993026609
false true
```

图 9-27　运行结果

## 9.3.8　方法 awaitTermination(long timeout,TimeUnit unit)

public boolean awaitTermination(long timeout, TimeUnit unit) 方法的作用是查看在指定的时间内，线程池是否已经终止工作，也就是“最多”等待多少时间后去判断线程池是否已经终止工作。如果在指定的时间之内，线程池销毁会导致该方法不再阻塞，而超过 timeout 时间也会导致该方法不再阻塞。此方法的使用需要 shutdown() 方法的配合。

创建测试用的项目 ThreadPoolExecutor_5，创建 MyRunnable1.java 类，代码如下：

```
package myrunnable;

public class MyRunnable1 implements Runnable {
public void run() {
    try {
        System.out.println(Thread.currentThread().getName() + " "
                + System.currentTimeMillis());
        Thread.sleep(4000);
        System.out.println(Thread.currentThread().getName() + " "
                + System.currentTimeMillis());
    } catch (InterruptedException e) {
        e.printStackTrace();
    }
}
}
```

Test1.java 类代码如下：

```
package test;

import java.util.concurrent.LinkedBlockingDeque;
import java.util.concurrent.ThreadPoolExecutor;
import java.util.concurrent.TimeUnit;

import myrunnable.MyRunnable1;

public class Test1 {
public static void main(String[] args) throws InterruptedException {
    MyRunnable1 myRunnable = new MyRunnable1();
    ThreadPoolExecutor pool = new ThreadPoolExecutor(2, 99999, 9999L,
            TimeUnit.SECONDS, new LinkedBlockingDeque<Runnable>());
    pool.execute(myRunnable);
    System.out.println("main begin ! " + System.currentTimeMillis());
    System.out.println(pool.awaitTermination(10, TimeUnit.SECONDS));
    System.out.println("main   end ! " + System.currentTimeMillis());
    // 此实验说明 awaitTermination() 方法具有阻塞特性
}
}
```

程序运行结果如图 9-28 所示。

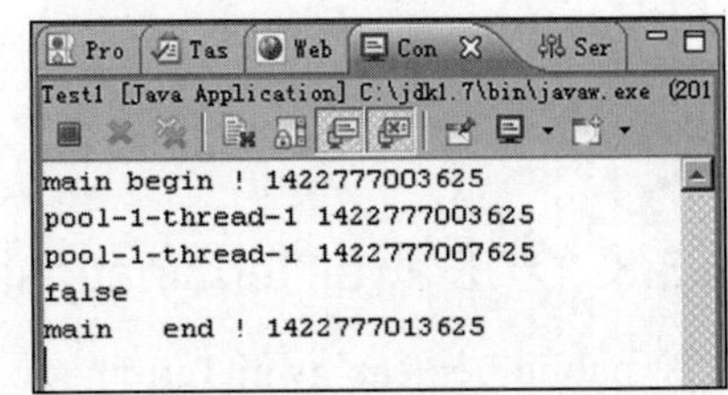

图 9-28 有阻塞的特性

由图 9-28 可知，从 main begin 到 main end 耗时需要 10 秒，因为 main 线程池并未销毁，所以 awaitTermination 方法需要阻塞 10 秒。打印 false 的原因是未对线程池执行 shutdown() 方法。

如果对线程池执行 shutdown() 方法，在运行时间上会出现什么效果呢？

Test2.java 类代码如下：

```
package test;

import java.util.concurrent.LinkedBlockingDeque;
import java.util.concurrent.ThreadPoolExecutor;
import java.util.concurrent.TimeUnit;

import myrunnable.MyRunnable1;

public class Test2 {
public static void main(String[] args) throws InterruptedException {
    MyRunnable1 myRunnable = new MyRunnable1();
    ThreadPoolExecutor pool = new ThreadPoolExecutor(2, 99999, 9999L,
            TimeUnit.SECONDS, new LinkedBlockingDeque<Runnable>());
    pool.execute(myRunnable);
    pool.shutdown();
    System.out.println("main begin ! " + System.currentTimeMillis());
    System.out.println(pool.awaitTermination(10, TimeUnit.SECONDS));
    System.out.println("main   end ! " + System.currentTimeMillis());
    // 代码 awaitTermination(10, TimeUnit.SECONDS) 的作用是
    // 最多等待 10 秒，也就是阻塞 10 秒
}
}
```

程序运行结果如图 9-29 所示。

由图 9-29 可知，打印信息 main begin 和 main end 之间耗时了 4s，不再是 10s，因为 4s 后线程池销毁了，导致 awaitTermination 方法取消阻塞。

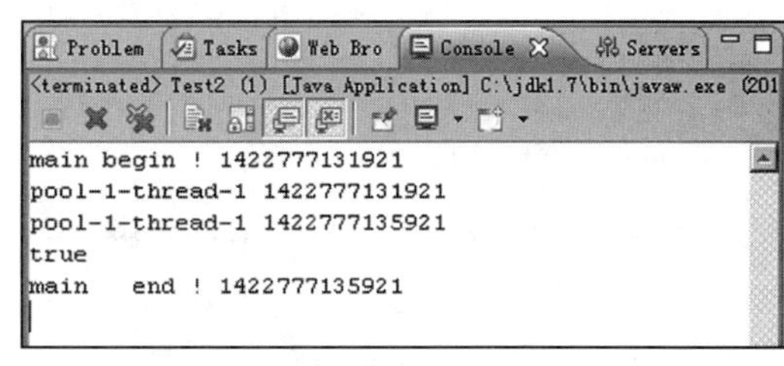


图 9-29　运行结果

### 9.3.9　工厂 ThreadFactory+Thread+UncaughtExceptionHandler 处理异常

有时需要对线程池中创建的线程属性进行定制化，这时就需要配置 ThreadFactory 线程工厂。如果线程出现异常，可以结合 UncaughtExceptionHandler 处理。

创建测试用的项目 ThreadPoolExecutor_6，MyRunnable1.java 类代码如下：

```
package myrunnable;

public class MyRunnable1 implements Runnable {
public void run() {
    try {
        System.out.println(Thread.currentThread().getName() + " "
                + System.currentTimeMillis());
        Thread.sleep(4000);
        System.out.println(Thread.currentThread().getName() + " "
                + System.currentTimeMillis());
    } catch (InterruptedException e) {
```

```
            e.printStackTrace();
        }
    }
}
```

MyThreadFactoryA.java 类代码如下：

```
package mythreadfactory;

import java.util.Date;
import java.util.concurrent.ThreadFactory;

public class MyThreadFactoryA implements ThreadFactory {
public Thread newThread(Runnable r) {
    Thread newThread = new Thread(r);
    newThread.setName("高洪岩：" + new Date());
    return newThread;
}
}
```

Test1.java 类代码如下：

```
package test;

import java.util.concurrent.LinkedBlockingDeque;
import java.util.concurrent.ThreadPoolExecutor;
import java.util.concurrent.TimeUnit;

import myrunnable.MyRunnable1;
import mythreadfactory.MyThreadFactoryA;

public class Test1 {
public static void main(String[] args) throws InterruptedException {
    MyRunnable1 myRunnable = new MyRunnable1();
    ThreadPoolExecutor pool = new ThreadPoolExecutor(2, 99999, 9999L,
            TimeUnit.SECONDS, new LinkedBlockingDeque<Runnable>(),
            new MyThreadFactoryA());
    pool.execute(myRunnable);
}
}
```

```
高洪岩: Sun Feb 01 16:07:23 CST 2015 1422778043656
高洪岩: Sun Feb 01 16:07:23 CST 2015 1422778047656
```

图 9-30　运行结果

程序运行结果如图 9-30 所示。

除了使用构造方法传递自定义 ThreadFactory 外，还可以使用 setThreadFactory() 方法来设置自定义 ThreadFactory，实验代码在 Test2.java 文件中，代码如下：

```
package test;

import java.util.concurrent.LinkedBlockingDeque;
import java.util.concurrent.ThreadPoolExecutor;
import java.util.concurrent.TimeUnit;

import myrunnable.MyRunnable1;
```

```
import mythreadfactory.MyThreadFactoryA;

public class Test2 {
public static void main(String[] args) throws InterruptedException {
    MyRunnable1 myRunnable = new MyRunnable1();
    ThreadPoolExecutor pool = new ThreadPoolExecutor(2, 99999, 9999L,
            TimeUnit.SECONDS, new LinkedBlockingDeque<Runnable>());
    pool.setThreadFactory(new MyThreadFactoryA());
    pool.execute(myRunnable);
}
}
```

程序运行结果如图 9-31 所示。

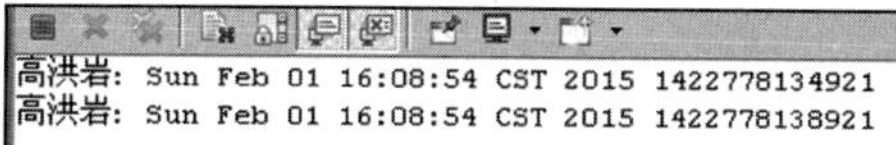


图 9-31　运行结果

当线程运行出现异常时，则 JDK 会抛出异常，此实验需要使用 MyRunnable2.java 类，代码如下：

```
package myrunnable;

public class MyRunnable2 implements Runnable {
public void run() {
    System.out.println(Thread.currentThread().getName() + " "
            + System.currentTimeMillis());
    String abc = null;
    abc.indexOf(0);
    System.out.println(Thread.currentThread().getName() + " "
            + System.currentTimeMillis());
}
}
```

类 Test3.java 代码如下：

```
package test;

import java.util.concurrent.LinkedBlockingDeque;
import java.util.concurrent.ThreadPoolExecutor;
import java.util.concurrent.TimeUnit;

import myrunnable.MyRunnable2;
import mythreadfactory.MyThreadFactoryA;

public class Test3 {
public static void main(String[] args) throws InterruptedException {
    MyRunnable2 myRunnable = new MyRunnable2();
    ThreadPoolExecutor pool = new ThreadPoolExecutor(2, 99999, 9999L,
            TimeUnit.SECONDS, new LinkedBlockingDeque<Runnable>());
    pool.setThreadFactory(new MyThreadFactoryA());
    pool.execute(myRunnable);
}
}
```

程序运行结果如图 9-32 所示。

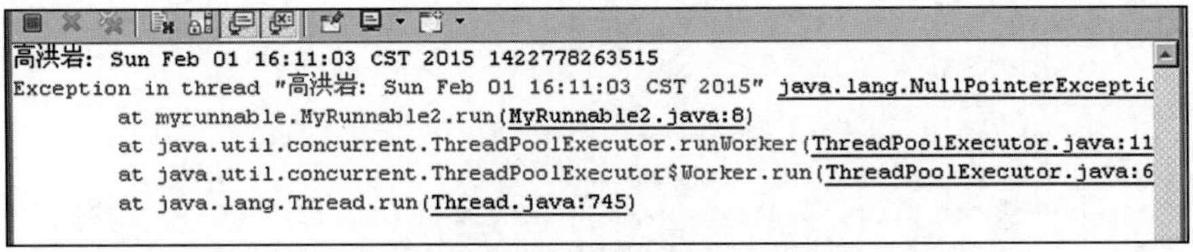

```
高洪岩: Sun Feb 01 16:11:03 CST 2015 1422778263515
Exception in thread "高洪岩: Sun Feb 01 16:11:03 CST 2015" java.lang.NullPointerExceptic
        at myrunnable.MyRunnable2.run(MyRunnable2.java:8)
        at java.util.concurrent.ThreadPoolExecutor.runWorker(ThreadPoolExecutor.java:11
        at java.util.concurrent.ThreadPoolExecutor$Worker.run(ThreadPoolExecutor.java:6
        at java.lang.Thread.run(Thread.java:745)
```

图 9-32 运行结果：程序员无法自行处理异常

由图 9-32 可知，因为程序员无法自行处理异常，所以控制台直接输出了该异常。

在使用自定义线程工厂时，线程如果出现异常是完全可以自定义处理的。

创建 MyThreadFactoryB.java，代码如下：

```
package mythreadfactory;

import java.lang.Thread.UncaughtExceptionHandler;
import java.util.Date;
import java.util.concurrent.ThreadFactory;

public class MyThreadFactoryB implements ThreadFactory {
public Thread newThread(Runnable r) {
    Thread newThread = new Thread(r);
    newThread.setName("我的新名称：" + new Date());
    newThread.setUncaughtExceptionHandler(new UncaughtExceptionHandler() {
        public void uncaughtException(Thread t, Throwable e) {
            System.out.println("自定义处理异常启用：" + t.getName() + " "
                    + e.getMessage());
            e.printStackTrace();
        }
    });
    return newThread;
}
}
```

在 ThreadFactory 中，newThread() 方法创建出来的 Thread 线程对象调用 setUncaught-ExceptionHandler() 方法的作用是使这些线程具有集中、统一处理异常的能力。

创建 Test4.java 类，代码如下：

```
package test;

import java.util.concurrent.LinkedBlockingDeque;
import java.util.concurrent.ThreadPoolExecutor;
import java.util.concurrent.TimeUnit;

import myrunnable.MyRunnable2;
import mythreadfactory.MyThreadFactoryB;

public class Test4 {
public static void main(String[] args) throws InterruptedException {
    MyRunnable2 myRunnable = new MyRunnable2();
```

```
        ThreadPoolExecutor pool = new ThreadPoolExecutor(2, 99999, 9999L,
                TimeUnit.SECONDS, new LinkedBlockingDeque<Runnable>());
        pool.setThreadFactory(new MyThreadFactoryB());
        pool.execute(myRunnable);
    }
    }
```

程序运行结果如图 9-33 所示。

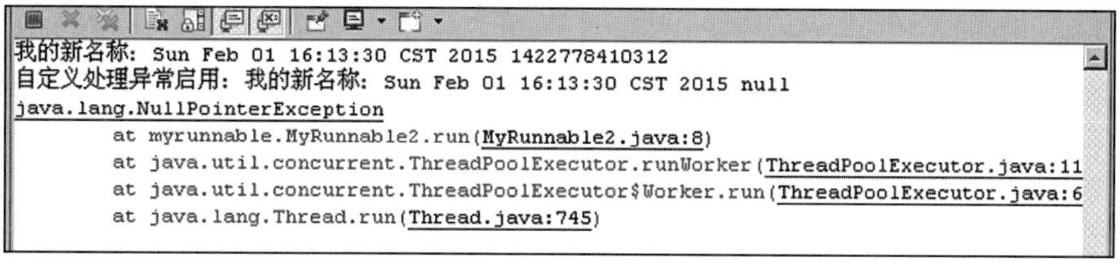

```
我的新名称: Sun Feb 01 16:13:30 CST 2015 1422778410312
自定义处理异常启用: 我的新名称: Sun Feb 01 16:13:30 CST 2015 null
java.lang.NullPointerException
	at myrunnable.MyRunnable2.run(MyRunnable2.java:8)
	at java.util.concurrent.ThreadPoolExecutor.runWorker(ThreadPoolExecutor.java:11
	at java.util.concurrent.ThreadPoolExecutor$Worker.run(ThreadPoolExecutor.java:6
	at java.lang.Thread.run(Thread.java:745)
```

图 9-33　成功捕捉异常信息

### 9.3.10　方法 set/getRejectedExecutionHandler()

public void setRejectedExecutionHandler(RejectedExecutionHandler handler) 和 public RejectedExecutionHandler getRejectedExecutionHandler() 方法的作用是可以处理任务被拒绝执行时的行为。

创建测试用的项目 ThreadPoolExecutor_7，创建 MyRunnable1.java 类代码如下：

```
package myrunnable;

public class MyRunnable1 implements Runnable {

private String username;

public MyRunnable1(String username) {
    super();
    this.username = username;
}

public String getUsername() {
    return username;
}

public void setUsername(String username) {
    this.username = username;
}

public void run() {
    try {
        System.out.println(Thread.currentThread().getName() + " "
                + System.currentTimeMillis());
        Thread.sleep(4000);
        System.out.println(Thread.currentThread().getName() + " "
```

```
                + System.currentTimeMillis());
        } catch (InterruptedException e) {
            e.printStackTrace();
        }
    }
}
```

Test1.java 类代码如下：

```
package test;

import java.util.concurrent.SynchronousQueue;
import java.util.concurrent.ThreadPoolExecutor;
import java.util.concurrent.TimeUnit;

import myrunnable.MyRunnable1;

public class Test1 {
public static void main(String[] args) throws InterruptedException {
    MyRunnable1 myRunnable1 = new MyRunnable1("测试1");
    MyRunnable1 myRunnable2 = new MyRunnable1("测试2");
    MyRunnable1 myRunnable3 = new MyRunnable1("测试3");
    MyRunnable1 myRunnable4 = new MyRunnable1("测试4");
    ThreadPoolExecutor pool = new ThreadPoolExecutor(2, 3, 9999L,
            TimeUnit.SECONDS, new SynchronousQueue<Runnable>());
    pool.execute(myRunnable1);
    pool.execute(myRunnable2);
    pool.execute(myRunnable3);
    pool.execute(myRunnable4);
}
}
```

程序运行结果如图 9-34 所示。

```
pool-1-thread-1 1422778513312
Exception in thread "main" pool-1-thread-2 1422778513312
pool-1-thread-3 1422778513312
java.util.concurrent.RejectedExecutionException: Task myrunnable.MyRunnable1@b6548 rejected from java.util.
	at java.util.concurrent.ThreadPoolExecutor$AbortPolicy.rejectedExecution(ThreadPoolExecutor.java:20
	at java.util.concurrent.ThreadPoolExecutor.reject(ThreadPoolExecutor.java:821)
	at java.util.concurrent.ThreadPoolExecutor.execute(ThreadPoolExecutor.java:1372)
	at test.Test1.main(Test1.java:20)
pool-1-thread-3 1422778517312
pool-1-thread-2 1422778517312
pool-1-thread-1 1422778517312
```

图 9-34　拒绝运行多余的任务

控制台打印的信息说明 MyRunnable1 myRunnable4 = new MyRunnable1("测试4"); 任务被拒绝执行，在出现这样的异常时可以自定义拒绝执行任务的行为，创建 MyRejectedExecutionHandler.java 类代码如下：

```
package myrejectedexecutionhandler;

import java.util.concurrent.RejectedExecutionHandler;
```

```
import java.util.concurrent.ThreadPoolExecutor;

import myrunnable.MyRunnable1;

public class MyRejectedExecutionHandler implements RejectedExecutionHandler {
public void rejectedExecution(Runnable r, ThreadPoolExecutor executor) {
    System.out.println(((MyRunnable1) r).getUsername() + " 被拒绝执行 ");
}
}
```

Test2.java 类代码如下：

```
package test;

import java.util.concurrent.SynchronousQueue;
import java.util.concurrent.ThreadPoolExecutor;
import java.util.concurrent.TimeUnit;

import myrejectedexecutionhandler.MyRejectedExecutionHandler;
import myrunnable.MyRunnable1;

public class Test2 {
public static void main(String[] args) throws InterruptedException {
    MyRunnable1 myRunnable1 = new MyRunnable1(" 测试 1");
    MyRunnable1 myRunnable2 = new MyRunnable1(" 测试 2");
    MyRunnable1 myRunnable3 = new MyRunnable1(" 测试 3");
    MyRunnable1 myRunnable4 = new MyRunnable1(" 测试 4");

    ThreadPoolExecutor pool = new ThreadPoolExecutor(2, 3, 9999L,
            TimeUnit.SECONDS, new SynchronousQueue<Runnable>());
    pool.setRejectedExecutionHandler(new MyRejectedExecutionHandler());
    pool.execute(myRunnable1);
    pool.execute(myRunnable2);
    pool.execute(myRunnable3);
    pool.execute(myRunnable4);
}
}
```

程序运行结果如图 9-35 所示。

此实验可以将被拒绝执行的任务日志化。

```
测试4 被拒绝执行
pool-1-thread-3 1635765446904
pool-1-thread-2 1635765446904
pool-1-thread-1 1635765446904
pool-1-thread-2 1635765450904
pool-1-thread-3 1635765450904
pool-1-thread-1 1635765450904
```

图 9-35　运行结果

### 9.3.11　方法 allowsCoreThreadTimeOut 和 allowCoreThreadTimeOut(bool)

pool.allowCoreThreadTimeOut(true) 可使核心池中的空闲线程具有超时销毁的特性。其中，public boolean allowsCoreThreadTimeOut() 方法的作用是判断是否具有这个特性。public void allowCoreThreadTimeOut(boolean value) 方法的作用是设置是否有这个特性。

下面使用案例的方式测试一下这 2 个方法在使用上的区别。

创建测试用的项目 ThreadPoolExecutor_8，创建 MyRunnable.java 类代码如下：

```
package myrunnable;
```

```
public class MyRunnable implements Runnable {

@Override
public void run() {
    System.out.println(Thread.currentThread().getName() + " begin "
            + System.currentTimeMillis());
    System.out.println(Thread.currentThread().getName() + "   end "
            + System.currentTimeMillis());
}

}
```

Test1.java 类代码如下：

```
package test;

import java.util.concurrent.SynchronousQueue;
import java.util.concurrent.ThreadPoolExecutor;
import java.util.concurrent.TimeUnit;

import myrunnable.MyRunnable;

public class Test1 {

public static void main(String[] args) throws InterruptedException {
    ThreadPoolExecutor pool = new ThreadPoolExecutor(4, 5, 5,
            TimeUnit.SECONDS, new SynchronousQueue<Runnable>());
    System.out.println(pool.allowsCoreThreadTimeOut());
    for (int i = 0; i < 4; i++) {
        MyRunnable runnable = new MyRunnable();
        pool.execute(runnable);
    }
    Thread.sleep(8000);
    System.out.println(pool.getPoolSize());
}
}
```

```
Test1 [Java Application] C:\jdk1.7\bin\javaw.exe
false
pool-1-thread-1 begin 1434157918421
pool-1-thread-3 begin 1434157918421
pool-1-thread-4 begin 1434157918421
pool-1-thread-2 begin 1434157918421
pool-1-thread-4   end 1434157918421
pool-1-thread-3   end 1434157918421
pool-1-thread-1   end 1434157918421
pool-1-thread-2   end 1434157918421
4
```

图 9-36　核心线程不销毁

程序运行结果如图 9-36 所示。

创建 Test2.java 类代码如下：

```
package test;

import java.util.concurrent.SynchronousQueue;
import java.util.concurrent.ThreadPoolExecutor;
import java.util.concurrent.TimeUnit;

import myrunnable.MyRunnable;

public class Test2 {

public static void main(String[] args) throws InterruptedException {
    ThreadPoolExecutor pool = new ThreadPoolExecutor(4, 5, 5,
            TimeUnit.SECONDS, new SynchronousQueue<Runnable>());
```

```
        pool.allowCoreThreadTimeOut(true);
        System.out.println(pool.allowsCoreThreadTimeOut());
        for (int i = 0; i < 4; i++) {
            MyRunnable runnable = new MyRunnable();
            pool.execute(runnable);
        }
        Thread.sleep(8000);
        System.out.println(pool.getPoolSize());
    }
    }
```

程序运行结果如图9-37所示。

```
<terminated> Test2 [Java Application] C:\jdk1.7\bin\j
true
pool-1-thread-1 begin 1434157980609
pool-1-thread-3 begin 1434157980609
pool-1-thread-2 begin 1434157980609
pool-1-thread-3   end 1434157980609
pool-1-thread-1   end 1434157980609
pool-1-thread-4 begin 1434157980609
pool-1-thread-2   end 1434157980609
pool-1-thread-4   end 1434157980609
0
```

图9-37 核心线程会销毁

### 9.3.12 方法prestartCoreThread()和prestartAllCoreThreads()

在实例化ThreadPoolExecutor类后，线程池中并没有核心线程，除非执行execute()方法，但是在不执行execute()方法时也可以通过执行prestartCoreThread()和prestartAllCoreThreads()方法来创建出核心线程。

public boolean prestartCoreThread()方法的作用是每调用一次就创建一个核心线程并且使它变成启动状态，返回值类型为boolean，代表是否创建成功。

public int prestartAllCoreThreads()方法的作用是启动全部核心线程，返回值是启动核心线程的数量。

创建测试用的项目ThreadPoolExecutor_9，Run1.java类代码如下：

```
package test.run;

import java.util.concurrent.LinkedBlockingDeque;
import java.util.concurrent.ThreadPoolExecutor;
import java.util.concurrent.TimeUnit;

public class Run1 {
public static void main(String[] args) throws InterruptedException {
    ThreadPoolExecutor executor = new ThreadPoolExecutor(4, 8, 5, TimeUnit.
        SECONDS,
            new LinkedBlockingDeque<Runnable>());
    System.out.println("线程池中的线程数A: " + executor.getPoolSize());
    System.out.println("Z1=" + executor.prestartCoreThread());
```

```
        System.out.println(" 线程池中的线程数 A: " + executor.getPoolSize());
        System.out.println("Z2=" + executor.prestartCoreThread());
        System.out.println(" 线程池中的线程数 A: " + executor.getPoolSize());
        System.out.println("Z3=" + executor.prestartCoreThread());
        System.out.println(" 线程池中的线程数 A: " + executor.getPoolSize());
        System.out.println("Z4=" + executor.prestartCoreThread());
        // 下面代码是无效的！
        System.out.println(" 线程池中的线程数 A: " + executor.getPoolSize());
        System.out.println("Z5=" + executor.prestartCoreThread());
        //System.out.println(" 线程池中的线程数 A: " + executor.getPoolSize());
        System.out.println("Z6=" + executor.prestartCoreThread());
    }
}
```

程序运行结果如图 9-38 所示。

```
线程池中的线程数A: 0
Z1=true
线程池中的线程数A: 1
Z2=true
线程池中的线程数A: 2
Z3=true
线程池中的线程数A: 3
Z4=true
线程池中的线程数A: 4
Z5=false
Z6=false
```

图 9-38　核心线程的数量

最后连续打印 2 个 false 代表核心池中的线程数量已经到达最大为 4，不能再创建新的核心池中的线程了。

创建 Run2.java 类代码如下：

```
package test.run;

import java.util.concurrent.LinkedBlockingDeque;
import java.util.concurrent.ThreadPoolExecutor;
import java.util.concurrent.TimeUnit;

public class Run2 {
public static void main(String[] args) throws InterruptedException {
    ThreadPoolExecutor executor = new ThreadPoolExecutor(4, 8, 5, TimeUnit.
        SECONDS,
            new LinkedBlockingDeque<Runnable>());
    System.out.println(" 线程池中的线程数 A: " + executor.getPoolSize());
    System.out.println("Z1=" + executor.prestartAllCoreThreads());
    System.out.println(" 线程池中的线程数 A: " + executor.getPoolSize());
    System.out.println();
    System.out.println("Z2=" + executor.prestartAllCoreThreads());
    System.out.println(" 线程池中的线程数 A: " + executor.getPoolSize());
}
}
```

程序运行结果如图 9-39 所示。

```
Z1=4
线程池中的线程数A: 4

Z2=0
线程池中的线程数A: 4
```

图 9-39　核心线程数量已达最大

打印信息 Z2=0 说明核心池中的线程已满，不需要创建新的核心池中的线程。

### 9.3.13　方法 getCompletedTaskCount()

public long getCompletedTaskCount() 方法的作用是取得已经执行完成的任务总数。

创建测试用的项目 ThreadPoolExecutor_10，Run1.java 类代码如下：

```
package test.run;

import java.util.concurrent.LinkedBlockingDeque;
```

```
import java.util.concurrent.ThreadPoolExecutor;
import java.util.concurrent.TimeUnit;

public class Run1 {
public static void main(String[] args) throws InterruptedException {
    Runnable runnable = new Runnable() {
        @Override
        public void run() {
            try {
                Thread.sleep(1000);
                System.out.println("打印了!"
                        + Thread.currentThread().getName());
            } catch (InterruptedException e) {
                // TODO Auto-generated catch block
                e.printStackTrace();
            }
        }
    };

    ThreadPoolExecutor executor = new ThreadPoolExecutor(2, 2, 5,
            TimeUnit.SECONDS, new LinkedBlockingDeque<Runnable>());
    executor.execute(runnable);
    executor.execute(runnable);
    executor.execute(runnable);
    executor.execute(runnable);
    executor.execute(runnable);
    executor.execute(runnable);
    Thread.sleep(1000);
    System.out.println(executor.getCompletedTaskCount());
    Thread.sleep(1000);
    System.out.println(executor.getCompletedTaskCount());
    Thread.sleep(1000);
    System.out.println(executor.getCompletedTaskCount());
    Thread.sleep(1000);
    System.out.println(executor.getCompletedTaskCount());
    Thread.sleep(1000);
    System.out.println(executor.getCompletedTaskCount());
}

}
```

程序运行结果如图 9-40 所示。

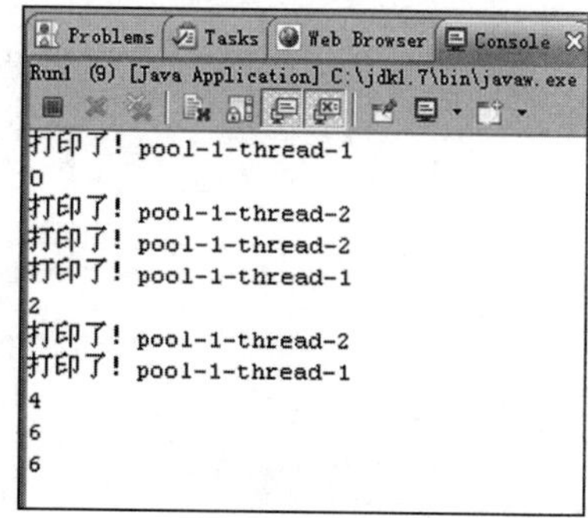


图 9-40　执行完成的任务总数

## 9.3.14　线程池 ThreadPoolExecutor 的拒绝策略

线程池中的资源全部被占用的时候，对新添加的 Task 任务有不同的处理策略，在默认的情况下，ThreadPoolExecutor 类中有 4 种不同的处理方式。

### 1. AbortPolicy 策略

AbortPolicy 策略是当任务添加到线程池中被拒绝

时，将抛出 RejectedExecutionException 异常，这是线程池默认使用的拒绝策略。

创建实验用的项目 Policy_AbortPolicy，创建 Run.java 类代码如下：

```
package test.run;

import java.util.concurrent.ArrayBlockingQueue;
import java.util.concurrent.ThreadPoolExecutor;
import java.util.concurrent.TimeUnit;

public class Run {

public static void main(String[] args) {

    Runnable runnable = new Runnable() {
        public void run() {
            try {
                Thread.sleep(5000);
                System.out.println(Thread.currentThread().getName()
                        + " run end!");
            } catch (InterruptedException e) {
                e.printStackTrace();
            }
        }
    };

    ThreadPoolExecutor executor = new ThreadPoolExecutor(2, 3, 5,
            TimeUnit.SECONDS, new ArrayBlockingQueue(2),
            new ThreadPoolExecutor.AbortPolicy());
    executor.execute(runnable); // 不报错
    executor.execute(runnable); // 不报错
    executor.execute(runnable); // 不报错
    executor.execute(runnable); // 不报错
    executor.execute(runnable); // 不报错
    // executor.execute(runnable); 报错

}

}
```

```
<terminated> Run [Java Application] C:\Progr
pool-1-thread-2 run end!
pool-1-thread-1 run end!
pool-1-thread-3 run end!
pool-1-thread-1 run end!
pool-1-thread-2 run end!
```

图 9-41　不出现异常

程序运行后不出现异常，如图 9-41 所示。

将代码 // executor.execute(runnable); 报错注释去掉后，将出现异常，从而超出线程池容量，如图 9-42 所示。

```
Exception in thread "main" java.util.concurrent.RejectedExecutionException
	at java.util.concurrent.ThreadPoolExecutor$AbortPolicy.rejectedExecution(ThreadPoolExecutor.java:17
	at java.util.concurrent.ThreadPoolExecutor.reject(ThreadPoolExecutor.java:767)
	at java.util.concurrent.ThreadPoolExecutor.execute(ThreadPoolExecutor.java:658)
	at test.run.Run.main(Run.java:31)
pool-1-thread-3 run end!
pool-1-thread-1 run end!
pool-1-thread-2 run end!
pool-1-thread-3 run end!
pool-1-thread-1 run end!
```

图 9-42　出现异常

使用 AbortPolicy 策略后，当线程数量超出 max 值时，线程池将抛出 java.util.concurrent.RejectedExecutionException 异常。

### 2. CallerRunsPolicy 策略

CallerRunsPolicy 策略是当任务添加到线程池中被拒绝时，会调用线程池的 Thread 线程对象处理被拒绝的任务。

创建实验用的项目 Policy_CallerRunsPolicy_1，MyThreadA.java 类代码如下：

```
package extthread;

public class MyThreadA extends Thread {

@Override
public void run() {
    try {
        Thread.sleep(5000);
        System.out.println("  end " + Thread.currentThread().getName()
                + " " + System.currentTimeMillis());
    } catch (InterruptedException e) {
        e.printStackTrace();
    }
}

}
```

创建 Run.java 类代码如下：

```
package test;

import java.util.concurrent.LinkedBlockingDeque;
import java.util.concurrent.ThreadPoolExecutor;
import java.util.concurrent.TimeUnit;

import extthread.MyThreadA;

public class Run {

public static void main(String[] args) {
    MyThreadA a = new MyThreadA();

    LinkedBlockingDeque queue = new LinkedBlockingDeque(2);
    ThreadPoolExecutor pool = new ThreadPoolExecutor(2, 3, 5,
            TimeUnit.SECONDS, queue,
            new ThreadPoolExecutor.CallerRunsPolicy());
    System.out.println("a begin " + Thread.currentThread().getName() + " "
            + System.currentTimeMillis());
    pool.execute(a);
    pool.execute(a);
    pool.execute(a);
    pool.execute(a);
    pool.execute(a);
```

```
        pool.execute(a);
        System.out.println("a   end " + Thread.currentThread().getName() + " "
                + System.currentTimeMillis());
    }

    }
```

程序运行结果如图 9-43 所示。

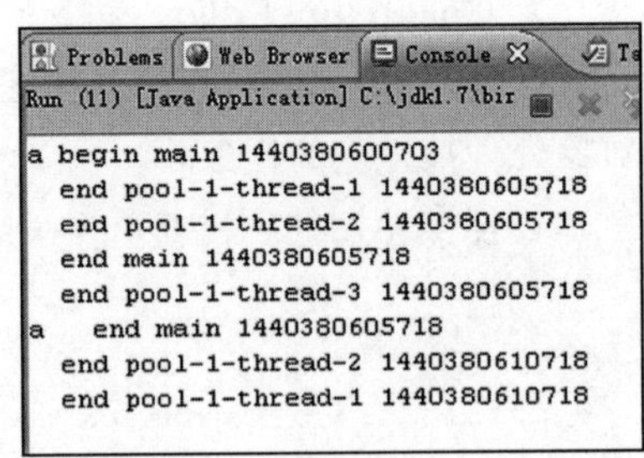


图 9-43 由 main 线程执行的任务

在上面的实验中，线程 main 被阻塞，严重影响程序的运行效率，所以并不建议这样做，通过改变代码结构可以改善这种情况，创建名称为 Policy_CallerRunsPolicy_2 的项目，MyThreadA.java 类代码如下：

```
package extthread;

import java.util.concurrent.LinkedBlockingQueue;
import java.util.concurrent.ThreadPoolExecutor;
import java.util.concurrent.TimeUnit;

public class MyThreadA extends Thread {

@Override
public void run() {
    MyRunnable task = new MyRunnable();

    LinkedBlockingQueue queue = new LinkedBlockingQueue(2);
    ThreadPoolExecutor pool = new ThreadPoolExecutor(2, 3, 5, TimeUnit.SECONDS,
        queue,
            new ThreadPoolExecutor.CallerRunsPolicy());
    pool.execute(task);
    pool.execute(task);

    pool.execute(task);
    pool.execute(task);

    pool.execute(task);

    pool.execute(task); //MyThreadA run
}

}
```

创建 MyRunnable.java 类代码如下：

```
package extthread;

public class MyRunnable implements Runnable {

@Override
public void run() {
    try {
```

```
            System.out.println("begin " + Thread.currentThread().getName() + " " +
                System.currentTimeMillis());
            Thread.sleep(5000);
        } catch (InterruptedException e) {
            e.printStackTrace();
        }
    }

}
```

创建 Run.java 类代码如下：

```
package test;

import extthread.MyThreadA;

public class Run {

public static void main(String[] args) {
    MyThreadA a = new MyThreadA();
    a.setName("AAAAAAAAA");
    a.start();
    System.out.println("main 线程不再阻塞，可以执行更多的任务了！");
}

}
```

程序运行结果如图 9-44 所示。

```
main线程不再阻塞，可以执行更多的任务了！
begin pool-1-thread-1 1521702137740
begin pool-1-thread-2 1521702137740
begin pool-1-thread-3 1521702137741
begin AAAAAAAAA 1521702137741
begin pool-1-thread-1 1521702142742
begin pool-1-thread-2 1521702142742
```

图 9-44　线程 main 并未被阻塞

### 3. DiscardOldestPolicy 策略

DiscardOldestPolicy 策略是当任务添加到线程池中被拒绝时，线程池会放弃等待队列中最旧的未处理任务，然后将被拒绝的任务添加到等待队列中。

创建实验用的项目 Policy_DiscardOldestPolicy，创建 MyRunnable.java 类代码如下：

```
package test.run;

public class MyRunnable implements Runnable {

private String username;

public MyRunnable(String username) {
    super();
    this.username = username;
}

public String getUsername() {
    return username;
}

public void setUsername(String username) {
```

```
        this.username = username;
    }

    public void run() {
        try {
            System.out.println(username + " run");
            Thread.sleep(5000);
        } catch (InterruptedException e) {
            e.printStackTrace();
        }
    }

}
```

创建 Run.java 类代码如下：

```
package test.run;

import java.util.Iterator;
import java.util.concurrent.ArrayBlockingQueue;
import java.util.concurrent.ThreadPoolExecutor;
import java.util.concurrent.TimeUnit;

public class Run {

public static void main(String[] args) throws InterruptedException {

    ArrayBlockingQueue queue = new ArrayBlockingQueue(2);
    ThreadPoolExecutor executor = new ThreadPoolExecutor(2, 3, 5,
            TimeUnit.SECONDS, queue,
            new ThreadPoolExecutor.DiscardOldestPolicy());
    for (int i = 0; i < 5; i++) {
        MyRunnable runnable = new MyRunnable("Runnable" + (i + 1));
        executor.execute(runnable);
    }
    Thread.sleep(50);
    Iterator iterator = queue.iterator();
    while (iterator.hasNext()) {
        Object object = iterator.next();
        System.out.println(((MyRunnable) object).getUsername());
    }
    executor.execute(new MyRunnable("Runnable6"));
    executor.execute(new MyRunnable("Runnable7"));
    iterator = queue.iterator();
    while (iterator.hasNext()) {
        Object object = iterator.next();
        System.out.println(((MyRunnable) object).getUsername());
    }
}

}
```

程序运行结果如图 9-45 所示。

#### 4. DiscardPolicy 策略

DiscardPolicy 策略是当任务添加到线程池中被拒绝时，线程池将丢弃被拒绝的任务。

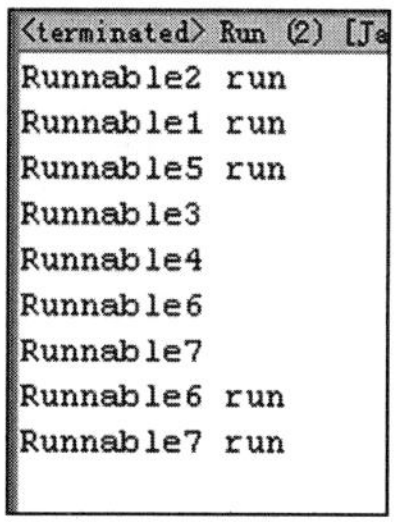

```
<terminated> Run (2) [Ja
Runnable2 run
Runnable1 run
Runnable5 run
Runnable3
Runnable4
Runnable6
Runnable7
Runnable6 run
Runnable7 run
```

图 9-45　早期的任务 3 和任务 4 被取消

创建实验用的项目 Policy_DiscardPolicy，创建 Run.java 类代码如下：

```
package test.run;

import java.util.concurrent.ArrayBlockingQueue;
import java.util.concurrent.ThreadPoolExecutor;
import java.util.concurrent.TimeUnit;

public class Run {

public static void main(String[] args) throws InterruptedException {

    Runnable runnable = new Runnable() {
        public void run() {
            try {
                Thread.sleep(5000);
                System.out.println(Thread.currentThread().getName()
                        + " run end!");
            } catch (InterruptedException e) {
                e.printStackTrace();
            }
        }
    };

    ArrayBlockingQueue queue = new ArrayBlockingQueue(2);
    ThreadPoolExecutor executor = new ThreadPoolExecutor(2, 3, 5,
            TimeUnit.SECONDS, queue, new ThreadPoolExecutor.DiscardPolicy());
    executor.execute(runnable);
    executor.execute(runnable);
    executor.execute(runnable);
    executor.execute(runnable);
    executor.execute(runnable);
    executor.execute(runnable);
    executor.execute(runnable);
    executor.execute(runnable);
    Thread.sleep(8000);
    System.out.println(executor.getPoolSize() + " "
        + queue.size());
}

}
```

程序运行结果如图 9-46 所示。

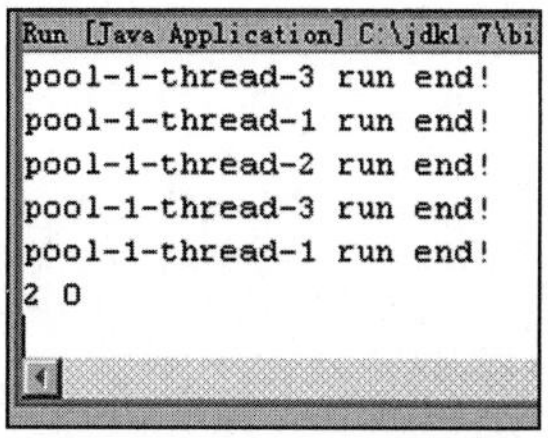

```
Run [Java Application] C:\jdk1.7\bi
pool-1-thread-3 run end!
pool-1-thread-1 run end!
pool-1-thread-2 run end!
pool-1-thread-3 run end!
pool-1-thread-1 run end!
2 0
```

图 9-46　多余的任务被取消执行

### 9.3.15　方法 afterExecute() 和 beforeExecute()

在线程池 ThreadPoolExecutor 类中重写这 2 个方法可以对

线程池中执行的线程对象实现监控。

创建实验用的项目 ThreadPoolExecutor_after_before，MyRunnable.java 类代码如下：

```
package myrunnable;

public class MyRunnable implements Runnable {

private String username;

public MyRunnable(String username) {
    super();
    this.username = username;
}
public String getUsername() {
    return username;
}

public void setUsername(String username) {
    this.username = username;
}

@Override
public void run() {
    try {
        System.out.println("打印了!begin " + username + " "
                + System.currentTimeMillis());
        Thread.sleep(4000);
        System.out.println("打印了!      end " + username + " "
                + System.currentTimeMillis());
    } catch (InterruptedException e) {
        e.printStackTrace();
    }
}

}
```

创建 MyThreadPoolExecutor.java 类代码如下：

```
package executor;

import java.util.concurrent.BlockingQueue;
import java.util.concurrent.ThreadPoolExecutor;
import java.util.concurrent.TimeUnit;

import myrunnable.MyRunnable;

public class MyThreadPoolExecutor extends ThreadPoolExecutor {

public MyThreadPoolExecutor(int corePoolSize, int maximumPoolSize,
        long keepAliveTime, TimeUnit unit, BlockingQueue<Runnable> workQueue) {
    super(corePoolSize, maximumPoolSize, keepAliveTime, unit, workQueue);
```

```
    }

    @Override
    protected void afterExecute(Runnable r, Throwable t) {
        super.afterExecute(r, t);
        System.out.println(((MyRunnable) r).getUsername() + " 执行完了 ");
    }

    @Override
    protected void beforeExecute(Thread t, Runnable r) {
        super.beforeExecute(t, r);
        System.out.println(" 准备执行: " + ((MyRunnable) r).getUsername());
    }

}
```

创建 Run.java 类代码如下：

```
package test.run;

import java.util.concurrent.LinkedBlockingDeque;
import java.util.concurrent.TimeUnit;

import myrunnable.MyRunnable;
import executor.MyThreadPoolExecutor;

public class Run {

public static void main(String[] args) throws InterruptedException {

    MyThreadPoolExecutor executor = new MyThreadPoolExecutor(2, 2,
            Integer.MAX_VALUE, TimeUnit.SECONDS,
            new LinkedBlockingDeque<Runnable>());
    executor.execute(new MyRunnable("A1"));
    executor.execute(new MyRunnable("A2"));
    executor.execute(new MyRunnable("A3"));
    executor.execute(new MyRunnable("A4"));
}

}
```

程序运行结果如图 9-47 所示。

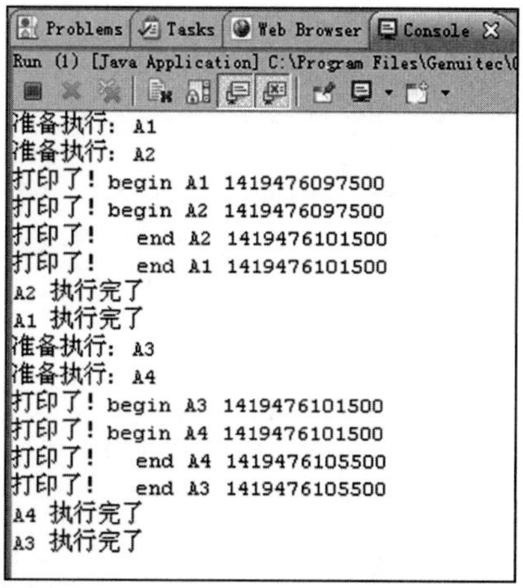

```
Problems  Tasks  Web Browser  Console
Run (1) [Java Application] C:\Program Files\Genuitec\
准备执行: A1
准备执行: A2
打印了! begin A1 1419476097500
打印了! begin A2 1419476097500
打印了!   end A2 1419476101500
打印了!   end A1 1419476101500
A2 执行完了
A1 执行完了
准备执行: A3
准备执行: A4
打印了! begin A3 1419476101500
打印了! begin A4 1419476101500
打印了!   end A4 1419476105500
打印了!   end A3 1419476105500
A4 执行完了
A3 执行完了
```

图 9-47　抓取状态

## 9.3.16　方法 remove(Runnable) 的使用

public boolean remove(Runnable task) 方法可以删除尚未被执行的 Runnable 任务。

创建实验用的项目 ThreadPoolExecutor_remove，Test1.java 类代码如下：

```
package test;

import java.util.concurrent.LinkedBlockingDeque;
import java.util.concurrent.ThreadPoolExecutor;
import java.util.concurrent.TimeUnit;

public class Test1 {

public static void main(String[] args) throws InterruptedException {
    Runnable runnable1 = new Runnable() {
        @Override
        public void run() {
            try {
                System.out.println(Thread.currentThread().getName()
                        + " begin");
                Thread.sleep(5000);
                System.out.println(Thread.currentThread().getName()
                        + "   end");
            } catch (InterruptedException e) {
                e.printStackTrace();
            }
        }
    };

    ThreadPoolExecutor executor = new ThreadPoolExecutor(1, 1, 100,
            TimeUnit.SECONDS, new LinkedBlockingDeque());
    executor.execute(runnable1);
    Thread.sleep(1000);
    executor.remove(runnable1);
    System.out.println(" 任务正在运行不能删除 ");
}
}
```

程序运行结果如图 9-48 所示。

```
pool-1-thread-1 begin
任务正在运行不能删除
pool-1-thread-1   end
```

图 9-48 任务正在运行，不能删除

继续实验，创建 Test2.java 类代码如下：

```
package test;

import java.util.concurrent.LinkedBlockingDeque;
import java.util.concurrent.ThreadPoolExecutor;
import java.util.concurrent.TimeUnit;

public class Test2 {

public static void main(String[] args) throws InterruptedException {
    Runnable runnable1 = new Runnable() {
        @Override
        public void run() {
            try {
                System.out.println(Thread.currentThread().getName()
                        + " begin");
```

```
                    Thread.sleep(5000);
                    System.out.println(Thread.currentThread().getName()
                            + "   end");
                } catch (InterruptedException e) {
                    e.printStackTrace();
                }
            }
        };

        Runnable runnable2 = new Runnable() {
            @Override
            public void run() {
                try {
                    System.out.println(Thread.currentThread().getName()
                            + " begin");
                    Thread.sleep(5000);
                    System.out.println(Thread.currentThread().getName()
                            + "   end");
                } catch (InterruptedException e) {
                    e.printStackTrace();
                }
            }
        };

        ThreadPoolExecutor executor = new ThreadPoolExecutor(1, 1, 100,
                TimeUnit.SECONDS, new LinkedBlockingDeque());
        executor.execute(runnable1);
        executor.execute(runnable2);
        Thread.sleep(1000);
        executor.remove(runnable2);
        System.out.println(" 任务 2 未在运行可以删除 ");
    }
    }
```

程序运行结果如图 9-49 所示。

```
Test2 [Java Application] C:\jdk1.
pool-1-thread-1 begin
任务2未在运行可以删除
pool-1-thread-1    end
```

图 9-49　任务 2 未运行，可以删除

上面示例使用 execute() 方法进行实验，因为任务 2 并未运行，所以任务 2 被 remove() 方法成功删除，但使用 submit() 方法提交的任务未被执行时，则 remove() 方法不能删除此任务。

创建 Test3.java，代码如下：

```
package test;

import java.util.concurrent.LinkedBlockingDeque;
import java.util.concurrent.ThreadPoolExecutor;
import java.util.concurrent.TimeUnit;

public class Test3 {

public static void main(String[] args) {
```

```
    try {
        Runnable runnable1 = new Runnable() {
            @Override
            public void run() {
                try {
                    System.out.println("beginA "
                            + Thread.currentThread().getName() + " "
                            + System.currentTimeMillis());
                    Thread.sleep(5000);
                    System.out.println("  endA "
                            + Thread.currentThread().getName() + " "
                            + System.currentTimeMillis());
                } catch (InterruptedException e) {
                    e.printStackTrace();
                }
            }
        };

        Runnable runnable2 = new Runnable() {
            @Override
            public void run() {
                try {
                    System.out.println("beginB "
                            + Thread.currentThread().getName() + " "
                            + System.currentTimeMillis());
                    Thread.sleep(5000);
                    System.out.println("  endB "
                            + Thread.currentThread().getName() + " "
                            + System.currentTimeMillis());
                } catch (InterruptedException e) {
                    e.printStackTrace();
                }
            }
        };

        ThreadPoolExecutor executor = new ThreadPoolExecutor(1, 1, 5,
                TimeUnit.SECONDS, new LinkedBlockingDeque<Runnable>());
        executor.submit(runnable1);
        executor.submit(runnable2);
        Thread.sleep(1000);
        executor.remove(runnable2);
        System.out.println("main end!");
    } catch (InterruptedException e) {
        e.printStackTrace();
    }

}

}
```

```
beginA pool-1-thread-1 1434416105015
main end!
  endA pool-1-thread-1 1434416110015
beginB pool-1-thread-1 1434416110015
  endB pool-1-thread-1 1434416115015
```

图 9-50　任务 2 还在运行

程序运行结果如图 9-50 所示。

由图 9-50 可知，任务 2 没有被删除。

### 9.3.17　多个 get 方法的测试

线程池 ThreadPoolExecutor 有很多 getXXXX() 方法，熟悉这些方法是观察线程池状态最好的方式。

创建测试用的项目 get_diff。

（1）public int getActiveCount() 方法的测试

public int getActiveCount() 方法的作用是取得有多少个线程正在执行任务。

线程 MyThreadA.java 类代码如下：

```
package extthread;

public class MyThreadA extends Thread {

@Override
public void run() {
    try {
        System.out.println(" begin " + Thread.currentThread().getName()
                + " " + System.currentTimeMillis() + " 运行中 ");
        Thread.sleep(5000);
        System.out.println("   end " + Thread.currentThread().getName()
                + " " + System.currentTimeMillis() + " 运行中 ");
    } catch (InterruptedException e) {
        e.printStackTrace();
    }
}

}
```

getActiveCount_test1.java 类代码如下：

```
package test;

import java.util.concurrent.SynchronousQueue;
import java.util.concurrent.ThreadPoolExecutor;
import java.util.concurrent.TimeUnit;

import extthread.MyThreadA;

public class getActiveCount_test1 {

public static void main(String[] args) throws InterruptedException {
    try {
        MyThreadA a = new MyThreadA();

        SynchronousQueue queue = new SynchronousQueue();
        ThreadPoolExecutor pool = new ThreadPoolExecutor(2, 5, 5,
                TimeUnit.SECONDS, queue);
        pool.execute(a);
```

```
            pool.execute(a);
            pool.execute(a);
            System.out
                    .println(pool.getActiveCount() + " " + pool.getPoolSize());
            Thread.sleep(7000);
            System.out
                    .println(pool.getActiveCount() + " " + pool.getPoolSize());
        } catch (InterruptedException e) {
            e.printStackTrace();
        }
    }
}
```

程序运行结果如图 9-51 所示。

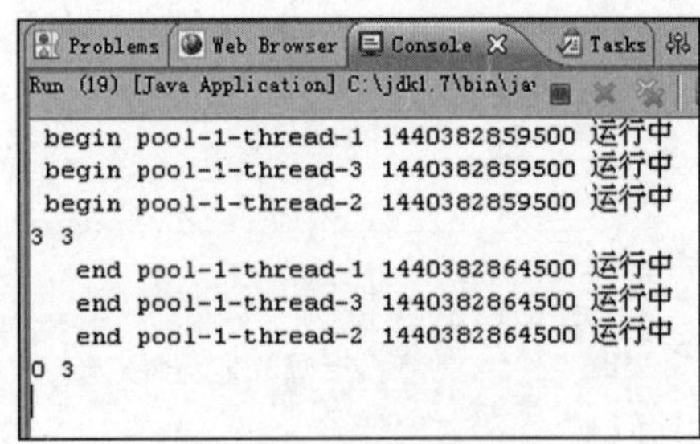


图 9-51　运行结果

getPoolSize() 方法获得的是当前线程池里面有多少个线程，这些线程数包括正在执行任务的线程，也包括正在休眠的线程。

getActiveCount() 方法是获得正在执行任务的线程数。

（2）public int getCorePoolSize() 方法的测试

public int getCorePoolSize() 方法的作用是取得构造方法传入的 corePoolSize 参数值。

（3）public int getMaximumPoolSize() 方法的测试

public int getMaximumPoolSize() 方法的作用是取得构造方法传入的 maximumPoolSize 参数值。

（4）public long getTaskCount() 方法的测试

public long getTaskCount() 方法的作用是取得有多少个任务发送给了线程池。

getTaskCount_test1.java 类代码如下：

```
package test;

import java.util.concurrent.LinkedBlockingDeque;
import java.util.concurrent.SynchronousQueue;
import java.util.concurrent.ThreadPoolExecutor;
import java.util.concurrent.TimeUnit;

public class getTaskCount_test1 {

public static void main(String[] args) throws InterruptedException {
    Runnable runnable = new Runnable() {
        @Override
        public void run() {
            try {
                Thread.sleep(5000);
            } catch (InterruptedException e) {
                e.printStackTrace();
```

```
            }
        }
    };

    ThreadPoolExecutor executor = new ThreadPoolExecutor(2, 5, 100,
            TimeUnit.SECONDS, new LinkedBlockingDeque<Runnable>());
    for (int i = 0; i < 10; i++) {
        executor.execute(runnable);
    }
    System.out.println(executor.getTaskCount());
}
}
```

程序运行结果如图 9-52 所示。

| getTaskCount |
| --- |
| 10 |

图 9-52　获取线程池任务数

（5）public int getLargestPoolSize() 方法的测试

public int getLargestPoolSize() 方法的作用是返回线程池中曾经最多的线程数。

创建测试类代码如下：

```
package test;

import java.util.concurrent.LinkedBlockingQueue;
import java.util.concurrent.ThreadPoolExecutor;
import java.util.concurrent.TimeUnit;

public class getLargestPoolSize_test1 {

public static void main(String[] args) throws InterruptedException {
    Runnable runnable = new Runnable() {
        @Override
        public void run() {
            try {
                Thread.sleep(5000);
            } catch (InterruptedException e) {
                e.printStackTrace();
            }
        }
    };

    ThreadPoolExecutor executor = new ThreadPoolExecutor(2, 5, 6, TimeUnit.SECONDS,
            new LinkedBlockingQueue<Runnable>(6));
    for (int i = 0; i < 10; i++) {
        executor.execute(runnable);
    }
    Thread.sleep(30000);
    System.out.println(executor.getPoolSize());
    System.out.println(executor.getLargestPoolSize());
}
}
```

程序运行结果如下：

```
2
4
```

## 9.4 本章小结

本章主要介绍 ThreadPoolExecutor 类的构造方法中各个参数的作用与使用效果，还介绍了工厂类常用 API 的使用，也将大部分线程池类的常见 API 一同进行了介绍，并且对线程池的拒绝策略进行了实验。线程池能最大幅度地减少创建线程对象的内存与 CPU 开销，加快程序运行效率。线程池也对创建线程类的代码进行了封装，方便开发并发类型的软件项目。